雷默博士育儿百科

[瑞士]雷默·哈·拉尔戈/著　吕鸿　吴琼霄/译

中国城市出版社
·北京·

北京版权局著作权合同登记
图字：01－2010－4727

图书在版编目（CIP）数据
雷默博士育儿百科／（瑞士）拉尔戈著；吕鸿，吴琼霄译．—北京：中国城市出版社，2013．3
ISBN 978－7－5074－2777－6

Ⅰ．①雷… Ⅱ．①拉… ②吕… ③吴… Ⅲ．①婴幼儿—哺育—基本知识 Ⅳ．①TS976.31

中国版本图书馆CIP数据核字（2013）第049689号

策划	王立
责任编辑	唐浒
特约编辑	戚帅帅　马洪艳　侯日霞
封面设计	马洪艳
装帧设计	北京101度工作室
责任技术编辑	张建军　张雅琴　张美欣　沈永勤
出版发行	中国城市出版社
地址	北京市西城区广安门南街甲30号（邮编100053）
网址	www.citypress.cn
电话	(010)63275378（营销策划中心）
传真	(010)63489791（营销策划中心）
总编室信箱	citypress@sina.com　电话：（010）68171928
投稿信箱	world66@263.net（营销策划中心）
经销	新华书店
印刷	北京艺堂印刷有限公司
字数	260千字　印张25.25
开本	889×1194（毫米）1／16
版次	2013年7月第1版
印次	2013年7月第1次印刷
定价	39.80元

每个小孩都不一样！根据孩子天性，因材施教。此书谨献给所有爱孩子的父母！

目 录

前　言

自 1993 年首次出版以来，雷默博士育儿书一直受到父母和专家们的广泛好评。然而时隔 15 年，有必要对这本书进行彻底的修订。那么，修订后的版本有何新意呢?

新版更为详细地对父母和专家在婴儿出生之后更长的时间里所碰到的问题进行了探讨：如何正确处理为人父母和工作的关系，更好地照顾孩子的问题，父亲的角色或者如何正确地同孩子打交道。关于孩子早期成长的一些新的科学认知也同样得到了重视，这些认知，比如，设身处地为他人着想的能力，在同孩子打交道时显得尤为重要。这种移情能力出现在孩子 4 岁的时候，是孩子学会理解和体验的重要前提。为了能更全面地介绍孩子早期成长的特点，本书在旧版的基础上扩充了孩子 2 ~ 4 岁的成长状况。在出生后的这几年里孩子已经习得了人类所特有的一系列行为能力。当然了，这并不意味着孩子的成长就此结束，学会正确运用这些能力还需要很多年的锻炼，但是孩子在 4 岁已经基本学会了最关键的基础能力。

旧版育儿书中已经证实的观点在本书中仍然保留。同旧版一样，新版并不针对各种问题状况给出建议，本书所做的，是让父母更好地认识和了解孩子的特点和需求，从而尽可能地按照孩子的成长需要作出正确的反应。本书的一个难点在于指明孩子成长的多样性，该多样性将通过大量图表，从孩子不同的成长领域（如运动机能、语言或睡眠行为等）进行展示。这些图表建立在苏黎世纵向研究的数据基础之上，该研究对 700 多名孩子从出生到长大成人的整个成长过程进行了详细的观察和探索。这些图表清楚地显示出，孩子在所有成长领域所表现出来的丰富性、多样性。由此也表明，标准化的育儿规则并不适用。要尽可能地在教育过程中正确理解孩子的个性，这对于父母来说无疑是巨大的挑战。

新版育儿书的另一个着眼点在于，展示不同年龄段孩子特殊的心理和生理需求。只有满足这些需求，孩子才会尽可能好地成长，对此有着重要意义的有亲子关系、教养方式及亲子之间的共同经历。

第三个着眼点在于告诉父母，每个孩子都有成长的愿望。这样，孩子才能按照这种内在的愿望，从他身处的环境中去获取相应的经验。要支持孩子的这种行为，要求不能过高，也不能过低，这样父母才能更容易、更好地解读孩子，理解他们的行为。本书不仅在内容上有所更新，在外观形式上也做了新的调整。排版方式使得文章条理更清晰，大量图表的应用更是增强了本书的权威性和图片多来自家庭相册，反映了孩子和父母在家庭日常生活中的真实状态。另外，本书中还新增了大量图表，来自苏黎世纵向研究的电影材料，这些材料形象生动地再现了孩子行为中的典型特点。

新版育儿书能让父母和专家进一步地了解孩子的存在状态，更近距离地走入他们的世界，并向大家展示了孩子成长中的快乐和魅力。

雷默·哈·拉尔戈

虞特利山，2007 年 7 月

引　言

莎拉在几小时前降生了。她3.5千克重，有一个匀称的脑袋，圆圆的脸颊，健壮的手臂和小腿。她叫得很有劲儿，手脚有活力地乱动，用大大的眼睛注视着她的父母。

莎拉的父母特别幸福：他们共同拥有了一个孩子。在生产后的一段时间，父母总是满怀感恩之心。他们看着莎拉，并对她每个细微的动作感到高兴。对他们来说，在这几个小时里，没有任何东西比他们的女儿更重要。

几天之后他们会带着莎拉回家，最晚到那时，他们才会意识到：我们现在要对这个小生命负全部责任，且大约在接下来的20年里都要如此。我们能照顾好莎拉吗？

他们尤其需要处理的问题是：

所有父母的希望：一个生活得幸福的孩子。

- 莎拉有什么需要？她怎样得到满足？莎拉需要多少资助？我们怎样能保证对她的照料？
- 莎拉会怎样成长？对她的成长我们需要贡献什么？我们怎样才能最好的支持我们的女儿？
- 我们怎样教育莎拉？什么时候她作决定，什么时候我们作决定？
- 作为父母，莎拉对我们来说意味着什么？她将多大程度地改变我们的生活？

在引言这一章，我们希望尝试寻找这些在孩子和他的个人发展中有可能会碰到的问题的答案。

基本需求

要想孩子发育好，与人友善、有好奇心、积极运动，他的身体和心理的基本需求必须得到满足。大量研究证实，生活条件不好和心理缺陷（抑郁）对婴儿和小孩子都会造成不良影响（路特·恩斯特 Rutter Ernst）。孩子在他的成长发育过程中，父母和其他抚养人要在身体上多亲近他们，并细心地照料他们。而那些心理上有缺陷的孩子，成长将会受损。

身体舒适是孩子茁壮成长的前提条件。食物和水以及其他一些生理需要如御寒、衣服保持干净整洁等要很好地得到满足。孩子只有营养充足、照料周到并健康，才能正常发育。我们从媒体对第三世界国家的报道中可以得知，缺乏营养、被忽视，以及疾病对孩子成长发育的不良影响是多么大啊。

孩子身体健康，父母自然会非常高兴。小孩生病，哪怕是偶然风寒，父母忧虑也会增大。婴儿喝得多，吃得香，父母就很愉悦。相反，孩子食欲不振会使全家人忧心忡忡。父母于是问：婴儿必须喝多少奶？什么时候应该进食？所有这些问题父母在日常生活中都能得到一些提示，例如在婴儿奶制品的包装上。但是，这些提示只符合个别而不是大多数婴儿，因为婴儿的需要是各不相同的。有的婴儿的喝奶量居然是其他同龄婴儿的一半，预备进食的时间也因不同年龄段的孩子而异，但营养和发育是一致的：如果父母根据婴儿的需要来喂养他的话，婴儿就会发育得很好。当然，这绝对不是多多益善，如果总是吃喝得太多，反而就不好了。

一个孩子的心理需求更难感知，因此比起身体需求更不容易得到满足。要使孩子好，就要让他感到安全和舒适。安全以熟人的亲近为前提。一个孩子，尤其是在出生的头几年不能一个人生活。他需要一个熟悉的人，可以随时给他亲近、帮助和保护。

安全

父母对孩子的抚养、喂食和护理一样：不是孩子得到的细心呵护越多，它就发育得越好。细心呵护也是有限度的，过分了自然也就不好了。众所周知，一个小孩如果摄入过多的营养不会发育得更好，而是会发胖。同样，过分呵护就和过度摄入营养一样，这不会增加孩子的舒适感，反而会使他具有依赖性，从而不自立。不自立的孩子往往由于秉性的不同表现出害怕或者具有进攻性，而很少表现出求知的欲望。

不同孩子在身体上的亲近以及被得到细心照料的要求各不相同，这种亲近和照料的标准没有固定的理论依据可循。孩子会用他的行为和感觉告诉我们，他需要多少亲近和照料。

这本书就是要帮助父母正确解读自己的孩子。

父母的主要任务之一就是，正确安排对孩子的照料，让他每时每刻都感到安全和舒适。这个任务对大多数父母来说无法独自完成。他们需要帮助，以便照料孩子的质量和持续性能得到保证（见“关系行为引言”）。

孩子如何成长

生命的前 4 年仅仅从时间上来说占了大约整个童年的 1/4。成长经历却是他整个成长阶段的至少一半。婴儿和儿童成长的速度惊人。他们呱呱坠地时还是无助的小生命，几乎不会动，和外界仅有极少的交流，对这个世界几乎没有任何影响。到 5 岁时他们却已经拥有不同的或大或小的活动能力，掌握了日常语言。他们有能力和他们的伙伴打交道，拥有像逻辑、空间、时间等不同领域里的知识。

小孩的发育特征通过共性和个性同时表现出来。成长过程是统一的：所有孩子不同的发育阶段有着同样的顺序。例如学说话，小孩刚开始是一个音节接着一个音节地往外吐，然后会说单词，再后开始组织句子，涉足构词和组织句子的语法，最后，孩子在 4 ~ 5 岁的时候能够用准确的句子进行表达。

但是，如果我们关注不同孩子的行为特征及其在不同发育阶段中的表现就会发现，每个孩子的成长发育是多么的不同。每个新生儿的体重和身高就不一样，有的出生时，体重不足 3 千克，有的在 4 千克以上。另外，每个新生儿的面部表情、运动方式和啼哭声也不一样。随着不断地生长发育，孩子之间的差异越来越大。1 周岁的时候，有的孩子体重只有 8 千克，有的达 13 千克之重；有的孩子 8 个月的时候就会走路了，而大多数是在 12 ~ 16 个月之间，但也有的 18 个月的时候才会走路；有的孩子 1 周岁时就会说话了，而大多数孩子是在 15 ~ 24 个月之间，但也有的 3 岁了才开始说话。没有一种行为是所有孩子在同年龄中所同样表现出来的。

不仅仅不同孩子之间的发育各不相同，就是同一个孩子的发育阶段也不一样，也就是说，一些发育阶段，比如说话和运动，并不总是同等水平地发展。所以，一个孩子可能在 12 个月的时候就会走路了，但他到 24 个月的时候才会说话。

共性和个性如何相互影响，在下面这些图的认识行为中会展示出来。

每个孩子首先用嘴来认识事物，然后用手，最后用眼睛。一个孩子在几岁的时候开始出现某一种认识行为，以哪种强度，持续多久，这因孩子而异。

不同的孩子，其发育阶段和行为方式会在不同的年龄段中表现出来，而且各不相同，但任何一个孩子的这种发育阶段和行为方式只有一次。那么作为父母，怎样才能更好地为孩子的个性需求做好准备呢？

很多父母为孩子所做的事，并不是他们有意识、有计划地去做的。他们大多是凭直觉来判断他们抚养孩子的行为是否正确。当母亲将她的婴儿从床上抱起，搂在怀里摇晃时，她觉得这样对孩子很合适。她在感受抱孩子应该掌握什么样的速度，什么姿势使孩子最舒服，怎样最容易使孩子安静。若没有这种天生的理解孩子的行为以及对此做出有意识的反应的本领，父母根本不可能抚养他们的婴儿。

用嘴、手和眼睛认识事物

除了直觉之外，父母本身儿时的经验也起着重要的作用。儿时的感觉以及当时是怎样和他们的父母在一起生活的，影响着他们抚养孩子的方式。最后，孩子越大，父母就越来越多地想用继承过来的基本方式以及规范标准来对待孩子。对于后者，父母大都是从和亲戚朋友的交谈中或者媒体中获知的。例如，父母认为，3个月的孩子在晚上睡觉时应该会一觉到天亮了，孩子1岁时应该会走路了，2岁时应该会说话了等等。但是，实际上，这样的标准只适合少数的孩子，因为孩子的发育是各不相同的。规范标准成了错误的期待。与其说它们有帮助，倒不如说它们给父母带来了不安。比如说，父母希望一个1周岁的孩子每晚有12个小时的睡眠。

确实有一些小孩能够做到这一点，但更多的孩子做不到。有的孩子睡得长一点，甚至达 15 个小时；有的睡得少一点，甚至只有 9 ~ 10 个小时。试想一下，如果一个孩子只能睡 10 个小时，但他的父母每到晚上 7 点的时候就让孩子上床睡觉，并希望他一直睡到第二天早上 7 点钟起床，那会导致什么结果呢？孩子晚上不能入睡；深夜里一次或多次地醒来；或者一大早就醒了。最糟糕的是这三种情况都发生。一个晚上只能睡 10 个小时的孩子如果硬要让他在床上躺 12 个小时，这并不有利于孩子的发育。

那么，父母怎样才能不用理睬那些规范标准、继承来的基本方式以及一些忠告呢？他们如何才能成功地根据孩子的发育现状以及个性的需求来抚养他们的孩子呢？对此，有两点是非常有帮助的：具有一定的有关孩子发育过程和多样性的知识；及时关注孩子的行为并适时进行调整。如果父母了解到孩子的睡眠时间差别很大的话，他们就不会再根据什么标准行事了，而会更多地关注他们的孩子究竟需要多少睡眠时间。当他们确定，孩子晚上的睡眠时间只需要 10 个小时，而这又是正常的时候，他们就可以调整孩子的睡眠时间以便适应孩子以及他们本身的要求。

我们孩子的哪些特征是遗传而来的，哪些是教育所决定的？他的行为是本性的表达，还是我们对待他的方式方法的产物？当孩子给父母造成难题或当父母作为教育者深感不安时，他们迟早会提出上面的问题。

相对而言，遗传因素与教育因素的影响哪一个作用更大呢？父母会根据自己的认知来对他们的孩子采取各不相同的教育方式。如果他们认为，孩子所有未来的个性和能力都是遗传的，那么他们便成为了宿命论者。天性天资决定孩子的未来，作为教育者他们是无足轻重的。而如果他们认为，只有孩子成长的环境决定孩子的行为和发展，那么他们便过分承担了责任，孩子成了他们纯粹训导的产品。大部分父母有理由认为，对于孩子的成长发育来说，遗传和环境同样重要。那么，它们是如何互相作用的呢？

实际上，天性天资和后天教育并不矛盾，而是互为补充。对孩子进行的后天教育中包含着天性天资的成分。身体特征，如身高、眼睛的颜色，以及运动机能或者语言能力确实在很大程度上打上了遗传的烙印。遗传创造了孩子出生时的条件，但仅仅靠遗传因素不能给他带来生活方式的改变。对此，还需要环境，特别是父母的影响。

父母无法满足于这样的普遍观念，当他们3岁的儿子爆发躁狂症时，他们想理解孩子的行为，并希望在和他打交道的时候纠正这种行为：为什么他会有这种好像疯了的行为？这是怎样引起的？他们面对他时应该怎么做？

用固执来应对挫折，属于小孩的正常行为。值得注意的是一种错误的固执态度。小孩逆反心理的程度受其天生的秉性不一而各不相同，就如同成年人对一种不愿意做的事情的反应各不相同一样，有些孩子，被大人要求上床睡觉时会不情愿地照做，而其他一些孩子则表现出好像疯了的状态。对于这样一种充满秉性的反抗行为，即使是最有能力的父母也毫无办法，但发生这种疯狂行为的频率则取决于父母的态度。如果父母顺着孩子，孩子就会越来越多地做出这种反应，来达成他的意志需求；如果父母坚持自己的态度，这种现象就会越来越少。父母无法改变孩子的秉性，但是可以影响他的行为。

任何一个孩子在其发育的各行为阶段都伴随着其特有的个性和能力。孩子的行为和发育状况是否相称，主要还是取决于他们的父母和抚养者如何对待孩子。

一个孩子需要多少培养

今天的父母不再有5个、10个甚至更多的孩子。他们只有1个，偶尔2个，极少还有更多孩子。这些孩子中的每一个都是珍宝且应该尽可能地满足父母的高期许。因此父母会问自己：我们怎样才能最好的培养我们的孩子？在美国，女人们在怀孕期间就去上培训班，在那里，她们还未出世的孩子就被古典音乐所熏陶，其中莫扎特的音乐被用得最多。孩子被寄予希望，以便将来（这当然主要是指上学期间）可以更好地成长。但是孩子并不是被刺激地越早、越强，发育得就会越好。“揠苗不能助长”对孩子也同样适用。

在这本书中，我们作如下假设：每个孩子都希望自己成长。他内心有一种长大、获得适应能力和知识的愿望。当到达某一个成长阶段时，他自己就会开始抓东西，往前挪动，并用语言来表达自己。

这种自我发展的愿望，被许多父母理解为减轻负担，甚至是礼物。父母不必不断积极地努力，以便他们的孩子取得进步。孩子不需要“被培养”，只要他身体和心理的舒适感得到保障，且能积累成长的相关经验，孩子会自己成长。父母的任务是来安排孩子的日常生活，使得他们能积累与成长相关的经验，也就是说不是要教给孩子什么，而更多的是应当针对孩子不同的成长阶段满足他对语言、活动或游戏的好奇心。

孩子每一步的发育都有一个固定的时间表，对此，孩子身心内部已经作好了迈出这一步的准备，并通过他的行为表现出来。这个时间表是可以捕捉得到的，比如说 2 岁的孩子会想自己吃饭。由于心理和运动机能方面的发育差异，不同孩子能够使用勺子的年龄也就不同。有的孩子在 10 ~ 12 个月的时候就对使用勺子表现出浓厚的兴趣，而有的要到 18 ~ 24 个月。如果父母试图教孩子使用勺子，但他对此还不愿意的话，这就过高地要求了孩子；反之，如果父母阻止感兴趣的孩子使用勺子，则压制了孩子。父母要做好准备，婴儿有可能在任何一个年龄段都需要别人给他喂食，这肯定是很多父母事先没有预料到的。

如果父母感觉到，他们的孩子喜欢使用勺子的兴趣已经被唤起，那就保护这种兴趣，让他去用勺子并积累相关的经验。这样，孩子能学到两件很重要的事情：他独自适应了一种生活方式，且已经进入一个更高一层自立的生命阶段。两者都增强了孩子的自立意识。

孩子在最初几年，有两种主要的学习方式：社会性学习和启发性学习。

社会性学习

社会性学习是通过模仿来内化他人行为的能力。婴儿就已经表现出强烈的模仿欲望，他模仿简单的表情、表达方式和喊叫。通过模仿，1 岁的孩子就能表现出诸如表情和手势等人际交往的表达方式。小孩通过领会语言在音位学和关系学上的特征来聆听、重复喊叫和说话；在玩耍中模仿变化的方式并记忆下来。此外，通过模仿，小孩还能学到使用物品的有效方式。例如在饭桌上，小孩看着父母和哥哥姐姐们如何使用刀叉和勺子吃饭，这样刚 2 岁时，小孩就能开始自己使用勺子吃饭了。父母不必让小孩明白大人之间是如何相处的，人是如何说话的，以及如何使用勺子的。如果父母和其他的抚养者将孩子带到他们平时的生活中来，让孩子参加他们的活动以及互相交往，孩子便能通过模仿促使自己适应这种行为方式。如果父母尽可能多地把孩子带到他们的活动中来，他们便给予了孩子自己是有用的这种重要的感觉，同时也培养了孩子良好的归属意识。

在很多国家，孩子们生活在一个大的生活群体中。在那里，他们每天和大量不同年龄段的大人和孩子打交道。他们通过和成人共同生活和模仿来接受当地社会和宗教的习俗。在西方社会，儿童，特别是婴儿和学龄前儿童越来越多地和成人的日常生活相隔离。兄弟姐妹越来越少，与其他孩子的接触也少得可怜，以致孩子不能积累足够的、必要的社会经验。

父母如果能让孩子跟不同年龄阶段的人打交道，会对孩子的社会化发展作出极大的贡献，这方面在过去被忽视了。要想锻炼孩子的社交能力，需要扩展他的人际经历。由于大人和孩子各自的兴趣和特点不同，孩子在同他人交往的过程中，就可以发展与不同行为习惯和交流风格的人打交道的能力。为了积累不同的社会经历，孩子除了父母之外还需要同其他不同年龄段的人接触。而今天的许多孩子在小家庭中无法积累这些经验，因为家庭中仅仅平均有 1.3 个孩子。

小孩可以独自玩，但是他们首先需要和其他孩子一起玩。如果没有其他孩子，他们就会对父母或其他抚养人提出要求，但是成人无法或只能费力地满足这种需求。因为对成年人来说，很难，甚至是不可能提供给孩子与其他孩子玩耍的经历，父母不能帮助孩子获得所需的所有经历。学龄前儿童需要和成人，首要是和其他孩子交往来扩展不同的经历。

有其父必有其子

启发性学习

为了理解这个物质世界，孩子必须加强他对这个世界的体验。婴儿是通过积极接触物品来认识这个物质世界的。孩子通过与他成长阶段相适应的物品玩耍，来获得诸如大小、重量和形状等事物的物理特性。父母无法向他解释这个物质世界：器皿满了，但是翻倒后又空了，这必须由孩子自己来观察和理解。没有人能够向他解释清楚这是怎么一回事，只有通过自己体验才能理解。

“婴儿不可能学习所有我们给他带来的东西。”（皮亚杰 Piaget）向婴儿解释这个物质世界不是父母的任务。父母既不必向他解释、也不必向他展示，人们是怎样来用一件东西做事的。孩子愿意也能够在“玩中学”。孩子的亲身体验，对他从中获得能力和知识很重要。真正的学习是自我决定的。这个过程中总是伴随着失败和沮丧，但最终会和一种对自我效能的深深的满足感紧密相连：我做到了。但父母也不能因此而放任孩子，他们应该提供给孩子与发育状况相适应的玩具，这样就对孩子的学习过程提供了实质性的帮助。所以，6 个月的孩子喜欢玩与嘴巴和舌头有关的东西；12 个月的孩子喜欢不断地用不同的东西将空瓶子装满和倒空；18 个月的孩子喜欢将东西堆积起来。玩具顾名思义就是玩的东西，任何一件孩子感兴趣的东西都是孩子的玩具。同样的物品在不同成长阶段对孩子可能有不同的意义。

婴儿玩物品经常是用一种大人无法理解的方式。所有的婴儿都喜欢将手上拿的东西往嘴巴里塞。他为什么这么做呢？难道他认为这是吃的东西吗？父母不仅对孩子的行为惊讶不已，而且还经常提一些教育意义上的问题：这会不卫生吗？孩子总是将东西往嘴里送，会不会窒息啊？他们必须阻止孩子的这种行为吗？

婴儿将东西往嘴里塞是因为他不是通过眼睛、而是通过嘴巴来认识这个东西的，进而用嘴唇和舌头来感觉这个东西的形状、大小、硬度和光滑度。嘴巴不是眼睛，却是婴儿感知这个物质世界的第一个感觉器官。所以婴儿将东西往嘴里送恰好是必要的。

观察婴儿的行为将帮助我们保护婴儿。如果我们懂得了婴儿为什么总是喜欢将东西往嘴里塞的道理，我们就不会对他的这种举动感到不安或者干脆试图阻止婴儿的这种行为。我们应该更多地考虑，婴儿嘴里塞什么东西是有意义的，什么东西是不安全的。

孩子最初几年的发育还将表现出很多父母无法理解的行为方式。如果一个孩子到了一定的年龄段喜欢将椅子上的所有东西往地上扔，几个月之后喜欢使劲地将抽屉中的东西全部倒空，这肯定是有目的的，虽然这种目的不为我们成人所理解。即使我们不理解孩子的行为，但如果这种行为对孩子不构成危险，我们就应该保护这种行为。孩子的玩耍是有意义的，尽管我们不能总是理解这种意义。

教　育

父母对于如何教育孩子有非常不同的想法。教育对一些父母来说可能意味着，传授给孩子知识经验，帮助孩子发展他的能力。对另些父母来说，教育首先意味着，教会孩子社会交往的规则和价值，以此使他成为可以被社会接受并能在社会中立足的社会生物。教育对于大多数父母来说还意味着，引导孩子并支配他们。不管父母选择何种教育风格，没有父母能回避让孩子顺从，即使是最有经验的父母也无法放弃给孩子设限。孩子在不同程度上顺从那些最有能力的父母。除了父母的教育风格，孩子的年龄和个性也起着重要作用。有些孩子天性比其他孩子更容易引导且服从要求。当孩子到 2 ~ 5 岁时，父母尤其经常设限。

父母在教育中赋予听话的意义受到许多因素影响，除了社会期许之外，与亲朋好友的谈话、书籍和电视也发挥着重要作用，还有父母作为孩子时与他们的父母所积累的，无意识地内化了的经验和世界观。此外，还有犹太基督文化 2000 多年古老的遗产，顺从不仅是达到目的的工具，还是目的本身，是实际上的教育目的，这就如以下不同年代的引言证实的那样。

“谁喜欢他的孩子，他会一直掌控他，以便他长大之后也能从他身上体验快乐。”

预言家　希拉克（Sirach），30.1.

“对教育来说，听话很必要，因为它赋予性情秩序并臣服于法律。一个习惯听命于父母的孩子，当他自由且自己做主时，也会服从理智的法律和规则，因为他已经习惯不按照自己的意愿来行事。这种服从是如此重要，以致整个教育事实上不外乎是对服从的学习。”

J.G. 祖尔策（J.G. Sulzer）(1748)

“人们在第五个月就必须把孩子从有害的杂草中拯救出来。”

丹尼尔·施雷博尔（Daniel Schreber）(1858)

那时，纪律与约束在教育中经历了一场复兴。大多数人希望在与孩子打交道时有更多规矩。这似乎无关孩子的舒适，而更多是尽可能有效安排父母和教育人员的教育工作，以及用尽量少的花费来控制孩子。教育措施不仅对孩子的行为有直接影响，并且影响深远。如果孩子早期接受约束教育，他们成年时通常变得太迷信权威、不独立、畏惧责任，且由于缺乏独立见解而臣服于社会和经济中任何形式的团体。在今天，这还能成为我们教育的目标吗？

孩子究竟有多不听话？2003年在瑞士1240个家庭中实施了一项关于教育的问卷调查（舍布和佩雷兹Schöbi und Perrez）。大约超过70%的父母称他们的孩子在1～7岁时不听话。最高值在2岁半到4岁之间，50%的父母抱怨孩子有不良的餐桌礼仪，在社会交往中不礼貌。当他们向孩子提出某些要求的时候，孩子还会吼叫且有抵抗反应，此外，还有父母指责孩子在2岁半以前就看太多电视（30%），稍大的孩子不整洁（45%），以及学习主动性不够（25%）。如果我们认为，瑞士的父母不如其他国家的父母有能力，则我们可以从这项调查得出结论，不听话主导了日常教育。

这个结论在我看来是错误的。我坚定地认为，孩子在日常生活中主要是听话的。如果不是这样，那教育孩子就是噩梦。大部分孩子是听话的，似乎有悖于我们潜意识的感知。我们把他们的顺从当作自然而然的事情。但是当孩子反抗时，我们就会生气，这会深深地印在我们的记忆中。

孩子为什么听话？这主要不是因为怕什么惩罚，还有更重要的原因。

“关系在教育之前”（佩特里Petri）。孩子听话最重要的原因是孩子喜欢这个向他提要求的抚养人，且不想让他失望。孩子会遵从抚养人的要求，是因为他不想失去他们的爱和照料。积极的情感依恋使孩子听话。如果父亲和他4岁的儿子一起愉快地度过了周六下午，他可以费更少的力气让孩子把电视机关上。如果父亲在一整天工作后晚上才回家，在第一次接触时就禁止儿子看电视，孩子会把这理解为拒绝，并因此与父亲卷入一场争论。抚养人的教育方式合理，孩子的情绪越好，他就越听话。

儿童教育的基本前提是：孩子感觉被抚养人接纳。这种接纳感越强烈，父母的教育措施就越有效。正是这种积极的情感依恋，而不是教育方法，使得孩子愿意听抚养人的话。因此父母应当试着考虑目前的亲子关系，以及孩子的情绪、情感状态，而这通常很难。

孩子听话的另一个重要原因是，父母的要求是按孩子的自主意识，考虑到了孩子的需求。孩子很想自己来决定做什么事从而趋向自立。即便是新生儿也有一定的自主意识。他想参与决定，他应该在什么时候喝奶以及喝多少奶，他什么时候睡觉以及该睡多长时间或者什么时候醒来？只要婴儿理解了如何与事物打交道，他就会发展出自主意识。当他开始会爬、会走路的时候，他就有了自己的看法：往哪儿爬或者走？

但这绝不意味着孩子从出生的那一天起就想或者应该独立自主。这有点像一种错误的反对权威的教育态度："由孩子去吧。他知道他想干什么。"这样一种对新生儿的抚养态度现在越来越被宣扬。应该让孩子自己决定，什么时候喝奶，喝多少，喝几次。有些孩子在这种放任自流的抚养方式下也确实发育得很出色。但有的就不行：喝不到足够的奶，几个月之后生活就没有了规律，晚上睡不着觉，经常啼哭，使大人很沮丧。这些孩子就需要父母的帮助，使他们养成良好的习惯，彻夜熟睡，从而使他们发育正常。

对于婴儿而言，还有一个值得注意的事情是：同龄儿的体质不一样，发育也不一样。因此没有一条能够适用所有孩子的相同的教养方式。当一些新生儿在喝奶的阶段进步很快，能够自己决定什么时候喝奶以及喝多少奶的时候，还有一些孩子却必须求助于父母。也许要想弄明白什么样的情况以及孩子什么样的举动，表明孩子有能力开始做主自己的行为，或者还只能依赖父母，是教育上的一个挑战吧。

如果孩子有这种能力，就应该让他自己作决定。如果父母阻止孩子想做以及能做的事情，就会使孩子丧失信心并变得不自立；而如果孩子还没有具备这种能力，就应当让父母决定。如果父母要求孩子做一项他还不能做的事情，这就向孩子提出了过高的要求。过低和过高的要求对孩子的自立都会产生不利的影响。

在对孩子的教育中，一个不断被提出的问题是：孩子是真的不听话，还是我们大人对他们有错误的期待？错误的期待和设想毫无疑问在现在和过去都有。过去祖父母那一辈的孩子刚出生那几个月的哭叫是不听话，必须以最快速度制止孩子，以免他们将来想做什么就做什么。让这么小的孩子理解有序或无序，这样的期待对孩子要求过高，但是它作为老化的教育方式的残余物，现在的父母似乎很重视。父母应该不停内省，他们对孩子提出的要求是否与孩子的成长相适应。

“教育是榜样和爱，其他什么都不是。”（弗洛博尔 Fröbel）许多父母所期待的行为方式，可以不费力地实现。父母只需要给孩子树立榜样即可。孩子有极大的内在倾向去学习抚养人的行为。如果父母在每次吃饭前当着孩子的面洗手，孩子也会跟着照做，根本就不必指示孩子。如果父母每天看电视超过 3 个小时，这已经达到平均水平，他们就很难说服孩子应该尽量少看电视。

如果孩子不听话，教育策略就不可避免。孩子得通过不舒服的惩罚使他们放弃一种家长不希望出现的行为。在舍布和佩雷兹（Schöbi und Perrez）的研究中父母是怎样做的呢？

威胁和责骂是父母通常会做的事（90%）。这通常是对孩子不当行为作出的第一反应，但这只在当孩子觉得不听父母的话会有不好的结果时有用。通常的措施还有禁止看电视（53%），被关在房里 / 上床去（50%），没有点心吃（18%）或者不吃晚饭直接去睡觉（5%）。这些方法也只在父母真正实施的时候有用。大约还有 20% 的父母还对孩子进行体罚，2 岁半到 4 岁之间的孩子最常遭遇体罚。打屁股是最常有的（15% ~ 20%），之后是扇耳光（5% ~ 10%）和抓头发（2%）。这也表明，2 岁半到 4 岁之间这个年龄阶段的孩子需父母们的忍耐性要极高才行。

为什么父母总是采取这种手段？使用体罚的父母中只有 13% 认为这是一种合适的教育方式。这些父母中的 1/3 认为，偶尔扇个耳光是可以的，并无大碍。但大部分父母还是感觉不舒服，事后他们会安慰孩子，向孩子道歉，良心不安，并和他们的伴侣说起此事。大部分的父母希望避免体罚，但当他们在面对孩子的行为感觉忍无可忍时，还是会打孩子。

什么样的方式对孩子公平又有效呢？父母主要有三种策略，来使孩子听话：

正强化 孩子会因为一个父母期待的行为受到奖励。如果一个 18 个月的孩子以很大的热情和毅力试着用勺子吃饭，并被父母褒奖，他在下次吃饭时就会更加努力。瑞士和德国的父母比起盎格鲁撒克逊的父母夸奖孩子的次数少得多。奖励对于中欧人来说有怂恿和溺爱之嫌。即使在成年人之间，表扬和奖励也会让他们觉得不可思议，无所适从，他们极其吝啬地使用奖励策略。这其实很可惜，因为奖励与其他带有负面结果的措施相比有着积极的教育价值。

忽视 父母对孩子一种不受欢迎的行为不做出反应。忽视可能比禁止更有效。当一个小孩偶然听到脏话并在不合适的时机说出来时，他们大多不知道脏话的意思，但是他却很可能知道说脏话可以在他的社会情境中达到很大的效果。如果父母在情绪上没有反应并且不被这些脏话激怒，孩子自己会停止说脏话。

惩罚 孩子应当通过感觉到不良后果，放弃一种不受欢迎的行为。父母事先考虑好并对孩子采取适合的惩罚措施，远比在突发状态下采取的措施有效得多。惩罚措施应当与孩子的成长状态相符，并且不能仅仅作为一种口头威胁，要具体可行。由此，孩子会将它理解为父母对不良后果所秉持的教育态度。有效的教育与前瞻和计划密不可分。

父母应当考虑到，孩子会如何体会这种惩罚措施。孩子不仅会感受到沮丧甚至痛苦，而且尤其会感到被否定：惩罚我的抚养人不喜欢我。这种方式在认为体罚不合理的国家尤其适用。像丹麦这样的国家，任何方式的体罚在法律上都是被禁止的，是对孩子的犯罪。

孩子在抚养人那感觉越不舒服，被否定的感觉越强烈。孩子感到被否定，主要不是由于惩罚措施本身，更多是通过父母宣告和执行的方式引起的。对孩子来说，父母友善但坚定地说“不”，或是通过脸部表情和声音表达愤怒，有天壤之别。当抚养人不仅反对他的行为，而且把孩子说得毫无价值时，孩子的被否定感就会越强烈。因此，惩罚措施永远不能和道德评判相挂钩。也就是说，这不仅取决于惩罚的方式，而且还取决于它怎样被实施。

如果我们不想使自己的孩子盲目顺从，我们就必须忍受一定程度的不听话。孩子不情愿地、拖延一定的时间来遵守一些要求，属于正常现象。如果人们设身处地从孩子的角度想，他们大多数的不情愿都是可以理解的。比如一个孩子沉浸在游戏中，但是妈妈要求他上床睡觉时，孩子需要时间从游戏中出来，调整睡觉时间。正如，父亲在电脑旁沉浸在自己的工作中而母亲叫他吃饭时，父亲毫无反应一样。

当孩子在教育中确实不受管制，那父母和抚养人应当共同考虑下面的问题：

- 我们对孩子的期待是否与成长相符，对孩子公平吗？孩子是否感到被要求过高甚至通过我们的措施觉得被侮辱了?

- 我们的教育方法有后果吗?孩子能否预见?我们宣扬的惩罚措施是否会得到施行?
- 我们是否给孩子提出了他有足够的能力而独立达到的要求?孩子会不会被我们惯坏了?我们是否对他的听话太过于用物质奖励并在他不听话时加大奖励额度?我们是否有引诱或贿赂孩子之嫌?
- 我们是否顾及到孩子的情绪?他是否得到足够的爱和照料,还是觉得被我们遗弃了?对我们的要求他是否觉得被否定?他想展示给我们他缺乏爱了吗?他宁愿要负面的关注也不愿完全没有吗?他是否因此用蓄意的狡黠行为使我们生气?
- 孩子盲目地模仿了我们的某种行为,我们为什么禁止他这样做?

听话应该只是引导孩子形成有意义的言行的一种方式。如果听话变成目的本身,它只会被用作权利的实施并会伤害孩子。最终父母应该会想到,所有措施都会对孩子造成长期影响,甚至还会影响到他们将来做父母时的教育行为。父母行为对孩子总是起榜样作用。父母希望你们的子孙如何被教育呢?

没有完美的父母

父母总是不断地在关心、约束孩子还是放手让孩子自己做的纠结中与孩子打交道。对此,要想找出一个正确的尺度是一门高超的教育艺术。即便是正确的尺度也不可能“放之四海而皆准”,它得按照每个孩子及其发育状况而行之。

找出一个正确的尺度是做父母的一项任务,但这种尺度从理论上无法解决,它总是在不断调整中。所以即使父母在深夜的时候疲惫不堪,但他们还是要时不时地起床观察孩子的动静。他们不能也不想仅仅是照看孩子而已。他们需要付出时间和精力去了解孩子的兴趣及其伙伴。如果他们对此没有时间和精力,他们就会越来越感到不满意,这将对孩子的发育产生不利的影响。也有一些父母因为职业和家庭方面的原因对他们的孩子深感照顾不周。对此,可以安慰他们的是:老天爷并不评判谁是最优秀的父母。孩子从出生的那一天起就具备了一定的适应能力和克服危机的能力。老天爷也不会评判那些独自照顾孩子的父母。但是,他期待父母为孩子抽出必要的时间,期待社会支持父母,直到他们对孩子能给予足够的照顾。

如何带孩子

“抚养孩子需要整个村子”（古语）。今天绝大多数父母在带孩子时无法保证持续性。从前能帮助他们带孩子的大集体生活已经不复存在。父母必须靠社会支持。可惜，在德国许多联邦州以及整个瑞士，对家庭补充抚养的资助远远不够，而且在抚养质量上还亟待改善。如果不想让孩子受到伤害，这种状况必须得到改善。

只有当孩子和家庭的价值被社会和经济所重视时，这才能成功。为了使社会对孩子更友善，就要发生一次经济变革，限制父亲职业投入的程度，以便他有足够的时间和精力参与到抚养孩子的过程中去。当父亲最终回家时孩子却把他当作陌生人，这种事不应该再发生。重视父亲角色的男人不应在工作中被歧视，职业活动中要倡导性别平等。最终，父亲和母亲的兼职机会就会更大，可以更灵活地安排照顾孩子的方式、方法。

孩子成长的生活群体越来越多样。毫无疑问，不是只有一种群体可以满足良好抚养的标准。那么，不同类型的家庭应该如何照顾孩子并促使其社会化呢？

完整家庭 这是孩子成长过程中最常见的类型。80% 的年轻人像以前一样追求这个目标，虽然离婚率逐渐达到 40% 多。

有些母亲几乎独自抚育孩子并完成这一角色，通过对孩子的教育，她们获得一种深深的满足感。事实上，当她们独自担负着教育孩子的使命时，大部分人感到疲累不堪，并且仅仅靠抚养孩子无法使她们自己获得满足。她们通常被社会隔离，缺乏挑战以及通过职业活动获得的尊重。如果母亲在心理上感觉不舒服，对孩子也不会好。

完整家庭是孩子最理想的抚养环境，人们普遍接受这种观念。每个女人都应该高兴，感到幸福，她们可以全身心地投入到抚养孩子和家庭中。相反，一位工作的母亲通常被批判，因为她把自己的利益凌驾于孩子之上，希望自我实现而忽略了孩子的需求。持这种观点的人应该想到，这种理想化的家庭模式没有必然性，更多的只是大约前五十年的一个特例。在整个人类历史上，或许没有其他任何时期，单单是母亲要对抚养孩子负责。孩子在生活中和许多亲戚、邻居和熟人一起成长，他们帮助母亲抚养孩子。此外，亲戚和邻居中还有大量兄弟姐妹和孩子，他们互相打交道并被教育。即使今天仍有许多国家的孩子在这样的生活环境中长大。

小家庭的父母通常会尽可能保证一个孩子的抚养，但是如果完全没有他人帮助，只有极少数人应付得来。任何情况下，父母和孩子都应该积累和其他成年人，主要是和小孩交往的经验，以便孩子能够发展他的社会能力。

多数情况是这样，母亲和父亲做兼职工作，共同抚养孩子。这种抚养分工对孩子很有利，因为他们能分别和母亲、父亲有足够的交流体验。这些父母通常做允许兼职的工作。即使这样也需要经济配合，尽可能在所有职业群体中创造更多兼职岗位。减少工作时间的父母在工资和职位级别上不能被歧视。即使父母双方都参与抚养孩子，他们大多数还得依赖其他抚养人。要让孩子足够社会化，就必须考虑上面已经提到的事项。

父母双方都工作的情况下，通常父亲是全职工作，而母亲做兼职。在瑞士，30% ~ 35% 的学龄前儿童的母亲工作，60% ~ 75% 已上学孩子的母亲工作。母亲们工作，是因为她们出于经济原因不得不工作或是想从事她们所学的职业。

母亲家庭和职业的双重负担很大。父母依赖于家庭辅助抚养机构，但这些服务通常欠缺或太贵。由此受影响的是孩子的抚养和社会化。由于母亲工作，上学的孩子中有 40% 在学校外没有被抚育（鲍尔 Bauer 2004）。

单亲家庭 越来越多的孩子长大时只有父母中的一方。这些父母受双重负担的影响最大且尤其依赖于家庭辅助抚育机构的支持。大部分孩子和其他孩子一起被抚育，这对他们的社会化有正面影响。

总结来说：

- 父母对孩子的抚养按生活群体的不同得到不同保障。为了使孩子能足够社会化，所有生活群体中的孩子都需要辅助抚养人，首先是其他孩子。
- 如果父母无法独自完成对孩子的抚养，不必有负罪感。他们应当尽早寻求支持和抚养的可能性，以便自己不会操劳过度，且更好地保障孩子的舒适感。

谁会帮助父母抚养孩子？

亲戚 在瑞士一项研究中证实，祖父母每年有 100 万个小时来抚养孩子（鲍尔 Bauer 2002）；德国的这一数字大约是 140 万个。祖父母，主要是祖母，对抚养孩子作出很大贡献，这也有经济意义。将来，可以抚养孩子的祖父母会更少，因为他们大多也要上班。其他亲戚像阿姨、舅舅或表兄妹，比起祖父母，承担的责任少得多。

熟人 某些家庭不仅把亲戚，还把朋友或熟人带到孩子的抚养中。牵扯进来的人越多，保障抚养持续性就越难。通常抚养人每周都会换。这种抚养方式的优势是，大部分孩子可以和其他孩子一起玩。

家庭辅助抚育机构的服务人员 对于保姆、幼儿园、游戏小组、托儿所的儿童抚养形式，德国和瑞士大部分父母还不能完全接受。他们坚持着母亲至上的信仰，认为一个专业人员永远无法像孩子的母亲一样喜欢孩子，且不会像自己那样照顾得孩子那么好。有些父母在家里能很好地抚育孩子，不需要依赖家庭辅助抚养机构。但是，对大多数需要为生活费工作的母亲来说怎么办呢？现在已经有许多，将来会有更多家庭必须依赖家庭辅助抚育机构的服务。

家庭辅助抚养方式不仅能支持父母，减轻他们的负担，满足家庭的抚育需求，并会对孩子的教育产生积极的影响。过去几年，孩子的社会化和成长经验的需求得到了公众的关注。在对经营质量优良的日托所的调查中发现，上过日托所的儿童在进入幼儿园时更有能力，他们的发展尤其在语言方面的发展要比其他只在小家庭度过他们头几年的孩子更好（霍沃思 Howes，美国国家儿童保健和人类发育研究所数据库）。在幼儿园和学校，头几年的经历对孩子的舒适感、行为和成绩有正面影响。日托所儿童的发展优势主要可以归结为以下几个因素：

上日托所孩子的优势

- 在混合年龄小组中与同龄或年龄稍大的孩子有扩展的经历；
- 与其他抚养人，如幼儿教师有足够的交流体验；
- 利用更丰富多样的方式来积累与成长相应的经历（手工制作、做游戏与大自然接触等）。

上述研究也显示，不管家庭辅助抚养机构多么好，父母对孩子来说仍是最重要的抚养人。孩子怎么样，还是主要依赖于父母的照料。日托所无法取代父母作为主要抚养人（霍沃思 Howes，美国国家儿童保健和人类发育研究所数据库）。

家庭辅助抚养方式不是一定对孩子不利，但是他们也不是总对孩子有好的影响。为了使孩子好好成长，家庭辅助抚养机构的服务必须提高质量。抚养高质量的特征是：积极的有能力的幼儿教师，他们接受过受认可的教育学培训或进修，对日常活动能很好地组织以及提供孩子需要的足够的活动空间。质量好的抚养有两个最重要的催化剂是人员的持续性（尽量少换）以及幼儿教师足够的数量，以此保障每个孩子与老师有亲近关系并获得足够的照料（见附录）。

当某些父母最终找到一个保姆或日托所位子时会非常高兴，往往不敢询问或提出要求。但是，他们不应这么做，因为他们不是把孩子交去保存，而是受其他人照顾，他们期待有能满足孩子需求的合适的照顾。父母有权力知道，他们的孩子如何被照料，他们能获得哪些，首要是社会化的成长体验。他们必须仔细观察日托所的活动空间，与管理人员详细交谈，去询问那些把他们的孩子交给这个日托所照料的父母，是非常有帮助的。父母寻找家庭辅助抚养的注意事项清单在附录中。

没有孩子的未来

对大多数父母来说，独自抚养孩子是一项过高的要求。他们感到过度劳累时，原因不在他们，而在于当今社会家庭的位置。当父母无法独自抚养孩子时，他们不应良心不安，他们的祖先或许也没能做到，此前父母被生活群体支持，今天他们在教育中要依赖于社会的支持。社会有义务做从前生活群体所做的，今天的社会作为孩子和家庭的生存空间应当重新安排。如果社会不接受这个挑战，就会成为家庭和孩子的负担，我们便会错过创建一个值得生活的未来的机会。

为什么年轻人越来越不情愿组建家庭？过去，孩子通常是偶然或非计划地降生。自20世纪30年代起，伴侣，尤其是女性，可以用避孕措施决定她们是否要孩子。要孩子在今天是一个有意识的决定，不再是命运。

在欧洲流传着我们生活的大陆会灭绝的说法。德国和瑞士在整个欧洲的出生率最低。为了稳固人口，到现在必须每年多出40%的生育。在斯堪的纳维亚国家，荷兰和法国的出生率要高得多。在这些国家，父母抚养孩子有费用资助，且不处于职业和父母角色的冲突中。如果我们希望有更多孩子出世，就必须显著改善社会中年轻家庭的生活质量。如果未来家庭得到足够支持，就会有许多年轻人愿意组建家庭，并从中得到快乐。

优先权

像其他刚做父母的人一样，莎拉的父母对他们的孩子和自己有很高的期待。他们想在接下来的几年内为孩子做最好的：

- 孩子感觉舒服和安全。
- 她要生活在这样一种环境下，即她的需求被其父母和抚养者非常信赖地接受并得到满足。
- 孩子感觉到：其他人关心她，而她能够影响其他人。
- 孩子能从接触到的外部环境中得知，她能够有所作为、改变环境以及获取知识。

孩子被允许有自立的资格。自己作决定使自立意识增强。要让孩子意识到，他来到这个世界上对世界并不是没有帮助的，而是可以有所作为的。

与这些高期待相呼应，父母对自己也提出了很高的要求。在接下来的几年中，孩子需要从父母那里得到更多情感、心理和身体的能量，最重要的是时间。如果他们想满足这些要求，就必须重新思考，重新设置生活中的优先权。回答以下问题有助于适应父亲和母亲的角色（见附录）：

- 孩子需要多少我的时间？
- 我将来还有多少时间用于：
  - 伙伴关系
  - 职业
  - 家务
  - 社会关系
  - 媒体
  - 自由时间
  - 运动
  - 其他

重新调配优先权不是简单的任务，对于有志于社会生活的父母来说，生活和孩子一样多姿多彩。大部分母亲天生无法体验孩子的需求，因此她们特别强烈地感到多重压力。她们无法适应生活中改变的状况。即使在过去，女人也不是天生仅仅限制在母亲的角色中。如果有的话也只有一个少数民族的妇女独自照顾孩子。女人们在农田、手工活动和商业活动中做了大量工作，协助生产，把她们的社会能力投入公益事业，追求对自己和团体有利的利益。她们料理花园，研究草药护理学，在制衣方面有天分，很会做饭、烤蛋糕，或者制作手工艺品。

过去几十年的教育政策使得女人在整个文化史上第一次可以更好地实现她们的天赋。女人在教育中取得和男人同等的地位。职业中的同等地位虽还未达到，但肯定会实现。因为大多数女人想工作，且欧洲未来的经济依赖于她们这些有资格的工作力量（而不仅仅只是在家里带孩子），在教育和职业中迈出这解放的一步。对此，许多女人依然会产生负罪感，但是母亲神话对女人的影响已越来越弱，主要是工作、政治，还有在教堂中的男人还在维护这个神话。尤其是那些特别在意孩子健康的男人，最少参与对孩子的抚养。

要接受女人的多样性，表示不仅要认可那些只想照顾孩子且经济上有能力这么做的母亲，她们的行为应得到社会的认可，而且也应接受那些除了照顾孩子还有愿意从事其他感兴趣的工作的女人。如果不这样，她们的舒适感和自我意识就会受损。毕竟许多母亲没有选择，她们必须出自经济原因工作，即使她们宁愿一直跟孩子一起待在家里。

和母亲一样，父亲也很多样。他们的职业和个人活动不同，他们对孩子的兴趣和对家庭的投入也不同。有些父亲想多花点时间在家庭和孩子身上，但是工作的负担却不允许他这么做。当成为父亲时，越来越多的男人希望也可以改变他们的优先权。他们会得到丰厚的回报，因为与孩子头几

有一个和我一起围在篝火边跳舞的妈妈太好了

有一个和我一起去森林里找圣诞树的爸爸太好了

年相处的经历可以增强父子之间的亲近和信赖，这种亲近和信赖感会长期影响父亲与孩子之间的关系。他们对抚养孩子作出的贡献对夫妻关系也很重要。大部分母亲有权利期望，父亲可以投入一部分时间和精力到家庭和孩子身上。

不论父母如何共同制定优先权，他们最重要、花费最大的是保证孩子接受良好的教育。他们应当安排孩子的日常生活，为孩子积累他们发展所需的必要经验。最重要的是，父母要不断提醒自己：作为父母能给予孩子最宝贵的东西是时间。

要点概述

1. 孩子有内在的成长发育的动力，他想成长并获取能力和知识。
2. 孩子生长发育阶段的顺序是一致的。但是，在成长发育时间及一定的行为特征方面，孩子的成长发育又是各不相同的。
3. 由于孩子生长发育的多样性，父母在抚养孩子的时候应该根据孩子具体的生长发育现状和需求进行。所谓规范标准、传授来的抚养孩子的基本方式以及忠告并不适合孩子的个性需要。
4. 成长由先天和环境的共同作用而成，成长计划以及身体和心理特征在遗传基因中产生。环境，主要是父母使孩子的生理成长，塑造他的性格以及培养他的能力。
5. 身体和心理的舒适是正常成长的前提条件，此外，孩子还需要相应量的食物、照顾，最主要的是安全和关心。
6. 孩子最初几年最重要的两种学习形式是社会性学习和启发性学习。
7. 社会性学习基于模仿的能力。为了使孩子在社会、语言和精神上良好发育，孩子需要不断鼓励，并与其信赖的人进行交往。最好、最自然地促进孩子在社会、语言和精神上的良好发育的方式是：父母、兄弟姐妹和抚养者将孩子融入他们的交往中来并尽可能地和孩子一起活动。
8. 孩子是在玩耍中获取有关环境知识的。对于任何一个发育年龄段而言，都有一些很适合孩子成长发育的游戏或者玩具。
9. 孩子每一步的发育都有一个固定的时间表。对此，孩子身心内部已经作好了迈出这一步的准备，并用他的行为表现出来。我们应该识别并深入这个时间表。

10. 孩子有强烈的内在自立动力，父母应该允许孩子自己决定做什么事情，挖掘孩子的自立潜力取决于孩子怎样自立。

11. 教育的前提是孩子对抚养人的情感连接。有意义的教育方式有正强化（褒奖），忽视和惩罚（禁止）。任何形式的体罚都不合适，应当禁止，所以措施都应与孩子成长相符且有结果地完成。孩子主要通过榜样来学习社会行为并形成自己的世界观。

12. 家庭辅助抚养可以保证充足的照料并对孩子社会化和成长有重要作用。前提是对孩子有利的抚养的质量标准得到满足（见附录）。

13. 如果父母希望满足孩子的需求，就必须重新制定生活中的优先权。父母能给予孩子最宝贵的东西就是他们的时间。

第一章 关系行为

引　言

父母带着半岁的女儿乘坐公共汽车。小扎拉偎依在父亲怀里咿咿呀呀地“说”个不停。一位老妇微笑着逗着她玩。小扎拉注视着她。老妇向这对年轻的父母询问孩子叫什么名字，多大了。

人们相遇在一起就会产生一种人际关系。即便他们互不理睬，他们之间还是存在关系的（瓦兹拉威克 Watzlawick）*。人际关系是一个人的基本需求，是生命中不可缺少的组成部分之一。人是社会的因素，他需要别人，孩子尤其如此。

新生儿也是社会行为能力存在体，尽管这种能力的作用还很有限。而关系行为的完全发展需要整个童年的时间。孩子社会情感的发展在不同的年龄段有自己独特的含义，并伴随着特定的行为特征，例如 1 岁左右的婴儿会表现出认生的特点。父母都想要维持和孩子已经形成的关系模式，然而事实上同孩子之间的关系总是在不断变化的。孩子在我们面前一次又一次地表现出自己的成长，而我们却总是以老一套来对待，不懂他的心思。对于父母来说，不断询问自身与孩子的关系行为，使自己适应孩子的成长，这并不是一件简单的事情。

人际关系融入我们的生活，其程度之深使得我们必须得努力去探讨它、谈论它。摆放在书店中的无数有关心理学和生活指南的书籍证明，我们是何等努力地去理解人际关系行为并使自己做得更好。关于社会行为的理论，如西格蒙德·弗洛伊德（Sigmund Freud）和埃里克·埃里克森（Erik Erikson）这样的精神病专家和心理学家所研究出的理论已经成为了广泛阶层人们宝贵的思想财富。但是，这种理论究竟改变了多少人的关系行为，依然是一个问号。

在我们这个阐述发展儿童关系行为的章节中，我们试图尽可能地远离理论，所研究的都是我们从自身经验中认识到的，以及在同孩子的日常交往中所熟悉的几个方面。我们将具体分析决定婴儿和学龄前儿童行为的 4 个领域：交往行为（对安全和照顾的需求）、非语言交流（身体语言、对社会现象的观察与表达）、社会学习（行为方式及价值的获取）和社会认

---

* 保罗·瓦兹拉威克｛德语：Paul Watzlawick｝，美国心理学家，1921 年出生于奥地利，是通信理论的领军人物，在家庭治疗和一般心理治疗上也有很高的成就。——校对者注

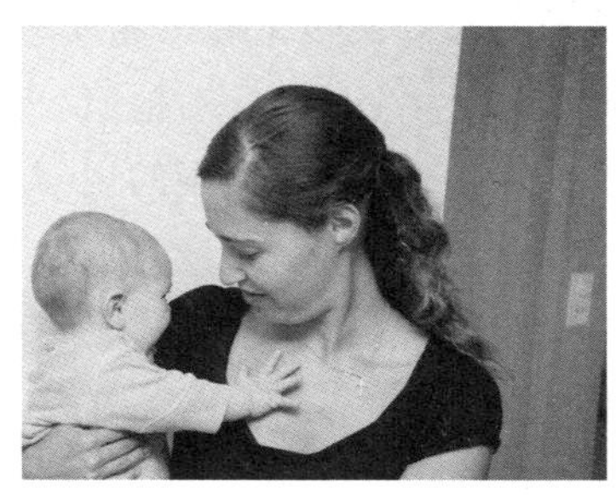

阿隆（Aron），8个月，认生

知（对自身及他人感觉和思维的意识）。最后我们将深入研究应当怎样制定一个适合孩子的育儿计划。

交往行为

儿童交往行为的核心即对安全的需求，不能让孩子单独待着。熟悉的人的亲近和照顾对孩子是非常有好处的。这种对安全的需求即所谓的交往行为，这是我们和所有高等动物之间的共性。

为什么孩子会有如此显著的交往行为呢？其重要原因如下：

- 在15年甚至更长的时间里，孩子需要依赖父母和其他抚养者的照顾。没有这种照顾他们将无法生存。孩子需要营养、照料和保护。
- 孩子需要长年以父母和其他抚养者，兄弟姐妹和别的孩子为榜样来学会我们这个社会的复杂的社会行为。
- 为习得如书写、阅读等文化技能，汲取社会文明所创造的部分知识，孩子需要一位有责任心又能同其保持长期关系的生活导师。

为了使孩子的社会化和教育化进程获得成功，孩子与父母以及与其他孩子和成年人之间建立起密切的关系是非常必要的。

人类同其他高等动物一样遵循着相同的行为生物准则（鲍白 Bowbly 1969，1975）：孩子同父母（注意，不仅仅是母亲！）和其他抚养者之间的联系至少会保持到他们有自己生存的能力为止。只有当孩子过了青春期，并且开始有能力照顾自己时，他才会从情感上逐渐疏远父母和其他抚养人。从行为生物学的角度来看，也就说这种联系已经完成了自己的使命。

联系是如何产生的呢？在哺乳动物和鸟类当中，幼体同母亲之间的联系和母亲同幼体之间的联系是通过不同的荷尔蒙和不同的神经心理机制建立起来的。在这种特征下，幼体动物在特定的敏感时期内同其母亲结合在一起，然而这种机制在人类儿童的交往行为中只起到次要作用，孩子同父母以及其他抚养人之间的联系主要是通过他们之间共同的经历而产生的。在婴儿出生的第1周及第1个月内，他会依赖于那些照顾他并由此而熟悉的人。从所谓的抚养人那里，孩子寻求亲近、照料和保护。在孩子成长的第一个年头里，孩子会用其特有的行为方式，如寻求亲近、害怕分离和认生，来表达一种肢体上和情感上的依赖。

孩子同父母或其他抚养人之间联系的紧密程度主要取决于他们相处时间的长短。一些父母想知道他们每天需要花多少时间在孩子身上才能同他建立起这种联系。我们并没有精确的数据来表明每天花费的时间是多少个小时，因为这还取决于父母是怎样与自己的孩子度过这段时光的。孩子需要的不仅仅是相互的联系，还有感觉上的舒适。孩子的幸福感更多地由亲子关系的质量决定，而非相处时间的长短。在本章的最后，我们将就这一问题进行详细的讨论。

一次建立起来的联系并不能长久地存在于整个童年期间。孩子总是在不断地成长，他的需求和交往行为也会随之改变。因此，这种联系必须通过与抚养人之间的共同经历不断更新。

亲子关系的建立是无条件的。鲍白（Bowlby）称之为本能的交往行为。孩子直接和父母交往，而不管父母对他充满爱意、理解还是冷淡。一个孩子可能会被其父母冷遇或忽视，但从来没有发生过孩子对他们与其父母之间的关系有什么质疑的现象。孩子与父母之间关系的质量并不影响他们之间的交往，而是更多地影响孩子的幸福感。没有一个学龄前儿童会解除他和父母的关系转而寻找其他人作为他的父母。孩子们毫无保留地喜欢他们的父母，并将自己“是福是祸”都托付给了他们的亲生父母。对此，我们作为父母一定要意识到，孩子们爱我们不仅因为我们是伟大的父母，还因为从他出生的那一天起，任何一个孩子都需要我们不断地、长年累月地关心、照料他。

孩子同父母及抚养人之间的联系在孩子出生的头两年内显著加强，但在这之后会慢慢地，持续地减弱。不过这种紧密的联系在孩子上学期间可能会再次显现出来。孩子在幼年时就开始同家庭成员之外的抚养人之间建立联系，例如同祖父母和邻居之间，上学时同老师之间。这种紧密的联系还可能出现在兄弟姐妹之间，从上学起则表现为同其他孩子之间的友谊。到了青春期，同父母之间的交往会不断减弱，“小大人”们可能会离开自己的父母，找寻新的关系并最终建立起一种长期的联系。离开父母的青少年在情感上并没有完全独立，他们同父母之间的那种联系仍然存在，只是他们现在更多地倾向于和同龄人交往。孩子对父母情感依赖的减弱是父母心头的烙印，因为他们会觉得失去了对孩子的掌控这是爱的遗失。

孩子的交往行为一方面总是在不断地发展，而另一方面每个孩子的交往行为又各有不同。比如，有些孩子对亲近和安全的需求很强烈。他们就是不愿意同抚养人分开，特别认生，这种孩子我们可以归为羞怯型的。而有些孩子则迫切地希望取得同父母之间情感上的独立，他们对同父母的交往欲望就没有那么强烈。这些孩子往往在哺乳期和幼年时期就已经同家庭成员之外的抚养人建立关系，并且迅速地融入他们（例如祖父母、邻居或幼儿园、学校的教员），这些孩子很早就准备好和别的孩子发展友谊，建立联系。

孩子需要安全和照顾，而父母和抚养人对待这种需求的方式决定了孩子心理上的幸福感。只有当孩子的身心都得到满足时他才会感到舒适和安全。如何实现这种幸福感将在“照顾”这一章节中做进一步的阐释。

孩子对抚养人情感上的联系不仅是获得内心幸福的基础，同时也如引言中所说的那样，是教育的基础。有安全感和幸福感的孩子比较听话，因为他享受这种安全感和幸福感，并且不希望被夺走。这种情感上的联系和一贯教育上的基本态度促使孩子听从抚养人的话。

当父母在他的第一个孩子出生的时候会暗下决心：我被征服了，我必须全身心地、快乐地面对我的孩子。父母和孩子之间的关系不仅仅是孩子同父母结合，也是父母同孩子结合在一起。父母对孩子的关系并不像孩子对父母那样没有条件。这种关系是非常强烈的。父母在孩子出生的那一刻起就作好了充分的准备，以迎接孩子降临到这个世界上，并抚养他。必要的话，他们会倾注全部爱心与辛劳将孩子抚育成人。

就交往行为而言，对孩子适用的

规则也同样适用于父母：父母同孩子之间联系的紧密程度取决于他们为孩子所做的事情并由此产生的同孩子之间的共同经历。血缘关系是很好的情感前提，但这并不能保证联系的产生。父母与孩子之间的熟悉程度以及相互联系的紧密程度，主要还是取决于相处时间的长短。因此父母应当在孩子出生的第1周和第1个月内尽可能多地陪在他身边，相互熟悉。从父母的角度来说，每天相处多少小时合适并没有一个标准值来界定，就像前面我们从孩子的角度出发一样。唯一的标准是在父亲、母亲和孩子三者之间达到一定的熟悉度。父母为建立这种熟悉度所投入的时间同孩子的性格，以及父母本身的性格和共同的生活环境有关。人们总是说：时间是父母可以给予孩子的最宝贵的礼物。

对社会现象的观察与表达

在孩子出生的第一年里，孩子和抚养人之间的关系几乎只建立在所谓的非语言交流（肢体语言）（艾贝尔－艾伯费尔德 Eibl–Eibesfeldt）* 的基础上，进入幼儿时期，言语开始发挥作用。不过在整个童年时期甚至是到了成年时期，如以下场景所展示的，肢体语言还有着根本的决定性作用。

一位女士独自乘坐火车。到下一站的时候，一位男士踏进了这节车厢。这位女士对待这位新来乘客的态度会因为他外表的不同而有所不同。例如，当这位男士是一位稍年长、穿着得体、戴着帽子的先生，和当他是一个朋克风格、穿着皮夹克和靴子的年轻人时，女士的反应是不一样的。而另一方面，这位女士的年龄、外貌以及着装也决定了男士对她的行为举止的方式。女士对男士的态度也会因为他们的行为差异而有所不同。例如，当这位男士在得到女士点头示意的邀请之后才上车，和当他大步流星、弯手曲肘的冲进车厢时，女士的反应和态度也是不同的。同样的，男士上车时，这位女士是在打毛线还是在研究公文包里的银行输出单，也必然会在男士的脑海留下第一印象。表现到行为上则是，男士可能在她对面或者旁边坐下，或者选择一个远离她的座位，而不管他怎么抉择，他的行为对这位女士都很重要。她可能会饶有兴致地观察这位男士是如何摆放他的行李的，她也可能望向窗户或者抓过一份报纸。同样的，无论这位女士是哪种表现，男士都会从她的行为举止中判断，她对他

* 人类行为学家，心理学家，代表作有《人类行为学》——校对者注

是感兴趣，是漠不关心还是否定。放完行李之后，这位男士是安静地回到自己的座位，还是轻叹一声瘫到座位上，享受地横跨车厢舒展双腿，都肯定会影响到女士的举动。她可能把自己的东西在邻座摆开，或者交叉双腿，把在胸部以上的上衣拉得更紧。

尽管到目前为止这两人并没有任何言语上的交谈，但却已经在相互交流了。他们在相遇的一瞬间就已经获悉，对方是谁，对方是如何看待自己的，自己对对方又有何种期待。倘若他们现在互相问候，对他们来讲，说话的内容甚至远没有说话时的语调和声音的温和度来得重要。

人际关系的建立有时并不一定非要通过说话，也可以通过身体语言进行，也就是非语言交流。当动物们共同生存的时候，非语言交流就已经产生了。它非常古老，但对我们的社会行为仍然非常重要。

让我们来具体地看一下这些身体语言：

装饰与外表 不管我们承认或接受与否，“三分长相，七分打扮”，外表影响着我们对某个人的态度。如果你的谈话伙伴整整高出你一头，居高临下俯视着你，或者你不得不仰着头看他，你的感觉绝对不会无所谓；而一个人的衣着打扮则会决定你是尊敬他还是鄙视他。衣着在某种程度上代表着一个人的社会地位。纺织工业的巨额贸易比那些科学研究更能证明衣着的社会含义：“佛要金装，人靠衣装”。

婴幼儿的外表时刻影响着大人：他那特有的可爱形象不仅大人喜欢，而且爱犬也喜欢。这种形象被康拉德·洛伦茨称之为宝宝形象，大多有如下特征：和成年人相比，小孩头大身体小。他额头突出，头盖骨大，和他的脸对比，眼睛硕大。实际上，刚出生的小狗等动物也有这样的特征。这种特征马上告诉大人应该如何对待他。

小宝宝可爱的形象在社会中被充分地利用。小宝宝、小狗和小猫的形象经常出现在铺天盖地的广告中。

宝宝形象

在卡通、动画片或贺卡中，小宝宝的形象作用经常被夸大。制作者充分利用了人们的心理，希望它能引起人们的注意，从而达到广告的目的。

身体姿势 当我们累的时候，我们会活动活动肩膀；当我们工作繁忙时，我们身体的每个部位都绷得紧紧的；情绪激动时，我们会挥舞胳膊。身体姿势，多数情况下是无意识地表达我们的情绪以及与人交往的态度。当我们对某个人感兴趣时，我们不仅感觉到快乐，而且会把这种感觉通过我们的身体姿势传递出去。当我们特别喜欢一个人时，我们可能会模仿这个人的一些身体姿势，以表示喜欢甚至崇拜他。例如，我们在与人交谈时，会以与谈话者相同的方式交叉我们的双腿。

小宝宝躺在床上，仰望着我们，双腿乱动，无法翻身，给我们这样一种感觉：他是不能自理的。他的这种身体姿势告诉我们要关心他、呵护他。

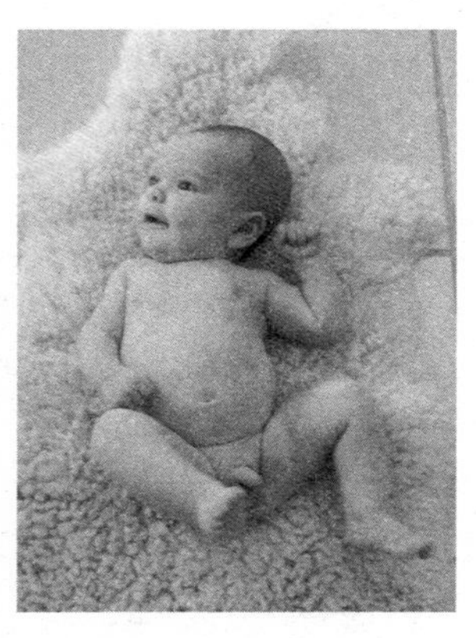

精力充沛的小家伙

身体运动 如同身体姿势一样，身体运动也反映出人的一种状态。当我们觉得不耐烦时，我们会坐立不安，用脚擦地，摆弄衣裳；舞蹈表演中那些有天赋的舞者会通过他们的舞姿和跳动来传达丰富的情感；而军列中的士兵们甩胳膊踢腿则是经过了严格的训练，为的是使士兵们时刻牢记军队铁的纪律以及凝聚力。

外表与身体姿势一样，婴儿的身体运动对我们也产生同样的影响。婴儿向我们伸出小手，表示要让我们抱他。由于逆反心理，3 岁的孩子就是喜欢赖在地上不起来，摊开四肢或者打滚，对此我们毫无办法。在儿童游乐场，孩子们往往竭尽全力地疯玩，经常搞得满头大汗。

面部表情 喜悦、悲伤、不信任、惊讶以及害怕，这一连串的感情都可以在我们的脸上表达出来。嘴巴、脸上起皱、鼻子、眼睛和眉毛、额头尤其是头部运动等都可以当成表达的工具，为我们所用。任何一个脸上部位的运动都可以产生一定的意义。让我们来看一下几个点线的排列。A和B只是两个在不同空间中的点而已，但是C就如同人的双眼了。

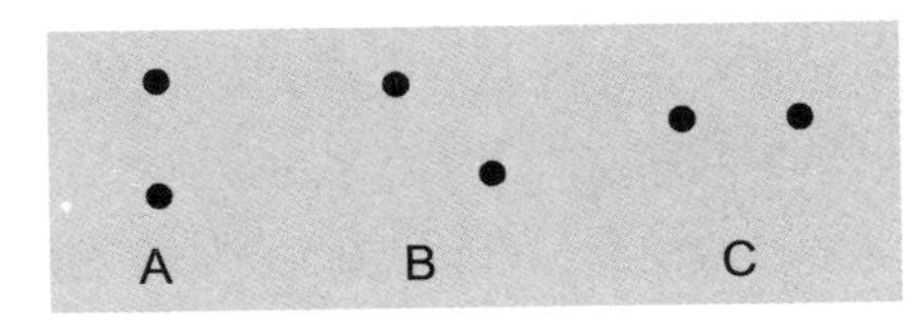

哪几点看着像我们

再加上眉毛的话，就能表达人的感情了。眉毛下垂是忧伤（D），眉毛上挑表示惊讶（E），眉毛斜着向上、向外表示愤怒（F），而当人表示拒绝的时候，我们的眼睛就眯成了一条缝；害怕的时候，眼睛张得大大的。

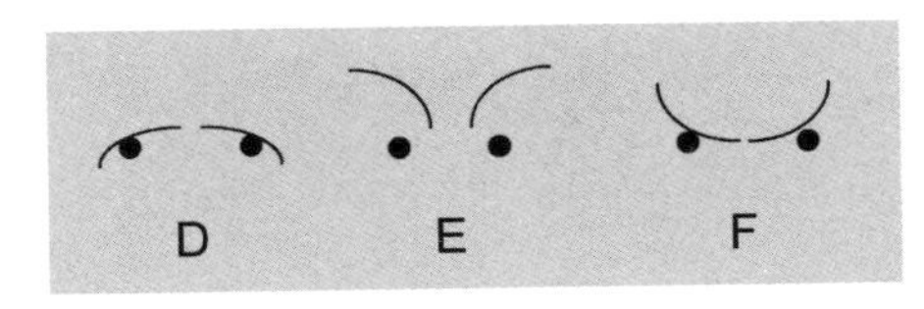

眼睛和眉毛的组合

当不满意的时候，人们会撅起鼻子；惊讶的时候，嘴巴会张得很大；怀疑的时候；嘴巴就会合拢；高兴的时候会咧嘴一笑。脸部表情的表达方式是丰富多彩的，甚至可以组合。当我们目瞪口呆的时候，眉毛会向上挑起；当我们不知所措的时候，眉毛也向上挑起，但是眼睛不像目瞪口呆那样张得大大的，而是向上注视天空；忧伤的时候，眉间紧锁，目光呆滞，眼皮耷拉，嘴唇下沉，是为“愁眉苦脸”；而当目光凶狠如利剑、咬牙切齿之时，额头的皱纹就和它们一起成了愤怒的表达方式了。

眼神交流 两人长时间深深对望，这并不太常见的时刻——要么是一位母亲在同自己的宝宝对话；要么是一对恋人坠入爱河无法自拔；要么是两人怒目而视。常言道：“眼睛是会说话的。”所以，我们总是很有目的地使用我们的目光。当我们长时间地盯着一个人的眼睛或者只是瞬间地瞅他一眼，这表达的含义是绝对不同的。在和人交谈时，如果我们的眼光没有落在他身上，而是投向了地上，那么，他肯定会产生两种感觉：要么是你对他不感兴趣，要么是你对他兴趣太大，从而不敢正视他。

新生儿和婴儿是非常重视目光

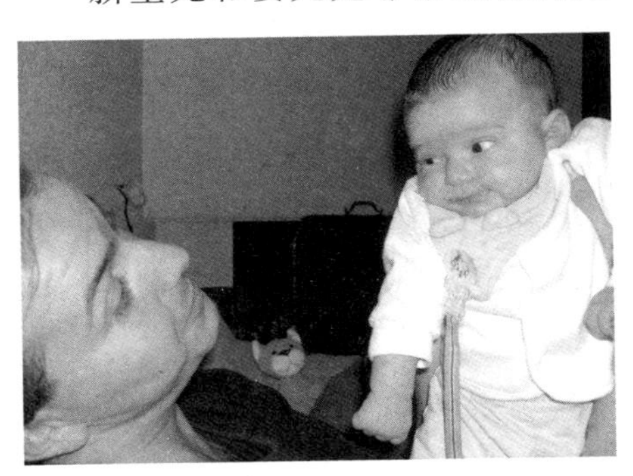

批评的目光

的。人们可以而且必须长时间地注视他，而新生儿本身也经常使用目光，只不过他只能简单的、短时间地看你一眼，然后就闭眼或者移开视线。随着年龄的增长，婴儿越来越多地使用目光来进行表达，任何一个孩子在任何一种情况下都会注视一会儿然后再将目光移开，而我们对婴儿也就应该越来越多地使用目光。

声音 人的声音可以是温暖的、柔和的，动听的，也可以是冷冰冰的、甚至是伤人的。当我们说话时，对于倾听的一方，有时说话的方式比内容更重要。政治家们用激情饱满的语言以及时而声嘶力竭、时而温柔的声音来打动听众。如果阅读一下他们的演讲稿，你会非常惊讶地发现，他们每次演讲的内容几乎都是一样的，而且你仔细琢磨一下会发现，他们似乎什么也没有讲。一个教授要宣布一项轰动的研究成果，但是他的语言枯燥乏味、声音又无抑扬顿挫之感，以至于听众寥寥甚至会质疑他的研究成果。因此，在演讲时千万不要把生动的语言和动听的声音掩盖起来，“你这小子”等等诸如此类的“昵称”会打动听众的心。相反，压抑冰冷的声音将会使所有的人“乘兴而来，败兴而归”。

大多数婴儿在出生后差不多第一年的时间里，几乎不理解说话的内容。因此，声音在这段时间内对婴儿非常重要。他们会对大人说话时声音的轻重、音域的宽窄以及声音的旋律做出不同的反应。婴儿1周岁时开始理解日常用语，但是，使孩子感到高兴的语言表达方式仍然对孩子起着决定性的作用。孩子会从母亲温柔的声音以及父亲对他的希望中学习声音。如果婴儿突然闯入他哥哥姐姐的“领地”，哥哥姐姐们那刺耳的训斥声比训斥的内容更使他感觉到，他使哥哥姐姐们生气了。

人际距离 所谓人际距离是沟通与交往时，个体身体之间的空间距离。人和大多数动物一样都有一个显著的人际距离。它是看不到的，但是，在感觉上确实存在这么一个安全领域。一旦别人闯入这个安全领域，他就会表现出一种进攻性或逃亡的态势。实际上，在日常生活中，在某一种形势下，人们时刻在凭感觉来测量这个距离感，所有我们要接触的人，不管是售货员小姐、公共汽车司机、上司、亲戚还是我们讨厌的人，都会保持一种适度的人际距离。

我们和别人所保持的距离因情况以及信任程度的不同而异。对不恰当的距离我们会比较敏感。我们躺在寂静的沙滩上，四周无人。这时，一个陌生人在距离我们十步之遥的地方坐了下来，我们马上就会感到警觉和生气，心里便嘀咕："这家伙想干什么？是好人还是坏人？"交通繁忙的时候，当我们在有轨电车上发现一个陌生人已经有好长一段时间总是在我们附近晃悠，我们便会马上琢磨，这家伙是不是小偷？人们总是和陌生人保持相对的距离，甚至尽量避免和他的目光有所接触。

我们和婴儿以及只有几周的新生儿交往很少有障碍，我们可以迅速地把他抱起来亲热，因为这个年龄段的宝宝没有距离感，他完全接受我们。但是，对于2、3个月之后的宝宝，我们可要注意了。我们必须观察：宝宝是否接受我们亲近他的方式？我们和他的距离是否恰当？他会有什么反应？最晚到6个月时，孩子对陌生人的反应就更敏感了。如果生人慢慢地

在母亲的保护下看鸽子

靠近他，他会对陌生人感兴趣，但这种兴趣是有一定距离限制的。如果陌生人超越了这个距离，宝宝就会立即失去对生人的兴趣，转而变成拒绝生人的态度。

母亲和抚养者以他们的行为影响着宝宝的人际距离感。如果母亲对陌生人总是表现出疑心和拒绝态度，那么小孩就会提前对这个陌生人产生距离感。如果母亲对陌生人采取友好态度的话，宝宝也会亲近这个陌生人。但是如果妈妈对陌生人过分友好的话，却会使孩子产生失落感，从而使得孩子"妒心"顿起并开始拒绝这个陌生人。关系因素对人际距离感起着决定性的作用。

每一种非语言交际都有其自身的含义，并代表某一特定的成长过程。诺维茨基（Nowicki）和杜克（Duke）根据研究表明，在5～20年的时间里人对脸部表情的解读能力是如何发展的。在研究过程中将24组对比图片放在被测试的孩子面前。每组对比图片先展示了两个小孩不同的面部表情，例如一个开心的小男孩儿和一个伤心的小女孩儿。接着向被测试的孩子提问：图片中的小孩哪个是快乐的，哪个是悲伤的。正确识别脸部表情的能力从幼儿园时期开始到上学期间不断加强，并在青春期结束。在此

期间，不同孩子识别表情的能力有很大的差异。例如，一些7岁左右的孩子能正确识别的对比图不超过8组；而有些则可以正确区分多达20组的图片，这甚至超出了成年人的平均水平。对比结果也可用于对语调表情的准确识别上。对社会现象的观察和表达能力也因孩子而异。

每个孩子都天生具备基本的非语言交流能力，而对人际关系中的社会现象的理解则是从他们的榜样、父母、抚养人和其他孩子那里学会的。例如，在问候时目光交流的形式和持续时间的长短有何含义不是遗传决定的，而是孩子通过社会学习获得的。在中欧，跟人打招呼时不看着对方的眼睛是不礼貌的表现，而在远东文化中则正好相反。每种文化都规定了其社会现象的含义和使用。因此，孩子需要有足够的社会经验才能掌握非语言交流中多姿多彩的文化含义。

读者若想进一步了解身体语言方面的知识，可以阅读萨米·默尔宵（Samy Molcho）和德斯蒙德·莫利斯（Desmond Morris）的有关书籍，而非常精彩的关于儿童身体语言方面的书籍是由聚泽讷·斯扎斯泽（Suzanne Szasz）和伊丽莎白·塔勒波勒斯（Elizabeth Taleporos）撰写并发表的。

社会学习

对于父母来说，最大的心愿莫过于希望自己的孩子能尽可能地具备社会行为能力。他们知道，要在学校和社会获得认可和成功很大程度上取决于孩子的社交能力。孩子如何学会人际交往，形成自己的价值观呢？而这个过程中家长和社会环境又起到怎样的作用呢？

事实上这很简单：社会学习的基础是与生俱来的对他人行为的模仿和内化能力。一些人类学家认为，这种能力的深刻烙印从本质上推动了人类的进化（迈尔 Mayr）。孩子所习得的那些行为和世界观首先受到榜样的影响。如果父母从孩子那里得到什么东西的时候对孩子说谢谢，那么同样的，孩子在从父母或者别人那里得到东西的时候也会说谢谢。孩子并不是自己形成某一特定的社会行为。他们会亲近同自己生活在一起的人，模仿他们的行为和表现出来的价值观，然后逐渐成长为适应社会的个体。

新生儿在一定范围内就已经具备了面部表情的模仿能力（梅尔哲夫 Melzoff）。在接下去的几周到几个月内，孩子便可将他熟悉的人的人际交往行为内化成为自己的能力。这个过程反应在孩子的游戏中。1岁时，孩

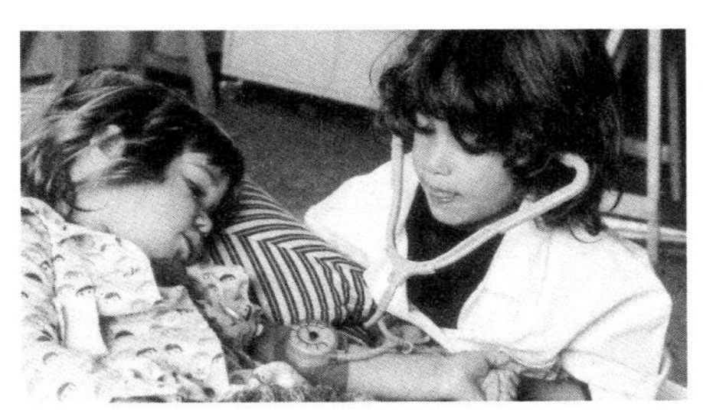

看医生时

子开始懂得如何对待他人以及环境对他们的社会期望。这时他们就已经准备好要进行社会行为的学习。学龄前孩子强烈要求向他们的榜样看齐，并准备好接受他人的行为。在2岁大的时候，孩子会按照父母同他们交往的方式同布娃娃和泰迪熊玩耍。之后，在和其他孩子玩角色扮演游戏的时候，他们也会模仿上一次看儿童医生时的医生角色。他们也展现出惊人的能力，能迅速将他人的行为内化。因此，这个年龄段为孩子将来的社会行为奠定了重要的基础。在上学期间，孩子中这种时刻准备接受他人行为的现象减少了，然而在一定范围内这种准备在成年人当中也是存在的。

榜样并不一定就是父母，随着孩子年龄的增长，榜样也可以是其他相关的人，比如祖父母、邻居或者幼儿园老师和幼儿园其他小朋友。孩子需要不同行为方式的抚养者作榜样。这样他们才可以学到如何同不同的人打交道。这个过程中很重要的一点是需要有同龄的，最好是稍微年长一点的孩子。许多成年人认为必须教给孩子的东西往往从别的孩子身上可以更好和更快地学到。对于孩子来说，比起从成年人那里，他们从别的孩子身上学会接受别人、理解他的行为和感受的能力要直接得多，也更符合孩子成长的规律。最晚从2岁开始，孩子应当能从不同年龄层的组合中获得丰富的经验。母子组合、玩伴组合、幼儿园和托儿所对小孩的社会化和符合成长规律的教育都起到了本质性的促进作用。

过去我们着实低估了榜样对孩子学习和社会化的强大影响力。那种希望通过反复批评孩子的行为，并规定他们该如何与人交往的教育方式可以说是徒劳无功的。孩子更多的是倾向于学习那些他们可以模仿的榜样行为，而不是父母和抚养者的说教。这就要求父母和抚养者要思考自己的行为举止，也要从孩子的角度来考虑，作为榜样他们该如何去影响孩子。如果父母一直坐在电视机前，孩子也是会模仿的。如果父母只吃熟食和垃圾食品，那么孩子的饮食习惯也会如此；如果父母不读书，那么孩子对此也没多大动力，读书也少。

社会认知

社会认知是我们人类得以形成不同社会行为的重要基础。对社会认知我们可以这样理解：在一定范围内可以有意识地接受并反应自己行为、自身感觉和思维的一种能力（内省过程）。我们可以思考在特定的生活情境下我们是如何感受的，可以下决心将来要采取何种态度。另一方面，我们也有换位思考的能力。我们能够在一定范围内设身处地地去理解别人的感情、思想、动机和行为（外省过程）。我们甚至能常常预见到，在某些特定情境下人们是如何行为的。

在一定程度上，社会认知在一些高等动物中，尤其在我们的近亲类人猿身上也是存在的。只不过2、3岁人类小孩的社会认知水平就已经超过类人猿了。只有在人类身上才会区别出内省过程和外省过程。

什么时候孩子才意识到自己是人？什么时候他们才开始自我思考？什么时候他们第一次表达对别人的感觉和思维的理解？孩子形成个人理解大约需要2年时间。这种理解只建立在足够的人际交往经验和一定的智力基础之上。因此记忆力和想象力都必须得到足够的发展。随着自我意识的发展，孩子会越来越渴望实现自己的愿望。对自己的感觉，和之后对周围人的感觉也认识得越来越清楚。他开始设身处地地为别人考虑，对别人的快乐和悲伤产生共鸣并采取移情态度。孩子换位思考能力的形成大约需要2年时间。

对于孩子的自我理解和移情能力，父母和专家往往有着不切实际的过高期望。例如，当一个3岁小孩打了另一个孩子，他们会严肃地规劝他，以为孩子知道那个被打孩子的感受，其实在成长过程中，孩子直到4岁左右都是以自我为中心的。他们更多的是从自己的视角来看这个世界。只有社会认知的进一步发展才使得孩子能从别人的视角出发，设身处地地思考并最终为他人着想，仅是这种认识基础还无法让孩子更好地社会化。孩子如何应用这种能力说到底还是依赖榜样的作用。如果父母和抚养者对孩子表现出理解和体会，那么孩子也会学会移情的能力。但是如果社会环境控制着孩子而不顾及他的感受，那么孩子也会试着去控制其他人。

照　顾

父母应该如何照顾他们的孩子才能使得：

■ 孩子感到舒适和安全？才能很好地满足孩子的身心需求，尤其是对亲近和照顾的需求？
■ 孩子能够融入社会并同成年人及其他孩子有足够的交往经历？

过去，对于哺乳动物和小孩的幸福感来说，作为抚养者的母亲有着不可取代的重要意义。事实上，大多数母亲作为主要的抚养者对孩子来说有着无与伦比的意义，因为她们比其他所有抚养者都更关心孩子，由此也同孩子有着最紧密的联系。但这并不代表仅靠她们就可以充分满足孩子的需求，父亲、祖父母和亲戚，甚至包括熟人和专业保姆都可以同孩子建立牢固的关系，这种关系可以保障孩子的幸福感（兰克 Lamb，菲尔德 Field，帕克 Parke）。然而前提是，孩子能够同他的抚养者之间有定期的、时间充足的、持久的共同经历。

能给予孩子幸福感的抚养者需满足以下条件：

这个人对于孩子来说要足够熟悉　他能满足孩子的需求并知道孩子的性格特点。他能按照年龄特点正确对待孩子的愿望。孩子同他在一起能感觉舒适和安全。当孩子需要时，可以从他那里寻得帮助和支持。

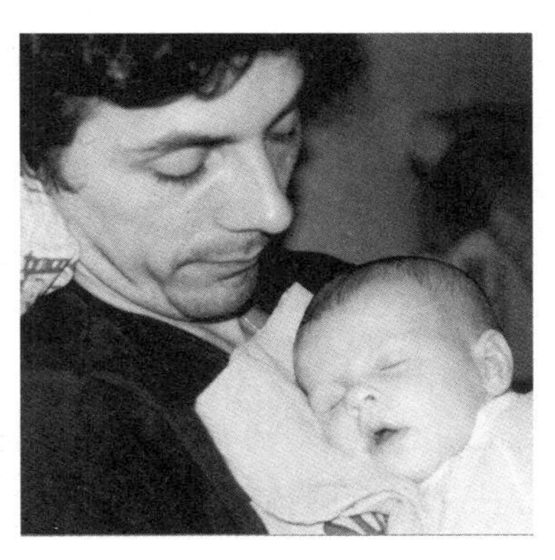

在父亲的怀里睡觉有安全感

这个人是可支配的　他们能看到孩子的需求并很快对此作出反应，这样孩子就不会觉得自己被丢下或者自己的要求被忽视。

这个人对于孩子来说是可信赖的　他们总是以同样的方式作出反应，以给孩子一种忠诚和可信赖的感觉。

这个人的行为举止得当　他们接受孩子的个人需求。

良好照顾的另一个条件是，抚养者要设法做到照顾不间断。只有照顾的持续性得到保障，孩子才能感到幸福。对于孩子来说，日常生活要可预见和稳定。

在最初的几周到几个月中，父母要花多少时间才能同孩子熟悉起来呢？大多数母亲需要长时间全身心地扑在孩子身上，直到她们觉得：现在我已经里里外外完全熟悉孩子了。天性使然，对于一些父亲来说，同样程度的深入了解要简单一些，这对于他们来说甚至是一种需要。而另一些父亲在喂食和换尿布上更困难一些。不过在最初的几周里还有许多其他可能的方法，制造同孩子之间的共同经历，同孩子进行社会交流：哄孩子安静下来，把小孩放到床上睡觉或者将孩子抱起。

亲爱的父亲们，请你们抽出时间，使自己参与到孩子生活中并体会你们之间的关系是如何形成的，随着时间的推移又是如何发展的。作为父亲，能有这样的经历是很让人满足的。我可以照顾我的孩子一天，或许一个周末也行，甚至是一周假期，在我的照顾下孩子可以感觉到幸福。

亲爱的母亲们，请支持父亲同孩子之间的交往。如果母亲总是怀疑地观察父亲是否正确地对待孩子，那么父亲就很难使自己融入孩子。父亲融入孩子的方式同母亲是不一样的。他们换尿布的方式不一样，他们同孩子玩耍的方式不一样，他们抱孩子上床睡觉的方式也不一样，但孩子爱这种方式！

同引言中所说的一样，对于大多数父母来说，反复重新分配他们的时间和精力给家庭、孩子和夫妻生活，给工作和个人爱好，比如运动，是持久的挑战。如果父亲不希望过早地要孩子，那么父母，尤其是父亲，必须要不时地审视和设定他们的优先权。

要点概述

1. 交往行为的核心在于对安全的需求，不能让孩子单独待着，孩子需要熟悉的人的亲近和照顾。
2. 孩子同父母和其他抚养者之间的联系通过他们之间的共同经历而发展。孩子同那些关心他并逐渐同他熟悉的人建立联系。
3. 孩子通过独特的行为，如寻求亲近、害怕分开和认生来表达生理和心理上的亲密关系。
4. 交往行为在孩子的整个童年期间不断发展，不同的年龄段有不同的特点。
5. 父母同孩子之间以及孩子同父母之间的联系主要取决于他们在一起度过的时间。
6. 父母和抚养者满足孩子身心需求的方式决定了孩子的幸福感。

7. 当抚养者对孩子来说足够熟悉、可支配、可信赖，并且对孩子的行为能做出恰当的反应时，孩子才能从他这里感受到幸福。

8. 在最初的几年里，孩子和父母几乎只能通过肢体语言来交流。这种非语言交流的主要方式有：装饰与外表、面部表情、眼神交流、身体姿势和运动、语调表情表达以及人际距离感。

9. 社会学习建立在孩子与生俱来的模仿他人行为并将其内化的基础上。孩子社会能力的形成需要抚养者和其他孩子作为榜样。

10. 社会认知的发展使得孩子有能力认识和反应自己及周围人的感情、行为和思想。

11. 良好的照顾通过抚养者的特征、条件和照顾的持续性来体现。

出生前

第一次做B超之前，艾丽卡提醒她的助产士不要告诉她怀着的孩子是男孩还是女孩。助产士善解人意地点了点头表示答应。艾丽卡已经不是第一个向助产士提出这种要求的孕妇了。

胎儿和母亲身体上的联系是最紧密的，那么情感上的联系是否也是如此呢？有关于胎儿和母亲之间的关系我们知之甚少，但或多或少可以肯定的一点是，未出生的孩子在其胎儿时期会逐渐熟悉母亲的声音，这对于新生儿来说有特殊的意义。

孩子和父母的关系并不是从孩子出生的那一刻起才有。当父母希望将来要有一个孩子的时候，这种关系就已经形成了。父母想要孩子的愿望可以追溯到他们自己的童年时代，并进一步受到夫妻关系、家庭观念以及在妻子怀孕期间同孩子和另一半之间的共同经历的影响。父母与胎儿的关系可以分成三个不同的阶段。

预　兆

妇女怀孕的头几周内身体上的感觉是很小的，虽然疲劳加剧、恶心、易饿、挑食等现象会时有发生。孕妇感觉不到腹中小生命的存在，但是一

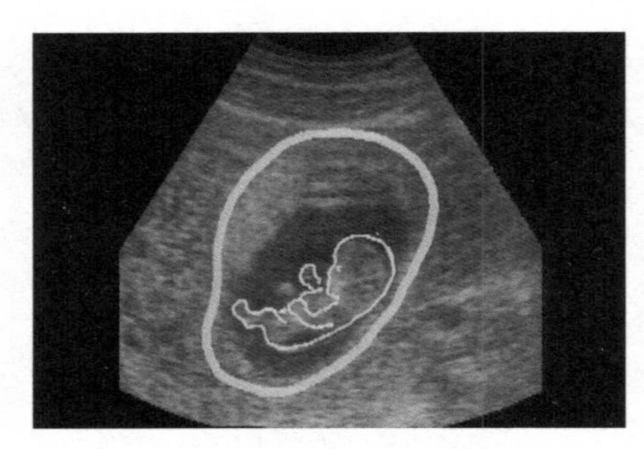

你是谁（黄色边线：子宫）

系列的问题开始萦绕着她：我怎么度过孕期，怎么把孩子生下来？我会是一个称职的好母亲吗？我应该什么时候停止工作呢？我将会惦记我的工作和同事吗？怎么告诉我的丈夫他已经是个父亲了呢？儿时的情景、对父母的回忆开始被唤醒。孕妇在内心深处开始为她私人和职业生活中的新角色和改变作准备。在拥有即将成为母亲的那份喜悦心情的同时，孕妇也会感到害怕。害怕和怀疑在孕妇内心贯穿整个孕期。这属于正常的孕妇心理反应。

对于大多数丈夫来说，在妻子孕期的前 1/3 阶段，他们也就仅仅是知道妻子怀孕了而已。丈夫开始观察妻子的变化，她要么是变得更安静了，要么是变得更敏感了；她要么是更多地想让丈夫陪伴在旁，要么是愿意更多时候独自一人待着；她的性欲也发生了变化。丈夫开始琢磨，妻子因为怀孕而影响她的工作，从而对家庭的经济状况会产生什么样的影响？有了孩子以后的新的家庭生活又会对他的工作产生什么样的影响？对于许多丈夫而言，当他们得知妻子怀孕的消息时，首先会想到很多不方便、不自由，特别是和家庭经济状况联系在一起的方面。

准爸爸妈妈们对孩子意味着什么还一无所知，但是他们为之兴奋并已感觉到：即将诞生的孩子将改变他们的生活。

感觉到孩子

当孕妇在胎儿 16 ~ 20 周的时候第一次感觉到胎动时，母亲就把他当作一个独立的生命来看待了。胎动帮助母亲在未来的数周和数月中凭想象勾画她未来宝宝的模样：是一个强健的小子吧，总在妈妈的肚子里面翻跟斗，而且晚上也不安宁；或者是一个温柔的女孩吧，因为只有当妈妈集中心思感觉时，才能感觉到胎儿在肚子里面轻轻地蠕动。不少母亲像艾丽卡那样不愿意在做 B 超时看她们胎儿的模样，就是因为她们更愿意在内心深处勾画她们宝宝的形象。

胎动使父亲也感到孩子的真实存在。随着胎动越来越强烈，父亲也能感到甚至看到胎动了。

希望和担心

在孕期最后 1/3 的阶段里，胎儿的重量剧增。母亲的肚子也随之迅速变大。对即将临产感到喜悦的同时，大多数孕妇也开始在这一阶段问一些担心的问题：孩子发育正常吗？孩子健康吗？还是有什么缺陷呢？我是否应该提前结束工作呢？每天两支烟会对孩子有伤害吗？我不会难产吧？这样的问题绝对不是不好的预兆，而是一种贯穿母亲内心世界的表白。在思想和情感的碰撞中母亲也会考虑到可能的不利后果。

临产前的几周，孕妇想象中的孩子模样已经荡然无存。她此时最关心的是即将出生的真正的婴儿。日子越临近，母亲待产的心情越高兴。儿童卧室已经准备好了，生育孩子的天性被唤醒了，父母不断地想着应该给孩子取一个什么样的名字。在最后几周的时间里，很多孕妇急不可待地盼望着分娩的痛苦早点到来。

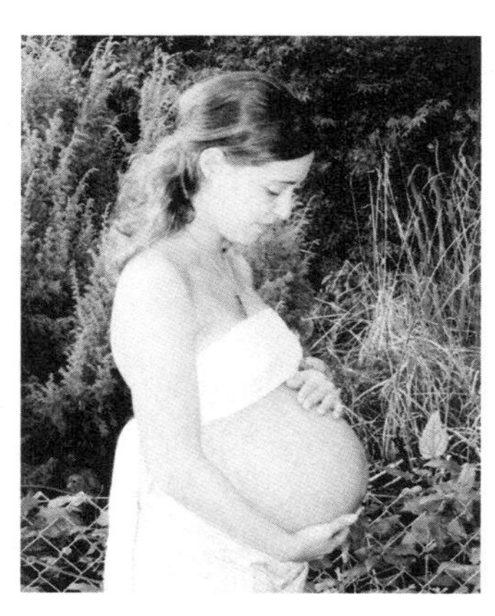

很快肚子就会变成这样

为分娩做实际准备及分娩之后的时间

如果丈夫一起陪伴怀孕的妻子共同度过不同的孕期变化阶段，母亲和婴儿也会很好地度过妊娠、分娩和孩子出生后的最初几个月。如果丈夫给予妻子以理解，并为妻子生育后在私人和职业生活中的变化作好相应的准备，这将是对妻子最实质性的帮助。一旦妻子感觉到，丈夫认真地在为她以及未来的家庭着想，作好准备，并相应地调整他自己的生活，妻子的角色转换就会容易得多。如果夫妻已经有了孩子，当丈夫更多地关心这些时，便可以从根本上减轻妻子的负担。

越来越多的爸爸妈妈们开始参加有关孕期和婴儿的课程。一个非常有帮助的方式是，一起为分娩做一些具体的准备工作，例如，学一学如何与奶瓶和尿布打交道，怎样才能减少对小宝宝的畏惧，等等。通过支持母亲，父亲扮演着一个积极的角色。在同其他父母的谈话中他们才知道，原来不仅仅是他们有着这样的害怕和怀疑。但是，孩子出生以后，父母最重要的准备还是内心中的准备，即为未来有孩子的家庭铺平道路。他们要非常具体地讨论，在孩子出生以后他们要如何组织日常生活，在照顾孩子和家务中谁要做什么。这样他们才能避免在接下去的几个月中那些未说出口的期望变成失望。

越来越多的女性面临这样一个问题，生完孩子之后，她们应当在什么时候、多大程度上重拾她们的工作。有些女性没有选择，出于经济或者其他什么原因，她们不得不迅速回归工作岗位。对于所有有选择的女性来说，我建议在分娩之前不要对你的雇主作出有约束力的承诺。如果可能的话，最好是在自己切身体验成为母亲和照顾孩子对自己来说意味着什么之后再做决定。大多数母亲事后证实，她们在分娩之前估算过，自己需要多长时间的身体和精神休养，要多长时间接受母亲的角色以及孩子在多大程度上会改变她们的生活观。不少在分娩之前几乎确定自己3～6个月后要重新开始工作的母亲，在真正经历过之后在家待了几年的时间。

父亲也同样很难估计出，成为父亲对于他们来说意味着什么。他们在事前也同样无法知晓，孩子对他们在精神上、身体上和时间上的要求有多少。在孩子出生后的几周到几个月内，他们应当拿出足够的时间来融入孩子，来了解孩子需要他们做什么，孩子对他们来说意味着什么。

要点概述

1. 父母与孩子最初的关系产生于父母想将未来的孩子带到这个世界上来的愿望，产生于父母在妻子妊娠期间和孩子以及父母彼此之间的家庭设想和经验。
2. 父母与孩子的关系在妻子怀孕期间有3个发展阶段，每一个阶段都与双方一定的心理变化联系在一起。
3. 怀孕并生育孩子会对一些妇女的私人和职业生活产生深刻的影响。如果丈夫陪伴妻子度过所有在孕期内不同的心理变化阶段，给予妻子以理解，并对妻子生育后的变化作好相应的准备，这将为妻子孕期和成功分娩作出实质性的贡献。

4. 有关怀孕和照顾婴儿的课程给一些未来的爸爸妈妈们提供了一个非常有帮助的机会，即通过实际示范以及讨论为分娩和孩子出生后最初的几个月作准备。

5. 在孩子出生之前，父母无法预料到孩子将给他们带来什么，将会如何改变他们的生活。如果可能的话，母亲最好在同孩子度过了足够长的时间并习惯了新的生活环境之后，再决定重新工作。同样的，父亲也应当拿出足够的时间来融入孩子并去了解，孩子需要他做什么。

6. 孩子出生以后，父母最重要的准备还是内心的准备，即为未来有孩子的家庭铺平道路。

0～3个月

马丁7天了。喂奶之后他很饱，也很满足。他长时间仔细地观察着他的妈妈，并不时发出一点儿响声，然后他睡着了。妈妈发现，他的嘴角微笑着。是像天使般一样纯洁的微笑呢，还是他在做梦？

新生儿需要什么才感觉到在这个世界上很舒心呢？首先自然是生理上的需求：少受外部世界的刺激，如寒冷、充足的营养以及身体上的抚触。他喜欢父母抱他、搂他和抚摩他。他想和父母在一起。

婴儿想要满足自己需求的时候总是将环境搞得很吵闹，但却很有效。当他饿了的时候，当他想用襁褓被裹起来的时候，当他感觉冷的时候，当他感到被别人冷落的时候，他就会啼哭。除了必须对此做出反应之外，我们毫无其他办法。我们只能让婴儿哭一会儿。如果他放声大哭甚至流泪，父母甚至陌生人都会非常着急地想知道，孩子到底怎么啦？这样，父母就能很好地保证孩子在生理上的需要。在一个专门的章节中我们将对孩子的啼哭行为进行详细的阐述。

啼哭是婴儿告诉周围环境他的需求的一个形式，它行之有效，但又几乎没有多少区别。新生儿经常啼哭，他在刚出生时就已经可以显示出对别人感兴趣，并在一定程度上表达出来。尽管新生儿和婴儿观察事物和表达的能力极其有限，但他们还是有建立关系的能力的。孩子从他出生的那一天起就在积极努力地塑造他和父母的关系。

关于新生儿和婴孩的关系行为，我们想在这一章节进行阐述。

首次相识

新生儿出生后的几个小时对他和父母来说都是非常不寻常的。他们相互之间有一种强烈的欲望要互相认识。父母会非常仔细地从头到脚观察新生儿，轻轻地抚摩他，嗅他，俯下身子贴近他，感觉他的气息；父母还会观察新生儿的面部表情及其身体运动，会时刻注意新生儿是怎样呼吸的。新生儿的一举一动都逃不出父母的眼睛，父母对此要作出反应。

大多数新生儿在刚出生后的几天中总是比以后的几天里表现得更加精神和注意力集中。他们的眼睛总是睁得大大的，新生儿用他的面部表情、身体姿势和身体运动来向父母表达这样的信息，他对他们感兴趣。

有一些专家持这样的观点，即孩子出生后的几个小时对孩子与母亲的亲密关系具有非常重要的意义（克劳斯 Klaus）。他们拿有蹄类的哺乳动物，如绵羊和山羊做试验来说明这个道理。小羊出生后 15 分钟内，母羊会找它。但如果小羊出生后马上被隔

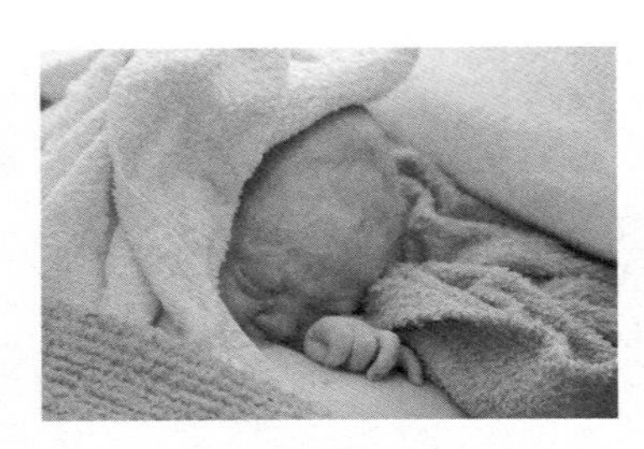

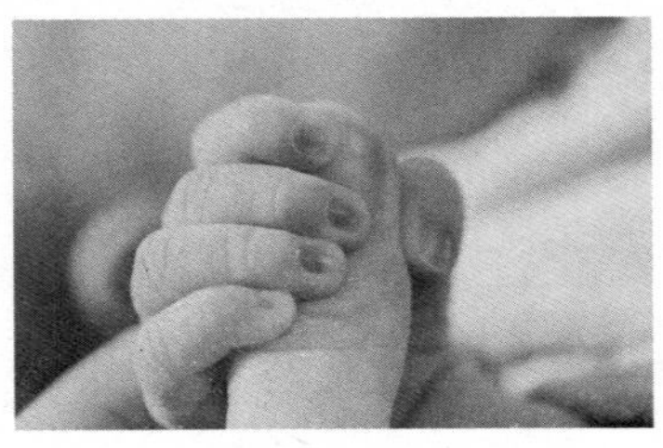

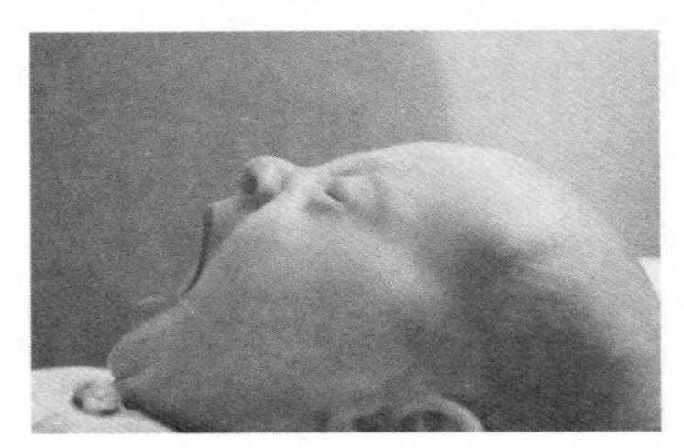

刚出生几个小时

离开，然后过 2 ~ 3 个小时后再被送回母羊的身边，母羊就不认它了；相反，母羊分娩后立即将小羊调包，母羊却还是认实际上已不是它生的小羊。但新的研究表明，上述现象只发生在个别种类的动物身上（斯维基达 Svejda）。

对人类而言，如上所述，毫无疑问的是，孩子出生后的最初几个小时对父母和孩子来说都是非常重要的。但这种关系绝对不会因为父母和新生儿在时间上有所隔离而发生变化。孩

相互熟悉

子出生后的最初几个小时对父母和孩子之间关系的影响绝对不会产生类似绵羊或山羊那样的情况。孩子出生后与父母间的这种首次相识对所有的父母和孩子而言都是很幸运的。但也会发生遗憾的事情，例如，孩子是剖腹产或者是早产而不得不被移往他处。

孩子出生后最初几个小时的经历固然重要，但如果担心没有它会损害父母和孩子之间的关系，是完全没有必要的，只要你不抛弃孩子。孩子和父母的关系总是在不断地、缓慢地变化之中，并随着父母和孩子长年累月的交往而变化。孩子出生后与父母的首次相识只是一个经历而已，虽然这个经历是重要的。

观察与表达

新生儿和婴儿不仅仅能看、能听，他们天生还对人的脸和声音感兴趣。没有任何一个东西像人的脸和声音那样容易被新生儿和婴儿捕捉到。对此，他们有很发达的嗅觉。他们在出生数周后就能准确地“嗅出”谁是他们的妈妈（马克－法兰 Mac-Farlane）。他们分辨与谁接触、被谁拥抱的意识很强，能感觉到拥抱他、抚摩他的人是父母还是陌生人。

新生儿不仅对别人感兴趣，而且还有一定的表情能力。许多新生儿的脸上有许多表情方式使父母惊诧不已。父母会发现，当新生儿聚精会神地看父母或者别人的脸时，他的眼睛大而亮，嘴巴微张，面颊轻松；而当

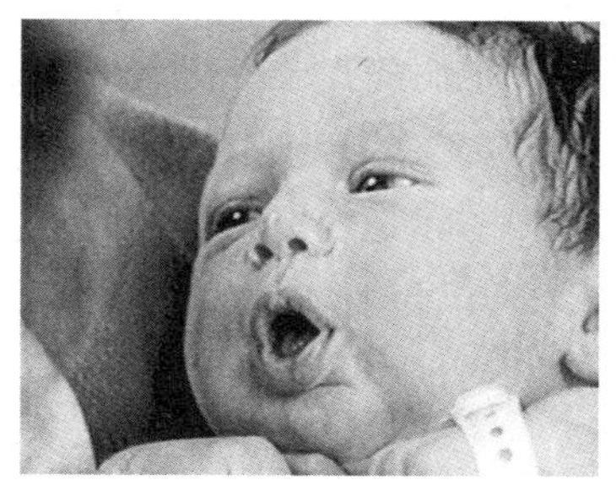

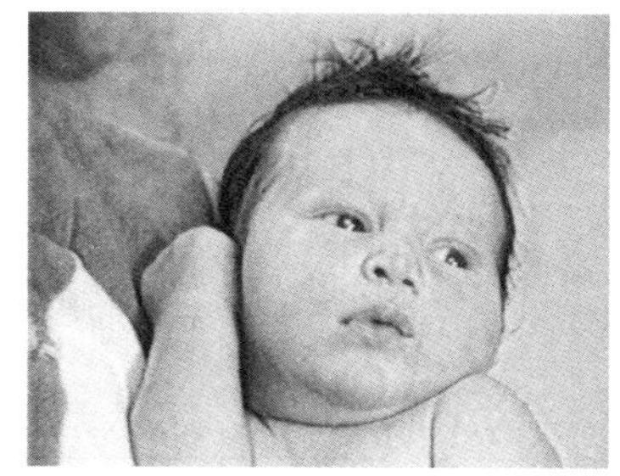

出生 2 天的婴儿的面部表情：艾哈迈德（Ahmed）仔细地观察母亲的脸（上图）；他疲倦地将视线从母亲那儿移开（下图）

他觉得看累了的时候，他就会把眼睛移开，他的目光也就失去了炯炯有神的光泽。

出生不久的婴儿已经具有不同的面部表情。（伊扎德 Izard）。他们对人脸的兴趣可以通过面部表情来表达：当他们喝水呛着的时候，他们一脸求助，眼巴巴地望着你；当他们吃了咸的或者酸的东西，他们的脸上会表现出讨厌的神情；如果别人动作粗鲁地将他抱起或者放下，他的眼睛和嘴巴会充满了恐惧。感兴趣、觉得不舒服、讨厌、害怕是新生儿的表情方式。不管他们是在什么文化背景下生出来的，他们都有这些表情方式。

孩子高兴的时候，他就叫。孩子手舞足蹈表示他的情绪很好，愿意接受这个环境。当他对妈妈感兴趣的时候，他就转向妈妈，欢快地舞动他的手脚和身子；当他累了的时候，他就身子一转，手脚也就松弛下来。

新生儿一个显著的能力就是模仿。安德鲁·梅尔哲夫（Andrew Melzoff）首先指出，新生儿有模仿 2 种甚至 3 种嘴巴状态的能力：张嘴、吐舌头和努嘴。

但是，新生儿观察和表达的能力仍然是相当有限的。他需要很长的时间接收并加工一种刺激，而且这种刺激必须是持续时间很长的、不断重复的。他们总是竭尽全力、同时也很辛苦地用面部表情、目光、发出的声音和身体信号来和环境打交道。成年人直观地适应孩子这种有限的能力。通过适应孩子的行为，他们自己的行为会呈现出一定的特点。施特恩（Stern）对母亲同孩子打交道时的行为特征做了如下的描述：母亲会夸大她们的面部表情、身体动作和语调表情。她们的面部表情很夸张，嘴部尤其富于变化，会把眼睛睁得很大。母亲会放慢她们的面部表情并多次重复。她们点头，同时脸上表现出愉悦的惊奇。她们说话的方式也简化成几个简单的音节，并用

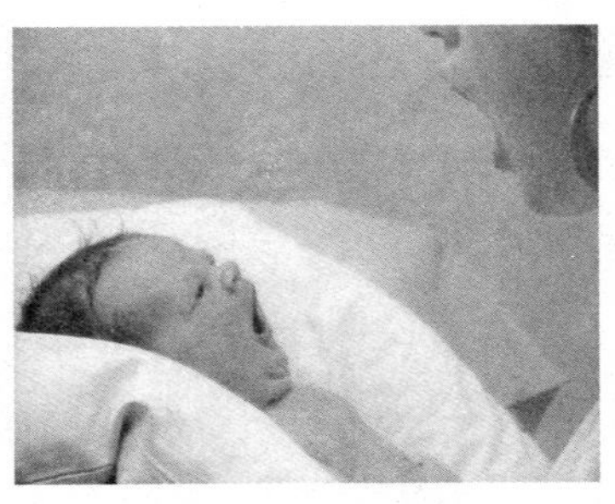

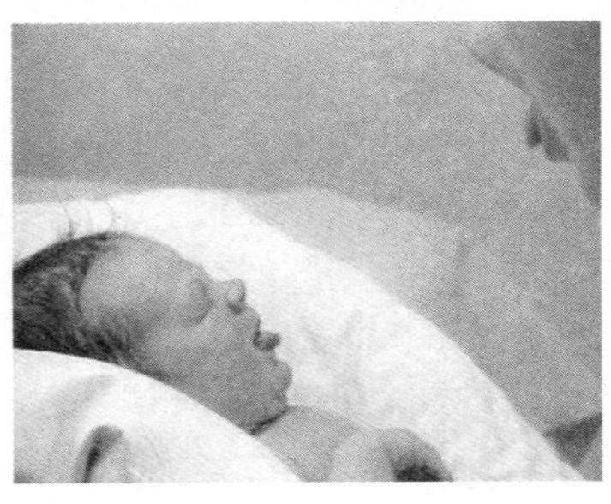

出生 2 天的马尔科（Marco）模仿母亲张嘴和吐舌头的动作

升调多次重复。

母亲有一种强烈的倾向去再现孩子的行为，所以，她模仿孩子惊讶或忧愁的表情，她会重复孩子发出的声音，她不断改变模仿的强度和表达方式以提高宝宝的兴趣。母亲总是凭着感觉在宝宝面前表演，以此来影响宝宝，甚至在成人当中，模仿也是一种非常有效的表达情感 的方式。

父母和孩子之间的互相影响（根据施特恩）

面部表情
眼睛和嘴巴不断地张开，眉毛高高地挑起，并不断地冲着宝宝点头然后移开。于是，宝宝的脸上就会产生一种神情，而且这种神情可以持续较长一段时间，演示惊奇和意外的表情。
说话
婴儿语言：一会儿声音高，一会儿声音低，一会儿唱，一会儿慢慢地说。元音发音时而延长时而短促。多次重复说过的内容，并不时略微改动说的内容、音高和持续时间。
身体、手臂和手的运动
突然跑向孩子又突然跑开，而且夸张地摆动身体、胳膊和手。
模仿
模仿宝宝的脸部表情和发出的声音。

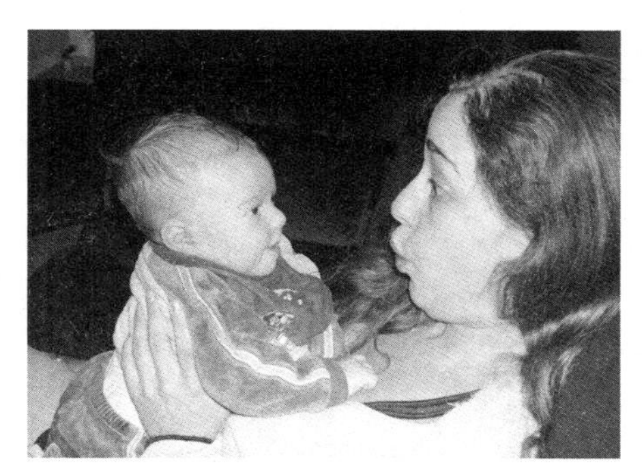

母亲和孩子（施特恩）之间在对话

上述母亲对待新生儿的行为同成人和较大孩子之间的行为相比是一次性的。如果这种表达方式在成人之间发生的话，是非常不正常的，因为这是一种在情绪上非常极端的行为，它或许是表示非常的爱慕，或许就是在吵架时发生。这种直观的表达方式除了母亲以外，我们还可以在父亲、成人以及稍大的孩子同婴儿打交道时观察到。

新生儿刚出生后的几天里就已经表现出不同的行为。当一个新生儿能做出充满表达含义的面部表情时，另一个新生儿可能已经会不同的喊叫了。有的宝宝喜欢看爸爸妈妈的脸；有的喜欢专心致志地听他们讲话；有的喜欢被拥抱和抚摩。大多数父母会直观地使自己适应孩子的特点。有些父母总是愿意长时间和孩子说话，因为他们能感觉到，宝宝对此做出了很好的反应；有些父母总是让宝宝多看他们的脸，因为他们的宝宝是一个“喜欢看脸”的孩子；最后，还有一些父母总是抱着宝宝并时常抚摩宝宝，因为他们感觉到，宝宝最喜欢这样和他们接触。

第一次微笑

新生儿睡觉时，我们有时可以观察到他的眼睛、额头，首先是嘴巴（见“睡眠 0 ~ 3 个月”）。如果他的嘴唇微翘，表示他在睡眠中微笑，俗话称这是“天使之笑”，这是婴儿微笑的前兆（埃姆德 Emde）。

醒着的新生儿第一次微笑大概出现在出生后 2 ~ 4 周的时候，这种微笑的出现好像没有什么意义，但人们有这么一个印象：婴儿微笑是因为他感觉舒服。大概到 6 ~ 8 周的时候，孩子露出第一次真正有意义的微笑，当他观察一个人脸的时候，他发出了满意的微笑。对于这样一个微笑，父母已经渴望了很久。他们把这个微笑看作是孩子对他们细心照顾的赞扬。但是这个微笑还是没有针对性的：不管是对信赖的人还是陌生人，他都会露出这种微笑。他也可以因为一个面具或者卡通片而露出微笑。最初使他有理由微笑的是一个人头部的轮廓，另外，一个小气球也会博取他一乐。

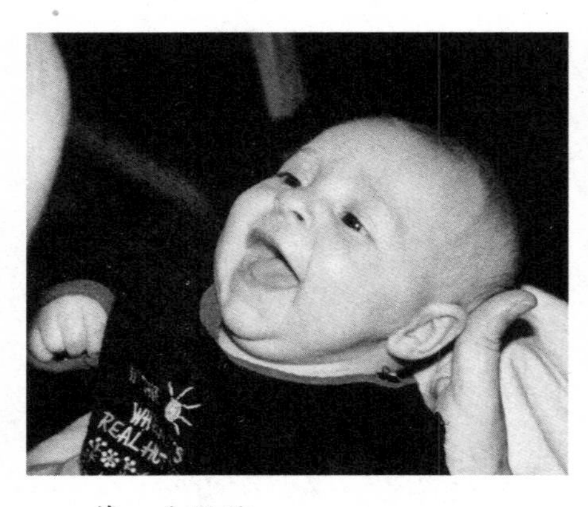

第一次微笑

接下来的几周内，孩子将注意力集中到了眼睛上面。眼睛和眉毛成了孩子微笑的起因。大概到 20 周的时

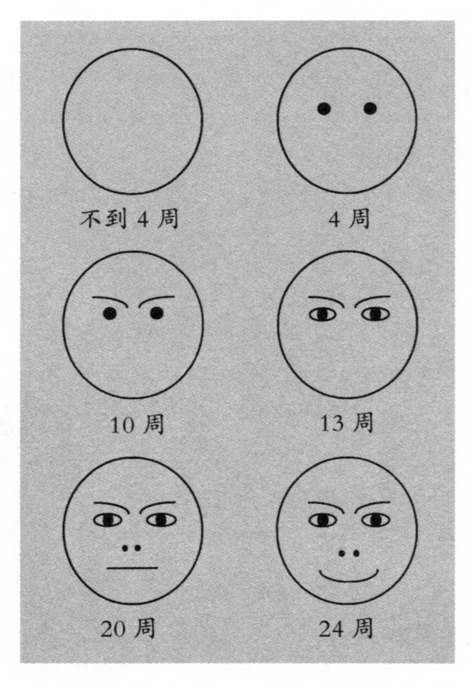

在婴儿半岁以内可以引起他微笑的人脸和面部表情（经由阿伦斯 Ahrens 修改）

候，人的嘴巴对新生儿的微笑也开始起作用。孩子对陌生人微笑的次数越来越少，最终就不笑了。最迟在半岁的时候，新生儿的面部表情就会做出反应：他只对他熟悉的脸微笑，一张完全陌生或者严肃的脸就再也不可能博取他一笑了。

只能和母亲建立关系吗

新生儿在最初的几周内有这样的经验：他的需要总是可以完全信赖地由他的妈妈或爸爸来满足。如果他饿了或者啼哭，他们中的一个就会走过来。如果他感觉不舒服，不愿意一个人待着或者入睡，父母就会在他身旁。他感觉到在这个世界上是有帮助、有支持、有预见性的。这种经验是孩子信赖这个世界的第一块基石（埃里克森 Erikson 称之为“基本信任”）。

母亲要付出很多的时间来喂养和照料孩子，反过来也意味着孩子要付出同样长的时间来接受母亲的照料，因为他们要互相认识并彼此交流感受。于是母亲和孩子之间产生了一种非常亲密的关系，但这是否意味着，孩子只能和母亲建立起这种亲密关系呢？现在大多数的发展心理学家否认这种观点（菲尔德 Field、兰布 Lamb、帕克 Parke）。孩子同父亲之间也可以建立起跟母亲一样亲密的关系。关系的亲密程度取决于他们同孩子打交道的时间和满足孩子不同需求的能力。本质上来说，只要是满足抚养者条件的人都可以跟孩子建立亲密的关系（见序言）。

婴儿建立关系的能力是有限的，他的观察能力还有待发展。他需要很多时间，通过他的感觉器官来接受一种刺激。当这种刺激不断在他面前重复出现、并长时间地在他身上起作用时，他就会对这种刺激产生信赖。为了能和某一个人建立起一种亲密关系，婴儿需要和这个人长时间地、稳定地相处。实际上，婴儿是可以同时和多个人建立亲密关系的，只要具备信赖和时间上的条件即可，而且他还可以调整他与母亲、父亲和其他抚养者之间的关系。

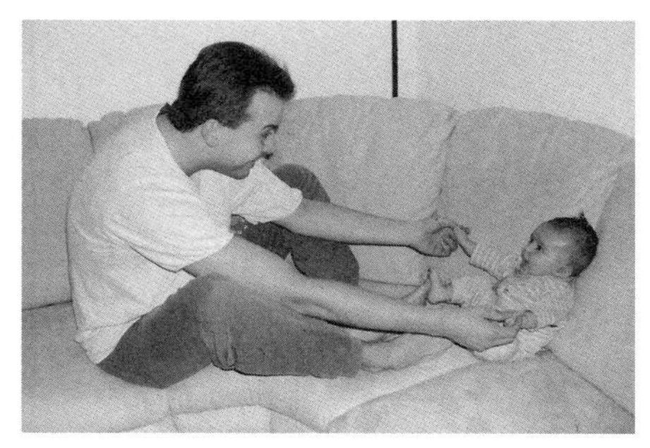

获得同父亲在一起的经验

最初3个月：不断适应

在最初的2个月里，人们似乎觉得，新生儿发育得很慢。再过几周后，孩子开始东张西望，头也能更好地立起来。其他新的能力也发展出来。

不少研究人员持这样的观点：人类新生儿是心理上的早产儿（普雷希特尔 Prechtl）。2 ~ 3周的宝宝应该继续待在母体中，只不过母体的营养和空间不够了，所以他要出来。因此，他们认为，新生儿最初的3个月只不过是他出生前生命的继续而已。这样的观点对新生儿并不那么公平。宝宝诞生后，他要完成艰巨的、但对于我们来说又几乎看不见的任务：他必须调节自己身体的功能并适应新的环境（见《第七章吃喝0 ~ 3个月》）。新生儿开始自己呼吸、自己汲取营养、自己消化。他要适应重力作用。宝宝睡眠与醒来的时间必须与白天和晚上的交替相适应。到第3个月的时候，宝宝的适应能力已经非常强，他可以在这个世界上环顾四方，用手紧握东西，身子时而挪动。

父母在分娩后的数周内一直在认识孩子的特性。每一个宝宝都会有想的天生的习惯，如何被拥抱、想如何被喂奶、想如何被裹起来。很多母亲总是按照自己的习惯来对待孩子——这可得注意了！父亲也一样，因为孩子也会改变他的生活节奏，占据他的时间。比如，他夜间不得不起床去照顾啼哭的孩子。孩子的到来会改变现有的关系，母亲和父亲必须共同来规划他们的家庭生活，要尽可能地使孩子，同时也使他们自己感到愉快。在尽心尽力照顾孩子的同时，不要忘记整理自己的时间，寻找安宁。尽早在照顾孩子的过程中得到孩子的支持，才有可能更好地安排自己的生活。

要点概述

1. 在孩子诞生后的最初几个小时内，孩子和父母之间都有一种强烈的欲望：互相认识。新生儿总是出奇地精神和注意力集中。
2. 新生儿生理需要如御寒、补充营养、身体照料以及身体上的亲热都是通过啼哭这种方式来向父母表达的。
3. 新生儿天生就对人的脸和声音感兴趣。他能辨别母亲和父亲的气味。他喜欢被别人拥抱和抚摩。

4. 新生儿可以用面部表情、目光、喊叫、身体姿势和身体运动来进行表达。他能够模仿一定的嘴部动作。

5. 在和新生儿的交往中，父母是在直观上适应新生儿一定的接受和表达能力的。父母影响孩子的表达方式是夸张的、简单的、不断重复的。

6. 父母通过在孩子面前模仿孩子的行为，让孩子感受自己在其行为和情绪上的模样。

7. 新生儿微笑的前兆是在睡眠之中的“天使之笑。”具有一定意义的微笑出现在孩子 6 ～ 8 周的时候。起初，宝宝能对所有的脸都发出微笑，然后只对信赖的脸发出微笑，最后只有友好、信赖人的脸才能博他一乐。

8. 宝宝生下来的前 3 个月是父母和孩子之间互相适应的过程。对此，他们双方都必须付出很多的时间和努力。

4～9个月

叔叔汉斯和婶婶洛蒂到他们的侄女爱娃家做客。7 个月的爱娃喜气洋洋地迎接着洛蒂的到来。当洛蒂把她抱在怀里的时候，爱娃高兴地又是抓她的脸，又是抓她的眼镜。洛蒂又高兴又自豪，因为侄女对她那么友善。而叔叔汉斯只有在一旁瞧的份了：他还没有抱爱娃呢，爱娃就大哭大叫地表示拒绝，甚至，爱娃连瞅都不愿意瞅他一眼。

好可怜的汉斯叔叔啊！他简直不能接受爱娃对他的拒绝态度。孩子半岁之后就开始认生了：他开始拒绝陌生人，但是，爱娃的行为告诉我们，孩子对陌生人的态度也是不一样的。为什么孩子对陌生人有不同的反应呢？我们在此将予以阐述。

孩子半岁起就可以移动身子了。他们有一种天生不可抗拒的欲望去触摸能够得着的东西，然后将它们往嘴里塞，并仔细观察它们。孩子的这种行为有可能导致危险，而这种危险并不是从我们发明插线板和有毒的洗涤用品之后才有的。在远古时代，当我们的祖先还生活在整个户外的大自然中的时候，环境就对孩子充满了危险。为了使孩子不离母亲左右从而避免危险，大自然给予孩子和成人天生的一种保护孩子的能力：分离焦虑的能力，孩子克制自己的认知欲望，而将自己托付给认为信赖的人。

在本节中，让我们首先来看一下6个月之后的孩子与父母的关系发生了什么样的变化。然后，我们就分离焦虑和“认生”以及它们在父母照顾孩子过程中的意义进行分析。

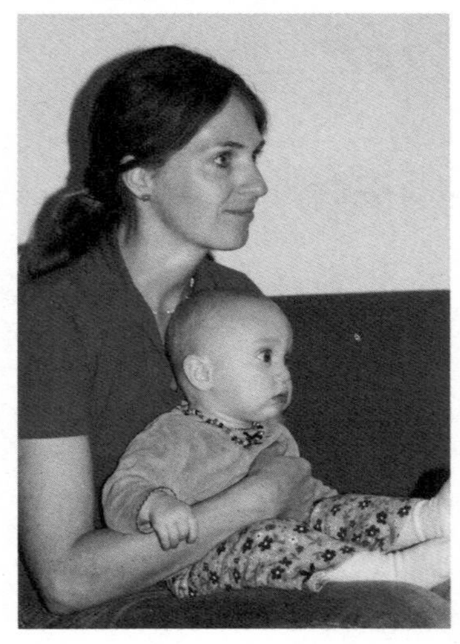

孩子和母亲之间主要的身体关系，6个月前（上图），6个月后（下图）。孩子开始转向周围环境

转向周围环境

在最初的3个月里，孩子在很大程度上依赖于父母。他的视力很弱（见“玩耍行为0 ~ 3个月”）。视力以外的东西，他几乎无法观察到。他总依赖抚养者，是通过身体关系反映出来的：孩子总是依偎在抚养者的身旁。他总是在寻找抚养者的脸。孩子的整个世界就是他的母亲、父亲或者其他抚养人。

3个月之后，孩子的视力开始增强，对周围发生的事情感兴趣。当父母穿过房间时，他的眼光开始能随着他们的走动而移动。再过一段时间之后，他就开始用手去抓东西了。东西对于孩子来讲是非常具有吸引力的。他开始能够长时间地“自得其乐”。他不再把父母当作游戏的唯一伙伴。当孩子第一次试图爬行时，也就意味着他开始不用别人的帮助而自己去拿自己感兴趣的东西。

对于孩子这种开始转向周围环境的行为，有的父母以为这是孩子的一种拒绝行为：孩子不像以前那样经常或持久地看他们了，孩子对他们的兴趣越来越少，而对周围环境的兴趣越来越大。但大多数父母对孩子的这种转变表示高兴。孩子半岁以后所表现出来的不断的身体运动以及如何被搂抱的行为方式表明，这些方式和孩子的变化是相适应的，这个变化就是：孩子开始转向周围的环境，但父母仍然是他万无一失的安全之所。

分离焦虑

害怕分开也就是分离焦虑，它是孩子和他所信赖人之间联系的一条无形的“纽带”。这条“细带”因孩子的不同而不同。让我们看一下：在儿童游乐场，什么因素会影响一个孩子这种害怕分离的心理行为。

年龄 年龄稍大的孩子要比年龄小的孩子更迅速地离开母亲进入游乐场玩耍。分离焦虑心理在 2 ～ 3 岁的孩子身上体现得最为明显。3 岁以后的孩子这种心理逐渐减弱，并开始越来越容易地和其他孩子以及成年人建立关系。但是，人类害怕分离的这种心理是从来不会完全消失的。即使是我们成年人也有这样的心理，在家乡的感觉总要比在国外安全得多，所谓“在家千日好，出门一日难”。当我们独自一人通过一个陌生城市的一条小胡同时，大多数人还是会或多或少有些害怕的，所以，我们总是喜欢结伴同行旅游观光。

性格 除了年龄之外，一个孩子的性格对分离焦虑心理的程度起着很大的作用。一个小心谨慎和胆小的孩子总是在父母的附近玩耍，而那些胆子大、好奇心强的孩子的活动范围就要大得多。

与周围环境和人的信任度 孩子离开父母多远也和环境因素有很大关系。如果孩子认识这个游乐场，认识在场上的其他孩子及其母亲们，他就会比第一次到这个游乐场更快、更远的离开他的父母去玩耍。如果他的姐姐或者哥哥和他一起在场地上玩耍，他的活动半径也会较大，而一个陌生人在他附近坐着会限制他的活动范围。

抚养者的态度 如果父母对这个游乐场感觉不好，并不断地管教孩子，不要玩这个，不要玩那个，孩子在场上就会感到很拘谨，玩起来自然不尽兴。但如果父母很容易地和其他父母建立起关系，鼓励孩子去认识这个游乐场，并和其他孩子一起游戏的话，孩子就会很快地进入场地玩耍，活动的范围也会较大。

认　生

认生也被称做是“孩子 8 个月时的害怕”，因为孩子经常在这个年龄段表现出认生。孩子认生的显著特征是：当他看到一张陌生脸的时候就会哭。

孩子认生最多地被解释为，孩子从这个年龄段起开始将信任的人和不信任的人区别开来，但实际上，孩子在更小的时候就已经具备了区分陌生人和熟悉人的能力。对此，新生儿视觉上的观察能力所起的作用要比其他感觉器官小。新生儿最发达的感觉器官是身体的感觉（触觉动觉的）。一两个月的孩子被一个陌生人抱起搂在怀里的时候，他就有可能哭。他感觉到，这个陌生人抱他的方式以及把他搂在怀里的方式和妈妈不同。此外，当新生儿对一种气息和声音感到陌生，从而产生不信任时，他也会表示出拒绝的态度。

陌生人和熟悉人之间的不同是孩子认生的一个条件，但绝对不能解释为孩子的拒绝态度。认生似乎和分离焦虑的心理行为有着类似的作用。这个作用就是，通过害怕陌生人，1 岁以下的孩子将自己交给在身体上和心理上关心他的、可信赖的人。

和分离焦虑的心理行为一致，年龄不同的孩子认生程度也不相同。影响孩子认生的因素与影响孩子分离焦虑的因素在本质上是一致的。

只同母亲玩耍。

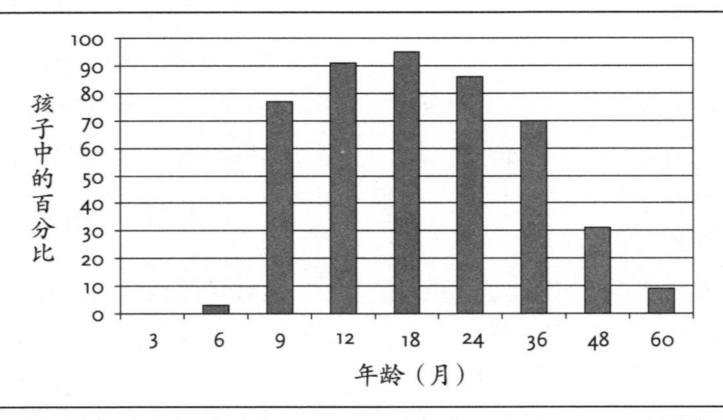

只有在妈妈或者其他抚养者在场的情况下才和陌生人玩耍的孩子百分比。

年龄 孩子明显拒绝陌生人的年龄是各不相同的。最早出现认生现象的孩子是在5个月的时候，大多数是在6～9个月，有的要到2岁的时候才出现，在8～36个月之间，孩子的认生最为明显。3岁之后，孩子认生和分离焦虑的心理逐渐减弱。孩子开始较容易地和陌生人建立起关系，并可以好几个小时在妈妈不在场的情况下与陌生人和睦相处。

性格 和分离焦虑的心理一样，除了年龄之外，一个孩子的性格对认生也起着重要的作用。有的孩子几乎一点儿都不认生，而有的孩子特别认生，好几年不愿意接触陌生人。性格对认生的影响在我们成年人当中也存在：成年人也对陌生人表现出不同的信任程度。

和别人打交道的经验 孩子在1岁以内和人打交道的经验影响着孩子认生的程度（康奈尔 Konner）。那些在1岁之内经常和不同人打交道的孩子认生的程度自然比那些零星地和不同人打交道的孩子要小。在大家庭中成长起来的孩子要比在小家庭中生活的孩子不认生。

对人的信任程度 一个孩子是否以及如何拒绝陌生人还取决于孩子的信任度。孩子能将陌生人和他所信赖的人区分开。爱娃对婶婶洛蒂的亲近报以友好的反应，是因为在爱娃看来，洛蒂对她说话的神情、拥抱她的方式等和她的父母以及抚养她的其他女性抚养者没有多少区别。而叔叔汉斯就不同了，因为爱娃对他的感觉比对洛蒂要陌生得多：叔叔的声音太低沉，缺乏她所熟悉声音的信赖度；而汉斯接近爱娃，抱她的力量太重，和爱娃平时已经习惯的感受也不一样；最后，爱娃还闻到了一股刺鼻的味道，香烟的味道使爱娃很陌生，因为她的父母不抽烟。

人际距离 孩子拒绝陌生人的程度还取决于陌生人对孩子的距离行为（见“关系行为引言”）。如果陌生人慢慢地接近孩子并和他保持一定的空间距离，孩子就会表现出友好或者至少中立。如果陌生人闯入亲密的人际距离，孩子就开始表现出拒绝。因此，陌生人在和孩子的交往中一定要注意保持耐心：陌生人等待的时间越长，给孩子认识他的时间越长，孩子就越有可能亲近陌生人。

请人代为照顾孩子

任何一个家庭都有可能出现这种

情况，父母不得不让别人来照顾他们的孩子。他们需要临时雇用照看婴儿的人，因为他们想晚上出去走走或者出去郊游。或者他们必须出门或是父母中有一方生病而必须住院。现在越来越多的家庭父母双方都要工作，因此需要请人代为照顾孩子。在“关系行为”这章的引言中已经指出，父母将孩子交给别人照顾时需要注意的问题（也可见附录中的说明）。另外，在这一年龄段尤其需要注意的有以下几点：在6 ~ 18个月内，孩子的认生和分离焦虑表现得最为显著。绝对不能把孩子交给他们不熟悉并感觉到没有安全感的人照顾，这对孩子来说可能是场灾难。他们会表现出强烈的拒绝。孩子必须有足够的机会，在父母在场的时候就和被托付的人建立起信赖关系，否则，孩子会有这样的感觉：如果陌生人来了，父母就要离开我。这不管是对孩子，对父母还是对被雇用照顾孩子的人来说都是不幸的。

父母应该准备足够的时间将孩子移交给照看的人。例如，如果父母在照看的人还没有到的情况下就和孩子匆匆道别并离开，孩子就会产生一种被父母丢弃不管的失落的感觉。父母也应当给孩子足够的时间同被托付的人亲近，这样他们才会感觉舒适。父母要等到孩子同被托付的人之间通过玩耍加深了解之后再离开。

对于孩子来说，没有任何准备地让他同父母分离可能会不可避免地成为他难忘的记忆，但并不是绝对的。从孩子的心理幸福感来看，他在被托付的人那里获得安全感和足够的照顾，并感觉到自己的要求都得到满足，这些才是至关重要的。如果这些都做到了，那么孩子同父母分开的这段时间也会过得比较顺利。由此，我们也可以看出，不仅仅从父母那里，还从别的抚养者那里获得安全感、关注以及全面的照顾是多么的重要。

矛盾的感觉

婴儿3 ~ 6个月的时间是儿童时代最幸福的时段：孩子在绝大多数情况下是非常快乐的，只要他的身体感觉舒服并获得足够的亲近和照顾的话。他会微笑、大笑、咯咯地笑，甚至会“聊天”。他对世界上所有的事和人都感到高兴。世界对他来说一切都是美好的。他还没有使他害怕的陌生感。

终于有一天，半岁以后的孩子这种“只有晴天没有阴天”的日子结束了，“晴转多云，晴转阴”开始了。

孩子开始表现出认生和害怕（伊扎德 Izard）。现在他开始对有些人表现出熟悉和喜欢，而对有些人则是害怕。他从此有笑脸，也有阴脸。差不多在这个年纪，别人的情绪、情感也开始影响他。他开始模仿父母和兄弟姐妹的面部表情动作。爸爸大笑，他也跟着大笑；哥哥姐姐哭了，他也跟着哭。4 ~ 9 个月的孩子发现了他的环境：他想抓东西并研究它们，他想挪动身子。他的好奇心同他的分离焦虑和认生相矛盾，这种矛盾的心理决定着他的行为。父母和其他抚养者成为他万无一失的避风港，孩子从他们那里去了解陌生而又精彩的外部世界。

要点概述

1. 3 个月之后，婴儿开始越来越多地将注意力从父母那儿离开，并转向外部环境。
2. 在最初的几个月里，婴儿能够通过触觉、嗅觉、听觉和视觉区分他所熟悉的人和陌生人。
3. 6 ~ 9 个月的孩子开始认生，并害怕与父母分离。孩子求助于父母和其他抚养者。
4. 不同孩子之间认生以及害怕分开的心理是不同的，它们取决于孩子的年龄、性格和生活环境。
5. 孩子只能交给那些与他熟悉、可以满足他的愿望并给予他足够安全感和照顾的人，只有这样，他们同父母分开的时间才能顺利度过。
6. 6 个月后，孩子的行为常由矛盾的心理所决定。好奇心促使他去发现周围的环境，但分离和认生的心理却又让他却步。父母和其他抚养者成为他万无一失的避风港，孩子从他们那里去了解陌生而又精彩的外部世界。

10～24个月

母亲带着2岁的儿子罗伯特在商场购物。当她买完东西到收款台排队付钱时，孩子想从推车的婴儿座上爬出来，母亲就把他从车上抱了下来。罗伯特刚着地，便奔向邻近的货架，拿了一块甜点心。母亲毫不犹豫地从孩子手中夺走了点心，并把点心放回到货架上。于是发生了这样一幕：孩子一屁股坐到地上，满脸通红，两脚乱蹬，嚎啕大哭，甚至将头往地上撞。母亲惊呆了：她可从来没有见过儿子这样啊！一位同时排队付款的女士责备这位母亲说："您为什么不给他买这个点心呢？"还有一位女士嘀嘀咕咕地批评这位母亲错误的教育方法；最后，第三位女士说："我的卡特琳就曾这样过。您稍等一下，他会马上平静下来的！"

从2岁开始，孩子就把自己当作独立的人来理解了。孩子有他的愿望，并想实现它，但孩子不得不有这样的经历：即他的愿望并不是总能成功实现，于是便产生了这样的结果。如果最糟糕的话，就会像罗伯特那样嚎啕大哭，简直疯了！这种场景无论是对孩子还是对父母都是很难控制的，并使他们陷入极其尴尬的境地。

在这一节中，我们将阐述孩子的自我发展。然后，我们将进一步地观察孩子2岁的关系行为。这涉及到孩子所谓寻求与别的孩子打交道的过渡期，孩子向自立发展将结束本阶段。

我就是我

孩子1岁前就喜欢照镜子。镜子中的"我"是孩子的玩伴。他会仔细地观察它，朝它发笑，和它嘀咕，孩子因此还会拍打镜子。

1周岁的时候，孩子的行为开始有所变化。他会和镜子中的自己玩耍。

这个乐呵呵的小孩是谁呀

塞莉纳（Celine），6个月大，在镜子中认出她妈妈

但是认不出自己

曼努埃尔（Manuel），12个月大，对镜子中的小孩很友好

尼娜（Nina），12个月大，在寻找镜子后的小孩

西尔万（Silvan），18个月大，那是我的耳朵吗

斯蒂芬妮（Stephanie），24个月大，我脸上的这个斑点是怎么回事儿

他试图去抓镜子中的自己，想把它从镜子的后面“掏出来”。他把镜子整个转了一下，结果什么也没有发现，他会感到失望。他在研究镜子。

进入第二年起，许多孩子开始对镜子感到些许害怕。他们依然仔细地观察在镜子中的“我”及其运动。但是，他们经常将头慢慢地朝镜子移去，随即迅速地摇头。他们感觉有点害羞。他们开始躲避，或者羞于照镜子。有时，他们还会突然大哭，把镜子推开，用手捂住脸。当然，也有一部分孩子还是表现出“孤芳自赏”的样子：他们会从上到下仔细端详，扮鬼脸，扮小丑。1 岁半的时候，尽管那些喜欢照镜子的孩子仍然愿意长时间地在镜子面前站着，但是他们还是不认识自己。

很多研究人员研究这个自我观察的进程（布鲁克斯 Brooks，比朔夫－科勒 Bischof–Köhler 1989）。在所谓的“抹口红实验”中将孩子放在镜子前并观察其对镜子中的自己的反应，接着同孩子一起玩耍并在这个过程中，最好是趁孩子不注意的时候，在孩子的脸上或者额头抹一点口红，然后再让孩子在镜子前照自己。

18 个月之前的孩子没有做出任何反应，这表明，孩子没有发现在他的脸上有一点口红。18 ~ 24 个月的孩子则会露出非常惊讶的神情看着镜子中的自己，而且发现了在其脸上的这个斑点，并用手去摸它。孩子知道了：镜子中的人就是我，因此，那点口红在我的脸上！

最初，口红实验不是在人类身上而是在猿猴身上做的（盖洛普 Gallup）。黑猩猩和红毛猩猩发现了它们脸上的那点口红，大猩猩和其他灵长目动物则没有。当这些动物被分开抚养时，黑猩猩则确定没有自我观念。自我的发展看上去是和社会经验联系在一起的：只有在群居中才能发展自我。

对镜子中的形象进行自我观察还只是自我发展的一方面，但这还不能绝对地肯定已经跳跃进了完全的自我意识之中。自出生之后，人类自我意识的发展分成很多小的阶段。早在婴儿时期，孩子就同他周围的社会环境形成了相互关系。小婴儿已经对自己的身体运动有了初步理解（罗沙 Rochat2003）。他们试着通过自己的运动去影响诸如玩具汽车之类的东西（见“玩耍行为引言”）。通过这些体验，孩子学会自己同别的人和物体相区别（罗沙 Rochat2001）。6 个月以后的孩子开始非常仔细地观察自己的身子。他会从头到脚地触摸自己（见

“运动能力 4 ~ 9 个月”）。他有了这样的经验，用他的手确实可以干一些事情：打开音乐盒，音乐盒就开始奏乐（见“玩耍行为 4 ~ 9 个月”）。

1 周岁时，孩子开始将注意力投向母亲和他所信赖的人（共同注意力 joint attention）。如果妈妈冲着窗外望去，孩子也将目光移向窗外；妈妈转身向着一个人，孩子也转向那个人；妈妈用手指头指向一个物体，孩子的目光就顺着妈妈指的方向投去。孩子还会越来越多地让自己的行为向抚养者的情感表达看齐。例如，在孩子扑向小水洼前，他会先从父亲的面部表情、语调和身体动作上确认父亲是否同意他的行为（社会参考 social referencing）。孩子开始理解，别人是不同于自身的存在，这些不同反映在他们的注意力和兴趣上（心理理论 Theory of Mind 的早期阶段）。

在孩子 2 岁的时候，这种内在的自我发展突出反应在象征游戏中（见“玩耍行为 10 ~ 24 个月”）。在官能的、有代表性的系列游戏中可以看出，孩子能越来越清楚地区分自己和他人，区分动物和其他物体。

当自我观察发展到孩子可以在镜子中认出自己时，孩子也开始越来越多地将他人作为独立的个体进行观察。孩子表现出越来越强烈的移情行为，开始感受别人的感受（比朔夫－科勒 Bischof-Köhler 1989）。孩子 15

孩子 0 ~ 3 岁自我发展的研究

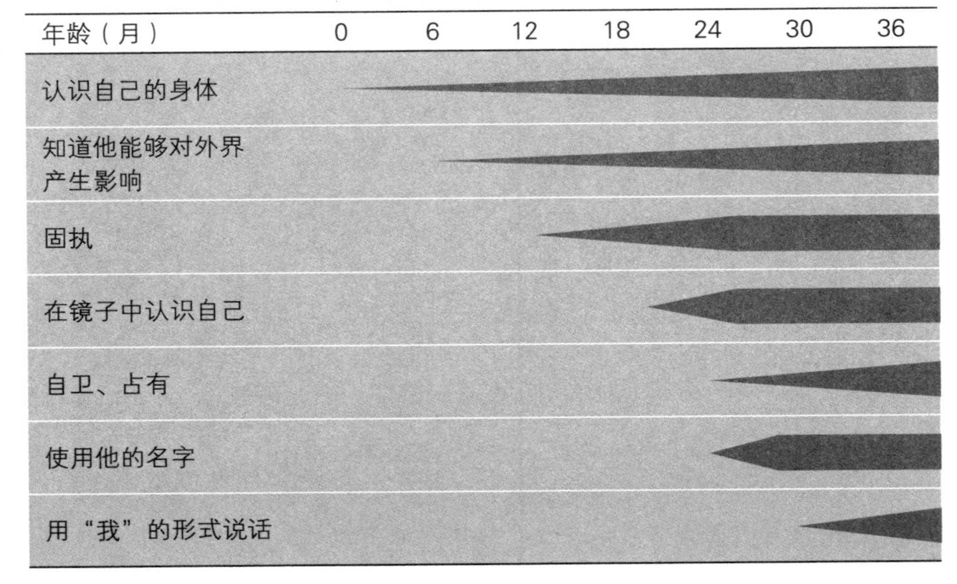

个月前就已经开始对家庭成员的快乐、伤心和疼痛做出反应（察恩－瓦克斯勒 Zahn-Waxler）。当兄弟姐妹哭时，他也跟着哭。之后，孩子的表现开始有所变化。如果他信赖的人感到很伤心或者很疼痛，他不再仅仅表现出有同等感受，而是开始试图去安慰了，如果他的兄弟姐妹在哭，他会拿玩具给兄弟姐妹，这是他第一次试图去安慰。而父母如何安慰疼痛、害怕和伤心孩子的方式也会成为孩子如何安慰别人的方式。

我 想

孩子 2 岁初的时候开始有自己的愿望，他越来越多地想自己做出决定并行动。大多数情况下，他还想实现自己的愿望，但他的行动总是受到阻障，对此他起初不能接受。比如，2 岁的库尔特想玩录音机，父亲禁止他去碰它，但库尔特还是要努力去实现他的愿望。结果，父亲只能将录音机拿走，而库尔特会哭闹、手脚乱蹬或者干脆和父亲争夺。这时候，不同孩子由于性格上的不同所表现出来的失落感是不一样的。

2 岁时，孩子通过不断地做一些事情或者试图做一些事情来理解他周围环境中的一些因果关系。一种对于孩子非常有意思的动作是，他喜欢玩开关，开一下，房间灯亮了，再按一下，房间灯灭了，他觉得很好玩；终于有一天，他也能自己开门和关门了。从那时起，他能够有点儿“心想事成”了。但是，如同和人打交道一样，任何一个孩子在和物品打交道过

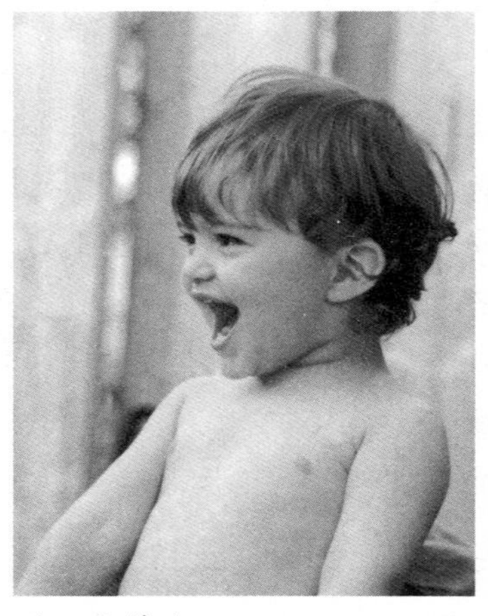

哈，太棒啦

不，我就不要

程中也会碰到很多违背他意愿而干不成的痛苦经历。孩子因此表现出来的行为和上述父亲不让孩子动录音机的反应是一样的。例如，孩子试图搭积木，他努力地想把积木搭起来，但无论怎样就是搭不起来，他的挫败感越来越强。最后，他不仅把桌子上的积木全部推倒，而且把积木扔得满屋子都是，还大叫大嚷。

孩子固执的逆反心理给父母留下印象很深，父母有时认为这是非常危险的。如果孩子“耍赖”地往地上一坐，“舞拳弄腿”，这不用太多介意。但如果发生像罗伯特那样将头往坚硬的地上撞的情况，大多数父母肯定是非常恐慌的。他们害怕，孩子会真的伤到自己，但幸运的是这种事情从来没有发生过。最多也就是青一块、紫一块，而不会伤到头，更不会伤到脑子。

孩子的执拗行为如果是在公众场合中表现出来的话，会使父母陷入非常尴尬的境地。那么，罗伯特的母亲应该怎么对待孩子出现的这种行为呢？如果母亲把他从地上抱起来，搂在怀里，抚摩他，和他好好说话，这样试图安慰孩子的方法是错误的，这会增强并延长孩子的固执行为。如果母亲屈服了，给他买了那个甜点心，那么，母亲就必须充分估计到，孩子今后将会把固执当做他在母亲那儿实现愿望的成功战略，以后类似的事情就会频繁发生。最有经验和最有意义的方法是：不用管他，让他自己安静下来，等待事情的结束。母亲不要离开他，而是待在他身边。母亲以此来告诉小孩，他并没有被忽视，但是母亲绝不屈服。然而，母亲试图运用这个办法来对付小孩的行为遇到的最大困难却是周围的环境。那些善意的劝告或者公开的指责使母亲很难办。

有时候，挫败感在一些孩子身上会引起医学上所称的“屏气综合征”：孩子啼哭，脸色苍白，手臂抽搐而后松软，呼吸微弱。如果父母不知道这种症状的话，他们往往极度震惊和恐慌，他们以为这是癫痫病。当他们把医生叫来后，这种症状有时还会持续几分钟。大夫会告诉父母：屏气综合征不是癫痫病，它没有危害，孩子不会受到伤害，尽管他脸色苍白。这种症状最后结束的时候甚至会没有呼吸，因为刚开始的时候孩子已经急促过多地呼吸了。这种屏气综合征的发生总是有一个前提条件，那就是孩子受到了心理上的打击，而癫痫病是在没有任何起因的情况下发生的。

对于孩子的执拗现象，父母采取的最好办法就是如上所述，再强调一遍：即使孩子脸色苍白，也无关紧要。孩子不需要大人经常采用的人工呼吸的办法。

一个非常固执的孩子会使大人感觉特别头疼，但是更糟糕的情况是固执的停止，因为固执属于正常孩子的成长过程，固执的停止意味着他的自我发展可能会因此而受到限制。它最早在1周岁的时候发生，并可以延续到上幼儿园。如果小孩的行为经常被受到限制的话，他们会感到无限的挫败感。这些孩子将需要很长的时间来调节和控制自己。有的成年人一辈子都没能实现完全的自我调节。当然，孩子过分的固执往往成为较大孩子和大人动怒的起因。

不同孩子逆反心理的程度和固执现象发生的频率各不相同。即使在最好的教育方式下固执也是不可避免的。父母教育孩子的方式方法只能影响孩子固执现象发生的次数。孩子的年龄和天生的秉性决定了孩子逆反心理的程度。

自我的发展使孩子开始使用这个词——“我的”。小孩总是非常强烈地维护自己的东西，不让别的小孩从自己的手中拿走自己的玩具，但是孩子“你的”这种意识来得较晚（见“关系行为”25 ~ 48个月）。孩子对被别的孩子抢走自己的东西会感到伤心而流泪。

拽衣角

2、3岁的孩子总是喜欢拽住妈妈、爸爸或者其他抚养者的衣角。一方面，孩子长大了，变重了，不可能一天到晚地被抱在怀里。而孩子呢？也不愿意天天被抱着，但是，孩子又需要抚养者就在附近。于是，孩子每天玩耍时就时不时地去看一下抚养者在不在附近。

2、3岁的孩子往往有一个嗜好，就是特别喜欢一种东西。即所谓的过渡性客体（温尼科特 Winnicott）。典型的过渡性客体有手绢、被子、枕头等，较大的孩子喜欢泰迪熊、毛绒玩具或者布娃娃。还有一些幼儿园的孩子喜欢围着手绢跑，有一些孩子带着过渡性客体在身边片刻不离左右。当他们觉得伤心时就会一直嚷嚷着要这

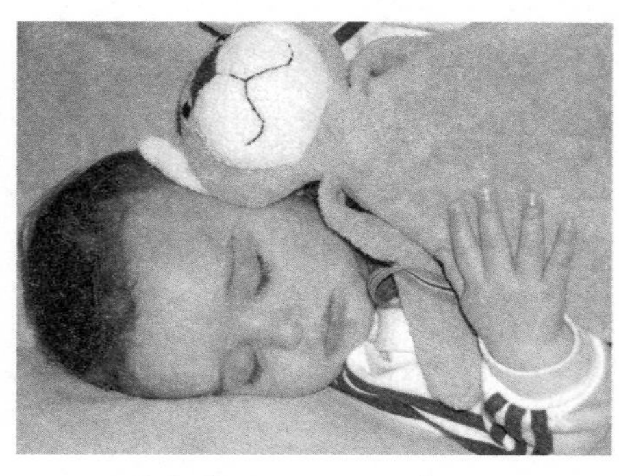

玩具虎带给孩子安全感

些东西。没有他们的“小努比”或者泰迪在身边，他们就不想也不能够入睡。如果孩子失去了他们的心爱之物，他们大都会感到害怕。当妈妈洗了被子，他们失去了原本熟悉的味道会感到伤心。

实际上，不仅孩子不管跑到哪儿都一定要带着他们心爱的东西，看一看成人的世界就知道，成人也有这种喜爱之物，这种所谓的“过渡性客体”并不像它字面含义那样是过渡性客体（过渡性客体 transitional object）。有的成年人特别喜欢收集漂亮的石头，有的喜欢收集钱币，有的喜欢带护身符、项链、手链和戒指，以保佑平安。

那么“过渡性客体”对孩子来说到底有什么意义呢？普罗维登斯和他的同事在赫姆研究发现，那些在情感上被忽视的孩子都没有过渡性客体，一定程度上的情感联系似乎是产生过渡性客体的前提。

不同文化背景下的研究证实了过渡性客体出现的频率和身体接触的程度有一定的关系（加迪尼 Gaddini，鸿 Hong）。在某一些社会群体中，孩子和母亲的身体接触非常紧密，孩子几乎没有什么过渡性客体，而在西方发达国家，孩子经常被施于自立教育，从小就一个人睡觉，和父母在身体上的接触不多，所以，他们往往有这种所谓的“过渡性客体”。过渡性客体对孩子来说似乎是孩子与抚养者亲近的替代物。它代替了孩子已经缺少的、刚出生后不久从妈妈怀里体会到的温柔、温暖和信任的气息。

正因为小孩是如此依赖他所亲近的人，当他们被突然分开时，小孩便会感到没有安全感。例如，当孩子重病不得不住院时，过渡性客体和他所熟悉的其他东西可以缓解他对分离的恐惧，但他的幸福感关键还是取决于他的父母和其他抚养者离他有多近以及由此可能带来的安全感。

对于父母来说，另一个难点在于，他们无法向孩子解释在医院有限逗留的原因，也无法让孩子明白住院时间的长短，因为小孩子还没有时间观念。

在过去几年里，人们对生病而不得不住院的孩子进行着无微不至的关怀和治疗。很多医院允许父母在任何时间探视病房。兄弟姐妹也得到了一定的探访许可。孩子的父母和其他抚养者可以一直陪床。尽管医院条件不断改善，但是，住院对孩子来说仍然是一次影响很大的经历，对父母而言也是一次痛苦的经验，因为完全可能发生的事情是：孩子对父母的探视并不感到高兴。孩子往往非常生气地看

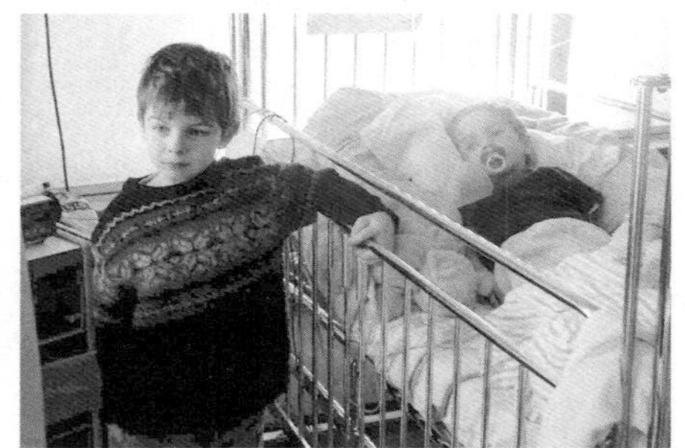

刚刚我的弟弟还和我一起走在路上，现在他却住院了

着父母，打父母或者不理睬父母，从而告诉父母，他在医院很孤独，非常不快活。他不能理解，为什么父母还要离开他。孩子感到被丢弃了。所以，要想让住院的孩子逐步安静，并对父母的到来表现出快乐，需要好长一段时间。当父母向孩子告别，并用眼神安慰他，明天还会来看望他时，孩子其实并不能理解这些。最好是由别的抚养者来缓解他对分离的恐惧。

出院后的婴儿重新回到了家中，但是还有一些后遗症：孩子的睡眠和饮食习惯受到了干扰。由于年龄和性格的不同，孩子有可能在未来几天、几周甚至几个月中还处在恐惧之中，父母寸步不能离开他。在耐心细致的关心下，孩子的创伤才被逐渐抚平，重新感觉到了父母的温暖，他开始平静下来，一些古怪的行为举止也消失了。

兄弟姐妹间的竞争

很多小孩对妈妈又生下一个小弟弟或者小妹妹感到很高兴。对此，父母感到很惊喜，因为父母总是担心，哥哥姐姐会对小弟弟小妹妹产生嫉妒心理。只有极个别的孩子对妈妈刚生下小弟弟小妹妹时表露出嫉妒心。当他们看到妈妈怀里抱着另外一个婴儿时，大多数孩子的心理是矛盾的。

最初的几周内，孩子没有表露出嫉妒心。于是父母以为，孩子已经接受他的弟弟妹妹了，这是错误的想法。在接下来的日子里，孩子的嫉妒心会变得越来越厉害。这属于孩子正常的心理行为。即便是“最好”的父母也不可能使他们的孩子不产生这种嫉妒心。

每个孩子的嫉妒心是不同的。有一系列的因素影响孩子的嫉妒心是强还是弱：

我是多么多么的爱他呀

顺序：一般是年龄大的孩子嫉妒年龄小的孩子，相反的情况很少。

年龄 2岁半到5岁的孩子最容易嫉妒刚出世的小弟弟小妹妹。2岁前的孩子嫉妒心几乎没有。5岁以后的孩子总是有着强烈的嫉妒心。即使10岁的儿童对刚出生的婴儿还有嫉妒心的。如果孩子与孩子间的关系越紧密，那么，孩子的嫉妒心就越小。

孩子的性格 像孩子和孩子之间的关系行为完全不同那样（见“关系行为引言”），不同孩子对他的弟弟妹妹来到这个世界上所产生的不安也是不同的。如果父母认为孩子对弟弟妹妹产生了嫉妒，而且所有的责任都是父母本身的话，父母那就过分自责了。每个孩子的性格不同，嫉妒心也不同。

兄弟姐妹的吸引力 如果弟弟妹妹长得很漂亮，总是笑嘻嘻的，爸爸妈妈喜欢，人见人爱，是家庭中的“太阳”，那么，哥哥姐姐就很难与弟弟妹妹相处了。弟弟妹妹刚出生后的几周内总是整个亲戚朋友们的中心。于是，父母总是要求哥哥姐姐保持明智的态度，并对他们说：你现在已经是大孩子了！你应该为得到一个小弟弟小妹妹而高兴！但实际上，当哥哥姐姐看到，所有的人都向着小弟弟小妹妹的时候，他们怎么可能感到高兴呢！从孩子的角度看来，他们是将所有人的照顾都吸引到自己身上的竞争者。孩子年龄越大，大孩子对小孩子的嫉妒心就越强。大孩子自理能力相对较强，得到父母的关心自然就会少一点，所以，父母试图向大孩子解释明白，并不总是什么事情都是小弟弟小妹妹优先的，这无疑是白费口舌。孩子是不会明白这个道理的。即使是孩子即将上小学或者上了小学，孩子外表和行为的吸引力对嫉妒的影响仍然是很大的。

在妈妈那儿争宠 大孩子吃醋那股劲儿并不是冲着弟弟妹妹来的，而是冲着妈妈来的：他要求妈妈也要多关心他。本来，弟弟妹妹特别小，所以要多得到妈妈的照顾，但在哥哥姐姐眼里却成了一种危险。那么，哥哥姐姐吃弟弟妹妹什么“醋”呢？妈妈和弟弟妹妹在身体上总有那么多亲密接触。妈妈每天有好几次给弟弟妹妹喂奶，给他喝水，喂他食品。爸爸妈妈总是用一种非常关心的态度对弟弟妹妹说话。他们总是抱着弟弟妹妹。弟弟妹妹还可以和妈妈一起睡，等等。所有这些使哥哥姐姐产生了这样的感觉：妈妈爸爸太关心弟弟妹妹了，总是把弟弟妹妹放在比他们优先的位置。他们有理由相信，父母只对他们的行为进行控制和批评，而弟弟妹妹的每个小动作却都得到积极的回应。

大孩子吃醋的目的就是要让父母多关心他。于是，他小时候的行为举止又回来了：他经常寻找和妈妈在身体上的接触。当弟弟妹妹晚上和父母一起睡觉的时候，他也爬起来，也要钻到爸爸妈妈的被窝里睡觉；他也不想自己吃饭和喝水了，而要妈妈喂他，奶瓶也重新找回来了；他甚至要妈妈重新像给弟弟妹妹那样给他穿尿裤；跟着妈妈购物时自己也不走了，非得到推车上坐着让妈妈推着走；对妈妈的要求变多了，等等。妈妈的负担加重了。

有时，嫉妒会使大孩子对小孩子采取一种进攻方式，但幸运的是，很少会发生危险的事。例如，大孩子往小孩子的童车里扔木制玩具。当妈妈走过来准备训斥他的时候，他向妈妈诡辩：我是在给弟弟妹妹玩具。

如何处理兄弟姐妹间的嫉妒心

那么，当大孩子嫉妒小孩子的时候，父母该怎么办呢？如果父母严厉训斥哥哥姐姐对弟弟妹妹的那种进攻性的态度的话，那是错误的。父母应该尽可能地去安慰大孩子，使他的情绪平静下来，并调节他和弟弟妹妹间的平衡关系。注意：是平衡孩子之间的关系，而不是父母与孩子之间的关系。虽然这做起来比较困难，但还是有希望实现的。

父母究竟应该怎么做呢？

允许孩子撒娇 当父母发现大孩子嘟嘟囔囔有意见时，父母首先要对他表示理解。如果父母一味地以年龄和理智来要求孩子的话，这是于事无补的；如果父母拒绝孩子的要求，孩子绝对不会“善罢甘休”，他对弟弟妹妹的嫉妒将会更大；但如果父母允许他也可以像弟弟妹妹那样用奶瓶喝水，或者被裹起来的话，孩子就会减少不安的感觉，而宁愿重新恢复原样。

让哥哥姐姐参与照顾弟弟妹妹 如果妈妈允许大孩子和她一起来照顾弟弟妹妹，一起扮演母亲的角色，这是非常有好处的。大孩子这种和弟弟妹妹打交道以及照顾弟弟妹妹的经验不仅能够减少他们对弟弟妹妹的嫉妒，而且还有可能对他们将来成为爸爸妈妈产生积极的影响呢！对此，很多专家都赞成让大孩子参与照顾小孩子的做法。在动物当中，这种做法对类人猿就非常重要。

让孩子“做事” 还一个非常有效的方法是：父母向哥哥姐姐表示，爸爸妈妈喜欢他们和喜欢小弟弟小妹妹是一样的，并愿意单独和哥哥姐姐一起做事。这是一种能很好减轻父母负担的方法。

给小妹妹喂奶产生自豪和关怀

注意周围环境的态度 当家里来客人时，小孩子自然会成为中心话题。但是，如果有那么一个客人首先向大孩子问好，同时也和他交谈，大孩子会非常兴奋。他会非常感谢一直陪他说话的那个客人。

弟弟妹妹闯入哥哥姐姐的“领地” 当弟弟妹妹开始会爬、会走的时候，哥哥姐姐开始意识到了一种新的危险：讨厌的小家伙开始闯入他们的“领地”。小家伙全然不顾哥哥辛辛苦苦才搭起来的积木，把它搞得一团糟，真来劲；小家伙根本不管姐姐的洋娃娃，把它弄得乱乱的，真好玩。这当然招来了哥哥姐姐的不满，重新唤起了他们对小家伙的敌意。起初，他们教导小家伙不要这样做，但不管用，于是哥哥姐姐就大声训斥他，甚至用手打他。好了，小家伙一点儿也不示弱，看看他怎么收拾哥哥姐姐：他使出了全身的力气——哭，把妈妈招来了。这回该轮到哥哥姐姐挨训了：“弟弟妹妹还小，他根本不知道在做什么！你们不能打他！”这一次，妈妈似乎解决了他们之间的问题。但是，小家伙从此在哥哥姐姐的眼里成了捣乱的家伙。哥哥姐姐把妈妈的训斥当做了妈妈把小家伙放到了优先的位置，并将怒气更加转嫁到小家伙身上，他们就是拒绝小家伙。而小家伙呢？当他和哥哥姐姐再次在一起玩的时候，还没等哥哥姐姐说他什么呢，小家伙又是哇地一声大哭大叫。真是个诡计多端的小家伙！他就用这样的武器来赢得妈妈的帮助，对付哥哥姐姐，从而达到自己的目的。如果这样一味演变下去，这无疑就会变成一种“恶性循环”。

对于上述这样的情况，我们还找不到一种最好的方法来解决它。最富有经验的做法是尽可能少地训斥孩子们，让孩子们自己和睦相处。父母尽可能不要在他们中间充当谁是谁非的裁判。如果父母将一些责任交给大孩子的话，大孩子可能会找到好的途径，和小孩子“和睦共处”。当然，父母必须承认，小孩子在孩子们中间确实是比较“独裁”的，这样的“独裁者”是不可能得到哥哥姐姐的保护的。为此，应该让哥哥姐姐在小家伙面前起表率作用。

孩子需要孩子

“小孩子之间没什么会发生。”这样的偏见或许源自这种观察，即这个年龄段的孩子常常互相打闹，争抢玩具。给予和获取，奔着共同的目的行动或者分角色扮演的游戏在他们中还是不可能实现的。但这并不代表小孩子不喜欢同其他孩子待在一起并从他们那里学到点什么。

孩子从 2 岁起和其他小朋友一起玩的兴致越来越大。他观察其他小孩并开始试着模仿他们玩的样子。通常孩子们会一起玩沙箱游戏，他们做同样的沙箱，但是每个人都只为自己做。孩子总是更容易模仿同龄人的行为，而不是成年人的。同龄孩子的兴趣、动机和行为对于他们来说比较熟悉，因此比起成年人的行为更容易理解。稍微年长一点的孩子对于一个孩子来说显得尤其有吸引力。他们是真正的师傅，并受到小孩子的钦佩。

然而，小孩并不仅仅是对同其他孩子一起玩要感兴趣。这种关系本身对他们来说就很重要。孩子之间可以产生很强烈的亲近和信任的感觉。这种感觉在双胞胎身上尤为明显，他们

我们喜欢在一起

从婴儿时期开始就不再觉得孤单，他们相互依偎，躺在一起，那些睡在一个房间的兄弟姐妹也很少去父母的床上，这对于父母来说真的是很大的减压。

从1岁开始，孩子之间已经开始通过眼神、表情、声调和运动进行交流，并乐在其中。从2岁开始他们越来越多地转向其他孩子并同他们交流。对陌生的孩子他们也很感兴趣，跑向他们，并希望弄明白他们在干什么。对小孩子来说，和其他孩子在一起很重要，即使他们之间几乎无法进行正常的社会交流和语言交流。

走向自立

孩子2～5岁的时候，在身体需要方面开始变得自立，也就是说能够自己吃饭和穿衣了，等等，这是孩子社会化的一个重要标志。

孩子2岁的时候开始模仿。他学着用勺子吃饭，端着杯子喝水（见“吃喝10～24个月”）。将近满2周岁的时候，他开始认识自己的身体，知道他的头、肚子和脚在哪儿。他开始对各种各样的衣服感兴趣。他第一次试着自己穿袜子和鞋子。从开始穿袜子、穿鞋子、穿衣服，孩子一直要练习到3～4岁，而孩子不尿床和保持整洁则是孩子走向自立的一个重要里程碑（见“大小便自理”）。

记住：父母抚养孩子最重要的任务是“支持孩子走向自立”。自立是孩子自信的重要基石。

孩子2到3岁期间的自主发展

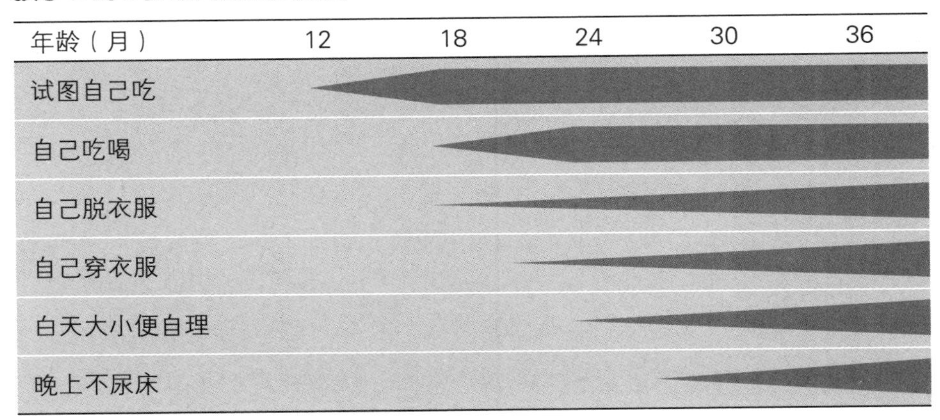

要点概述

1. 2岁起，孩子的情绪将发生很大变化，他的行为方式也将随之发生深刻的变化。
2. 自我发展：孩子开始观察自己以及别人。
3. 孩子开始感受别人的感受并懂得移情行为。
4. 孩子开始试图实现自己的愿望。如果不成功，他将产生逆反心理。逆反心理的大小由性格等众多因素决定。
5. 孩子2～5岁期间的逆反心理属于正常的儿童心理。近乎疯狂的状态以及“屏气综合征”不会损害孩子的健康。
6. 兄弟姐妹间的嫉妒属于正常的行为。孩子嫉妒心理的程度取决于孩子的年龄、秉性、家庭情况和父母的教育方法等。
7. 小孩子对其他孩子表现出越来越大的兴趣。他想同他们待在一起，并从中学习他们的行为和活动。
8. 2岁时孩子开始通过认识自己的身体走向自立：自己吃喝，自己穿衣、脱衣，自己去便盆或者厕所。
9. 父母应当支持孩子走向自立。自立是孩子自信的重要基石。

25～48个月

雅各布的母亲从其他母亲那里得知，她3岁的儿子在幼儿园有个绰号叫“兰博”。几天之后幼儿园老师告诉她，她的儿子要继续留在幼儿园有点问题。可是雅各布是个开朗的男孩，喜欢去幼儿园，也喜欢跟其他孩子待在一起，但是如果一旦不顺他的意，他就很快翻脸。他拿走别的孩子的玩具，摔打甚至咬。已经有2个孩子的母亲向幼儿园老师抱怨说，他们的孩子被雅各布欺负。雅各布的母亲开始不理解这个世界了。她那稍大几岁的女儿在幼儿园是个合群的、受欢迎的女孩，而雅各布也是用同样的方式养大的。

那些3、4岁大的孩子的父母同雅各布的母亲有着同样的困扰。怎么孩子会突然之间大吵大闹或者打、咬、抓他们的兄弟姐妹和其他孩子？周围经常有人在背后议论孩子的父母，说他们没能很好地控制自己的孩子，甚至说他们教育得很糟糕。

这个年龄段的孩子不仅仅在行为上固执，生活对于他们来说也变成了新的挑战。他们自己一直感到不安的是，他们开始冲着父母发脾气。他们尤其喜欢随时随地去实现自己的愿望，但总是遭遇挫折。孩子在自己内心强烈的欲望、对自立的渴望和对被抛弃的恐惧中徘徊。他们过分苛求自身的愿望，极度渴望实现自我，但这个过程中又害怕失去父母的好感。内心的纠结使得他们不但会苛求自己，还常常过分要求自己的父母和其他抚养者。

在大约4～5岁的时候，从成长过程来看，孩子会有一次无与伦比的重要飞跃。他们学会了设身处地地思考问题（心理理论Theory of Mind）。

对3、4岁孩子联系行为、关系行为以及社会认知的了解可以帮助我们更好地理解雅各布的行为。

孩子和父母之间的平衡

2岁以前孩子对父母的依赖性很强。从3岁和4岁开始，孩子慢慢从父母身边挣脱。由此，孩子和父母达到一种平衡关系：孩子像以前一样需要父母情感上的安全感，同时却也想在许多事情上独立。

自我概念的发展以及自我意愿的

体验使孩子在情绪上陷入矛盾。一方面他希望维持父母无限的关心，另一方面他又想在父母那里实施自己的意愿。他希望可以不被拒绝地说“不”。孩子希望自己能决定，而又不被剥夺父母的爱。父母也同样陷入困境：如果他们禁止孩子做什么，他可能会理解为拒绝；如果他们允许，孩子可能会把这误解为关心的表达。

当父母与孩子的关系很和谐时，父母更容易说不。相反，当孩子出于某个原因情绪不安时，这就会很难。他更乐意接受父母的决定，当他感到父母愿意信任他，交给他责任的时候。如果孩子在吃完饭后可以自己把漂亮的盘子送到厨房，他会觉得很自豪。当他的需求被父母认真对待时，孩子可以更容易地接受限制。

当他感觉父母感知到他目前的需求并给他时间作出改变时，孩子更听话。当母亲去游戏小组接雅各布时，他正在外面嬉戏玩耍。母亲感觉到，要他现在立刻跟她回家很难。她不想冒发脾气的风险，因此建议雅各布，他可以再爬一次塔或者荡秋千，然后跟她一起回家。雅各布决定爬塔，接着满意地跟母亲回家了。

如果父母让孩子一起做决定，那么他们可以更好给孩子设限。如果他们让孩子在不同的可能性之间选择，就可以避免或化解许多冲突。这样的话，他们不是仅仅占有孩子，而是给孩子参与决定的可能。父亲要和雅各布一起穿过一条车水马龙的街道。他知道雅各布不喜欢把手给他。父亲问他，两条人行道他们想要走哪条，在过马路时雅各布就把哪只手给他。

在这个年龄段，许多孩子学会独自吃饭和穿衣、脱衣，大部分还能独自使用马桶。虽然通常他们的方法很麻烦，但是他们还是想自己做。他们需要父母的支持和鼓励，但尤其需要时间和耐心。由于自我控制和认可，孩子获得一种新型的情感安全和正面的自我意识。到5岁时，孩子身体上的依赖性明显下降，但是身体亲近和关心的需求仍然很大。

找到允许和设限的平衡就如走钢丝，即使最有能力的父母也不是总能成功。在孩子小时候，父母就应学会对孩子放手，把支配权转交给他，支持他追求独立。

新体验，新关系

3、4岁的孩子想要各种各样的体验，他们的体验欲无法磨灭。他们有很强的运动欲望，想用各种方式体验他们的能动性，尤其喜欢在室外蹦来蹦去。他们想和不同材料像沙子、石

和邻居组建一架滑翔机

头、水、植物或木头玩耍。因此，森林幼儿园对他们来说尤其具有吸引力。他们想看画册、听歌、听简单的故事。他们有很大的需求，观察大人做事然后模仿他们。在和其他孩子玩过家家时，他们会内化比如买东西或看医生的经历。（参见“25～48个月玩耍行为”）。他们最喜欢和其他孩子一起画画、做手工物品，在共同玩耍时，他们也发展了他们的交流能力。他们观察其他孩子怎样互相交流，并熟悉一个群体中存在的规则，他们学会在孩子中表达自己并找到群体内自己的位置。

即使再努力，父母也只能传授给孩子这些经验的一部分，为了积累所有这些经历，孩子需要和其他抚养人，尤其需要和其他年龄层的孩子交流。如果父母要求自己传授给孩子同其他孩子交往的经验和体会，那他们就太苛刻了，孩子相互之间是彼此最好的老师。除了家庭之外，他还需要有亲戚和熟人、邻居、游戏小组、早教幼儿园或日托所的经历。

孩子们与大人和小孩打交道的意愿各不相同，有些2岁的孩子比6岁的更独立，更愿与人交往，除了孩子的天性外，孩子头几年的经历起着重要作用。孩子在家里觉得越安全，他走近其他人的愿望就越大。一个很早就与家里其他抚养人或儿童抚养机构有接触的孩子，行为和一个只有一两个抚养人教育的孩子很不一样。最后，孩子目前的生活状况也会起作用。一个3、4岁的孩子可能由于小弟弟小妹妹的出生而感到不安，以至他尝试增加与父母的亲近并暂时拒绝参加游戏小组。

孩子会在邻居家庭、游戏小组或日托所感到舒服，当他有下列感觉时：每时每刻都有一个熟悉的人在，如果我需要，他会帮助并保护我。只有当孩子感觉舒服时，才会愿意建立新的关系，开展新的体验。为了孩子的发展，必须满足适合孩子抚养的基本条件。在“关系行为”一章的引言及附录须知中列出了这些条件。

在小组中，当孩子经常和其他孩子在一起并逐渐相互熟悉，这时他会感到舒服。小组在组合时应当尽可能保持稳定，且有不同年龄段的孩子。

此外孩子数量要足够多，以便孩子有足够的选择余地。

为什么雅各布会打或咬其他孩子呢？一种解释是，他在游戏小组中感觉不安全，教师给予的关心不够。他把不舒服的感觉释放在其他孩子身上，这样至少会得到大人的负面关注，或许他很嫉妒其他孩子。雅各布的行为的另一个原因可能是，他感觉自己的行为被其他孩子否定，他到目前为止还没找到自己在小组中的位置。

但其实雅各布期待去游戏小组，他在那里觉得很舒服，他喜欢老师和其他孩子。他们其实也喜欢他这个开心果，只要他不再脾气爆发。

设身处地

人们在一定程度上可以设身处地地感受他人的情绪，理解他们的思想和思维方式。这种能力在心理学上被称为心理理论（ToM）（普里马克 Premack）。在德语翻译中称为“思想理论”“心智理论”或“日常心理学”。这个概念表示，一种心理理论不是一个复杂的理论结构，而是一种所有人共同拥有且在日常生活中运用的能力。我们不断假设其他人如何思考感受，这通常在我们无意识的情况下发生。

每个人都有自己的视角、愿望和想法，这些会由于各自目前的经历和当前的生活状况而各不相同。用心理理论我们可以以有限的方式置身其他人的位置，来理解他们的愿望、想法和目的。由此我们也能理解他们的心情、行为并试图预见他们以后的思想行为。理解我们自身的心智和想法（内省）以及他人的心智和想法（外省）可以帮助我们更好地理解社会群体中的人际行为。一种心理理论由此成为我们关系行为的核心部分。

心理理论如何发展呢？ 3 岁以前的孩子在他们的感知和思维上自我程度很高。皮亚杰（Piaget）称之为自我中心主义的年龄。孩子觉得自己是焦点，同时也是世界的一部分。一个在 1 岁时就已开始的成长过程，在 2 岁末左右导致自我感知（请见章节“关系行为 10 ~ 24 个月”）。孩子在镜子中认出自己并有意识地把自己感知为独立的人，伴随这种认识而来的是界定其他人，这种自我意识是心理理论发展的重要出发点。

情绪 3 岁时孩子开始体验他人的情绪情感。只有那些在镜子中能认出自己的孩子才能显示出同情的行为（比朔夫 – 科勒 Bischof–Schöler）。2 岁的孩子就已经开始同自己和其他人的愿望及需求打交道（弗拉维尔 Flavell 1933）。他们尝试描述感情。这个年龄段的孩子特别喜欢用的一个词是“要”。父母每天可以听到很多次“我要”。4岁时孩子开始区分对自我感情和其他人心情的理解，语言发展对此有很大贡献。大部分孩子在语言上有能力表达自己的情感，他们使用像愿望、想要、知道或感觉等行为词。语言发展较慢的孩子可能无法表达他们的想法、感觉或愿望，对父母来说通常很难发掘孩子想表达什么。

认知 3岁的孩子就知道，其他人可以看到他们自己看不见的东西。但是即使3岁的孩子也声称，一个和他们一起观察一件物品的人，像他们自己一样看这些东西。例如，人们问孩子，一个坐在他们对面的人怎么看一辆玩具汽车，他们回答，和他们自己一样，也就是说从发动机这边。到4岁末孩子才会明白，一件物品从不同角度看可以被不同地理解。

你看不见我

一个3岁的孩子还认为，如果他自己闭上眼睛，其他人也看不见。他还不知道，所有看他躲起来的人都知道他在哪里。直到4岁末时，捉迷藏才不仅仅是“不被看见”，孩子理解了之后，他才知道必须躲在别人从他们的角度不知道他躲在哪里的地方。他必须不仅仅消失在他人的“视野”中，而是要消失在他人的“认知或信念”中。

思考 长久以来，从方法上来看，要想在孩子身上证实心理理论的出现，似乎是一项很难完成的任务。80年代初，心理学家维莫尔（Wimmer）和佩纳（Perner）通过一项实验，解决了这一问题，他们研发了可以揭示4岁儿童心理上“质的转变”的故事。如下图：安娜去哪儿找她的娃娃呢？

3岁的孩子，与他们自身经历和事实相关的设想错误地回答了安娜在哪儿找娃娃这个问题：安娜应该去柜子里找她的娃娃。由于他们听了整个故事，他们就认为安娜也知道整个故事。他们无法设想，安娜只参与了这个故事的前半段。直到3岁半左右，孩子都认为，别人和他们一样思考这个世界。

在3岁半到4岁之间，他们逐渐

安娜娃娃的故事

1. 安娜和娃娃玩。然后她把娃娃放到床上，去花园里

2. 杨，安娜的哥哥，来到她的房间。他把娃娃从床上拿下来和它玩

3. 他玩够了以后，把娃娃放进柜子里并关上门，然后他走出房间

4. 安娜现在又回到自己的房间。她想和她的娃娃玩。安娜首先去哪儿找她的娃娃呢

会正确完成这个任务：安娜首先在床上找娃娃，但是没找到。孩子们开始理解，每个人都有自己的想法和信念，这主要由不同的个人经历决定。

到4岁左右，孩子开始理解，不同的人有不同的信念和想法。他们认识到，行为由愿望和信念所驱动。他们认清，他们的想法和信念可能同他人的想法和信念、事实都不同，且由此可能是错误假设。4岁以前，孩子甚至很难理解自己以前接受的错误信念（葛布尼克 Gopnik）。比如，他们无法回忆起，在他们惊喜地发现邮票前，他们其实期待糖果盒里有巧克力。在自己和他人那里辨别和引起一种错误推断的能力使他们能故意欺骗或撒谎。4岁之后这种能力会出现（索迪安 Sodian）。

孩子现在学会理解诚实意味着什么。他认识到，撒谎是指，他说了一些他自己知道是错误的事情。与此相反，错误是指他说他认为正确的事情，但客观上这是不对的。一些孩子会试验很长一段时间，看他们的父母是否能意识到不同。父母应该对孩子有耐心，以便他能考虑他的假设和信念，并让他变得诚实。

4 岁时孩子不仅发现了“思考”，他们还首次学会了理解时间。他们开始区别未来和过去。他们很高兴地发现，对未来可以通过不同方式进行设计，并充满想象力地想了很多计划。他们觉得可以去“时空旅行”（比朔夫－科勒 Bischof-Schöler）。

至此，心理理论的发展还远未结束，童年过程中内省和外省有很大差别，会产生意见的不同等级，一种意见像“马克西认为，苏西认为巧克力在抽屉里”逐渐发展为“艾娃认为，马克西认为，苏西认为……”佩纳（Perner）和维莫尔（Wimmer）说这是对信念理解的第二种能力。只有通过这样一种“元理解”才能理解意义之后的含义，由此才能理解笑话和讽刺。6 ~ 8 岁的孩子才会显示出这样一种理解力。6 岁以前，他们把很多笑话当真。理解讽刺和笑话以及谎言之间的细微区别，这是一项大的智力成就，他们之间的区别在于，听的人应该正好不被欺骗。

到了上学年龄，孩子可以越来越好地考虑自己的想法。他们开始探究自己的信念，与其他人交谈并学习新的看法。他们有思考的概念并开发了一种“内在语言”的想象，此前他们的思考更多是点状事件（弗拉维尔 Flavell 1997）。父母、抚养人和老师应当鼓励孩子说出自己的想法，并和他们一起考虑不同的看法。

即使在童年结束时，内省和外省的发展也还没结束，它们会一直延续到成年年龄，甚至整个生命期间永远不会结束。

没有足够的人际经历，孩子无法学习设身处地为他人着想，但是如果这个前提被满足，一种心理理论在不同的文化中大约会在同一成长阶段出现。（艾维斯、弗拉维尔、张，Avis、Flavell、Zhang）

理解他人的感情、想法及行为，对孩子的社会生活有重大意义。孩子在学龄前获得的社会认知能力，是他们在家庭内部、孩子之间，在幼儿园与学校的共同学习中参与社会互动的重要前提。心理理论发展得好的孩子，在日常生活中显示出更高的社交能力，且通常在同龄人中更受欢迎。他们可以更好地表达自己的感觉和想法，在游戏中更多考虑其他孩子的需求（斯洛穆柯夫斯基 Slomkowski）。他们比缺少社会能力的孩子有更稳固的友谊，在儿童小组中通常占有中心位置。

心理理论的发展在教育中也很重要。我们最后一次回到我们的小“兰博”雅各布那儿。当他别无他法时，比如当一个小孩不肯交出玩具时，雅各布打并咬这个孩子。与他姐姐不同，雅各布用一种强烈的、对其他孩子来说不舒服的方式来达到目的。当他陷入一种没有出路的冲突时，他会用身体反抗。雅各布在 3 岁时还无法设身处地为其他孩子着想，他还无法在其他孩子身上想象自己被打时的痛苦。如果母亲和老师想让雅各布意识到自己的攻击性行为，并试图让他理解他会给其他孩子带来伤害，那么他们的努力不会有太大的成效。想让小孩通过“理解”来改变一种行为，这是出于好意，但是鲜有成效，因为这超出了他的理解力。

但是父母和游戏小组领导不希望，也不能放任雅各布。他们该怎么办呢？雅各布还无法通过理解来改变自己的行为，但是他有能力对他的行为造成的后果作出反应。在雅各布身上证实下面这种策略有效：在下次去游戏小组之前，母亲和雅各布约定，如果他打另一个孩子就必须立刻回家。在到达游戏小组之前，母亲再次提醒雅各布他们的约定。雅各布坚持了半个小时，然后便切身了解到他攻击性行为的后果。他打了一个孩子，然后母亲直接把他接回家。在另外两次这样的插曲之后，雅各布停止了攻击其他孩子。这项措施得以成功的一个重要前提是，雅各布希望去游戏小组，他喜欢老师，当他回家时会想念其他孩子。

当雅各布 4 岁时，他就能想象，当他打一个孩子的时候会对他带来什么，之后父母就可以使他理解，人们怎样处理冲突状况。在刚出生那几年，孩子天性是自私的。他们把自己当作世界的中心。因此在自我理解和移情能力上，我们不应对他们过分要求。如果我们试着通过他们的视角看问题，就能更好地理解他们的关系行为。

孩子开始理解自己和其他人的心情，但我们不能直接期待孩子也能做出有同感的行为。这种置身别人生活状况的新获得的能力，要求我们有共鸣地与他们相处。孩子怎样学习投入他对别人的理解，取决于他的榜样。如果父母和其他抚养人也带着理解的心与孩子相处，尊重他们的感受和想法，那么孩子也会如此和其他人相处的。但是如果孩子感到他被忽视，想法被贬值，他的愿望不被重视，那么，在和其他孩子及成人交往时他也不会考虑别人的想法与需求的。再强调一次，是榜样影响孩子如何使用他们的社会认知能力。

要点概述

1. 2～4岁期间，孩子通常会经历情感矛盾：他一方面想维持父母对他的关心，另一方面想独立。孩子开始反对父母并试图实现自己的愿望。
2. 在这个成长阶段，父母可以通过给孩子与他年龄及成长相适应的责任，尊重他的需求，并尽可能多地让他选择，让他们参与决定，以此来支持孩子。这种教育方式要求时间和耐心，但是作为回报，孩子也会表现出更大的合作愿望。
3. 孩子希望独自与家庭外的大人及不同年龄段的孩子有多样的经历。
4. 孩子处理关系的愿望发展得各不相同，他们各自的天性以及在家庭内外的经历是决定这种愿望的主要因素。
5. 大约4岁末时，孩子开始设身处地考虑其他人的想法（心理理论），他明白每个人都会有自己的想法、目的和感觉。
6. 孩子在与他人交往时如何使用移情能力，取决于他与榜样之间的经历。

第二章 运动机能

引 言

骄傲的父亲向爷爷奶奶示范，他是怎么教儿子走路的。他把11个月的儿子皮特罗放到地上，双手扶着他。于是，皮特罗摇摇晃晃地一步一步向前“走”了。但是，小家伙似乎对走路没有什么特别的兴趣。爸爸刚一撒手，小家伙就趴到地上，并灵巧地开始爬了。但爸爸相信，儿子在他的指导下会很快独立地“走”出第一步的。

父母对孩子头几年运动机能发展的印象是非常深的。孩子第一次有意识地向床上的玩具看去的目光；孩子出乎母亲意料突然翻身，并差点儿从床上掉下来的夜晚；孩子令人惊喜、突然会走第一步的星期天，等等，这些都将作为孩子早期发育的里程碑深深地铭刻在父母的记忆中。当然，孩子头几年的发育并不仅仅是运动机能，在其他如语言、思想方面也有着与运动机能同样惊人的发展，只不过不易被人察觉而已。

在头一年半的时间里，婴儿从一个毫无“动弹能力”的新生儿逐步发

运动乐趣

育成为一个充满运动机能的孩子。孩子可以爬、走、去抓东西了，并“琢磨”出了很多不同的方法来玩它们。运动机能能够让孩子做得更多。随着运动机能的发展，孩子也开始能够表达了。脸部表情、目光、身体姿势、语言以及写写画画等都是运动机能发展的结果。当孩子用任何一种方式影响他的周围环境或表达什么时，他就要使用自身运动机能。

运动机能不仅在孩子的发育过程中起着中心作用，甚至对成人也有着同样重要的意义。我们的日常与职业生活，例如做家务、开车或打字等都离不开运动机能，体育运动是由丰富多彩的运动项目组成。最后，具有高度运动机能的人才有可能从事美妙的艺术，如绘画、摄影、舞蹈和音乐等职业。

克服重力

胎儿在怀孕的第8周开始运动，

孕妇在 8 ～ 12 周的时候开始感觉到胎动。这时，胎儿在妈妈的羊水中几乎没有重力。所以，当我们通过 B 超观察此时的胎儿时，他们如同在宇宙中行走的宇航员失重一般，能够“颠来倒去”。作为一个几乎没有重力的生命体，胎儿可以在三维空间内自由运动。

宝宝出生后，由于重力原因，他似乎进入了一个无助的状态。他也许可以蹬蹬腿，动动胳膊，但是头几乎立不起来。头要立起来以及身体会爬、会走，需要宝宝付出好几个月的努力。宝宝要改变他的身体条件就只能依赖妈妈的帮助了。

在最初的几个月里，新生儿发展了他一定的运动机能的能力，开始克服重力给他带来的诸多不便。他开始把头竖起来了，起初只能躺着，现在也能坐起来了；半岁之后，他开始全身运动了；9 个月之后，他能很容易地坐起来了；再过几周之后，孩子能站立起来了；2 岁时他可以做出人的典型姿势：能够直立，胳膊和手也彻底“解放”了。

占领空间

孩子首先能够用他的双手来进行有意识的运动：他在 4 ～ 5 个月的时候开始有目的地抓东西（见“玩耍行为 4 ～ 9 个月”）。

再过 4 ～ 5 个月，小家伙就开始试着爬了。大多数孩子要经过不同的阶段，例如匍匐前进和爬行，到第二年的时候才能站立和行走，但这时，孩子运动机能的发展还远远没有结束呢。

第三年的时候，孩子能骑三轮自行车了；再过两三年，孩子就能骑两轮自行车了。随着孩子运动机能的发展，上幼儿园或者上小学的孩子开始学习跳绳、溜冰、滑雪以及游泳等大量其他的运动。

是靠练习还是让他自己成熟

如果孩子在 1 岁生日的时候会自己走路了，这无疑是给了父母和亲戚们一份惊喜的礼物。如果孩子 10 个月时就会走路了，那父母肯定会觉得很自豪。如果孩子的第一步让父母等了足足 18 个月，而邻居家的同龄儿已经会走路好几个月了，可以想象，父母在那段时间里的心情是多么的不安。那么，怎么会有这么大的区别呢？是因为教育而引起的吗？

实际上，婴儿不需要父母的指导就会自己翻身。他们不需要父母做什么示范就会自己匍匐前进和爬行。由于医学上的原因，有的孩子可能要在石膏床上度过前10个月到15个月，但一旦脱离了这种束缚，尽管缺乏早期发育如翻身、爬行等，他们仍然能在很短的时间内学会走路。这个例子说明：运动机能的发育主要是在内部发展规律下的一个成熟阶段。父母无法影响孩子运动机能的成熟。无论是孩子10个月时就会走路，还是要到17个月时才迈出第一步，基本上取决于孩子运动机能发育成熟的快慢，即便是勤奋的练习也不能加快孩子的这种成熟进程。

父母不必教孩子爬、坐、行走。孩子自己会学会的，但有一个前提是，孩子只能做与他的发育水平相适应的动作。

然而，这并不是说，父母的教育与孩子成长的环境对孩子运动机能的发育毫无影响。父母虽然不能影响孩子会走第一步路的年龄，但是，孩子能够行走主要取决于父母让孩子体验行走。父母还可以决定，孩子在什么地方行走，以及怎样证明孩子会走路了。孩子活动的空间可以影响孩子运动机能的发育。一个孩子，如果经常在儿童游戏场、草地和树林中嬉闹玩耍的话，他的动作自然会越来越灵巧；相反，如果孩子的活动空间仅局限于室内，那么他动作的灵活性就差多了。

不仅孩子的活动环境影响着孩子运动机能的发育，父母对孩子的某种动作所采取的教育态度也影响着孩子运动机能的发育。有的孩子是在有楼梯的房子中长大的，如果父母不阻拦的话，孩子很快就会大胆地在楼梯上爬上爬下。如果父母不允许孩子爬楼梯，孩子可能要到3岁的时候才费劲地爬上或爬下一级台阶。父母的担心不是没有道理的，因为孩子可能会在某个不受关注的时刻突然从楼梯上摔下来并且受伤。孩子不应该接近楼梯，但是父母应该给孩子一个机会，让孩子在他们的监督下了解新的地形，父母会很高兴这么做。

父母对孩子在哪个年龄会爬、会坐、会走都有着相应的期望。如果孩子运动机能的发展总是慢腾腾的，父

越高越好

出发喽

母会很担忧。在接下来的章节中，我们会看到，时间差异是孩子早期运动机能发育的一个特征。孩子大多数是在 13 ~ 15 个月的时候会走路，但有的 8 ~ 10 个月就能走路了，而有的要到 18 ~ 20 个月时才会走。不仅在时间上差别很大，孩子和孩子之间发育到走路的模式也有区别。一般情况下，孩子是“先爬后走”；但也有的孩子从来不会爬，他们（直接）站起来，摔倒或者滑倒，直到会走路。孩子们之间不仅动作的快慢不一样，活动方式不一致，他们的运动积极性也有很大差异。有的孩子能够在一个地方停留好长时间，在那儿专心致志地玩；而有的孩子一整天都闲不住，满是好奇地四处转悠，累得父母不停地跟着他们小跑。

孩子这种在运动机能方面的差异在成年人当中也是很常见的。有的成人比较懒，讨厌所有的体力劳动；有的就比较勤快，每天都要进行锻炼，如散步、障碍物跑步和室内运动等；也有一些人，他们只有在马拉松跑或者三项全能之后才感觉非常好，等等。

如果一个孩子运动机能发育比较慢的话，一些父母便会担心，孩子的整个身心发育是否都会向后推迟，并且在接下来的几年发育缓慢。但实际上，这种观点站不住脚，并不适合大多数在运动机能方面发育慢的孩子。一个孩子运动机能的发育和其他，如语言等方面的发育之间的关系不是成正比例的。比如，一个 18 个月才会走路的孩子与一个 10 个月就会走路的孩子相比，他们在语言上的发育却没有差别。一些在早期运动机能发育缓慢的孩子等到上学之后不见得比那些早期运动机能发育快的孩子差。即使运动机能是幼儿发育的一个重要部分，但也只是一个部分。

要点概述

1. 孩子运动机能的发育在妈妈妊娠期 8 周的时候就开始了，一直持续到青春期。
2. 在最初的几个月里，孩子开始克服重力给他带来的诸多不便，学会使身体站立。半岁之后，孩子开始会挪动身子。
3. 运动机能的发展本质上是一个成熟的过程，这个过程因小孩不同而快慢不同，也存在不同的发育模式。
4. 运动机能的发展，例如走路等，并不能通过练习加速这个过程。
5. 一旦孩子具备了运动的能力，那么他们其他的差异主要取决于运动经验。因此孩子需要大量丰富的活动可能性，从而帮助他们训练新学会的技能，并且与其他的发展领域相连接以及使其内化。
6. 运动机能发育的速度和其他领域的发育没有关系。一个孩子在运动机能上发育比较慢的话，在其他方面如语言等方面照样可以发育正常，反之亦然。

出生前

玛亚坐在沙发上看报纸。突然，她放下报纸——她的脸上露出了一丝笑容，她第一次感到肚子中的小生命在动了。这已经是她的第三个孩子了，刚怀孕 16 周。一周以来，她一直在焦急地等待着这个小生命胎动的出现。她第一个孩子的第一次胎动是在 19 周的时候，第二个是在 17 周。当妈妈感觉到胎儿的第一次胎动时，这是多么美妙的感觉啊。

孕妇大约在怀孕 16 ~ 20 周的时候第一次感觉到胎动。这时，妈妈只有在非常安静的时候集中精力感觉她的身体和胎儿才能感觉到胎动。在接下来的数月中，胎动越来越频繁，也越来越强烈。有时候，胎动甚至会使妈妈感到疼痛。这时，如果爸爸将手放在妈妈肚子上，也能感觉到胎动。在最后 1/3 的孕期内，有时在妈妈的大肚子上能非常明显地观察到一些小突起，这可能是胎儿的头部、胳膊、腿或者屁股。

但胎儿并不是在 16 ~ 20 周的时候才开始运动的，胎儿运动机能的发育还要早得多。最早在 8 周的时候，

妊娠期间胎儿的主要运动模式。

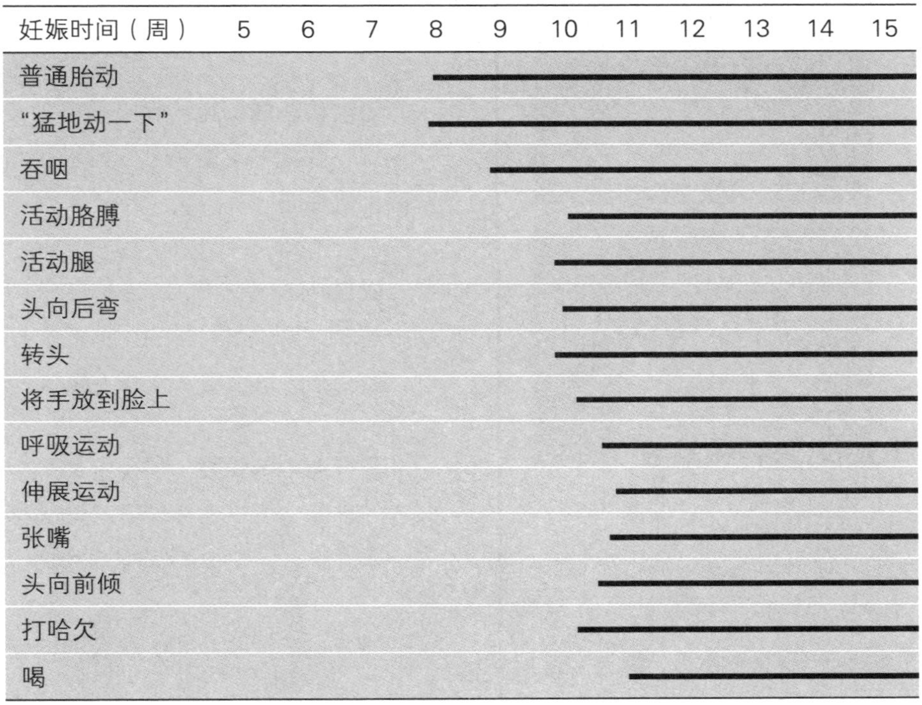

妊娠时间（周） 5 6 7 8 9 10 11 12 13 14 15

普通胎动

“猛地动一下”

吞咽

活动胳膊

活动腿

头向后弯

转头

将手放到脸上

呼吸运动

伸展运动

张嘴

头向前倾

打哈欠

喝

横线表明从什么时候起可以观察到胎儿不同的运动模式。（根据普雷希特尔 Prechtl）

人们通过B超能观察到小生命在动了。8～12周，胎儿的运动方式越来越多。上页的表格描述了随着时间的发展胎儿运动模式的变化。

胎儿最初的运动总是慢慢地弯曲并伸展胳膊、腿和身子，很少发现突然一下子活动四肢或者整个身体的情况（所谓的“惊跳”）。

偶尔胎儿会因横膈膜的迅速收缩而打嗝。妊娠后期，妈妈能感到胎儿的猛然动作。妊娠第12周时，胎儿会偶尔活动四肢，如转头和向后弯曲头；胎儿有节奏地呼吸、张嘴、打呵欠、喝羊水；胎儿把小手伸向脸，有时也伸向嘴巴，吮吸手指。胎儿伸展全身和四肢，就如同我们早上起床后伸懒腰一样。足月出生的孩子所会的所有运动能力其实在胎儿14周时就已经具备了。

也许读者会问：为什么胎儿在根本不可能有活动空间的妈妈的腹中有着活跃的运动机能？为什么胎儿能够

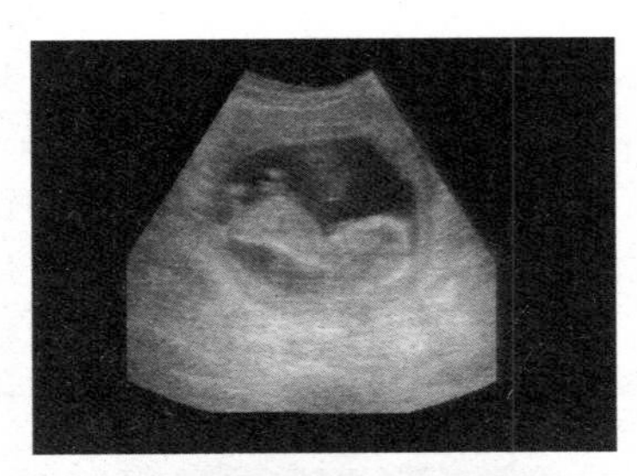

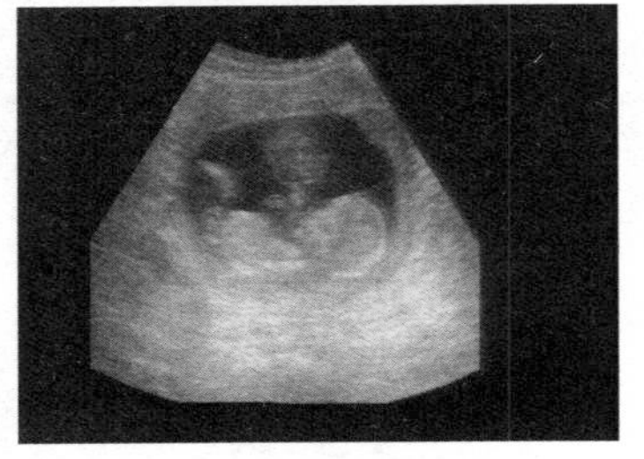

一个14周的胎儿在做伸展运动

在根本没有空气的子宫内呼吸？妊娠期的运动机能并没有什么直接的用途。胎儿不同的运动方式也不会因外界的刺激而发生。更准确地说，这只是胎儿天生就具备的运动机能主动性的表现，是为胎儿出生作准备，以便使胎儿在出生前就完成以下任务：

运动方式的训练 孩子一出生就必须会呼吸、吮吸和吞咽。因此，以这些运动机能的行为方式进行训练对孩子来说是非常重要的。一来到这个世界上，孩子必须会呼吸氧气和摄取营养。

器官功能的训练 呼吸需要舌头的发育，吞咽羊水能刺激肠的吸收和肾的排泄功能。

四肢的塑造 只有胎儿经常活动，肌肉、骨骼和关节才能正常发育，运动在一定程度上塑造了四肢。

在产道中的调整 出生前的最后几天，孩子会变换身体位置，使头部先进入产道，并小心翼翼地来到这个世界上。

妊娠初期，胎儿拥有较大的活动空间。他可以翻身、伸腿，在胎膜囊中活动，翻跟斗。胎儿越大，胎儿活动的可能性也随之越小。尽管妊娠后期胎儿日益增长的运动机能的积极性受到了限制，但是他还仍会尽可能地将自己置于出生时的有利状态。

出生使孩子脱离了狭窄的空间，但是新生儿是绝对无法自由运动的，让他苦恼的是重力。

要点概述

1. 妊娠期的胎儿在很大程度上处于失重状态。
2. 妊娠第8周起胎儿开始活动。

3. 事实上，胎儿在 14 周时就已经具备了按预产期出生的新生儿所会的所有的运动能力。

4. 妊娠期第 16 ～ 20 周时，妈妈将感到胎动。

5. 妊娠期的运动有助于器官功能的发育、运动能力的训练、塑造四肢和调整产道中的位置。

0～3个月

小扎比内被裹在包布里，睡在妈妈的怀里。只有1个月大的小不点蜷缩在一起，她的小胳膊向下垂着，小头则侧向一边。爷爷奶奶看了之后坐立不安，沉思不语。终于，爷爷奶奶实在忍不住了，但熟睡中的扎比内看上去很满意。出于对孩子的考虑，他们对儿媳妇说：“孩子这样蜷缩在包布里可能对他柔弱的脊背不好。”

大人与婴儿相处的方式方法已经发生了一代人的变化，与前一代人相比，如今的父母与孩子们之间在身体接触方面有着另一种更亲密的关系。母亲，包括越来越多的父亲根据孩子年龄的不同把孩子抱在胸前、背后和侧面。包布、Ergo 生产的婴儿背带、Snugli 婴儿背带、类似袋鼠胸前的“袋子”或者宝贝婴儿袋开始越来越多地代替童车。大人们比以前更经常地将孩子抱在怀里，就连晚上在孩子与父母之间也有了更多的身体接触。婴儿和小孩越来越经常地睡在父母身边。

我们的社会可能不仅仅局限于和孩子的交往上，而是变得越来越取决于从身体的需要出发了。越来越多的父母感到，身体的接触会给孩子以舒适感。为此，父母与孩子间的关系围绕着以下这一点而发生了变化：对孩子更加公正。（参见“0 ～ 3 个月的（关系行为）”）

1 岁时孩子会慢慢解除对父母强烈的身体接触需求和运动机能的依赖性。孩子出生后的身体状况只有一些不重要的变化。孩子 12 个月后会坐、

索莱亚（Solea）感觉很舒服、安全

保持站立并向前移动。孩子独立的运动机能是和他在关系行为方面的变化相适应的。

抬　头

新生儿出生后第一件要做的事就是要克服自身的重力。孩子在运动机能方面所取得的第一个成绩就是对头部的控制：孩子能克服重力，抬起头，并保持住一段时间。对头部控制的同时，孩子对身体的控制也出现了相应的变化。俯卧、仰卧、坐、站立的发育过程各不相同：

俯卧　新生儿俯卧时头偏向一侧，偶尔也会稍稍抬起头，但仅能从脸的一面转向另一面而已。侧头是为了保持呼吸畅通。几年前，有专家通过仔细观察后发现，新生儿向右侧头比向左侧头多。这种现象被用来说明：新生儿头部的不均衡状态似乎是人的左大脑比右大脑发达的一个早期表现，而这些人将来就会习惯用右手。

新生儿在前2个月中的四肢和身体主要是蜷曲着的。腿蜷曲在身体下，撅着屁股。

3个月时，婴儿开始尝试抬头直视前方。当父母或哥哥姐姐在房中走动时，他开始用目光追随他们。此时，他会用手和胳膊支撑着整个身子。他的小腿开始越来越多地伸展开来，屁股也不再撅着了，婴儿能将整个身子平平地趴在床上了。

半岁时，孩子已经能自如地控制头部运动了：侧头、向下和向上。有时，孩子的动作非常夸张，他只用腹

俯卧时的头部和身体姿势

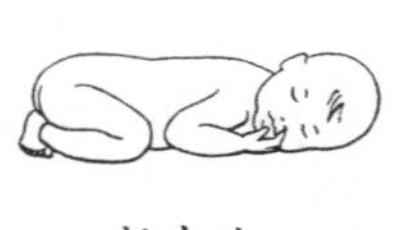

新生儿

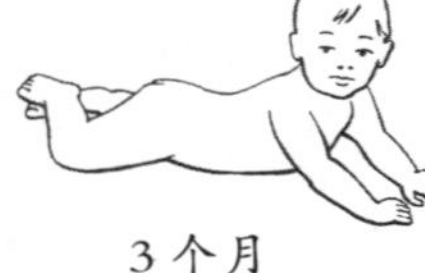

3个月

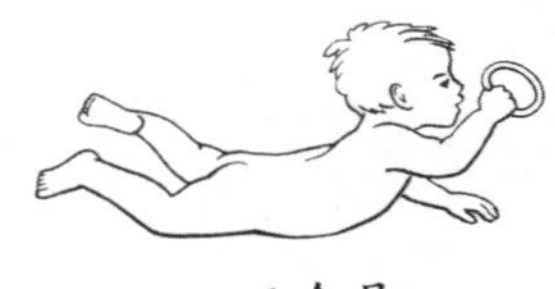

6个月

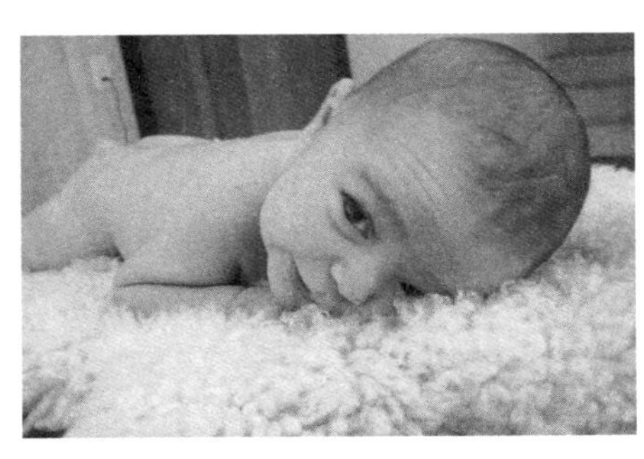

我怎样才能抬头呢

部趴在床上，胳膊和腿都划向空中。这种夸张的姿势让人觉得他好像在“游泳”。

前6个月，孩子的俯卧姿势是从“身子勾着”到“身子舒展开”；与此相反，孩子仰卧的姿势却是从“身子伸展着”到“身子能够弯腰”。

仰卧　新生儿仰卧时和俯卧一样也是侧着头，身子也只能或多或少地伸展，腿和手臂也是半弯曲着。

3个月时，孩子能将头转正了，他的手臂能够更加弯曲，小家伙总是喜欢将手放在眼睛前面玩，塞进嘴里或者交叉着玩耍。通过这个方式，他开始认识自己的双手。在4～5个月的时候，孩子能够将自己的头摆正以及将手臂弯曲，开始试图抓东西，小家伙抓东西时，能同时使用他的双手。3个月大时，他的腿也能更加弯曲和伸展了。

6个月时，宝宝的头部控制已经相当发达了，甚至有时在被抱时能本能地抬起头来。他经常把腿弯起来，以便他能够摸到膝盖和脚指头。在接下来的几个月中，小家伙对他的下身特别感兴趣。膝盖、脚和脚指头是孩子越来越感兴趣想要了解的东西，有些孩子还会像杂技演员似的把脚指头塞进嘴里“啃”。

仰卧时的头部和身体姿势

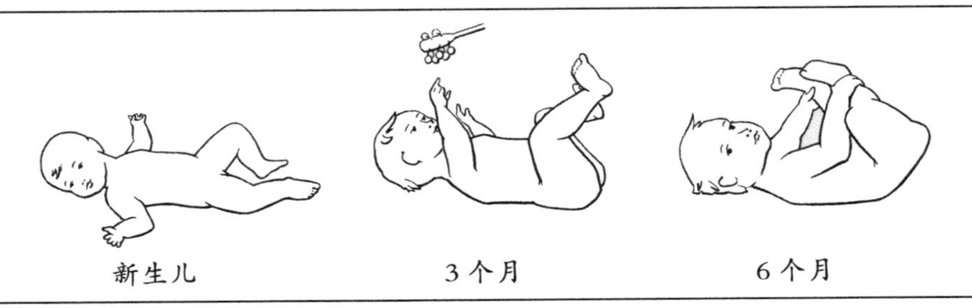

拉起来坐　如果我们要将一个新生儿或者婴儿抱起来的话，我们必须托着他的脑袋。如果我们不这样做，他的头就会下垂。新生儿和婴儿没有足够的力量来支撑他沉重的头。

3个月时，当我们拉着他起来坐

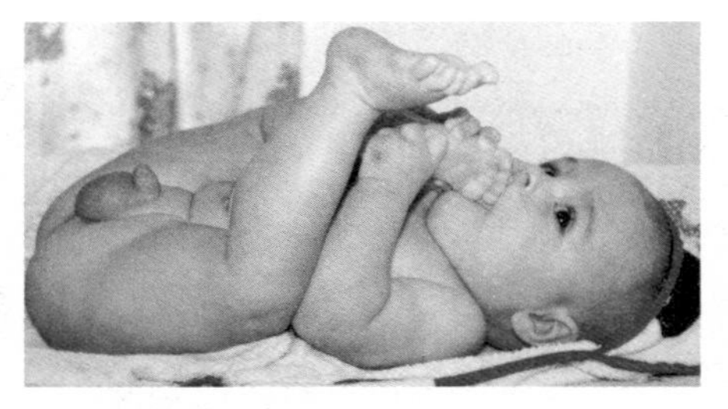
认识脚丫子

时，他的头能立起来了；5 ~ 6个月时，当他看到别人伸出双手想抱他时，他能够本能地顺着从床上起来让别人抱。在这个年龄只要婴儿伸展腿，使背变圆，就可以帮助他进行伸展。

拉起来坐时的头部和身体姿势

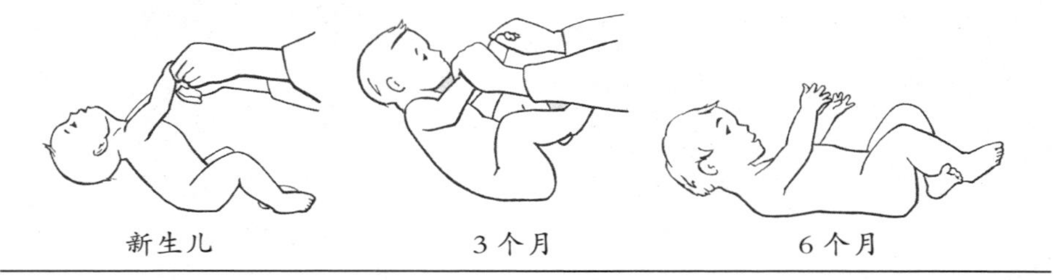

坐 新生儿只能使头部立起来几秒钟，然后头就往前或者向后垂下去，身体也随之无力地整个倒下：宝宝感觉不舒服。

3个月的时候，宝宝坐着，头能够立起来了，但头转向一侧；6个月的时候，小家伙坐着能够向上、向下看了。

婴儿靠着妈妈的肩膀

坐时的头部和身体姿势

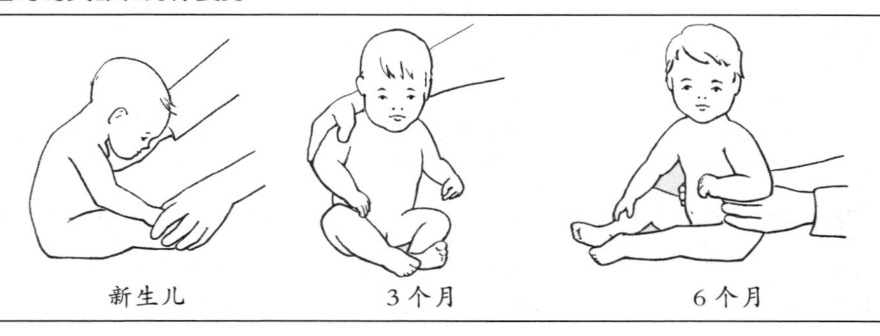

直立 当新生儿偎依在妈妈怀里、头靠着妈妈的肩膀时，他已经能立着头一小会儿了，尤其是当他看到什么有趣的东西时。

如果我们把他放下，他的腿软塌塌的，根本直不起来，而且只能坚持一小会儿。当宝宝 3 ～ 5 个月的时候，我们感觉到，小家伙似乎还一点儿都没有想站立的准备：他总是想跪倒，身体也不再伸展。宝宝到 6 个月的时候开始想独立站立，这促使他保持头部立起来。宝宝喜欢不断地用膝盖行走，并且离开床。

如果我们把宝宝放在地上，扶着他向前，他就开始一步一步地向前走了。以前，很多科学家认为，孩子的这种动作是走的开始，但 B 超显示，孩子的这种动作实际上在胎儿的时候就已经有了，而且一直持续到出生前。但是，奇怪的是，孩子出生后一个月，孩子的这种能力似乎越来越弱并且最终完全失去了这一能力。

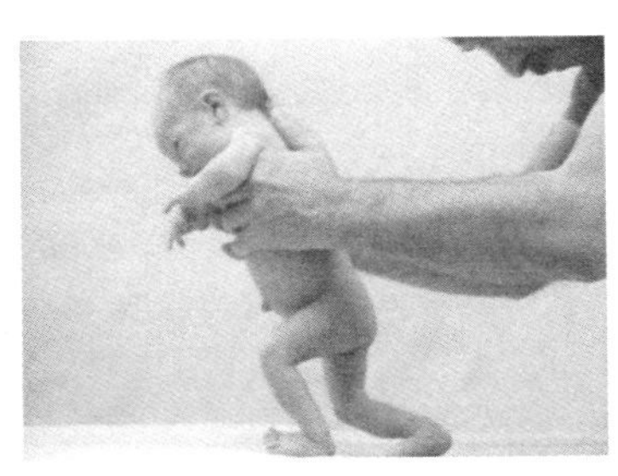

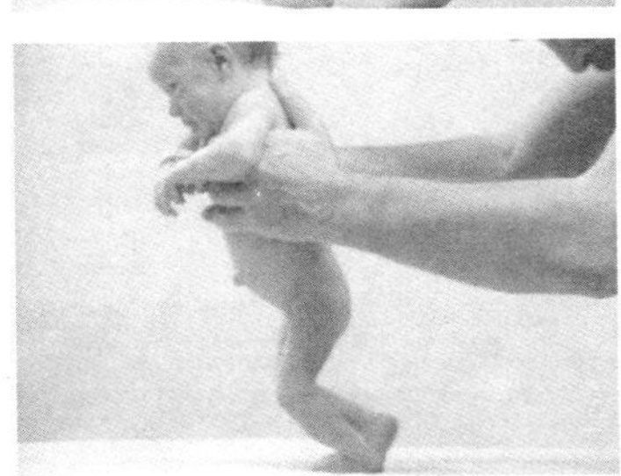

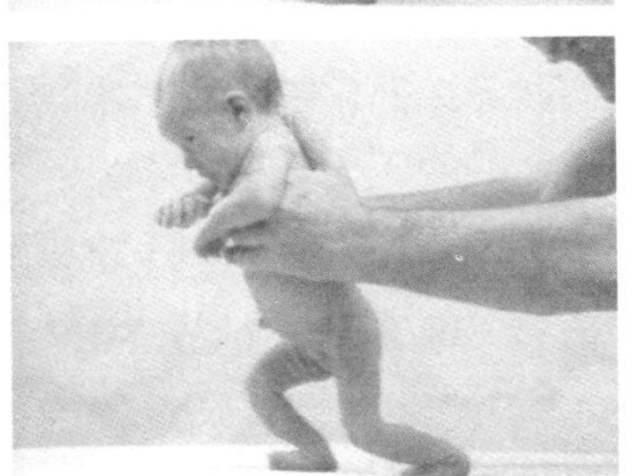

宝宝天生就具备的走路运动姿势

小孩又蹬又踢

胎儿从 3 个月起开始用各种方式胎动，出生后还是又蹬又踢。他伸展和弯曲是有节奏的，并且手脚交替。感觉上，新生儿和胎儿似乎一样都是那么一个小不点。有些婴儿在俯卧的时候特别喜欢拱，一直把自己拱到小床边，很难受，于是父母不得不过来把他“解放”出来。

新生儿又蹬又踢的次数以及什么时候又蹬又踢因他性格的不同而不同。有的孩子在光着身子的时候又蹬又踢；有的孩子在洗澡的时候“拳打脚踢”；而有的则在非常困但又睡不着觉的时候又蹬又踢。随着时间的发展，又蹬又踢的次数会逐渐减少，并最终会被有意识的运动所取代。

天生遗传下来的无条件反射

新生儿和婴儿有很多条件反射，其中一些条件反射被认为是因为某种刺激而引起的。例如，有一种条件反射是每个人都非常容易明白的，那就是“膝跳反射”：轻轻敲打一个人的膝盖骨和胫骨之间的肌腱，那条腿整个就会跳起来。膝跳反射只是无条件反射的一个例子，新生儿的无条件反射要复杂得多。有一些无条件反射对人的一生都是非常重要的，比如，如果让新生儿俯卧，脸朝下，他的头自然就会侧向一旁，这个反应使孩子能够保证用鼻子呼吸。新生儿在寻找、吮吸以及吞食方面的反射保证孩子的营养摄入（参见第七章“吃喝”），而呼吸反射则使孩子避免被异物阻塞呼吸道。

“摩罗反射”（摩罗是一位德国的儿科医生，他首次发现了新生儿这种反射行为）和抓的反射可以用来说明这种天生遗传下来的特性：当一个新生儿突然被不小心或者粗野地放下并且倒下的时候他的头部往下垂，他就会做出所谓的摩罗反射。他的手臂会冷不丁地伸展一下，然后又蜷曲成一团。有时候，这种情况还会导致孩子的腿也跟着手臂动。“摩罗反射”表示孩子很不舒服，甚至还会伴随着哭闹。这种现象在新生儿刚出生的几周内经常发生。而后，这种现象就逐渐减少了。6个月之后，这种现象几乎没有了。

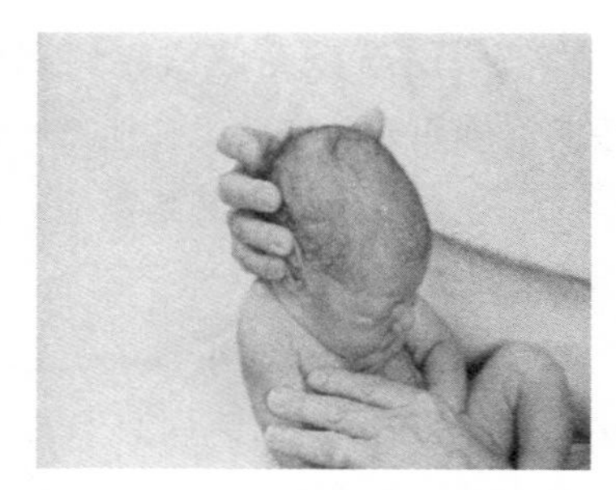
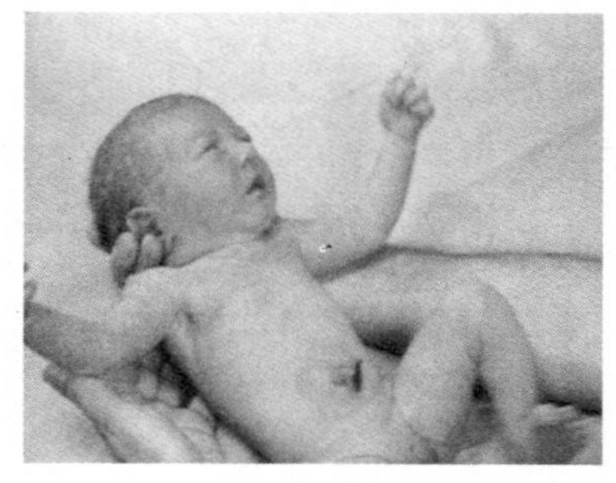
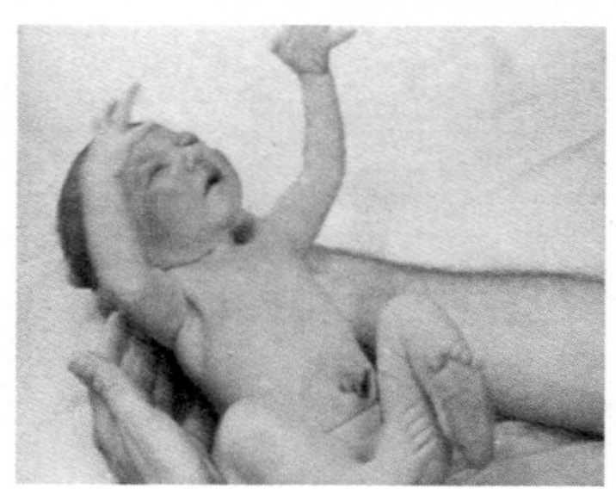
摩罗反射

新生儿突然抽动往往使父母非常担心，因为他们害怕，这是不是癫痫症的一种形式？但这种反应是新生儿的正常行为，它是从我们人类祖先那儿遗传下来的天生的无条件反射。“摩罗反射”的现象在动物园中仍然由妈妈随身带着的小猴子身上也能观察到：当猴子母亲移动身体时，被抱在它怀里刚出生不久的小猴子的头就往下垂，这时候就产生了“摩罗反射”。小猴子会更加紧紧抱住母猴。这表明，小猴子不愿意从母猴子身上掉下去。这种反射行为警告我们人类，在抚养那些头部控制能力还很弱的新生儿时一定要非常小心。

除了“摩罗反射”外，快从妈妈身上掉落的小猴子同时还表现出另外

人类孩子和大猩猩幼仔的抓的反射

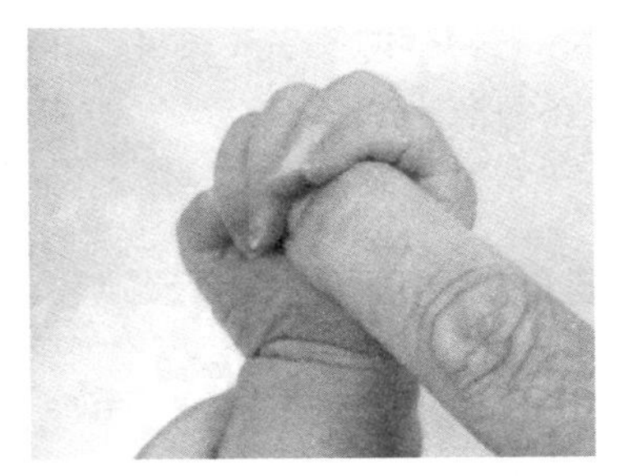

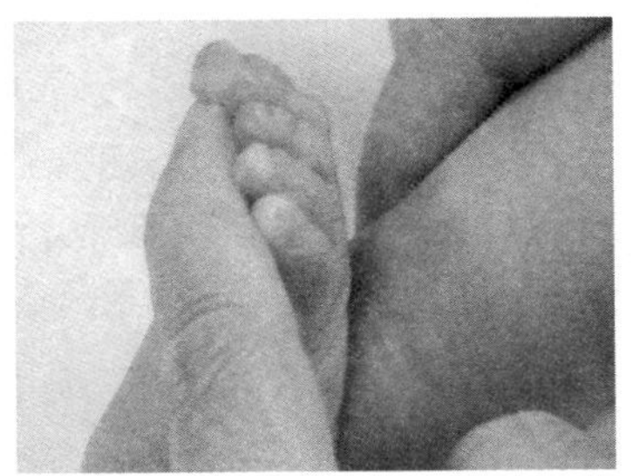

脚指头和手指头的抓反射

一种反射：手和脚抓握反射，借助这一反射它牢牢地抓住母猴子不放。

在头几个月的新生儿身上也能发现这种抓握反射。譬如，你用一根手指头去触摸小孩的手心或者脚丫子的前端，小孩的手就会抓住你的手指头不放，脚的五个指头也会钩住你的手不放。用一根软毛轻轻刷过他的手掌心或者脚底就能很轻松地引起这种反射。有时候，你会感到，小孩的劲儿特别大，他的手指头会紧紧地抓住你不放，你想抽出来真得使劲。

随着时间的推移，摩罗反射和抓握反射会逐步消失，但它们多少使人看到了人类祖先的一幕：它们在刚出生的头几个月还会出现，但是不是很

显著，它们帮助新生儿使自己和信赖的人不分离。

是随身背着呢还是放下躺着

老人们总是担心：如果带孩子的方法不得体，那会伤害孩子的脊背。当他们看到孙子、孙女总是被他们的父母好几个小时随身背着，就感到不高兴也很担忧。这种担忧源于从前的孩子经常得佝偻病的时代。这种病实际上是缺少维生素D的缘故，从而导致脊柱或者四肢变形。多年以来，在西方国家，人们采取了很多预防缺少维生素D的措施，有效地降低了佝偻病的发病率。所以，扎比内的爷爷奶奶用不着担心，一个健康的孩子不会因为总是被随身背着而伤害孩子的脊背的。

在现在这个社会中，还没有确凿的证据证明，用背包、背带等随身“携带”孩子是不好的。相反，这恰恰符合我们与婴儿打交道的一种方式：即婴儿需要更多的身体接触和运动（蒙塔古 Montagu）。在人类历史的长河中，我们的孩子一直是被成年人或较大的孩子背着长大的。人类的居住条件和充满危险的环境不允许大人长时间地将孩子一个人留在一个地方。连续几个小时将孩子放在床上完全是工业化时代的结果。这样的习惯并不是为孩子着想，而完全是成人生活和工作方式改变的结果。人类新的居住和工作条件逼迫父母和婴儿之间有了这样的距离。不再随身带着孩子只有最近150年的历史，与人类漫长的发展历史相比根本不值一提。

另外，主张随身带着婴儿的理由还有：孩子重新又被越来越多地拉到成人的日常生活中来了，父母在干活的时候带着孩子。其实，父亲和其他先生们也完全可以和母亲一样背着孩子。在很多年以前，父亲甚至背着孩子出现在社交场合，客人们走过来，看看这对夫妇，摸摸孩子的头表示欢迎。如今，一个大男人背着孩子恐怕只属于街头一景了。最后，我们想总结的一句话是：3个月内的新生儿如果经常被带在父母身边，他啼哭的次数就少（参见第四章“啼哭行为”）。

对于孩子来说，他经常被带在父母身边，即便不是孩子需要身体接触唯一的方式，但也是最重要的方式之一。如果父母带着孩子做类似体操那样的运动，他们会高兴得不得了。父亲总是喜欢在身体接触和运动方面和孩子逗着玩。孩子呢，也很喜欢这种方式，他们喜欢爸爸轻轻地抚摩、搂抱以及做一些运动。过去几年，远东的一些国家专门设立的针对婴儿的抚摩幼儿园，在我们德国也有出现（例如勒博耶 Leboyer 的观点）。所有这些做法都促进着孩子在运动机能方面的发展，同时也丰富了孩子和父母之间的关系。身体感官的经验对于早期良好亲子关系的建立是非常重要的。

醒着的新生儿要么是仰卧，要么是俯卧，要么是半坐，所有这些姿势都有利于婴儿运动机能的发育。婴儿袋对婴儿是很有益处的，新生儿越大，用婴儿袋背着他就越能使他直立起来。即便是半坐着，孩子也能够很好地用眼睛捕捉在他面前经过的东西，孩子能用手自由地玩，同时也不妨碍他两腿又蹬又踢（关于睡觉时婴儿合适的姿势参见“睡眠行为 0 ~ 3 个月”）。

要点概述

1. 新生儿在最初几个月里进行头部控制运动。3 个月时，孩子不管是坐着还是俯卧，头都能立起来了。
2. 前 6 个月，婴儿俯卧的时候，他的四肢是先蜷缩着，然后再伸展开来；仰卧时恰好相反。
3. 新生儿运动的方式是手臂乱舞，两腿又蹬又踢，如同自发的行进运动，运动方式也是出生前就具备的。
4. 孩子复杂的反射行为如吮吸和吞食反射对孩子的生活起着非常重要的作用。“摩罗反射”和抓握反射是我们人类祖先遗传下来的天生的无条件反射。
5. 用背包、背带等来随身背着孩子符合孩子对身体接触和运动的需要。
6. 小孩喜欢自由活动，喜欢被人抚摩。一些对身体有意义的事情（如洗澡、把孩子送到抚摩幼儿园、做一些类似体操的运动等）能促进孩子运动机能的发育以及孩子和父母之间的关系。
7. 醒着的新生儿要么是仰卧，要么是俯卧，要么是半坐（婴儿袋）。孩子在任何一种姿势下都可以以不同的方式用手来玩东西，用脚又蹬又踢，以及用眼睛捕捉在他面前经过的东西。
8. 孩子睡觉的时候最好是仰卧，如果他不舒服，就换另外一种他感觉最舒服的姿势。

4～9个月

妈妈正在给小女儿换尿裤，这时，电话铃声响了。妈妈给6个月大的蕾娜（Lena）一个拨浪鼓玩，然后就去接电话。但是，还没等妈妈走出几步，只听见小家伙一声喊叫，妈妈转身回头一看，天哪！妈妈赶紧回去抓住了孩子：原来，孩子一转身差点儿从床上掉下来。

好几个月了，孩子都不能从一个地方挪到另一个地方，宝宝每换一个地方都得依赖父母。但是，当孩子5～7个月的时候，突然有一天，小家伙能自己挪动了：他能转身了。于是，便发生了像蕾娜那样的情况，这往往使父母措手不及。现在，父母得重新调整带孩子的方式了，因为孩子能够自己动了。

问题是，孩子不仅仅想动，而且还想了解他周围的环境。一周周过去了，他开始在房间的各个角落转悠。他开始将所有能拿到的东西往嘴里塞、玩或者观察。孩子动得越来越频繁，父母开始想这么一个问题：屋子里的东西是不是应该、必须还是首先能够适合孩子？屋子里的东西是不是必须摆设得让孩子安全呢？

当婴儿开始能自己动的时候，孩子本能地想从妈妈和抚养人的身边走开。为了使孩子不丢失以及避免危险，老天爷在给予孩子一种强烈求知欲望的同时，也赋予了孩子天生的一种分离焦虑特性（见“关系行为4～9个月”）。分离焦虑把孩子和妈妈或其他关系亲密的人联系在一起。分离焦虑的心理并不和孩子的求知欲望联系在一起，但是限制了孩子的运动范围。当孩子能够向前挪动时，分离焦虑的显著现象也就产生了。

孩子运动机能的发育和孩子在其他方面的发育是互相影响的。根据孩子开始向前挪动的年龄的不同，孩子之间求知欲的差别也不同。一个好奇心很重的孩子的运动机能的发育总是

准备好转身

比对周围世界不太感兴趣的孩子的要快；一个较容易离开妈妈的孩子总是比经常寻找妈妈是不是在身旁的更富有经验；一个喜欢运动的孩子总是比相对安静的孩子更愿意离开妈妈，等等。

翻 身

婴儿在 5 ～ 7 个月开始会转身的时候，起初只能从仰卧或者俯卧转到一侧，然后，他能从俯卧转成仰卧，再晚一点从仰卧转成俯卧，有的孩子可能再晚一些。

在最初的几个月里，父母已经习惯了要帮助孩子改变身体姿势。所以，当父母有一天看到孩子像蕾娜那样突然转身，差点儿从桌子上掉下来的时候，还真是吓出了一身冷汗。从那时起，父母又多了一份担心。

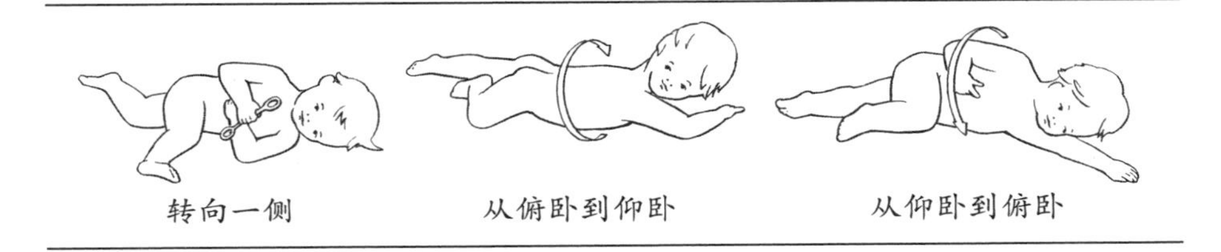

有些孩子不光利用翻身来改变身体的姿势，而且还发展了一种特殊的运动方式：在屋子里滚来滚去。有些孩子那么机灵，甚至可以滚到一个他们想去的地方。

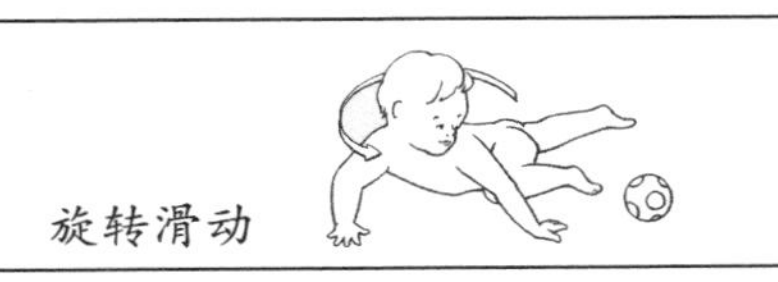

孩子还有一个用来拿东西的运动方式就是所谓的“旋转滑动”：孩子不断地转身体，肚子是他旋转的轴心，手臂和双腿用力。随着孩子在 6 个月的时候身体和四肢开始发育，旋转滑动对孩子越来越容易。

匍匐前进和爬行

孩子 7 ～ 10 个月的时候开始匍匐前进：肚子贴地向前爬。起初，孩子只能用手和胳膊肘，然后开始能用双腿了。四肢的运动也越来越协调，他用手和腿交替着向前。

再接下来，孩子就用手和膝盖来支撑身子了。他的身体首次从床上站了起来，但是，这种摇摆的姿势却不能使孩子向前。孩子第一次爬总是先向后，然后才向前。再过几天，宝宝

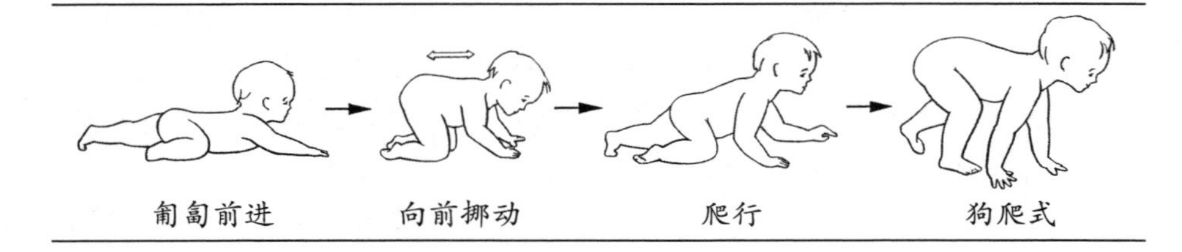

进步非常神速。

有些孩子在直立和走路之前还有一种像狗熊那样的走路姿势：用手和腿走路。这种走路方式非常累，对正式直立行走也不起多少作用，跟其他走路前的过渡方式相比，也好不了多少。

坐起来和坐

当孩子能翻身以及俯卧拱起身子的时候，孩子也就差不多能够用手撑起来，然后再躺下了。

孩子坐的时候，腿的姿势有好多种。他可以将两腿伸开，或者一条腿伸开，一条腿弯曲；他们喜欢两腿交叉坐着，或者“两腿向外叉开坐着”，将他们弯曲的腿向外转。很多儿科大夫和矫形外科大夫认为后一种坐姿非常不好，不利于髋关节的正常发育，因而禁止孩子这样坐。但是，由于特殊的髋关节的生理结构因素，有些孩子只能“两腿向外叉开坐着”。

孩子能坐也就意味着孩子能更加了解周围的环境，因为他坐着比站着更容易得到东西，而且，他的手也用不着支撑身子了，他完全可以自由地腾出手来玩东西了。

9 ~ 10 个月时，大多数孩子能够匍匐前进或者爬行，坐起来或者坐着，也有一些孩子 1 周岁的时候还不能完成上述动作，但这也是正常的。在接下来的时间里（参见“运动机能 10 ~ 24 个月”），孩子运动机能的发育是非常丰富多彩的。

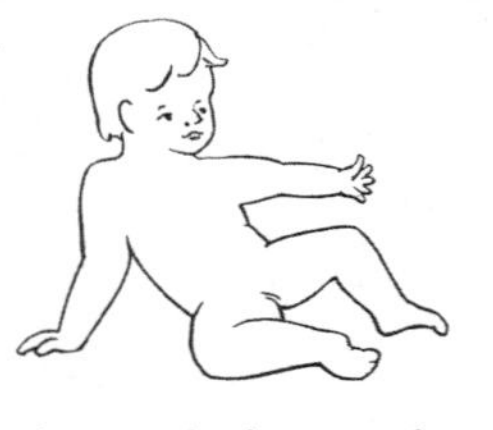

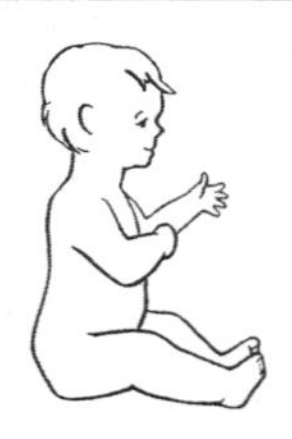
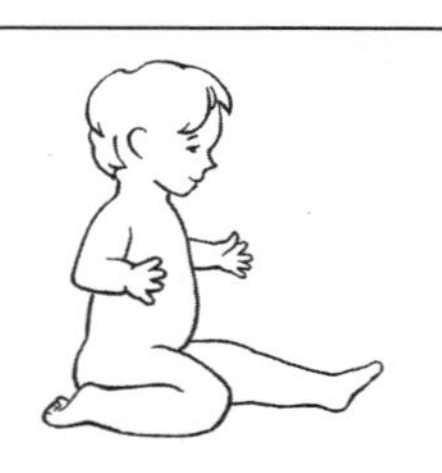

自己坐起来和坐着

父母的作用

实际上，教育是一种不断进行保证和限制的过程。从这层意义出发，当孩子能自己动的时候，与过去相比，父母的任务就更重了。孩子爬行时，一些不属于孩子，但孩子能拿到的东西，如录音机、书籍和贵重的花瓶等就有危险了。同时，孩子也面临着危险，倘若热水壶突然被孩子翻倒，孩子就会被烫伤；如果孩子将室内种的花或者植物往嘴里塞，孩子就有可能中毒；另外，插线板和一些家用品等也有可能伤害到孩子。

父母绝对不可以期望孩子能够有意识地保护自己。怎么办呢？怎样才能使孩子免遭家用品的伤害，让孩子学会保护自己呢？限制他的活动空间和体验空间？那么，限制到何种程度才算是合适的呢？

一个最容易想到的简单措施就是：将所有可能伤到孩子的东西束之高阁，那意味着它们最起码要距离地面1米以上；想办法将灶台用一个篱笆给圈起来，以便孩子够不到热水壶；另外，只使用绝对安全的插线板等。

是用“幼儿围栏”把孩子圈起来呢还是不要圈起来？这个问题被争论了无数次，结果从来没有一个肯定或者否定的回答。把孩子圈起来已经是我们社会中的一个习惯，并且流行广泛，限制了孩子的运动范围；另外，还有一种办法就是用门框限制孩子的活动范围。鉴于当代社会很多家庭的居住环境非常有限，这种方法用得较多。

父母多长时间或者多少次将孩子用“幼儿围栏”圈起来，或者把他关进一个封闭的屋子里，取决于母亲的家务和其他活动，还取决于房子的结构以及孩子本身运动的欲望和好奇心等诸多因素。另外，父母还必须考虑到孩子“害怕分开”的心理，因为让孩子独自一人玩耍的时间太长就过分要求孩子了。孩子有能力自己玩耍，但是他同时需要妈妈在身边。不同孩子对母亲在他们身边的要求是不同的。有的孩子只要妈妈能够听到他们的声音就可以了；有的孩子必须能看到妈妈在身边；有的孩子就要求妈妈和他一起玩，他才感到高兴。孩子依赖母亲在附近的程度取决于孩子的个

孩子在水里可以自由活动

性以及父母在孩子1岁时如何塑造他们与孩子关系的方式方法（参见“关系行为4 ~ 9个月”）。

新生儿和婴儿想运动，而且必须运动。他们想触摸所有的东西，往嘴里送，并观察它们。了解周围的环境是孩子早期精神发育的重要组成部分。因此，父母不能用处处限制他们的方法来使他们免遭危险，而是应该努力扩大他们的活动范围，并尽可能地给他们东西，让他们来了解这个环境（参见“玩耍行为4 ~ 9个月”）。

孩子坐着能扩大孩子认知的范围，他可以挨着大家一起坐在家庭的饭桌上“吃饭”了。这种方法使孩子感到父母没有离开他们一些其他的设备，如学步车、供小孩玩耍的围栏等以及让小孩蹦蹦跳跳玩耍的地方。这些设施给了孩子一些单方面的运动经验，但这些设备也存在较大的危险，使用这样设备孩子的经常会从楼梯上摔下来。父母绝对不应该将这些设施当做“寄存”孩子的工具。孩子需要更多的机会来进行匍匐前进、爬、走以及跳跃。如果他们没有足够的运动，他们的情绪会变得不好，而且对其他运动也会缺乏兴趣。

要点概述

1. 4 ~ 9个月时，孩子开始向前挪动。孩子挪动的方式以及时间因孩子不同而不同。

2. 起初，孩子以身体为轴心进行扭转，然后匍匐前进、爬行并坐起来。

3. 屋子的摆设应该：
- 让孩子并不感到被抛弃了，即使他在玩耍的时候；
- 尽可能少地限制他的运动欲望和好奇心；
- 不能伤害他（容易掉的东西、接线板、有毒植物或者化学药剂等要远离孩子）。

10～24个月

母亲很担心她的宝宝亚历山大，因为宝宝都已经17个月了，但是还不会走路。小家伙运动机能方面的发育非常缓慢：10个月的时候才会翻身，12个月的时候才能坐起来，但还只能用屁股滑来滑去，他还不会爬。如果父母扶他起来，他还不会站立。父母当然不能忽视小家伙在运动机能方面如此缓慢的发育状况。他们看到，邻居家的小宝宝虽然比亚历山大小1个月，但已经会走路4个月了。

昨天，奶奶来看她的宝贝孙子。当她看到小家伙还只能用屁股滑来滑去的时候，她吃惊地说："真是像他爸爸婴儿时的样子。"她安慰她的儿媳妇说："孩子他爸一直到19个月的时候才迈出第一步呢。"

亚历山大属于在运动机能方面发育比较慢的孩子，这虽然不太正常，但是丝毫没有关系。很多父母希望，孩子7～10个月的时候能够爬，12个月的时候能够走路，这样的期望只能在一部分孩子身上，但绝对不可能在所有孩子身上实现。有不少像亚历山大那样的孩子，几个月大了还总是用屁股滑来滑去，从来不会爬，而且一直到18个月或者20个月的时候才会走路。

通向走路的众多路径

很多年以前，不光是父母，甚至还有专家认为，孩子运动机能的发育都是一致的。那个时候的设想是这样的：5～7个月的时候，孩子能够从俯卧姿势翻身到仰卧姿势，不久，孩子能从仰卧姿势翻身到俯卧姿势，同时，孩子开始转着滑动（旋转滑动）。7～10个月时，孩子开始用肚子在床上匍匐前进，然后借助手和膝盖向前爬。10～13个月时，孩子能像狗熊

我能在这些石头上走吗

人类关于直立行走的旧路径

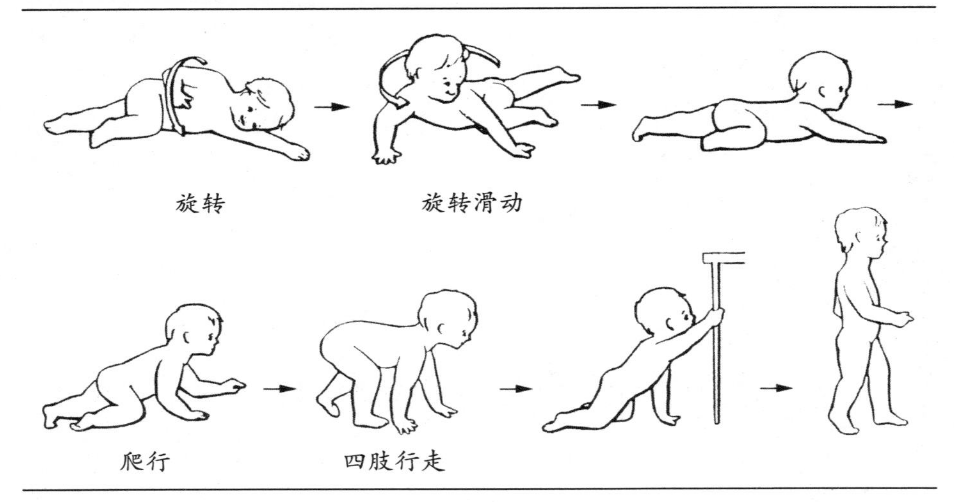

等动物一样进行四肢爬行，然后站起来，并开始走路。如果一个孩子的运动机能发育不是这样的话，那就被认为，这个孩子在神经方面有障碍，为了弥补回来，孩子必须接受理疗。

在很多健康孩子中所作的新的研究（拉戈 Largo、皮克勒 Pikler）结果表明，健康孩子的早期运动机能发育是如此不同，远远超出我们的认识。大多数孩子运动机能的发育就如上面所说，但有13%的孩子的发育就不同了。有的孩子在会走路之前缺少了诸如匍匐前进和爬行等阶段；有的从来没有四肢走路这个阶段，他们从俯卧开始然后学会走路；有的既不会匍匐前进，又不会爬行，只能坐起来，用屁股滑来滑去，像亚历山大那样。这些孩子大概要到 18 ~ 20 个月的时候才会走路。进一步的调查结果显示，40%的孩子的这种成长过程和他们的父母相似，孩子的运动方式带有遗传的因素。

孩子会走路前除了上述方式外，还有一些更加稀少，但仍属于正常发育的运动方式，它们是：孩子先是滚过来滚过去或者像蛇那样地爬行。孩子通过滚动能够到达他想去的地方，而那种像蛇那样爬行的动作当孩子 4 ~ 5 个月的时候就可能有了。孩子不断变换臀部和肩膀的侧面而向前。旋转爬行不光仰卧（见“运动机能 4 ~ 9 个月”），就是俯卧也可以。还有方式是一种“桥式爬行”：脸朝上，背朝地悬空，将腰骶部抬起，脚蹬着地向前。这当然是一种非常辛苦的向

人类关于直立行走的新路径

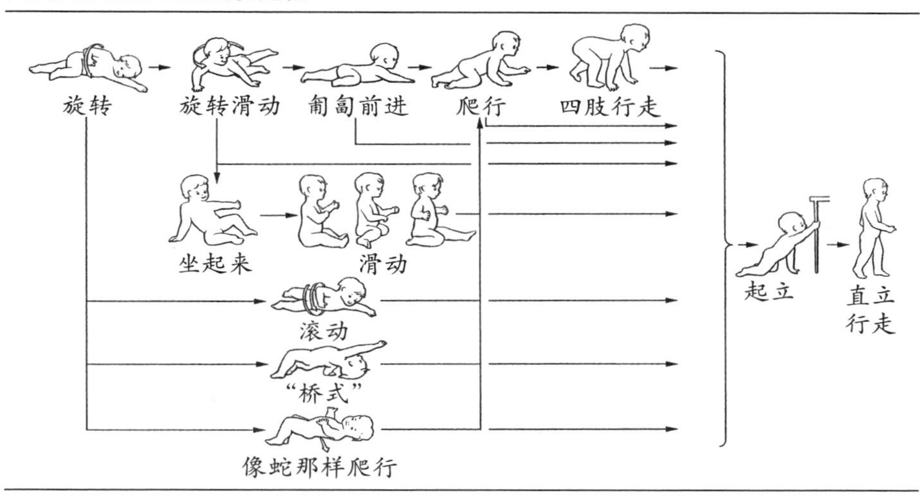

前挪动的方式，但也是一种成功的运动方式啊。

孩子运动机能发育的方式非常多，即便是一种运动机能的方式还可以细分出更小的方式：比如，用臀部滑行的腿部姿势就有好几种，在滑行时，有的双腿基本上还是伸直的；有的则一条腿伸直，另一条腿弯曲着。滑行

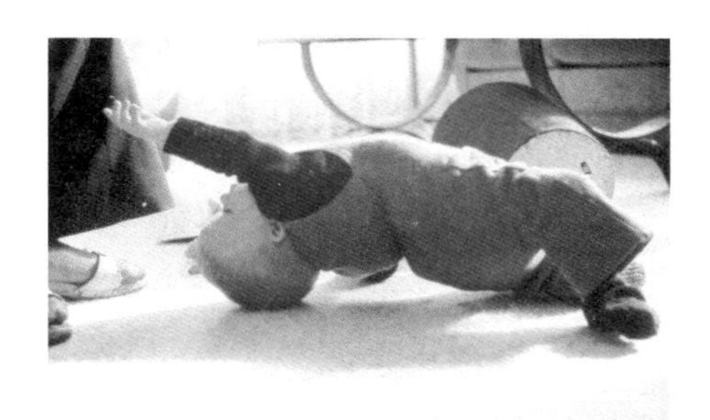

桥式爬行，一种不太舒服、费力的方式

时，有的是好好地端坐着，有的却是“两腿向外叉开坐着”。同样，孩子匍匐前进和爬行的方式也各有不同。

9 ～ 15 个月时，孩子抓住椅子、饭桌的腿或者其他家具的支撑点就能站起来了。当他感觉很稳的时候，他会试着脱离支撑点。如果他失去重心，他就会马上又去抓支撑点。

刚开始学会走路的时候，孩子会自得其乐地非常专心地练习走路。他会不断地用各种不同的方式来“试验”他的新能力。当小家伙非常成功、一次都没有摔倒就走到柔软的、厚厚的地毯上去的时候，当他成功地跨过门槛的时候，当他围着饭桌转了几圈的时候，小家伙是多么的自豪！这个时候，孩子练习走路是毫无目的的，走

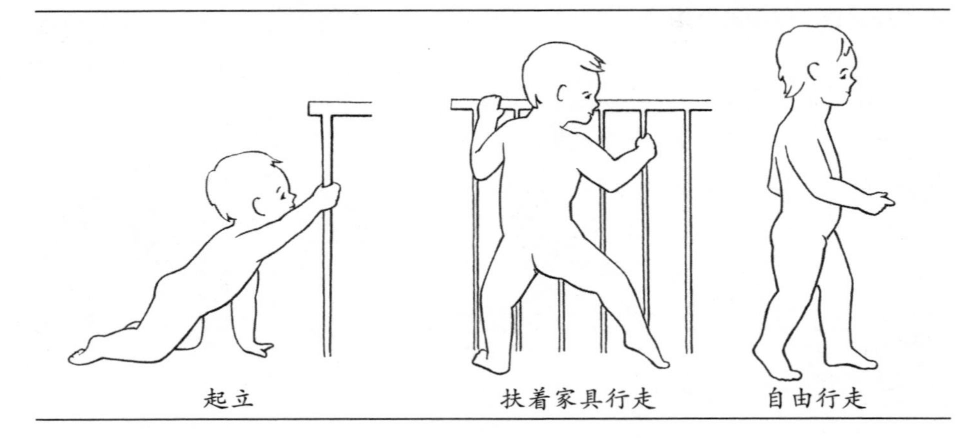
起立　扶着家具行走　自由行走

路让孩子感到有趣。有一些孩子特别喜欢走路，但其他方面的发育却进步不快。例如，他的词汇量没有扩大，对图画书和玩具也不感兴趣。他到底想干什么呢？原来，他就是想走路！

几周和数月之后，孩子走路已经很稳了。刚开始学走路时，为了保持重心，小家伙两腿叉开得很大，现在的走路姿势就好看多了；手臂的摇摆与走路的节奏合拍了；转身越来越好了；越来越喜欢拉着小拖车到处跑，或推着有轮子的玩具在它后面跟着跑。

拉着小拖车作为走路的辅助工具

对孩子来说，自由站立比走路更困难。一旦孩子能够自由站立，他就会迅速地学会如何在自由的空间中站稳。他经常手脚并用，使自己站稳。为了保持平衡，他总是将屁股向后移一点儿。最后，他能够蹲下，以及再次站起来了。

如同走路一样，孩子早期运动机能的发育不仅在方式方法上各不相

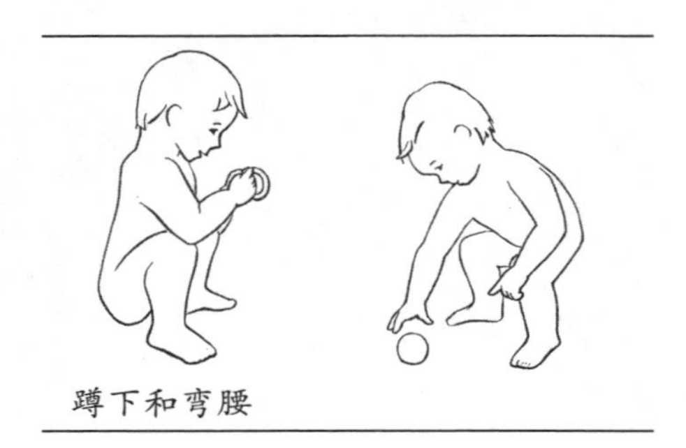
蹲下和弯腰

同，而且年龄也不同。所以，有的孩子6～7个月的时候就会爬，有的要到12个月时才会爬。

特别表现在走路上，孩子们的年龄差别很大。大多数孩子在13～14个月时迈出第一步，有的8～10个

婴儿运动机能的几个主要发展阶段

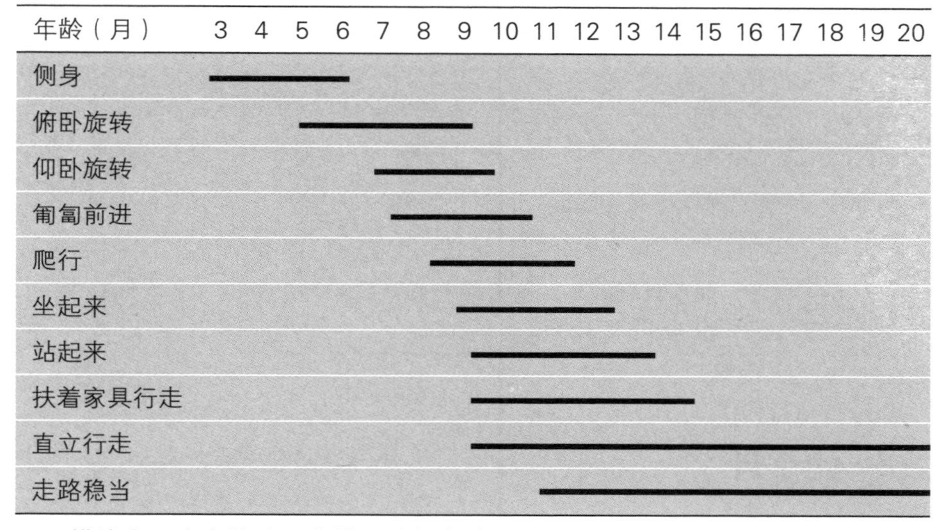

横线表示大多数孩子在什么时候会什么动作。

婴儿什么时候可以迈出第一步的百分比

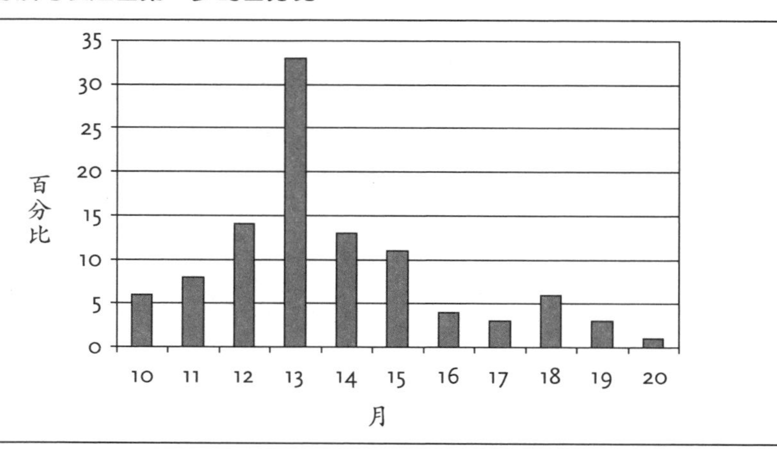

从图中可以看出，百分之几的孩子是在某个年龄的时候迈出第一步的。男孩儿和女孩儿之间不存在显著差异。

月时就会走路，而有的却要到 18 ～ 20 个月时才会走路。

正是由于孩子运动机能发育的方式各不相同，年龄也差异很大，所以很难预知一个孩子究竟会在什么年龄，以何种方式走路。

2 岁时孩子已经能够做出人类独特的运动，他能直立地用双腿行走，能自如运用双手拿东西，做一些具有人类文化特色的事情，比如，写字或弹奏乐器。

要点概述

1. 孩子向前运动的方式各式各样，孩子运动机能的发育顺序并不都是一致的。
2. 不同孩子的发育阶段是不同的。大多数孩子 12 ～ 14 个月的时候会走路，有的 8 ～ 10 个月就会走路了，但也有的要到 18 ～ 20 个月才会走路。
3. 会走路的孩子经常自得其乐，专心致志地“练习”走路，以至于他其他方面，如语言方面的发育毫无进展。

25～48个月

一整天都在下雨。妈妈陪小凯文待在家里。自从 3 岁大的小凯文能够站立后，他就一直不停地在动，他在卧室、走廊和客厅之间到处跑、跳或者骑着他的三轮脚踏车来回转。有一次他的头撞到了门柱上，因为他没有转弯，而这只是暂时减少了他的运动欲望。凯文似乎从来不会感到疲惫。他的妈妈感觉，到了晚上他更加活跃。来看望凯文的教父使得小凯文休息了一会儿，他对凯文的妈妈说，凯文是一个多动症儿童。

小孩子是非常喜欢运动的，这让许多父母感觉压力很大。凯文的运动欲望是正常的吗？还是如同他的教父认为的是一种失调？我们在本章的结尾会详细介绍小孩子的运动欲望。首

我准备好了

先我们来看一下哪些孩子在2～5岁之间在运动机能发育上取得了进步。

差异和适应

2～5岁的运动技能发育没有像2岁开始行走时那样具有里程碑意义，但是当我们仔细观察就会发现：这个年龄段的孩子所取得的进步仍然非常令人惊奇（加拉休 Gallahue）。下页的图片描述了孩子是如何进一步发展他们的运动机能以及适应周围环境的。

走 当孩子学会走路时，他们会小步慢走。他们的腿的姿势是具有一定宽度的。站起来时不迈脚，而是整个脚着地。躯干和头部挺得笔直，几乎不动。手臂弯曲高高侧放，在走路时首先是保持平衡，基本不晃动。

3～4岁的孩子加大了步伐，双腿的距离更窄，脚部首先是脚后跟着地，然后向前走。行走时身体几乎不动，手臂垂下来，偶尔摇动一下。

到上学的年纪时，脚步迈得更大。双腿自膝关节处向前摆动，身体随着行走而有节奏地晃动，手臂也跟着晃动，从而走得更和谐、方便。

跑 起初孩子根本无法变换行走的速度。如果他想更快，只能不断地走，而没有办法加大步伐，肢体和手臂也无法向前倾。

4～5岁的孩子就可以跑了。双腿能有力地向前加速。每次碰撞到地面之后，孩子有一瞬间离开地面。跑时脚部从脚后跟向脚前掌用力。通过躯干的回转运动和手臂的摇晃向前倾。

接球 2～3岁的孩子或多或少不太运动，直到把球放到他的手里。身体和手臂保持一种僵硬的、等待的姿势，孩子还没有办法调整向自己飞来的球。

3～4岁时，孩子开始接受球的飞行轨迹、速度和大小，身体稍微向前倾，伸出双臂。

为了接到飞行中的球，手臂会弯曲。手的姿势会不断适应球的大小，双腿分得更开，以使其保持稳固。

到了上学的年纪，接球的姿势已经完全发育。在等待接球时，孩子会将身体向前倾，伸展双臂接球。球飞行时，孩子会抑制他身体和手臂的运动，将一条腿向前迈。

扔球 2～3岁的孩子扔球时，前臂的运动受到肘关节的限制运动有限，身体几乎不一起运动。

3～4岁的孩子会向前迈一步，

孩子在婴儿时期、幼儿园时期和小学时期的运动机能发展。

扔球的手臂向后摆动。扔球的运动从肘关节开始，身体稍微回转和前倾。

到了上学年纪的孩子，在扔球时使用整个身体，一条腿迈向前，扔球的手臂向后摆动，为了保持平衡，另一条手臂向前伸展，通过躯干的回转运动加强扔球运动的力量。

这种差异的扩大和效率的提高在其他的运动能力上，例如跳跃或翻跟头，也能观察到。这些变化是可能的，因为孩子的协调、平衡能力在不断发展，力量也在不断增强。特别之处在于，运动机能和感官认知，特别是与视觉相互连接，互相协调。如果小孩想要抓球，他必须正确分析球的飞行轨迹、速度和大小，并且相应地调整自己的运动机能。

在大运动机能和精细运动机能中我们也能发现这样的发展。3 岁大的孩子开始画画、手工制作或者用不同的材料复制立体形状。对孩子来说主要的挑战就是将他看到或感受到的东西用自己的手付诸实践（见“玩耍行为 25 ~ 48 个月”）。

婴幼儿时期的运动机能发育也是多种多样的。有的孩子 3 岁的时候就和一般 5 岁的孩子发育的一样，具有良好的精细运动机能和大运动机能的协调能力，这也体现在保持平衡和肌肉力量上。3 ~ 7 岁年龄段间的孩子，相同年龄孩子的运动机能水平可能会浮动 3 岁左右。

婴幼儿大部分的运动机能都没有如同接球和扔球那样，有严格控制的运动顺序为前提。孩子花很多时间用各种不同的方式在自我玩耍和与其他孩子玩耍的过程中运用、证明着自己的运动机能，一个孩子的运动机能基本决定了他在婴幼儿组内所处的位置。

秋千、三轮脚踏车和滑板

一旦孩子可以更好地控制他们的运动机能，他们就会对所有类型的游戏设备和运动设施感兴趣，滑梯、攀登塔和秋千对 3、4 岁的孩子有很大的吸引力。孩子们可以坐在上面或者脚踩着向前运动的小拖拉机或者乌龟形式的小车也同样很受欢迎。2 岁半到 3 岁的孩子学着控制三轮脚踏车是一个里程碑。我们吃惊地看到骑三轮脚踏车的孩子出现在我们眼前，3 岁的孩子在运动机能上已经出现了差异程度。双腿驱动向前，手臂调控小车，整个身体保持平衡，从而保证孩子不会从三轮脚踏车上摔下来。孩子能控制好他的整个运动机能，因此，能调整速度和方向以适应周围的环境。

米古埃尔喜欢肚子受到刺激

下面的表格表明，在哪个年龄孩子开始使用不同的运动设施。正如前面所讲，孩子在运动机能的发育是各不相同的，因此不同年龄也要准备好使用不同的设备。有的孩子4岁就会骑自行车，而有一些孩子一直到6、7岁才会。当然存在例外情况，一个孩子在3岁时就能从山上滑雪下来，而大部分的孩子在5～6岁之前都不能做到。

如果孩子还没有准备好，不应该逼迫孩子骑自行车或者玩滑雪板，而应该让孩子自己决定，什么时候敢于进行尝试。其他已经做到的孩子是他们的榜样，与父母的殷殷希望相比，更能促进他们进步。孩子应该尽量有自己的学习体验，这会让他感觉：我自己做到了。这种经历会使孩子有勇气面对下一次运动机能的挑战。父母能够有效支持孩子，帮助他们把学习过程分为几个小部分，让孩子独立完成每个部分，使每次都是成功的经历。例如孩子可以先学习手脚都能够到的小自行车，然后再换成两个支撑轮的大一点的自行车。一段时间后放

三轮脚踏车和其他的运动设备

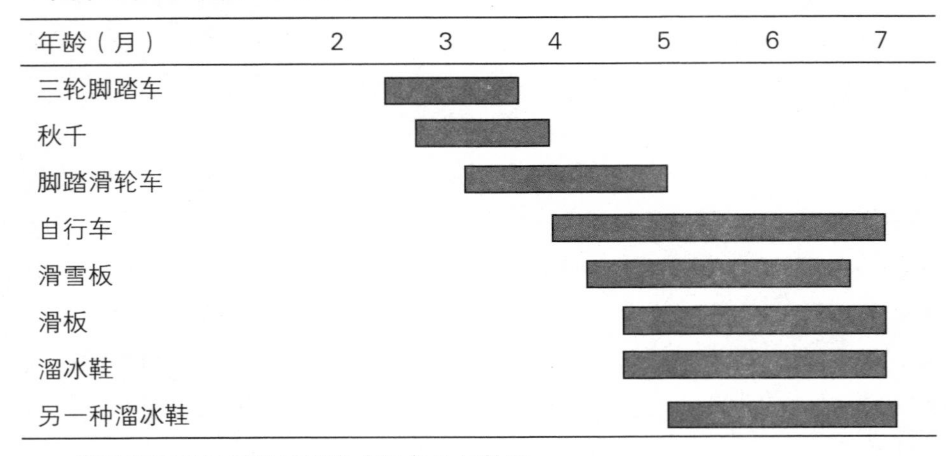

横线表示孩子开始使用游戏设备的年龄段。

首次尝试滑雪

弃支撑轮，或者父母提供具有引导杆的自行车。还有一种可能性就是，挂在爸爸的自行车上收集经验，直到孩子足够确定可以自己出发。根据不同的运动做好相应的身体保护，例如安全帽、护肘或护膝，等等。

喜欢运动的孩子

正如我们所了解的，孩子在2 ~ 5岁之间在运动机能方面会有很大的进步。为了让孩子学会所有这些运动能力，必须要不断积累经验。因此婴幼儿时期的运动是自然而然的需求，是对运动经验不可压制的需求。成年人通常把这种自然需求视作运动功能焦虑，因为他们认为这是种障碍，而孩子们把这视做挑战。

和运动机能发育一样，孩子们的运动活跃性也有很大差异。由不同的因素引起：

遗传特质 成年人的运动积极性存在差异，孩子的运动积极性也存在差异。如果一个孩子特别喜欢运动，那可能是因为他的父母受到祖父母的影响而养成的习惯。

年龄 3岁时运动机能增强，4 ~ 6岁时达到最大值。从上学开始一直到青春期逐渐减少。这一过程会因孩子而异。所以有的孩子4岁时已经非常安静，而有的孩子一直到上一年级还没有办法长时间坐在座位上。

性别 与小女孩儿相比，小男孩儿更喜欢运动，但这并不是说不存在

即使是女儿，也喜欢和爸爸打闹

看我怎么荡秋千

很积极运动的小女孩儿和不太喜欢运动的男孩子。

缺乏场地 如果一个孩子没有充分地进行运动，那么这个孩子会缺乏勇气，这对于照看他的人来说是种负担。因为这样，孩子就无法尽情满足他的运动欲望，只能像凯文那样在狭小的屋子里发泄。孩子所接受到的体验是千篇一律的，对他运动机能的发育是没有意义的。对父母来说，孩子运动功能失调是一个很大的负担。

遗憾的是，现在的居住条件使父母无法给孩子一个足够的室内活动空间。住房总是那么小，而室外又没有足够的游乐场所。街道不属于行人，更不属于孩子们，而属于交通。和孩子一起外出呼吸新鲜空气对于好多父母而言是一件麻烦的事儿。他们必须带着孩子开车到一个使孩子远离交通危险的地方，在那儿，孩子才能够尽情地玩耍。

情绪影响 如果孩子感觉不舒服，也会像成年人一样变得运动机能失调。例如一个孩子在游戏小组里感觉不舒服，因为他可能被其他的孩子排斥在外，他可能会变得运动机能紊乱。

越来越多的孩子因为所谓的“多动症”而被送到儿童医生那里去，实际上，大多数孩子不会患多动症。他们只是像凯文一样没有被充分满足运动欲望。

2 ~ 5 岁的孩子必须多学运动机能，父母或者其他关系亲密的人，例如幼儿园的老师能够帮助他们进行运动机能的发育，向孩子们提供充足的、丰富的运动可能，这样也可以缓解他们自身照看孩子的负担。

要点概述

1. 3 ~ 5 岁时，孩子会在运动机能的发育上有很大进步。考虑到他们的协调和平衡能力，他们的运动机能因人而异，他们的肌肉力量不断增大。
2. 年龄相仿的孩子运动机能的发育也是各式各样的。
3. 要有许多游戏设备和运动设施供孩子使用。准备进行这种尝试的孩子的年龄也是因孩子不同而不同，年龄跨度在 3 岁左右。
4. 运动机能的增强一直持续到 4 ~ 5 岁，然后紧接着不断减少。这在孩子之间也是有差异的。运动欲望取决于孩子的特质、年龄和性别，以及运动可能性和周围环境。
5. 没有发挥运动欲望的孩子会变得缺乏勇气，会有教育困难，但他们的运动行为不能被错误地认为是多动症的行为表现。

第三章 睡眠行为

引　言

利努斯终于睡着了。父母对视一眼松了口气，他们总是要等很久小家伙才入睡。利努斯在晚上好像根本不会觉得困。母亲很难相信，利努斯只需睡那么短的时间就够了。3岁时孩子睡9个小时，几乎跟她自己的睡眠时间一样，而父亲每晚睡4个小时就够了。父母再次看了一眼已经安然入睡的孩子，关上了灯。

我们一生中差不多有1/3的时间处于睡眠状态。睡眠对于我们来说似乎是自然而然的事情。但问题是，我们为什么睡觉，这个问题到今天都未能完全被解释清楚。睡眠对孩子和成人来说都充满了神秘色彩，难以理解。从最早的文学作品到今天，人们都把睡眠描写成了一种神秘而又具有深刻意义的事情。对此，弗洛伊德对梦的释义并没有改变人们对睡眠的不解。在睡眠中，人们有时感觉很轻松，有时感觉很沉重。睡眠使我们逃避了白日的辛劳，而梦重新给我们演示了白天的忧虑。“梦是上帝给我们的唯一礼物，这件礼物并不需要我们工作就能得到。”一位诗人如此写道。一句民间格言则说，梦是“死亡”的小兄弟。把睡眠当做一个纯粹是生物学上的现象进行理解是很难的。当然，上面提到的利努斯3岁所需要的睡眠时间不比他的母亲多的现象在某些方面可以用生物学来解释，但如果我们想更好地了解孩子睡眠的话，那我们就必须了解人类睡眠行为的特征。请读者不要害怕，了解一点生物学方面的知识是不会赶跑您的美梦的。

什么是睡眠

为什么我们要把人生那么长的时间用于从表面上看来近乎昏厥的状态，睡觉不是浪费时间，而是人清醒状态的继续。睡眠绝对不是简单意义上的“暂时关闭人的意识”，它对人来说是必要的：睡眠使我们恢复了第二天工作所需的充沛精力和体力，我们调节白天的各种印象，甚至可以加强免疫防御能力。对于孩子来说，睡眠似乎对他们的学习行为有着显著的影响。如同白天人醒着的时候，人的大脑处于高度紧张的有意识的状态一样，人睡着的时候，人的大脑仍然起着一定的作用。在过去的50年中，研究人员对各年龄段人的睡眠行

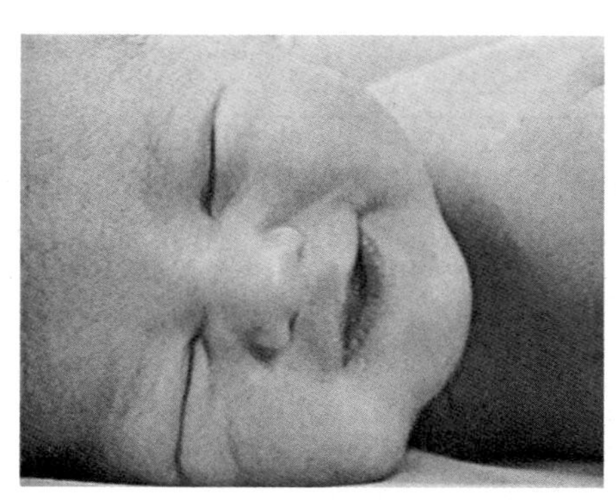

天使之笑

为进行了调查研究。他们利用脑电图（EEG）对人在睡眠中的一些身体状况如呼吸、眼睛的运动以及肌肉的紧张状态等进行研究后发现，人的睡眠可以分两种类型：浅睡和熟睡。浅睡或者说活动睡眠的神经活动特征是：呼吸不匀、深度肌肉紧张、偶尔运动机能紊乱、眼皮内的眼珠还在迅速地转动着。由于这个睡眠的显著特征是“眼珠迅速地转动着”，所以我们也把这种浅睡状态叫做“快速眼动睡眠”（REM 为英文 Rapid Eye Movements 的首字母缩写）。熟睡区别于浅睡的最大特征是没有眼睛的迅速转动，因此被称为无 REM 睡眠。在熟睡中我们呼吸均匀、安静。在脑电图中可以区分出无 REM 的四个典型阶段。

新生儿只部分形成了睡眠和清醒状态的交替，但我们从新生儿那儿能观察到浅睡和熟睡。处于 REM 睡眠状态中的新生儿会活动，呼吸不均匀，我们在他的脸上常常能看到抽搐，时而看到鬼相。只有少数时间能看到小宝宝两边嘴角微翘，这就是人们常说的天使之笑（参见“关系行为 0 ～ 3 个月”）。在熟睡或者说无 REM 睡眠状态时，孩子非常安静，很少动，呼吸均匀，脸部安详，没有抽搐。新生儿浅睡的次数比儿童和成人要多，时间要长。

睡眠循环及其大概周期

如同动植物一样，人类器官的作用是有周期的。本质上，它通过白天黑夜交替而变化，人的睡眠也分为睡眠周期，同苏醒状态一样，也有大概的循环周期（温弗里 Winfree）。

睡眠循环是通过浅睡、熟睡和苏醒状态的交替而形成。这个循环开始时的特征是：人很疲乏、眼睛发涩以及打哈欠。然后，我们开始入睡。这时，人处在所谓的半梦半醒状态，人对事物的观察力已经减弱。有时，我们有这样一种感觉，即好像一下子被推到了深处，但随之手臂和双腿突然猛烈抽动一下，我们又醒了。但一般情况下，我们不会醒过来，也就是说，我们开始从浅睡状态向熟睡状态过渡并经过深度睡眠的四个阶段。在最熟睡的阶段，我们什么都听不见，

儿童、成年人和老年人一个晚上的睡眠行为

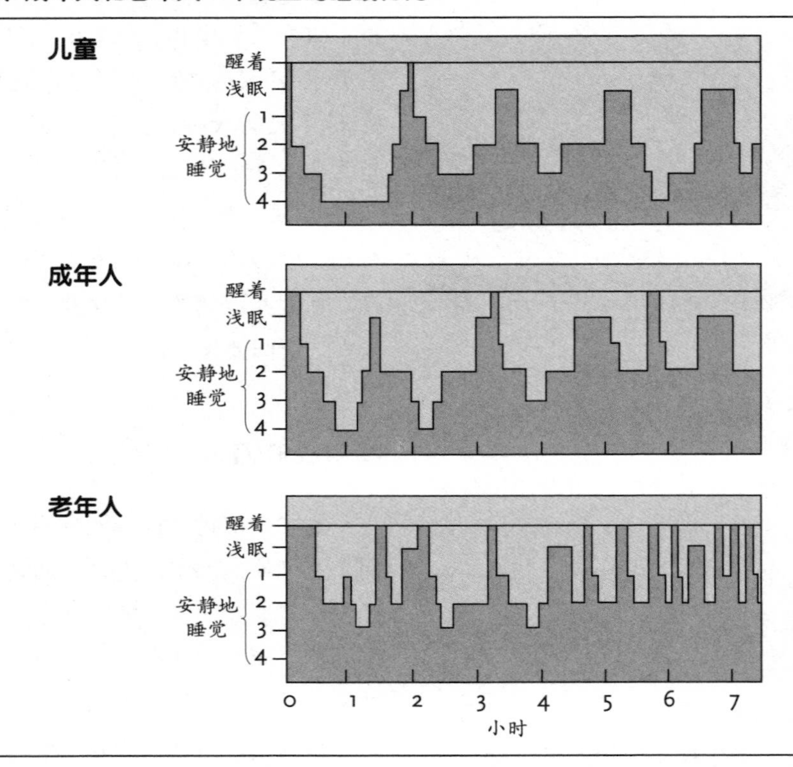

横坐标：睡眠时间，按小时计算。竖坐标：睡眠阶段 REM–（活动）/ 浅眠，快速眼动睡眠（Rapid Eye Movements）；非快速眼动睡眠 – 安静地睡觉，没有眼睛迅速运动，由 4 个阶段组成。

就是响亮的打雷声也不会将我们从睡眠中弄醒。熟睡时，我们是非常不愿意被打搅和吵醒的。如果这时我们被吵醒或者硬是被弄醒，我们会非常困，方向和时间都弄不明白。要想彻底醒过来，恢复理智和反应能力，还需要一段时间。如果睡眠不被打搅，我们在短时间内会处在最熟睡阶段，然后，开始向浅睡过渡。在我们苏醒之前 20 分钟，我们一般处在 REM 睡眠状态，在这个阶段里，我们经常做梦。入睡后约 1 ~ 2 小时，一个睡眠周期结束。有几分钟的时间我们是醒着的，通常到了早上时很少能记起来，以便再度进入深度睡眠。一个晚上，最多会有 5 次不同睡眠阶段和苏醒状态的周期交替。晚上睡觉时，我们并不是一直处在睡眠状态，而是有多次在几分钟内是醒着的。但是，当我们早上起床时，我们很少能回忆起来。人在后半夜的睡眠主要处在浅睡状态。凌晨时分，我们最常做梦，而且比刚入睡后一个小时更容易醒来。当我们早上醒来时，总能听到一些响声，如水流的声音，或者闻到一些气味，如咖啡的香味等。如果这时不睁开眼睛，我们仍然有机会重新入睡。

那么，完全和睡觉一样，人在醒着的时候其实也是有循环的，而且，醒着的质量是不同的，我们不可能总是聚精会神，上午的注意力就要比下午早些时候强。在瑞士，人们把午饭后的昏昏欲睡称之为“瑞士昏迷”。

从上页的图标中我们可以看出，没有哪个年龄段的睡眠周期是完全相同的。周期总是在不断改变，特别对孩子来说，这种变化一直在进行着。新生儿的一个睡眠循环时间约为 50 分钟，此后，年龄越大，睡眠循环的时间越长，最后，达到成年人 90 ~ 120 分钟。但是，上了岁数的人，这种睡眠循环的结构被破坏了，老人在越来越多的情况下处在浅睡状态，老人夜间睡觉时醒来的次数越来越多。

由于睡眠循环时间短，新生儿出生 1 周之内每 1 个小时就醒来一次。3 ~ 4 个睡眠循环之后，新生儿醒着的时间就稍微长一些。直到 3 个月大，孩子的睡眠周期和觉醒周期开始区分开来，并持续下去，趋于规律化。3 个月后孩子的睡眠和觉醒的循环就与大孩子和成年人一样了。

人的睡醒循环是在一天 24 小时之内进行的，从本质上讲，它是由白天和黑夜的交替所决定的，但由于这个周期对于大多数人来说并不恰好是 24 小时，所以，这个周期只能被叫做“大概的周期”（拉丁语中：circa 表示大约；dies 表示白天）。

实际上，不仅是人的睡眠，人的整个身体功能都有一个大概的周期。心脏在夜间睡眠时跳动得没有白天快，早上和晚上也不一样；肾白天比晚上排尿多；人的内分泌腺和外分泌腺随着时间的不同，运转的强度也不一样，所以，给宝宝喂奶的妈妈晚上出奶比白天多；人的指甲和头发也是晚上长得快，这些都是因为人体增长的荷尔蒙是在晚上释放出来的，所以常言道：“孩子是在睡眠中长大的。”

宝宝刚来到这个世界上时还没有这个大概的周期，他是在随后 2 年的生活中逐步建立起这个大概周期的。

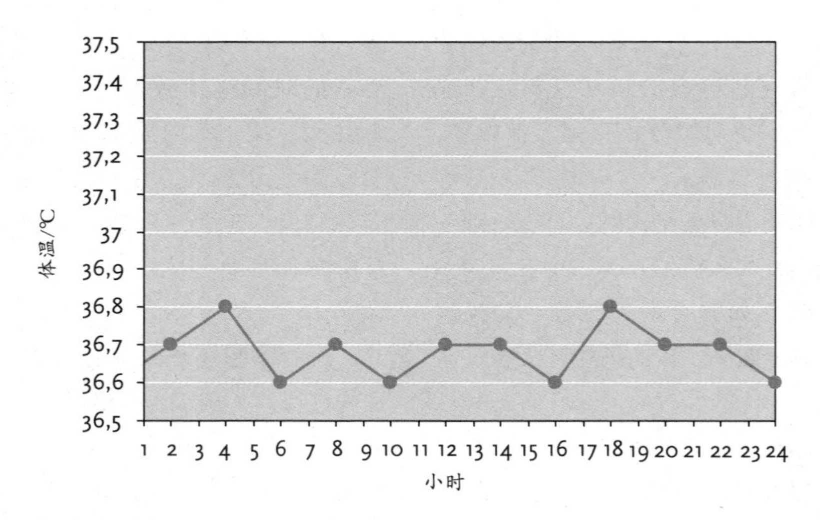

1 个月的新生儿一天之内的体温变化曲线

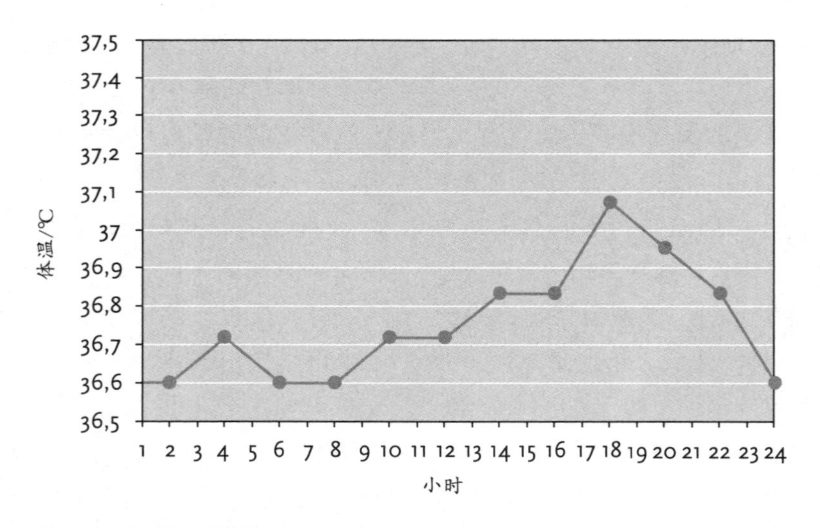

3 个月的新生儿一天之内的体温变化曲线

新生儿前 2 年的 24 小时体温变化表（经由黑尔布吕格 Hellbr ü gge 修改）。

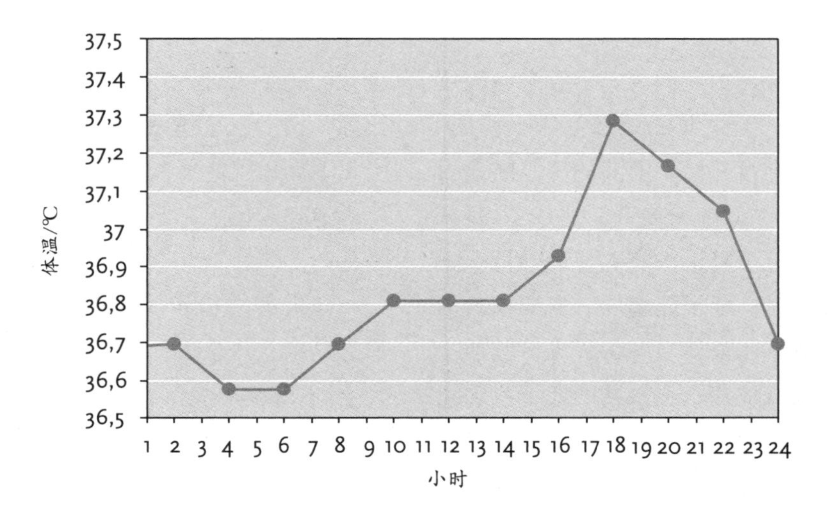

6 个月的婴儿一天之内的体温变化曲线

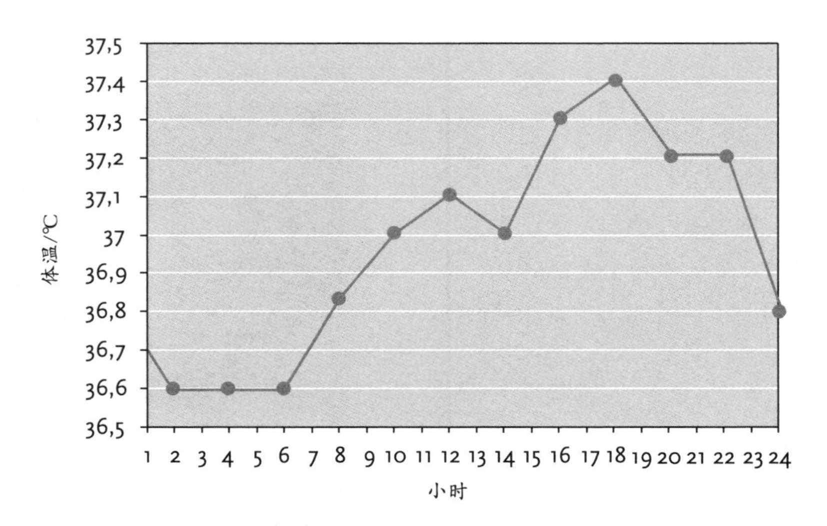

24 个月的婴儿一天之内的体温变化曲线

在接下去的两页中向大家展示了体温的 24 小时变化，从体温表中可以看出：在最初的几周内，不管是白天还是黑夜，新生儿的体温都是一样的；从第 6 个月开始，婴儿的体温随白天和黑夜的交替而变化，白天体温升高，晚上下降，一直到凌晨最低；大概 2 岁时，孩子体温的大概周期就彻底形成了。与体温一样，人体其他功能的大概周期也在最初的几个月和几年内逐步形成。

年龄不同，大概的睡醒周期的时间就不同。人睡醒周期的时间取决于我们晚上有多累和早上有多舒服。对此，我们可以分成以下三个小组：

生活比较有规律的人 他们的睡醒周期刚好是 24 小时，但只有少数人属于这种类型。他们总是在晚上一个固定的点累，然后去上床睡觉，而早上又总是在一个固定的时间醒来，然后起床。

“夜猫子” 他们的睡醒周期时间超过 24 小时，大多数人属于这个类型。他们总是在晚上想多待一会儿，因为感觉不累，而到早上又总是很困不想起床，想多睡一会儿。

起早的人 他们的睡醒周期时间少于 24 小时，属于这个组的人也是少数。他们晚上总是“提前”困乏，比如，接受一个邀请，在吃饭时就打哈欠了。虽然睡得晚，但早上还是能轻松地起床。

如果您的孩子属于第一组的话，那您是令人羡慕的。您的孩子总是在晚上同一时间累了，而早上又总是在固定的时间醒来。

但是，大多数孩子像比特一样属于“夜猫子”的孩子：晚上总是特别精神，他们总是想越来越晚地在晚上睡觉。对于这样的孩子，如果父母一再迁就，那么，想让孩子上床睡觉就

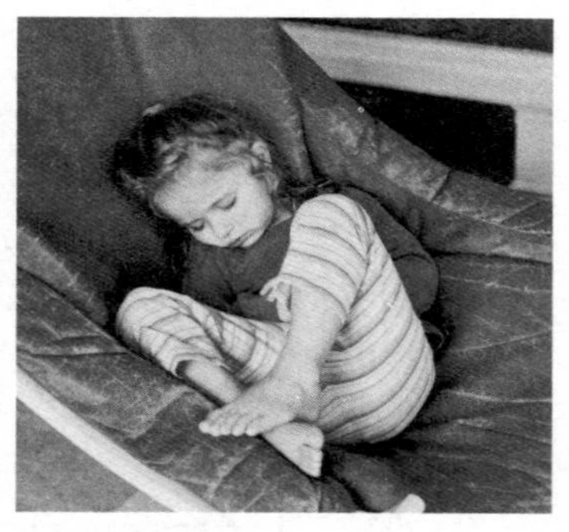

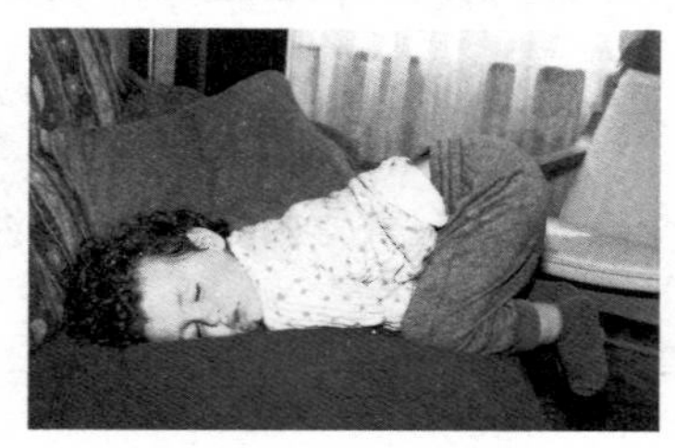

孩子在哪儿都可以睡着

成大问题了。早上，孩子总是赖在床上不起来，惹得妈妈很不高兴。如果一直这样下去的话，就会形成一种恶性循环：孩子越来越晚地上床睡觉，越来越晚地早上起床，这是明摆着的事。

起早的孩子让父母高兴：孩子愿意晚上自己选择时间上床！但是，令父母头疼的是：孩子越来越早地醒来。当父母还想睡觉时，宝宝却已经醒来了。

由于睡眠、觉醒的大概周期的持续时间是天生的，因此父母无力掌控，也无法将一个“夜猫子”孩子转变为起早的孩子。

睡眠时间

与睡眠周期因人而异一样，每个人的睡眠时间也是不同的。同样是新生儿，有的睡眠时间只需 14 小时，有的却需要 20 小时。利努斯就属于在出生后头几年只需要少时间睡眠的孩子。这种差别并不随着年龄的增长而缩短。大多数成年人每天需要 7 ～ 8 个小时的睡眠时间，这样第二天才精神，但也有像利努斯的父亲一样的成年人，只需 3 ～ 4 个小时，还有其他的像利努斯的母亲一样需

睡眠时间

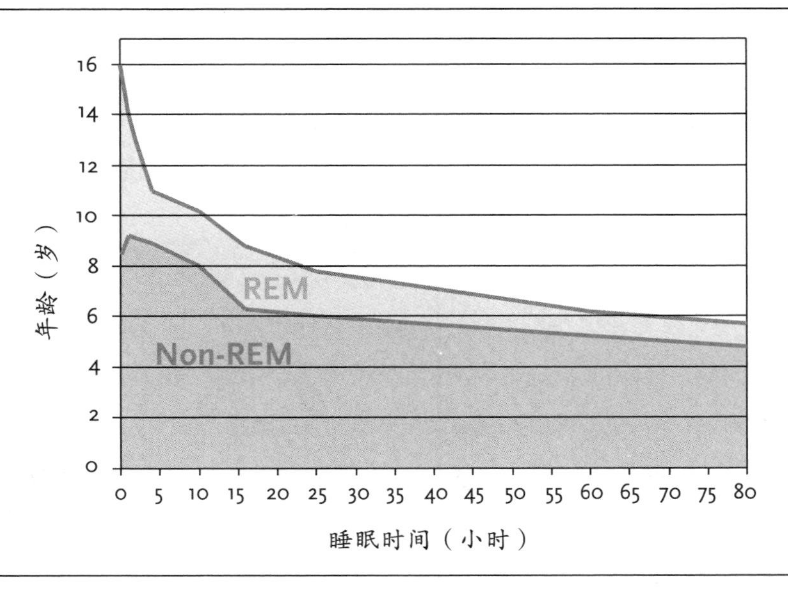

从出生到年迈，整个睡眠过程的平均以及 REM 睡眠和 Non-REM 睡眠的持续时间。横坐标：年龄。纵坐标：整个睡眠过程的持续时间以及 REM 睡眠和 Non-REM 睡眠的比例（经由霍夫娃尔格 Roffwarg 修改）。

要9～10个小时。拿破仑将军就曾说过，他每晚只需4个小时的睡眠时间，而爱因斯坦每晚则要睡足10个小时。

和睡醒周期随着年龄的变化而变化一样，人睡眠的整个时间以及浅睡和熟睡的比例也取决于年龄。年纪越大，人的睡眠时间就越短，而浅睡（REM）和熟睡（Non-REM）的关系也随之变化。新生儿平均每天睡眠时间为16小时，90岁的老者每天只睡6个小时。老年人时常会遇到每晚只能入睡几个小时的问题。

那么，大概睡眠周期和睡眠时间有必然的联系吗？没有！“夜猫子”不一定就需要很多的睡眠时间，有的睡觉时间长一点，有的短一点；喜欢起早的人同样如此，有的睡眠时间长一点，有的短一点。

“优质睡眠”

睡眠周期和睡眠时间就像人的身高、眼睛的颜色和声音一样，都属于人本身的特征。如果我们不认真对待它们，我们的身心健康就会受到伤害。

如果我们做到以下两点的话，我们的感觉会很舒服，而且富有成效。

- 睡眠和醒来的大概周期要规律化。工作节奏不规律以及长时间飞行旅行对人的睡眠是一种负担。如果晚上睡得太晚，早上起床后往往会感到很累，精神不爽；
- 要根据睡眠的需要来调整睡眠时间。睡得太多或者太少都对我们的身心健康不利。记住：太长时间的睡眠并不是健康的！

上述这些对孩子尤其重要。

要点概述

1. 睡眠是由浅睡（REM睡眠）和熟睡（Non-REM睡眠）的不同阶段组成的。
2. 晚上睡觉时，人的浅睡、熟睡和醒来总是有周期地循环着。
3. 和身体的其他功能一样，人睡眠和醒来的大概周期是24小时。
4. 从呱呱坠地到入土为安，人睡眠和醒来的大概周期和睡眠时间一直在变化之中。
5. 人睡醒周期、大概睡眠周期和睡眠时间如同人的身高和眼睛的颜色一样有着遗传的特征，因人而异。
6. 如果人养成良好的睡眠习惯，又根据睡眠的需要来调整睡眠时间的话，人就会感到很舒服。这特别适用于孩子。

出生前

埃尔薇拉怀孕34周了，这已经是她晚上第二次醒来了。她可以感觉到孩子在轻轻地踢她的肚子。她醒着的时候，孩子也醒着吗？

在头几个月中，胎儿处于一种有意识的状态之中。但他不像我们所说的那样睡着或者醒着，而是属于“黎明前的状态”。在早产儿（一般人们将怀孕37周之前出生的孩子称为早产儿）身上，我们可以观察到这种状态。胎儿大部分时间里是闭着眼睛的。当他突然打开眼帘时，给人一刹那的感觉是：他是醒着的，而且具有某种接受能力。胎儿在36周时逐渐有这种睡眠和苏醒的意识了。

但是，胎儿这种睡眠和苏醒的意识还没有与白天和黑夜相联系。白天和黑夜对胎儿来说都是一样的，因为他就生活在完全黑暗的环境中。他白天睡的跟晚上一样多。另外，母亲的睡眠和醒来的习惯对胎儿同样几乎没有什么影响。

要点概述

1. 在最初的几个月中，胎儿处于一种“黎明前的状况”。36周时，胎儿有睡眠和苏醒的意识。
2. 胎儿的这种睡眠和觉醒意识与白天和黑夜的交替没有关系，与母亲的睡眠习惯也基本没有关系。

0～3个月

安德烈亚的妈妈实在太累了，每晚要起床1～2次来安慰啼哭的宝宝，每次醒来后，都只能带着疲倦再次入睡。安德烈亚已经3个月了，但没有一个晚上能睡一个安稳觉。妈妈不仅极度疲劳，而且还很担心。宝宝出生时，妈妈还期待着，安德烈亚能够像她第一个孩子菲列克斯一样好带。菲列克斯出生后4周时，每晚只醒来一次喝奶，而且喝奶之后又立刻入睡；第二个月时，菲列克斯能够一觉到天亮了。那时，其他的母亲很羡慕菲列克斯的母亲，并向她取经，她是如何使孩子有这么好的睡眠习惯的。她也不知道。如今，她带安德烈亚与带菲列克斯是一样的，而且她也深信，安德烈亚能够和菲列克斯一样。但是，为什么安德烈亚总是睡眠不好呢？难道她在哪儿弄错了吗？

极度疲倦

对年轻的爸爸妈妈来说，宝宝的睡觉问题是宝宝出生后几周和数月内的一个大问题。为什么有的孩子出生后几周内晚上就能很好地睡觉，而有的都已经好几个月了还总是啼哭不止？别管孩子，让他哭？把奶瓶扔给他，这管用吗？

问题出在宝宝身上，但是遭殃的却是父母。妈妈累得精疲力竭，每晚要起床好几次给孩子喂奶，这要持续好几个月。几个月后有些妈妈不光累得要死，还被孩子弄得情绪低落。对于许多父母来说，孩子的出生使得他们的生活发生了巨变。那么，爸爸应该怎么办呢？宝宝晚上啼哭时，他也应该起床照看宝宝吗？如果这样的话，爸爸睡眠不好，第二天上班时无精打采，这能行吗？

宝宝开始适应白天和晚上的交替

出生后2～4周内，宝宝睡眠和醒来的大概周期是出生前的继续（见

“睡眠行为——出生前”)。接下来，我们将详细地阐述一个孩子的睡醒周期是怎样形成的。

在出生后 2 周内，孩子 2 ~ 4 个小时的睡眠阶段和短暂的觉醒阶段有规律地分布在白天和黑夜。孩子醒来的时间并不和白天联系在一起，同样，孩子睡眠的时间也不和黑夜有关联。每天，孩子在某个时间睡觉，然后在另一个时间清醒。几周后，孩子的睡醒周期变化开始和白天晚上的交替相适应。一系列的刺激使他开始适应白天和黑夜的交替，其中最重要的刺激就是天亮了与夜深了；其次对孩

睡眠醒来周期

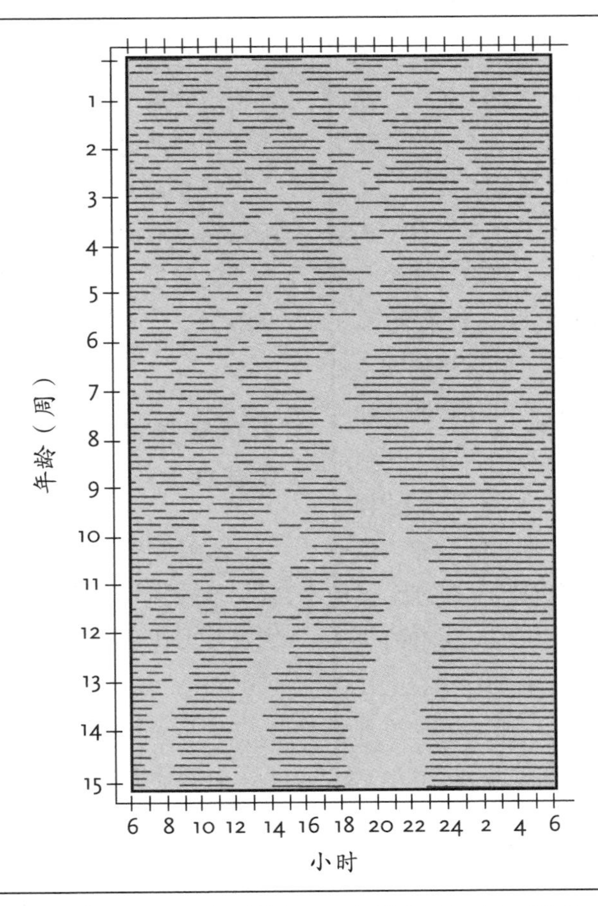

新生儿 15 周内的“睡眠醒来周期”。一条线代表一天。蓝色：睡眠阶段；黄色：醒着的阶段。横标表示时间；竖标表示以周为单位的年龄。

子产生影响的还有白天的喧闹和晚上的宁静，温度的变化，穿不同的衣服以及换尿裤，和父母以及哥哥姐姐在不同时间段中的接触，等等。2 ~ 4周内，孩子的睡眠越来越趋向规律。孩子开始在晚上一个固定的时间睡觉，在深夜某一个固定的时间醒来。这时，孩子晚上醒来持续的时间还比较长。10周时，孩子第一次能够一觉到天亮了。再接下来的几周内，孩子上午醒着的时间就比较长了，开始形成两个睡觉的时间段。15周时，孩子的睡醒周期就比较有规律了。

图表展示了孩子在3个月中平均的睡眠发展情况。一些孩子3个月前就能“连续睡觉”了，而有的孩子是3个月之后。孩子的大概周期（见“睡眠行为——引言”）和睡醒周期主要取决于大脑某些特定区域（丘脑下部视交叉上核）的发育情况。因此，和孩子发育情况各不相同一样，孩子的睡眠行为也因人而异。有的孩子10个月大就迈出了第一步，而有的孩子19个月才会走路；有的孩子在满月之内就能连续睡觉了，有的孩子5个月了还没有这种能力。总之，只有70%的孩子在满百天的时候能够连续睡觉。

什么叫“连续睡觉”？连续睡觉的含义是在两个睡眠循环之间可能短暂地醒来但不啼哭。一个睡眠循环为3 ~ 4个小时。也就是说，孩子一觉睡6 ~ 8个小时就是连续睡觉。父母千万不要希望孩子能从晚上7点一直睡到早上7点，这是不现实的。

大概有5%的孩子属于早产儿，也就是说，这些孩子比预产期提前了3 ~ 14周出生。这些孩子的睡眠又是怎样的呢？由于孩子的睡醒周期主要取决于大脑的发育情况，所以，这些孩子的睡眠就不能以出生日计算，而应该以预产期为准。比如，一个孩子比预产期提前8周出生，那么，这个孩子的睡眠就要比正常出生儿的睡眠发展情况向后推迟8周。因此早产儿的父母通常会经历更多被打断的睡眠。

为使孩子能连续睡觉，父母该做些什么

父母怎样做，才能使孩子尽可能快地连续睡觉，从而使父母也睡得舒坦呢？用什么样的方法能影响孩子的睡眠呢？

父母可以努力使孩子养成良好的、有规律的睡眠习惯，但“外因通过内因起作用”，关键还是在孩子本身。在头3个月中，孩子的身体机制一方面要适应白天和黑夜的变化，另一方面又要使他的身体和心理行为规

律化。每个新生儿完成这个任务的速度是不一致的：有些孩子从内部机能已经有了规律化的欲望。他们往往独立地发展他们大概的规律。什么时候喝奶、什么时候睡觉、什么时候醒来都好像有一个“生物钟”。这些孩子能够较早的连续睡觉；但是，还有一些孩子就不行，都已经好几个月了，仍然不分白天黑夜地向父母递交喝奶或睡觉的信息。对于这些孩子，父母要帮助他们。他们将父母当做他们的钟表而完全依赖父母，父母要找出一个恰当的规律，以便合理地调整孩子吃饭、睡觉和其他活动，如玩耍的时间。

有时，父母被建议不要过分管理孩子，放任孩子自由地调整自己吃饭和睡觉的时间。经验表明，大多数孩子、但不是所有的孩子能做到这一点，甚至有些孩子，都已经1周岁了，睡觉仍然很不规律。稳定性以及规律性对人的生活非常重要：如果日常生活有节奏的话，大多数人感觉是舒服的，工作是有成就的；相反，如果睡觉、吃饭和工作时间总是在变化的话，人的注意力就会不集中，经常出错而且很疲惫。日常生活的不规律对人的情绪将产生不好的影响，这些同样适用于婴儿，特别是新生儿。睡眠规律的孩子注意力集中，对周围世界表现出更浓厚的兴趣，哭得少，而且比那些没有规律作息的孩子更有满足感。规律的作息对于孩子来说也是天生的。日常生活有规律的孩子安全感好，能很快地信任周围的环境，这对孩子的身心健康和自我意识的培养起着良好的作用（见“关系行为0～3个月”）。

怎样处理孩子晚上睡不好觉

如果孩子晚上总是睡不着觉的话，即便是几个星期，对父母来说也是莫大的折磨。

大家都有这个感受，如果在熟睡时被弄醒，谁都会非常不乐意。那么，试想一下，如果孩子在晚上整宿地啼哭，父母的神经肯定受不了，而且简直要崩溃了：“孩子到底什么时候才能安静下来！真希望我们没有孩子！”不少疲惫不堪的父母在晚上对孩子充满了“仇恨”，在这一点上连他们自己都感到惊讶而且害怕。幸运的是感谢上帝，他们从来不这样说出口，更不这样做。这种对精神和身体的苛求是值得同情的，但如果因此总是不断猛烈地摇晃孩子：“现在赶紧给我安静下来！”从而对他造成伤害的话（见“啼哭行为”一章中的摇晃伤害）就无法原谅了。有时，有的父母不得不采取“值夜班”的方法来照看孩子，带孩子的辛苦使得父母不敢再想要孩子了。

对一些父母来说，特别糟糕的是：当晚上被吵醒之后，他们就再也无法入睡了，但孩子却可以继续睡得很香。他们躺在床上脑子很清醒，想要再入睡，却怎么也睡不着，一想到第二天又是那么累就感到垂头丧气。他们试着“数绵羊”，试着什么也不想，但瞌睡虫就是和他们无缘。无奈，父母干脆起床，做一些轻松的活动，冲一杯咖啡，读报直至眼睛发涩；或者听听音乐，出去散散步。都说好的建议值千金，同样珍贵的还有好的睡眠啊。

这时，父母思考一下如何解决上述糟糕的情况是值得的。最重要的是：夫妻双方要协商解决问题。如果不这样做，两人会同时被宝宝的哭声吵醒，最后将导致一种所谓单方面“宽宏大量”的现象（哈斯拉姆 Haslam）：当夫妻俩被孩子的哭声吵醒后，双方都希望对方起床去照看孩子，当一方起床去照看孩子后，另一方就不管了。此后，总是一方起床照顾孩子，另一方撒手继续睡大觉。这样一种单方面“宽宏大量”的态度最后使一直起身照顾孩子的一方无法忍受、疲惫不堪从而影响夫妻间的感情。

所以，夫妻双方要考虑如何“夜间值班”，以便使双方都能够得到尽可能多的时间睡觉。有的夫妻实行“对半值班制”，即两人各负责半宿，这样至少保证双方有一半的时间睡个安稳觉。也有的家庭采取这样一种方法，即平时由妻子照顾，而丈夫在周三和周末晚上照看孩子。这样，丈夫不至于第二天早上拖着疲惫的身子去上班而影响工作。但一般情况下，大多数照看孩子的任务都交给了母亲。有的母亲采取白天补觉的方法，但这只能是家里只有一个孩子的情况下才能做到。

有的家庭把孩子的小床放在父母床的旁边。这样，当孩子晚上发出吭哧的响声想吃奶时，母亲用不着起身下床就可以把孩子搂在怀里喂奶，之后，再把他放回小床上去。这种方式可以使母亲很快入睡，而父亲则不用管夜间喝奶的孩子。有些父亲则睡在单独的房间里。

如果孩子晚上经常啼哭的话，父母还有一种担心，就是怕吵着邻居。父母总是在想，邻居可能也这么认为，只有没有能力的父母才使孩子晚上啼哭不止，从而影响邻居休息。负疚感以及怕引起误解使得父母尽量避免与邻居碰面。现在，这种糟糕的事情已经没有了，邻居们大多是通情达理的。他们理解那些孩子在晚上总是啼哭不停的家庭。邻居们所看到的问题比父母所要感到的要少得多。我们将在第四章“啼哭行为”中详细介绍一些方法，如何处理孩子啼哭影响邻里的问题。

最后，我愿意向诸位读者提供一些劝告，不要使用以下人们经常使用的处理方法：

■ 让孩子哭。在出生后的几个月内，新生儿晚上睡眠不好是因为他们睡眠和醒来的周期还没有形成，以及在晚上需要补充营养。他们还不能“连续睡觉”，也不会通过例如吮手指让自己安静下来。所以，不管孩子，让孩子继续啼哭的方法只能是折磨人，且没有任何意义。孩子绝对不会因为父母不管他而停止哭闹。

■ 给宝宝吃药。无论如何不能使用安眠药，它不仅在任何情况下都不会促进孩子的睡眠，相反，在孩子醒着的时候给他吃药将阻止孩子睡醒周期的形成，伤害孩子的注意力，同时还抑制孩子的大脑发育。安眠药对父母来说可能是有用的，但对孩子绝对没有任何用处。

■ 孩子晚上入睡前喝牛奶或者粥等。研究证明，宝宝入睡前给他喂食不利于孩子尽早地“连续睡觉”（格龙瓦尔特Grunwaldt及其他研究者）。事实上，同那些抱着奶瓶喝奶的孩子相比，由母亲喂奶的孩子晚上醒的次数更多，而且更晚地“连续睡觉”。这是因为由母亲喂奶的孩子每次都喝得比较少，而且白天喝奶的次数也比较少。因此他们晚上需要更多时间来补给营养（见“睡眠行为4～9个月”）。

尽管有噪音，但能继续睡觉

在睡眠中，新生儿和婴儿能够保护自己不受外界的干扰而不被吵醒，这种能力使得他们能不被周围环境的噪音从睡梦中惊醒。

新生儿不仅会对一种声响或者噪音有所察觉（见“语言发育0 ～ 3个月”），而且还能有意识地对接收到的声音刺激不作反应，这种能力同倾听一样让人惊奇。当闹钟发出第一声钟声时，正在睡觉中的孩子会猛然动一下，似乎在一瞬间被惊吓了一下，但是，再重复这些钟声的话，孩子就一点反应都没有了。新生儿能使自己的睡眠免遭外界的干扰，这种对某种刺激有所察觉，但是没有反应的功能是令人惊讶的。

如果孩子在熟睡中，无论是电话声还是飞驰而过的汽车声都不会吵醒他。如果在浅睡状态，他会突然吓一跳，但会继续睡觉。即便吵声不断，他也不会醒。孩子如果没有这种特殊本领的话，每个响声都会吵醒他。若果真那样的话，那对孩子和父母来讲是多么可怕啊！

新生儿需要睡觉几次

很多父母认为，新生儿在最初的几周内就是睡觉。实际上并非如此，从下一页的图表中可以看出这一点。新生儿每天就已经有 8 个小时是醒着的，有些新生儿是睁着眼睛躺在床上。如果父母到他跟前看他，会惊讶地发现，他并没有睡着，而是睁着眼欢迎他们呢。

每个人在每个年龄段中的睡眠需要是不一样的，新生儿和婴儿同样如此。大多数新生儿每天 24 小时中有 14 ~ 18 小时在睡觉，有的是 12 ~ 14 小时，有的长达 20 小时。孩

晚上睡眠和白天睡眠。

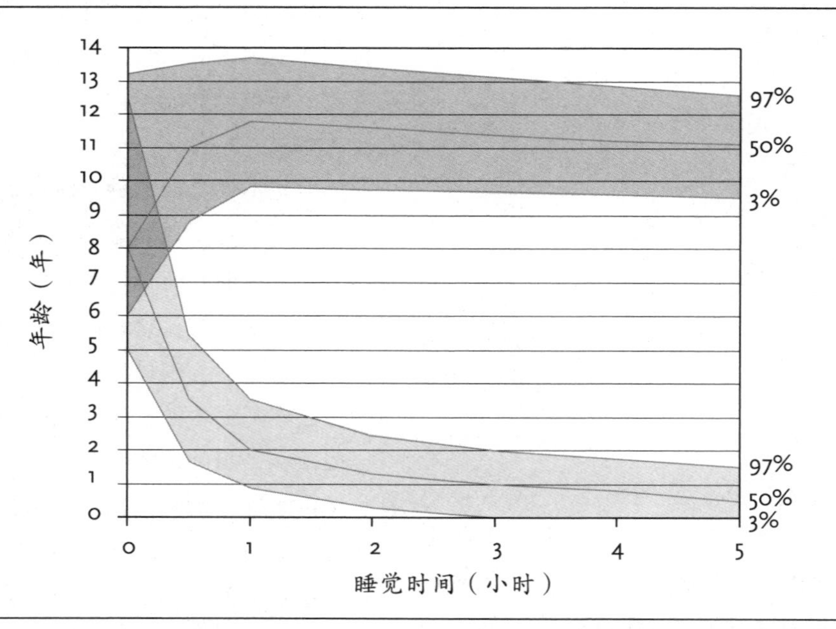

白天睡眠和晚上睡眠的发展。深色区域表示夜间睡眠的上下幅度，也就是说整个睡眠时间，浅色区域表示白天睡眠的上下幅度。中间的黑线代表孩子白天和晚上所需要的平均睡眠时间（伊格洛施泰因 Iglowstein）。

子一天睡觉几次，在很大程度上归属于一个生物学上的问题。但是，父母必须明白一点：孩子需要多少睡眠时间，孩子就只能睡多少时间。只有这样，才能真正保证孩子的睡眠时间和质量。

那么，孩子一天睡觉几次呢？很多父母提这样的问题，遗憾的是，没有一个专家能回答。因为，即使是同年龄的孩子，他们的睡眠需要也是不一致的，也就无法提供一个所谓的标准来说明每个孩子在一定的年龄段需要睡觉几次。实际上，真正能回答这个问题的恰恰是父母本身。因为，没有其他人能像父母那样更好地确定孩子的睡眠需要。父母最了解孩子。一个确定孩子睡眠需要的辅助方法是一个“睡眠记录表”，在本书的附录中可以找到它。

随着逐步适应白天和晚上的交替过程，新生儿开始逐步分配白天和晚上的睡眠时间。在最初的几周内，不管是白天还是晚上，新生儿的睡眠时间都是一样的。在接下来的数月内，孩子白天睡觉的时间越来越短，晚上睡觉的时间越来越长。这个过程大概到孩子 6 个月时结束了。但是，就整个睡眠时间而言，每个孩子晚上睡多久，白天睡多久仍然是不同的。

我们是不是可以、应该或者必须让宝宝和我们睡在同一张床上呢

在人类的历史长河中，新生儿几千年来一直睡在妈妈身旁，常常有着紧密的身体接触。随着工业化革命的开始，人类的生活规律和工作习惯发生了巨大的变化。一个新的“居住文化”产生了。父母开始让宝宝白天连续数小时躺在床上，不管他，晚上也不再和父母一起睡在同一张床上，而是单独睡觉。这个风俗延续至今已有 150 年的历史，但是与人类的历史长河相比，150 年无疑是极其短暂的，而且，这种风俗也没有在所有文明背景下的国家中传播开来。和从前一样，几百万的新生儿依然和他们的父母、家庭成员和亲戚非常紧密地生活在一起。

现在，生活在西方国家中的我们必须开始严肃地讨论这个问题了：我们抚养和教育孩子的方式是否符合孩子对安全的要求？至少有一部分孩子在身心健康方面依赖于父母与他们在身体上的密切接触，这不仅包括白天，还包括在晚上。那些一直被亲近、搂抱的新生儿在出生后头三个月内比那些总是被放在床上的孩子乖得多，哭闹得也少（见“啼哭行为”）。

我们西方文明已经养成了这样一种生活方式，即不允许或者几乎不允许孩子在白天或者晚上总是和父母待在一起，甚至有一些父母，当孩子睡在他们的床上，或者孩子的小床被放在他们寝室内的时候，他们就感觉睡眠受到了干扰；另外，还有一些父母因为这个或那个的原因没有或者不愿意和孩子睡在同一张床上。

“可怜的宝宝在晚上睡觉时死了，是被他的妈妈压死的。”（Ⅰ. 柯尼格 3,19 Ⅰ. Könige 3,19）有关新生儿在睡眠中被压死或者窒息而死的消息以及担心被广泛传播开来。但一些录像显示，只要父母和孩子在同一张床上睡觉的姿势合理，是完全能够避免对孩子造成危险的。危险的是：父母喝了酒之后醉醺醺地，或者吃了安眠药之后和孩子睡在一起。在世界上的很多国家中，不管是在非洲，还是在远东，数百万的新生儿和他们的父母睡在一起；在斯堪的那维亚半岛也有 1/3 的新生儿靠在父母的肩膀上睡觉。在那里，孩子的死亡率绝对不会因为和父母睡在一起而高于孩子与父母分开睡。一些专家和社会团体警告说，不要将孩子放到父母的床上去睡觉，对此，他们的主要理由是性生活问题。这种父母和孩子同床睡觉的行为对孩子的发育是否产生不利影响从来没有被证实过，但确实可能会对夫妻的性生活产生影响。在和孩子一起睡觉时，有的父母感到性生活受到了很大的妨碍。也许，夫妻性生活是否可以在时间和地点上进行调节呢？

那么，怎么睡，孩子感到舒服与安全，大人也感到舒适呢？这最终还得由父母自己来决定。有的父母愿意与宝宝睡在一张很大的床上；有的父母愿意单独睡。所以，孩子单独睡，孩子的小床被搁在父母的寝室内，还是大人和孩子一起睡，应该由父母根据实际情况来决定。只要孩子和父母都能睡得放松就是良好的睡眠情况。

在童床睡觉

如果让孩子单独睡自己的小床的话，我们应该让他怎么睡呢？要保证孩子的安全并注意保暖。如果孩子的小床是一张有空隙护栏的床的话，那么一定要注意，空隙不能超过 7 厘米。因为，如果空隙太大的话，孩子的头就有可能塞进去，从而伤到孩子；另外，孩子穿一套睡衣并不见得比孩子穿好几层睡衣冷多少。孩子总是乱蹬的，被褥经常被掀开，整个身子露出来，但穿上睡袋的话，就不会发生这样的情况。睡袋还有一个好处是：给孩子一个信号，让孩子意识到，当他被套进睡袋时，睡觉的时间就到了。最后，穿着一套睡衣躺在睡袋中睡觉，孩子会感到很舒服。睡袋和被子不要用带子固定。

孩子趴着睡好，还是仰着睡好？一直到20世纪60年代初，欧洲的孩子基本上都是仰着睡的，而很多医生主张孩子趴着睡，理由有两点：一是不容易窒息；二是防止髋关节脱臼。第一个理由越来越不被证实，相反，越来越多的报道说：孩子趴着睡觉猝死的越来越频繁。我们的建议是：让孩子仰着睡。如果孩子仰着睡觉不舒服（这肯定是有的）那就尽量让他感到舒服后再入睡。如果家长注意以下几点的话，可减少孩子在睡眠中猝死的危险：给孩子盖他自己的小被子，不要过暖（在室温下不要给孩子戴帽子、手套），不要枕头，无烟环境和奶嘴。

到目前为止，我们还从来没有谈到所谓“睡觉前的仪式问题”。请读者耐心等待，我们将在“睡眠行为4 ~ 9个月”这一章中就这一问题进行详细的阐述。

要点概述

1. 新生儿的生活逐步规律化，他睡眠和醒来的大概周期逐渐与白天和黑夜的交替相适应。
2. 孩子的睡眠习惯与白天和黑夜的交替相适应取决于孩子的成熟过程，这个过程因人而异。不同孩子能够“连续睡觉”的年龄是不一样的：有的孩子在满月时就能一觉到天亮；70%的孩子要到3个月；90%的孩子在5个月之前能够连续睡觉。
3. 对于婴儿来说，连续睡眠意味着连续睡觉6 ~ 8个小时。出生后三个月连续睡觉10个小时甚至更多的孩子，这种情况属于特例。
4. 如果父母有规律地调整孩子的吃饭、睡眠和其他活动如散步等时间的话，父母是可以促使孩子养成良好的睡眠习惯的。
5. 新生儿的身心健康依赖于身体上的接触和亲热，每个孩子对此的需要是不一样的。父母应尽可能地满足孩子对亲近和安全的需求，并在这个过程中尽可能地使之符合自己的习惯和需求。

4～9个月

乌尔斯出生后8个月时，父母非常吃惊地发现：小家伙晚上又醒了。特别使父母担忧的是：小家伙不光晚上醒的时间越来越长，而且还总是有规律地将头晃过来，晃过去。有时，小家伙的头晃得特别厉害，小床都发出嘎嘎声。于是，父母把有护栏的木头床的内侧用枕头竖起来给垫上，生怕孩子的头往护栏上撞，伤着脑袋。1个月前，孩子晃头晃脑就开始了，而且越来越明显。父母琢磨，孩子会不会得了什么刻板症（精神病的一种）？其实，父母的担心是多余的。孩子的这种行为表明，到目前为止，孩子的发育还是属于正常的。

在头3个月里，父母的一个主要心病是孩子能否连续睡觉。在这一章节中，我们将对连续睡觉继续进行阐述，因为，还有1/4的孩子在3个月之后不能做到连续睡觉；另外1/4的孩子就像乌尔斯一样，本来已经睡得好好的，但是在6～12个月之间突然又睡不好觉了，令父母感到惊讶和担心。

1岁之内，宝宝晚上睡觉时不时地醒来是常事。当您听到您的亲朋好友说他们的孩子睡觉特别好，而您的孩子还没有或者不再能够连续睡觉时，那您也没有必要感到担心。您不要觉得好像是您没有把事情做好或者感到很孤独。实际上，您周围许多家庭中的孩子和您的孩子一样，还没有或者不能连续睡觉。顺便提一句的是：您的父母或者岳父母不见得比您强。研究证明，在30年前，很多孩子像今天那样晚上经常醒来。

这一章节的重点内容是所谓的“入睡前的仪式”。这个仪式非常重要，因为它不仅对父母和孩子在晚上的活动产生影响，同时还对孩子夜间的睡眠发生作用。最后，我们将分析乌尔斯晃头晃脑的行为以及其他一些类似的有规律性的身体运动，它们经常在孩子6～12个月内发生。

白天和晚上睡觉

孩子白天应该睡多久，睡几次？大多数3～9个月的孩子每天白天睡觉2～3次，每次半小时到2小时不等；但有的孩子每天白天要连续睡觉好几个小时；有的就打1个小时的盹儿。由于不同孩子对睡眠的需要各不相同，所以，没有一个标准可以确定，孩子在一定的年龄段中每天白天应该睡几次，每次应该睡多久。孩子白天需要睡觉几次？只有父母，而不是专家可以回答这个问题。父母从孩子的精神状态中可以得出结论。确定孩子需要睡觉几次的关键因素是醒着的孩子：他必须对周围环境满意并感兴趣。

孩子白天睡得太久吗？如果孩子白天睡的时间长，睡的次数也多，母亲可能是很高兴的；如果孩子只是睡一个囫囵觉，母亲也可以不受干扰做自己感兴趣的事或者做家务。但是，事情总是一分为二的：孩子白天睡的时间长，晚上醒的时间也长，因为，一个孩子每天睡觉的总量基本上是固定的，也就是说，孩子白天睡得多，晚上就睡得少。

很多父母第一次听到这个规则时，对此并不赞同。比如，他们根据自己的经验来阐述他们的不同观点：安娜上午和下午各睡觉 1 个半小时，也就是说，她白天总共睡觉 3 个小时。上周日，安娜家来了客人，由于兴奋，她白天只睡了一个小时，但是，从当天晚上到第二天凌晨，她并没有多睡 2 小时，而是照样起床，也就是说，没有推迟 2 个小时后起床。这个例子当然是对的。但是，我们说的上面的那个规则仍然是有理由的，因为它不是针对单个事件，而是针对最起码 7 ～ 14 天的一段时间。

为什么是这样的呢？人睡眠和醒来的周期是人生物钟的一部分，即所谓的大概周期（见引言）。同生物钟一样，睡眠和醒来的周期不会轻易改变，周期有一定的滞后性。举例说明，如果读者有过“跨时差”长途飞行的经历，就会有“倒时差”的经验。有的人到了目的地之后数天、甚至 1 周内，总是晕头转向，感觉特别疲劳，那是因为他体内的生物钟还停留在出发地的时间。他要调节生物钟，就必须花上几天、甚至几周的时间把时差倒过来，重新适应目的地白天和黑夜的交替，这个原则对想要调整孩子的睡眠和醒来的时间也是适用的。

为此，我们得出一个重要结论：如果我们想要改变孩子的睡眠习惯，必须要有耐心，而且要在 7 ～ 14 天之内持之以恒。只有这样，孩子的生物钟才能重新被调整过来！让我们再回过头来看看安娜这个例子：如果安娜的父母从此认为，安娜白天只需要 1 个小时而不是 3 个小时的睡眠时间，而且坚持 2 周以上的话，安娜的父母就会发现，安娜晚上睡眠的时间改过来了，她白天睡1个小时，而晚上要比原来多睡2个小时。

这样，从“孩子整天的睡眠时间是固定的”出发，我们又得出另一个重要的原则：孩子睡觉和醒来时间之间的关系是成正比的。也就是说，孩子晚上睡得越早，第二天早上醒得越早；反之，晚上睡得越晚，第二天醒得越晚。

有的父母根据自身的经验又不赞同上述原则。他们举例说明：卡特琳平时是晚上8点睡觉，第二天早上7点起床。昨天，卡特琳家来了客人，她被允许到晚上10点才上床睡觉；结果，她今天早上还是7点醒来并起床，并没有多睡2个小时。同样，这个原则也不是针对一次事情，而是针对至少1～2周的时间。如果卡特琳的父母从此将她晚上的睡眠时间向后推迟2个小时到10点钟睡觉，而且坚持14天的话，卡特琳的父母就会发现，她将会推迟2个小时起床。但是改变生物钟绝对不能操之过急，而应当循序渐进。仍然拿卡特琳为例，孩子一下子推迟2个小时睡觉是很困难的，因此，要每晚一刻钟到半小时地向后推迟才行。

当然，生物钟不仅可以向后推迟，也可以向前移动。例如：勒亚平时晚上11点睡觉，早上9点钟醒来。现在，父母希望她能够9点钟就睡觉。为了达到这个目的，父母将孩子睡觉的时间每晚提前一刻钟或半小时。过一段时间之后，孩子就会在9点钟睡觉了，但同时，要注意的是：孩子也就比原来更早地醒来。如果父母想让她晚上9点钟睡觉，而且早上仍然9点钟起床的话，这无异于痴心妄想，因为从生物学角度出发，她晚上的睡眠时间就是10个小时。

营养与睡眠

母乳喂养儿要比奶粉喂养儿晚上更容易醒来，这是有一系列原因的。给孩子喂奶的妈妈总是比那些冲奶粉给孩子喝的妈妈更时刻准备着“按照孩子的要求”来给小宝宝喂奶。“按照孩子的要求给孩子喂奶”的含义是：当孩子要吃奶时，他就能得到妈妈的奶。所以，可以理解的是，不管是白天还是晚上，婴儿吃奶的要求总能随时得到满足，由此而造成的结果是：相对而言，母乳喂养儿比奶粉喂养儿白天得到的营养要少。所以，他们要在晚上补回来，以满足他们对能量的需要。如果他们饿了，他们就要喝奶，而妈妈总是和用母乳喂养的孩子睡在一起，或者把宝宝的小床放在她的寝室内，妈妈时刻观察着宝宝的动静，并对此作出反应。

“按照孩子的要求来喂养孩子”可能是满足孩子需要最好的营养方式。很多母乳喂养儿的妈妈并不感到有什么不方便，如果她们的宝宝晚上一次或者多次醒来要喝奶的话，孩子和妈妈感觉都挺好，这就没有什么改变的必要了。

连续数月下来，有的妈妈没有感到睡眠受到影响，而有的感到疲惫不堪。怎样才能改变孩子喝奶的习惯呢？如果孩子晚上要喝奶，妈妈当然是不能拒绝的。妈妈要改变宝宝夜间多喝奶的习惯，不应在晚上想办法，而应在白天多努力。下面介绍一个方法：妈妈白天延长宝宝喝奶的间隔时间为 3 ～ 4 小时，并观察，这是否已经满足了孩子的需要（见“吃喝 4 ～ 9 个月”）。如果妈妈想把喂奶的时间都改到白天来，那么还有一个问题必须解决：很多母乳喂养儿晚上睡在妈妈旁边，当他们醒着的时候，不管是白天还是晚上，他们自己是无法入睡的，这时，妈妈就必须改变自己的睡眠习惯。对此，我们接下来将予以阐述。

当然，一些奶粉喂养儿晚上也是要喝奶的，如果他们晚上营养缺乏很厉害的话，他们就会醒来要求补充营养。孩子 3 个月之后就不再依赖于晚上补充营养了。如何改变孩子晚上喝奶的习惯，我们将在“第七章：吃喝”中进行阐述。

入睡仪式

所谓的入睡仪式是指晚上的一些活动，这是孩子入睡前，（父母所希望的入睡时间）父母要做的一些准备工作，就如同是一种“仪式”或者是一种“程序”似的。这对孩子和父母来说都同等重要。

那么，为什么入睡前的方式方法很重要呢？

心理期待 孩子 1 岁期间就已经有记忆力了。他开始对一天肯定要发生的事情有了一种心理期待。比如说，当他听到餐具互相碰撞所发出的响声以及椅子被搬动的声音时，他可能就知道：吃饭的时间到了。为了培养并不断刺激孩子的这种期待能力，父母有必要持之以恒地每天做一些相同或相似的事情，包括在孩子上床睡觉前的一些“仪式”。如果宝宝睡觉前经常有顺序地经历这些相同活动的话，时间长了，宝宝到了一定的年龄就会自觉地养成去睡觉的好习惯。例如，父母每晚在同一个时间里喂宝宝吃的，给宝宝洗澡，然后再和宝宝玩一玩，把他放到床上去，在催眠曲之后吻一下宝宝的额头，久而久之，宝宝就知道应该准备睡觉了。最后灯灭时，宝宝知道，睡觉的时间到了。这个过程应该基本相同地进行，如果稍有变化，宝宝就不知道，什么是该睡觉的时间了。每晚都是如此，按照宝宝的感受，不要提前，不要有什么惊喜。

那么，父亲和母亲这种在孩子睡觉前所做的“仪式”必须是一样的吗？宝宝能够分辨出父亲和母亲以及其他抚养者行为的不同。如果父亲一下子比母亲更多地照料宝宝，宝宝也能够区分出来。但是，所有的人在宝宝睡觉前所做的一切最好不要轻易地改变。

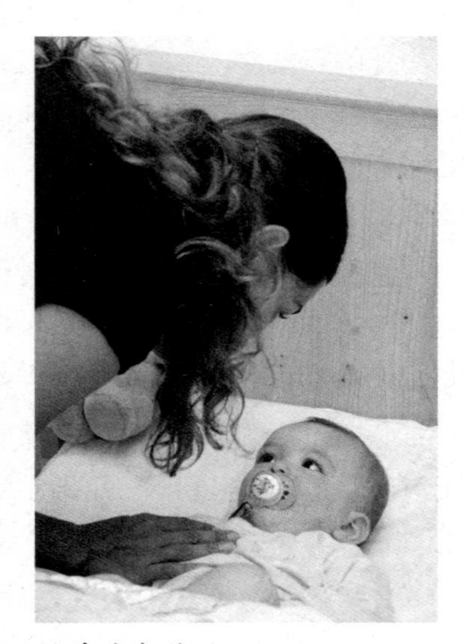

睡前的告别

睡觉前，千万不要搞得宝宝情绪激动。如果父母晚上准备出去看歌剧，匆匆和宝宝告别，而且疏忽了宝宝睡觉前应做的仪式的话，宝宝就会觉得缺少了什么，而久久不能入睡。但是，如果其他抚养者能及时补上宝宝睡觉前所进行的这种仪式的话，给宝宝以安全感，宝宝兴许会安然入睡。和宝宝嬉戏是爸爸的专利，宝宝也特别喜欢。妈妈一般不喜欢，因为这样一来，宝宝的情绪很容易就被调动起来，妈妈哄宝宝睡觉就难了。所以给爸爸一个忠告：和孩子嬉戏一定要预留出足够的时间让孩子在睡觉前平静下来。只有这样，宝宝不仅玩好了，而且刚好也累了，从而更有利于宝宝上床后迅速入睡。所谓玩耍和睡眠两不误。

安全感 我们所有的人都需要安全感，我们必须感到很安全，才能放松并入睡。宝宝同样如此。体贴入微的照料使宝宝感到很安全。在这方面，宝宝晚上睡觉前洗澡是非常有好处的，洗澡使孩子全身心放松，从而得到了那种被细心照料的感觉。

安全感并不仅仅是晚上或者夜间才重要，白天同样重要。宝宝白天越感到安全和舒服，晚上也就越感到安全和舒服。用什么样的方法使宝宝感到安全，我们已经在“第一章：关系行为”中进行了阐述，这里不再赘述。

依赖和自立 新生儿实际上已经拥有了一定的、虽然是极其有限的能力来实现自我安静，自主入睡，所以，我们可以发现，当宝宝睡觉时，他吃手指头而且也伸伸懒腰，舒展一下身子。这种能力在最初的几个月中发展很快，但是不同宝宝的这种能力的发展速度是不一样的。有的宝宝在出生后数周内就能自己睡觉了，有的必须是妈妈哄着才能睡着。孩子能不能安静下来入睡，不仅取决于孩子的发育状况及其个性，而且也取决于父母的行为。

让我们来看一看两个不同的例子。第一个宝宝总是在妈妈的怀里睡着的。他叼着妈妈的奶头，妈妈抱着他，慢慢地摇着他，一直到宝宝入睡，然后，妈妈才把他放到床上去；第二个宝宝醒着的时候就被放到了床上，妈妈坐在小床边。当宝宝哭了，不安静，不能入睡时，妈妈就轻轻地跟他说话，抚摩他的头，抓着他的小手，妈妈是在努力使孩子自己入睡。第一个宝宝的入睡是和妈妈的奶头、搂抱和摇晃联系在一起的，和妈妈紧密的关系已经成了孩子入睡前必不可少的“仪式”之一，孩子只能和妈妈在身体上接触紧密才能入睡；第二个孩子一周比一周自立，最后，他不需要妈妈的帮助就能自己睡觉了。对于这两种方式，我们绝对不能评价哪个方式好，哪个方式不好。它们是两种各不相同的教育方式，分别对孩子与母亲的关系以及孩子的自立起着不同的影响。有的孩子都快2岁了还是喜欢在父母的怀里睡觉，他们感到很开心；而有的父母就不愿意这样，因为他们觉得很累。有一点必须指出的是：孩子的依赖性和不自立性恰恰是他们的父母只关注自己的兴趣爱好、而不是根据孩子的需要所产生的结果。对许多父母来说，有了孩子之后，他们晚上就不能外出了。

当然，除了上述两种方法外，父母可能还有其他的办法，但关键的是这种方法要既能满足孩子的需要，又能符合自己的意愿。在这个过程中，父母需要注意的是：最初几个月同孩子在身体上的亲密接触对之后的几年有重要的影响。父母与孩子在身体上的紧密关系可以和孩子的身心健康与孩子天生具备的“基本信任”程度相提并论。与安全感一样，自立似乎也是孩子这种天生的“基本信任”中的组成部分之一。父母如何准确地估计孩子的自立程度，不能过高，也不能过低，这才是父母很难把握的重要任务之一。当孩子可以独自睡觉的时候，他对周围环境的依赖就不是那么强烈了，当晚上在漆黑的屋子醒来时，也不会感觉是被抛弃了。自立使得孩子自信。

“夜猫子”小孩 大多数孩子都喜欢晚睡晚起，他们的睡眠和醒来的大概周期大于24小时（参见“睡眠行为引言”）。当父母要求他们上床睡觉时，他们总是非常活跃，孩子的“瞌睡虫”来得很慢，父母要有耐心。我认为，解决这个问题最好的办法应该选择在早上而不是晚上。如果孩子精神特别好时让他上床，孩子会一万个不愿意，而且也睡不着，甚至弄得大人很疲倦，但如果早上温柔地把他叫醒，他可能会做好准备，早点睡觉的。

连续睡觉 如引言中所说，新生儿和婴儿在每晚睡觉期间要醒来好几次，这是孩子正常的睡眠习惯，但是，有的孩子醒来后能自己入睡，有的就不行。所以，打搅父母睡觉的并不是孩子是否在夜间醒来，而是孩子醒来后能否自己入睡。那些需要妈妈搂抱或者只有妈妈哄着才能入睡的孩子就打搅父母睡觉了，父母得重新哄宝宝入睡。那些能自己入睡的孩子，晚上醒来后也能自己再睡着。因此，入睡仪式对宝宝的入睡很重要，宝宝在夜间能否连续睡觉也同样重要。

深夜，宝宝突然醒来

至少1/4的宝宝在连续数周和数月能够连续睡觉之后，在6 ~ 12个月时突然晚上醒来，这使父母很困惑。孩子怎么啦？我们有什么做错了吗？

睡眠习惯的改变 孩子在最初几个月中的睡眠习惯一直在慢慢地变化着，但不容易被父母察觉。当孩子的需要与父母的行为越来越不适应时，孩子晚上醒来的现象就发生了。怎么办呢？父母必须根据孩子的要求来调整孩子的睡眠习惯，这其中当然包括孩子白天和晚上应该睡觉几次以及多久（例如可以通过附录中的睡眠记录来进行）。

孩子晚上醒来一个最常见的原因是：孩子不能像以前父母所希望的那样睡得多了。比如8个月大的斯特凡晚上的睡眠时间只有10个小时，但是父母仍然希望他晚上7点睡觉，早上7点起床，其结果只能是：孩子不能入睡，因为他还没有累；或者孩子夜间多次醒来；或者孩子一大早就醒了，因为他已经睡够了。最糟糕的是这三种情况均发生。解决问题的原则只有一条，那就是：孩子想睡多久，在床上就只能待多久。

很多父母不愿意接受这个原则。父母想让斯特凡早上7点起床，但又不愿意他在晚上9点睡觉，因为他们想在晚上干一些自己的事情；而父母自己又不愿意早上5点就起床。如果是这样的话，那就只能由父母自己来决定，究竟是随孩子的意愿呢，还是随他们自己的意愿？很多家庭采取了一种“父母分工协作”的办法，从而拥有了一个共同的晚上。由于爸爸白天一般都在上班，所以只有晚上才有机会和时间与宝宝在一起，培养和宝宝的感情。所以，爸爸在晚上应该多陪陪宝宝，而妈妈可以抽出时间来处理一些大人的事情。还有一些孩子有这样的习惯，即孩子虽然一大早就醒了，但是他自己玩身边的玩具，父母可以继续睡觉，对父母早上起床没有干扰。

疾病和疼痛 牙疼会折磨得孩子彻夜难眠的。一般情况下，牙疼会持续一到数天，但如果是连续几周疼痛的话，那肯定不是牙疼。孩子耳朵发生炎症、感冒发烧同样影响孩子的睡眠。如果孩子得病的话，父母就得起床彻夜陪着孩子。有的父母就把孩子放到自己的床上来照顾。

问题倒是出现在孩子病好之后怎么办？孩子一般不愿意放弃生病期间所得到的无微不至的关怀，这种关怀往往和甜甜的牙膏、带着蜂蜜的牛奶或者和父母睡在一起的那种温暖的感觉等联系在一起。如果父母对他的这种要求置若罔闻，他就哭，而且往往好几个晚上闹腾不止。一个有效的解决方法是逐渐减少对孩子的关怀程度，逐步恢复孩子病前的状态，而不能“操之过急”。举例说明：9个月的弗洛安已经发烧5天了。无论是白天还是晚上，他都得到了比平日细致得多的照料，但他病好了之后，晚上还闹腾，原因是他已经习惯喝带甜味的茶了。起初，父母应该仍然给他喝带甜味的茶，但要逐步减少甜的成分，到最后只剩下白开水；同时，妈妈对孩子的关怀程度也要逐步减少。这样，1周后，孩子的睡眠就会恢复正常。

根据父母的经验，月圆时，有些孩子会睡得比较少，醒得较多。月圆时的光线最好不要照射到孩子的卧室里，但父母大可放心，月圆时间一般不长，孩子很快会安静下来，并在一到三宿内重新恢复正常睡眠。

摇头晃脑、摆动身体和其他有规律的运动

50%以上的孩子在6～12个月时经常进行一些有规律的运动。这种动作特别在孩子睡觉前、深夜或者白天出现，它看上去怪怪的，但这是孩子一种无聊或者感到累了的表现。摆动身体的运动对于孩子和某些成年人来说都有安静下来的作用。

最常见的动作是孩子晃动整个身体。一些孩子在睡觉前总是有规律地将头晃来晃去，这是一种正常孩子因为无聊或者累了而表现出来的行为，对孩子没有坏处。如果他睡着了，或者对其他一种新的事物表现出兴趣，他就会停止这种摇头晃脑的动作。父母担心的是，孩子用头向坚硬的床或者床边缘撞，比较少见的是，孩子这种运动会导致床发出嘎嘎声。为了避免孩子受伤，小孩床的边缘塞满软的东西是必要的。但是，父母没有必要阻止孩子这种有规律的动作，这种动作不会演变成孩子的一种癖好。

第二年，孩子的这种动作就会逐渐减少。5岁后，只有极少数的孩子会表露出这种动作，总有成年人会想

有规律的运动

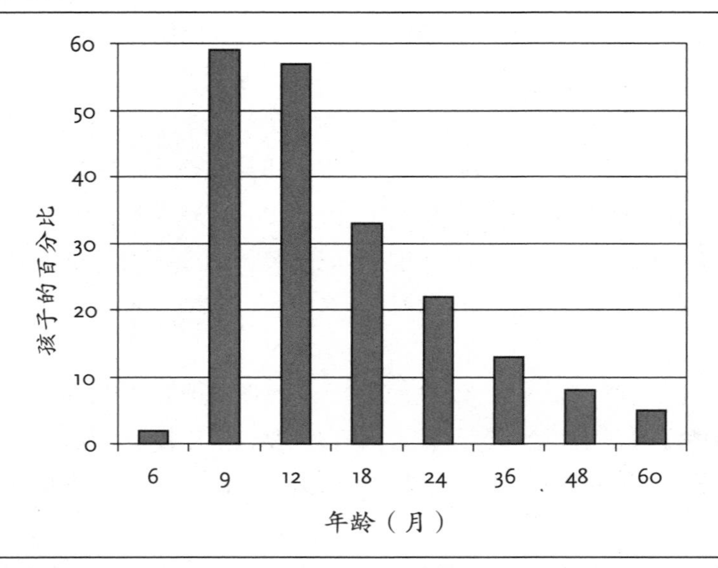

孩子最初几年的规律运动（根据克拉肯贝格 Klackenberg）。

去阻止孩子摇头晃脑、摆动身体的动作，孩子这种有规律的动作非常普遍，因为它在孩子正常的发育范畴之内。所以，乌尔斯的母亲大可放心：小家伙有规律的摇头晃脑绝对不是一种精神病的症状。

要点概述

1. 每个孩子都有各自不同的睡眠需要，每个孩子的睡眠时间应该由他的睡眠需要来决定。
2. 即便是同龄的孩子，他们的睡眠需要也是非常不同的。没有一条原则可以确定一个孩子在什么年龄段需要什么样的睡眠，父母只能通过观察来确定孩子的睡眠需要到底是什么（附录中有孩子的睡眠记录供参考使用）。
3. 孩子白天和晚上睡眠的时间是成反比例关系的，也就是说，孩子白天睡觉时间长，晚上睡觉时间就短；反之亦然。
4. 睡觉和醒来时间之间的关系却是成正比例的，也就是说，晚上睡得早，第二天早上醒得也早。
5. 孩子睡眠和醒来的大概周期不允许迅速改变他的睡眠习惯，因此，第三和第四种情况并不适合于单个现象，而必须是至少 7 天以上的一段时间。
6. 要改变孩子的睡眠习惯必须持之以恒，至少坚持 7 ～ 14 天才能达到目的，这是非常费力的，但是值得的。
7. 如果父母在孩子晚上睡觉前对他进行一种相同的程序的话，这对孩子安然入睡是很有帮助的。
8. · 如果孩子白天感觉很安全，他的自立又得到促进的话；
   · 如果孩子没有父母的帮助就能在晚上安然入睡的话；
   · 如果孩子的睡眠情况按照孩子的睡眠需要进行合理调整的话；
   孩子晚上就会睡得很香。
9. 孩子有规律的一种动作在孩子正常的发育范畴之内。

10～24个月

现在是凌晨2点，全家人都在熟睡之中，而23个月的安娜在她的床上已经折腾1个小时了。她在玩她的布娃娃，跟它聊天，还时不时高兴地叫。最后，安娜一个人玩腻了。她想看书、听故事。于是，她就喊爸爸妈妈，但是爸爸妈妈一直没有出现在她面前。她索性下了床，咚咚咚地跑进父母的卧室。

法国人将安娜的这种行为叫做“快乐的睡眠”，意思是说，都深夜了，但情绪还特别好地在玩。安娜醒了，自得其乐，因为她再也睡不着觉了。这是怎么回事呢？为什么她在凌晨2点就睡醒了呢？这是一种在晚上瞎闹的行为吗？我们想在本章节中分析并思考一下，如何使安娜在晚上能够重新睡好觉。

如果说孩子在晚上自得其乐、瞎闹对父母来说还只是打搅他们安静的话，那么，有一种行为就使父母很害怕和担心，那就是孩子在深夜表现出惊恐万分的样子。

白天，孩子需要睡觉几次

从第二年开始，孩子的睡眠时间明显减少，首先表现在白天，睡眠时间比原来少多了。一般情况下，所有这个年龄段的孩子白天就睡觉一次，而且都是在下午。于是，当孩子2周岁时，有的父母就会提出这样的问题：孩子是否需要午睡?

从下页的图表中我们可以发现，一些孩子在18个月时已经不是每天都午睡了，个别2周岁的孩子白天根本不睡觉，特别明显的是大多数3～4岁的孩子白天睡眠少。在瑞士，60%的3岁孩子还有午睡的习惯；4岁有午睡习惯的只占10%，70%根本不午睡，其他20%有时午睡，有时不午睡。

上述数字并不具备普遍性。在北欧国家（斯堪的纳维亚），3～4岁午睡的孩子比瑞士还少；而在欧洲南部的一些国家，在幼儿园中还保留着午睡的习惯。

一个孩子是否白天睡觉或者睡觉几次，取决于孩子的年龄以及他的睡眠需要。年龄越大，其睡眠这种需要越受到习惯和文化背景的影响。睡眠心理学研究表明，午睡对于所有年龄段的人来说都是有意义的。

那么，父母如何确定，孩子是否

午睡

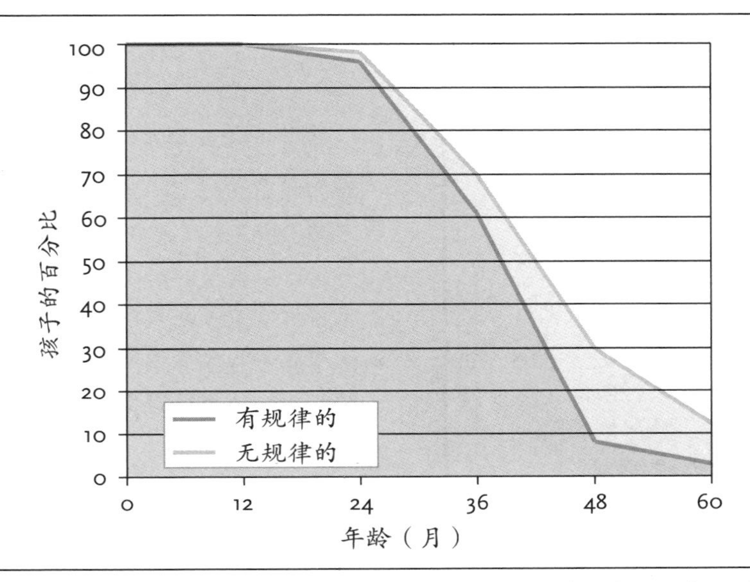

深色区域表示有午睡习惯；浅灰色区域表示没有固定的午睡习惯；白色表示不午睡。

白天睡觉以及白天需要睡觉几次？父母应该根据孩子的精神状态来确定：睡眠充足以及睡眠恰到好处的孩子在醒着时总是精神抖擞和积极的；相反，睡眠不足的孩子总是无精打采，对玩不感兴趣，甚至在玩的过程中不知不觉地睡着了。大多数 2 岁的孩子午睡时间大约需要半个小时到 1 个半小时。一些孩子午睡不规律或者根本不睡。

孩子白天会睡过头吗？当然可能。但不好的结果是，孩子晚上可能睡不好，就会发生像安娜在晚上那样的情景。

彻夜难眠

安娜并不是唯一一个晚上醒来的 2 岁孩子。苏黎世一份纵向研究中指出，2 ～ 5 岁的孩子常常会在晚上醒来（见下页的图表）。

12 ~ 60 个月大孩子中，有 40% ~ 55% 的孩子晚上会醒来一次甚至多次。约 20% 的孩子在这个年龄段每天晚上都会醒。男孩和女孩醒来的次数基本是一样的。

安娜的父母怎么才能弄明白，为什么他们的孩子晚上长时间醒着呢？在“睡眠行为 0 ～ 3 个月”这章中我们已经知道，每个孩子所需的睡眠时间是不一样的。孩子只有在他感到疲倦的时候才能睡着，而且他的睡眠需求是多少，他就只能睡多少。如果一个孩子白天睡的时间长了，晚上睡的时间就少了（参见“睡眠行为 4 ~ 9 个月”）。安娜白天睡了大约 3 个小时，所以在晚上睡了 6 个小时后就醒了，然后就自己玩上 1 ~ 3 个小时，因为她已经睡够了，所以，父母要求安娜再睡觉是不公平的。安娜怎么也睡不着了。

那么，怎么办呢？父母应该对孩子的睡眠时间进行一下调研，可以从以下问题着手：

- 安娜一天需要多长睡眠时间？
- 安娜是否白天需要睡觉，睡多久，睡几次，她会很满意，精神很好？

5 岁之前晚上醒来的情况

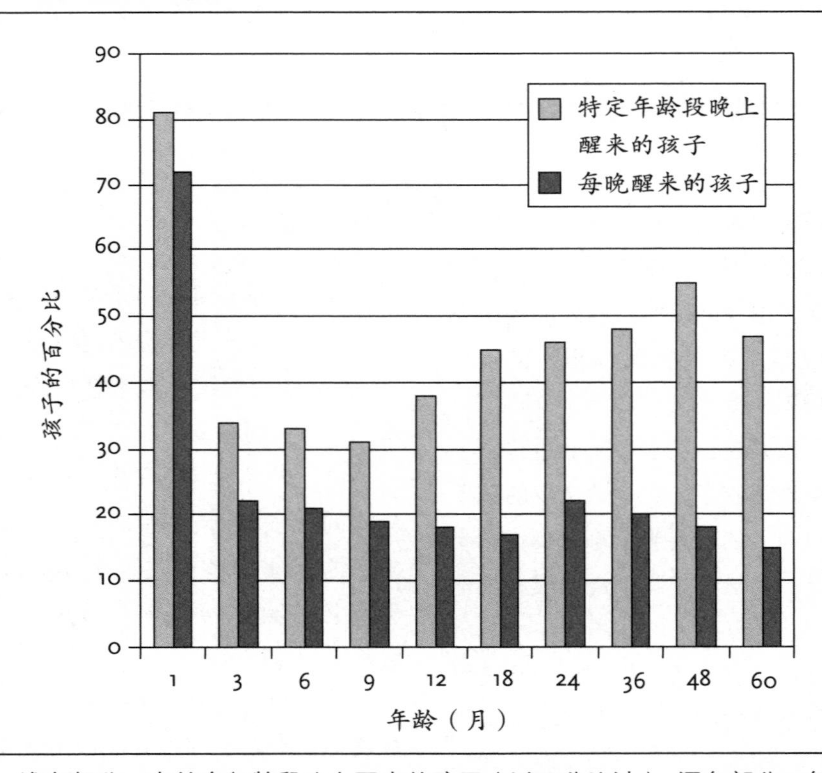

浅色部分：在某个年龄段晚上醒来的孩子（以百分比计），深色部分：每晚醒来一次到多次的孩子（以百分比计）（詹尼 Jenni）。

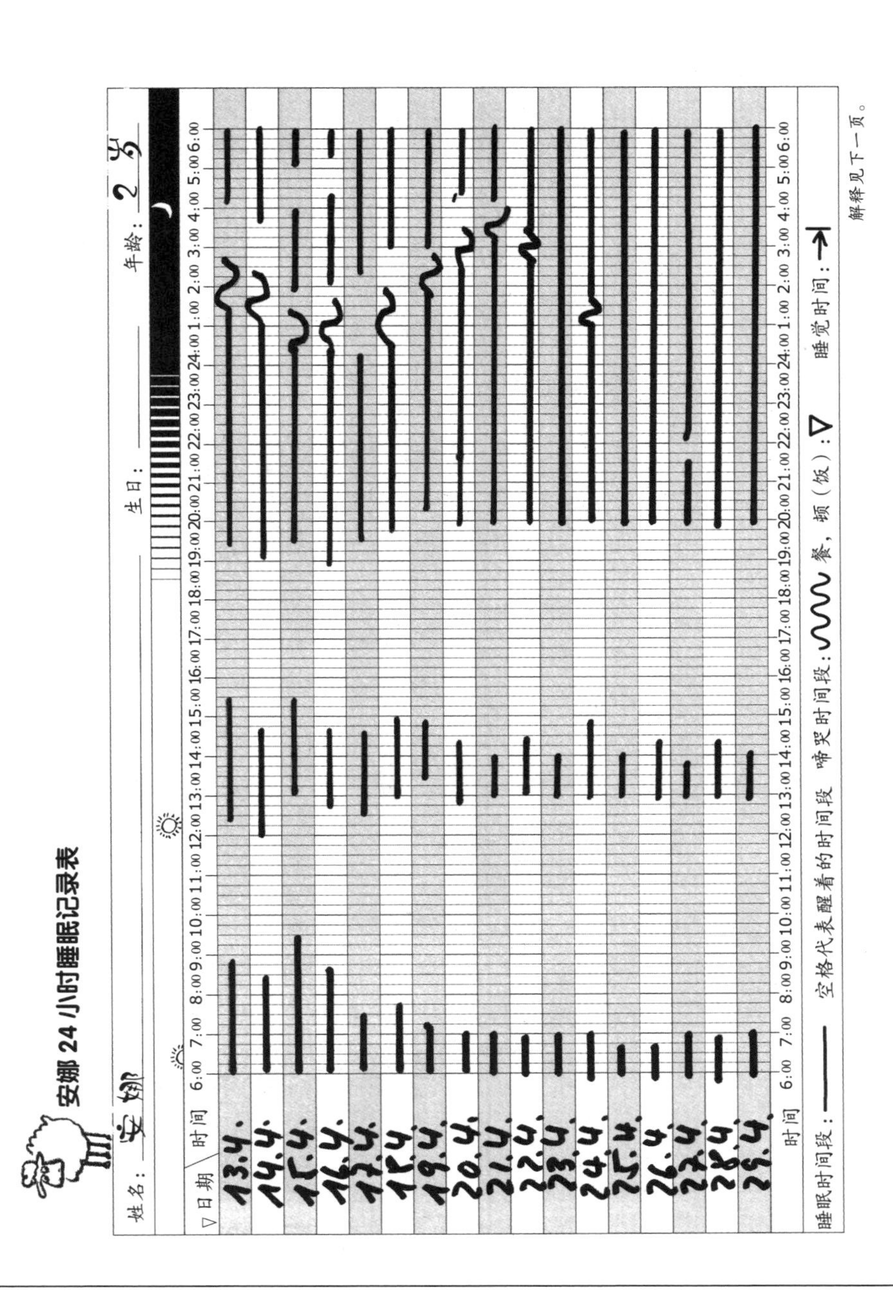

黑线（Striche）代表睡眠时间段（Schlafperioden），空格（Leerstellen）代表醒着的时间段（Wachsein），曲线（Wellenlinien）代表啼哭时间段（Schrein）。解释见下一页。

- 安娜白天什么时候睡觉最好?
- 安娜晚上睡觉应该从什么时候到什么时候?

从上页的那张记录表中可以得出如下结论：

- 安娜一天需要12小时的睡眠时间；
- 安娜需要白天睡觉，下午1～2点之间午睡1个小时就足够了；
- 安娜晚上需要11个小时的睡眠时间。

在做这个记录前，安娜都是7点上床，第二天早上8～9点时去叫她起床。父母从这个记录中得知，安娜白天睡的时间太长，晚上多睡了2～3个小时，这2～3个小时是安娜在床上玩耍度过的。于是，父母决定，安娜晚上8点上床睡觉，早上7点去叫她，以便孩子不要在床上玩，同时保证睡眠质量。如果安娜早上7点钟没有醒来父母可以轻轻地、温柔地叫醒她，比如将房间的门打开，让响声和灯光进入小孩的卧室，父母坚持了两个礼拜。睡眠记录表显示，孩子晚上的那种瞎闹消失了。

对于所有孩子在晚上醒来的父母，我们推荐认真通读一遍睡眠行为这章中所提到的这些规则。

和兄弟姐妹一起睡觉

出于各种无法解释的原因，很多父母认为，孩子单独睡好。事实正好相反。一起睡无论对孩子还是对父母都有巨大的好处：孩子们不会有被抛弃的感觉！那些同兄弟姐妹一起睡的孩子很少在深夜钻父母的被窝，除非一些特殊原因，例如孩子生病等，需要父母更多的照料。

让孩子分开睡的父母是因为他们担心，如果将孩子放在一个房间睡觉，他们会吵闹。事实上：当让孩子一起睡时，可能暂时会有几个晚上是热闹的，但在几个过度欢蹦乱跳的晚上之后，孩子就知道该怎么和睦相处了，前提是：父母不要总是要求安静和秩序！父母经常犯一个错误，那就是总像警察那样，最好的办法其实是用不着管他们！

另一种常见的反对意见是，孩子对睡觉时间的需求不同，因此会互相

在一个房间甚至是同一张床上的孩子睡得更香

干扰，尤其是当其中有孩子还比较小的时候，情况会变得尤为困难。但是2岁之后孩子就可以一起睡了，尽管他们对睡眠的需求仍然不同。一起睡的孩子白天也过得更好。在同一个房间睡觉，入睡前聊一聊刚刚过去的一天的情况，晚上醒来时听到身边兄弟姐妹的呼吸声，早上一起起床，所有这些都可以加强孩子之间的亲近感。

要点概述

1. 从2岁起，孩子睡眠开始减少，特别是白天的睡觉时间，有些满2周岁的孩子白天都不睡觉了。
2. 如果一个2岁的孩子晚上醒来，其主要原因是孩子需要的睡眠时间少了。父母可根据孩子的睡眠需要对孩子的睡眠和醒来的时间进行相应的调整（通过使用睡眠记录表）。
3. 兄弟姐妹应该睡在一个房间，这可以让他们之间和睦相处，睡在一起的孩子晚上找父母的概率就小了。

25～48个月

彼得的父母刚要上床睡觉，他们2岁的孩子彼得开始声嘶力竭地喊叫。父母立即奔向彼得的卧室，只见彼得站在床上，不断地喊叫着，脸上充满恐惧，眼睛睁得大大的，呆滞地看着想象中的魔鬼。彼得呼吸急促，满头大汗，好像干了重活似的。当妈妈靠近他时，彼得向后退缩；妈妈轻柔地说话安慰他，他反而更加尖叫起来。彼得浑身挣扎着；父亲使劲地摇晃他，但彼得还是没有醒来。10分钟之后，孩子感到恐惧的一幕过去了。彼得环顾四周，开始安静下来，他显得很疲惫。一会儿，他又满意地睡着了。

彼得的父母所经历的便是夜惊（pavor nocturnus），不清楚这种行为的父母会对此感到惊恐万分。先是夜惊，然后噩梦，我们首先转向这个年龄段的一些典型行为，这些是父母在几个月甚至几年时间里都要忙活的事：他们的孩子再也不愿意单独睡觉了，而要爬到父母的床上。2岁之后孩子开始在白天的时候不那么粘着父母，这种走向内在自立的行为使得孩子有些不安，并伴随着不同程度的对分离的恐惧感。为重新感受到安全，孩子在晚上的时候会寻求同父母之间身体上的亲近。

孩子深更半夜钻到父母的被窝里

小孩子常喜欢深更半夜钻到父母的被窝中去睡觉。有些孩子特别机灵，都过了好几个小时，甚至等到父母一大早起床时，才发现小宝宝在他们的被窝里。孩子睡在父母床上的

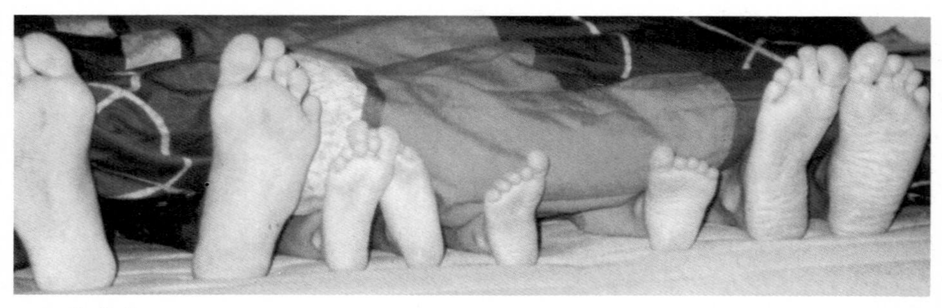

家庭床

与父母同床的孩子

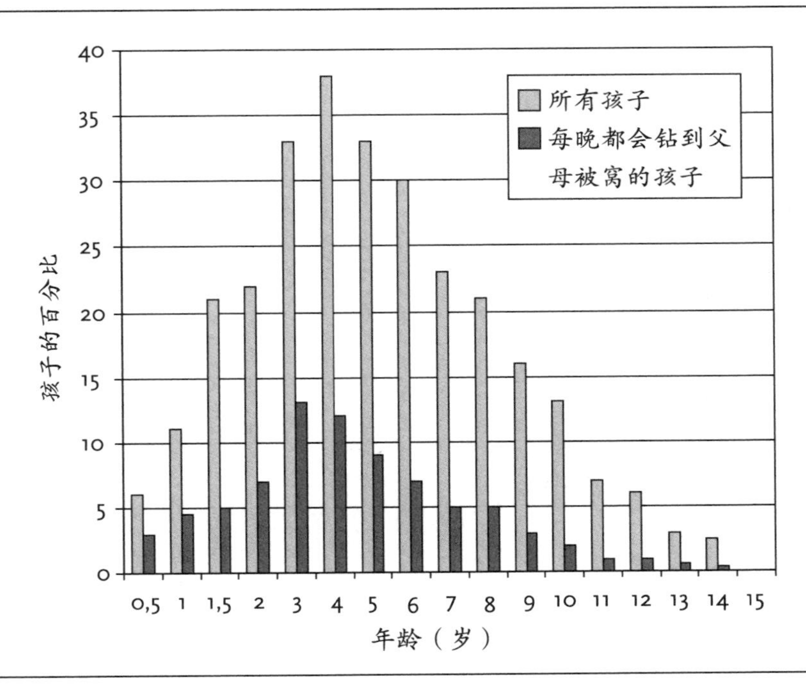

1 ～ 14 岁的孩子中，晚上会爬到父母床上的孩子比例（以百分比计）。浅色部分：所有的孩子；深色部分：每晚都会爬到父母床上的孩子（詹尼 Jenni）。

概率比预想的要高。在苏黎世第二次纵向研究中做了以下的观察（詹尼 Jenni）。孩子中每周至少一次钻父母被窝的比例从 1 岁的 12% 增加到 4 岁的 38%，这之后比例又有所下降，8 岁的孩子中仍然有 22% 的人每周至少同父母睡一次。1 岁时有 4% 的孩子每晚都同父母睡在一起，到了 3 岁有 13%，8 岁时还有 5%。2 ～ 7 岁之间的孩子中有一半以上会在 1 年或者更长的时间里，每周至少一次睡在父母的床上。

显然，晚上的这段时间里孩子是不能单独待着的，事实上这也没什么好惊讶的，如果人们想到孩子白天时也是不能单独待着的话。工业时代，在居住条件显著改善之后才有可能实现让孩子单独睡在自己的房间。此前，即使我们这个文化圈的人，孩子同父母、兄弟姐妹以及亲戚也只能生活在同一个空间里。在很多地方这种状况直到今天还是如此。虽然没有令

我不要一个人睡

人信服的原因可以说明为什么孩子应当单独睡，但有很好的原因来反驳它。当孩子频繁出现在父母的房间时，他们应当就能够认识到这一点了。

为什么在 2 ~ 4 岁期间会有越来越多的孩子睡到父母床上呢？孩子想要钻到父母的被窝里，首先要能离开自己的房间并能找到父母的卧室。行动能力当然只是这种行为的一个前提条件，却并非真正的原因。孩子不想一个人睡觉，而是爬到父母床上的进一步的原因在于：

向自立过渡　2 岁时，孩子在个性发展方面迈出了第一步。自立的含义就是孩子想自己实现自己的愿望，而不再等待或依赖父母来满足自己的愿望。当他的一个愿望不能实现时，他就产生了一种挫败感，但同时表现出来的却是一种逆反心理和勇气。自立的另一层含义就是一个人的感觉。在玩的过程中他开始哭，绝望地喊着妈妈，然后他突然意识到他是一个人在房间里：一种被遗弃的感觉油然而生。一方面想脱离父母，另一方面又想在父母那儿寻找安全感，在 2 岁孩子的身上交替起作用（见“关系行为 10 ~ 24 个月”以及“关系行为 25 ~ 48 个月”）。

孩子的这种孤独感尤其表现在晚上独自一人睡觉和深夜醒来后。在爸爸妈妈说了一声晚安，然后吻了吻孩子的脸颊后，孩子不愿意爸爸妈妈离开。一旦父母想要离开他的房间，他便伤心地哭了。当深夜醒来后，孩子更加感到孤独，于是就起身离开自己的小床，去父母的被窝中寻找亲热和温暖。

同在其他领域的发展一样，孩子自立的发展也因人而异。

由于个性等原因，同龄孩子的自立发展是不同的，害怕与父母分开以及害怕被抛弃的感受也不一样。所以，有两个孩子的家庭完全有可能出现这样一种情况：一个孩子总是在深夜“造访”父母，而另一个孩子从不光顾父母的被窝。在兄弟姐妹中，这种害怕分离、害怕被抛弃的心理是不一样的。

情绪上的自立 孩子在情绪上的自立取决于孩子自己让自己平静下来以及自己给自己以一种安全感的能力。当深夜醒来时，有的孩子能自言自语，或唱歌，或摇动身子，晃动脑袋，或咀嚼橡皮奶嘴。如果父母在孩子枕边放了足够多的橡皮奶嘴的话，孩子毫不费力就能拿到橡皮奶嘴塞到嘴里咀嚼，那么，整个家的宁静不会被打破。（参见“睡眠行为 4 ～ 9 个月”）

对于很多 2 ～ 3 岁的孩子来说，他们特别喜欢一种东西，比如小手帕、布娃娃或泰迪熊等。这些东西寸步不离孩子左右，特别是在睡觉的时候。如果没有他们的泰迪熊、布娃娃或小手帕，孩子会睡不着，当孩子醒来发现它们不在时就会大哭。我们把这种孩子特别喜欢的东西叫做“过渡物品”（参见“关系行为 10 ～ 24 个月”），它们被孩子当做了母亲的替代品，是一种向自立发展的过渡。它们可以帮助孩子克服孤独和被遗弃的感觉。这种过渡物品对孩子的影响是父母几乎无法想象的。他们很难理解，

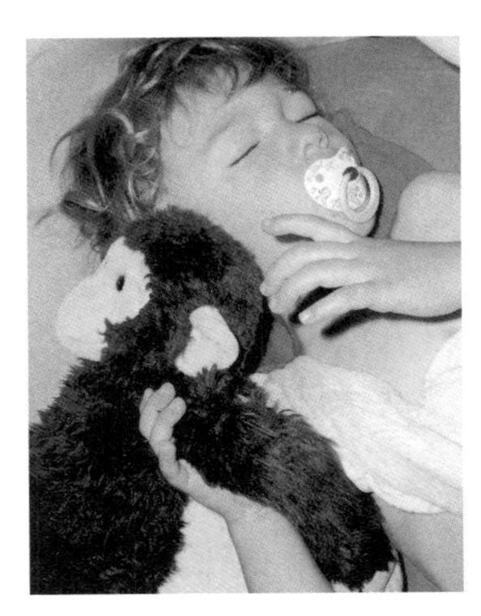

不再孤单

为什么这块皱巴巴的小手帕会被孩子如此小心翼翼地收藏着。为什么泰迪熊缺胳膊少腿的孩子都不在意，照旧那么喜欢。对于孩子来说，这些东西的外表其实并不重要，关键在于它们的气味。如果妈妈将孩子脏兮兮的手帕彻底清洗，这可是会引起孩子大哭大闹的，孩子想让手帕立刻变回它原来的样子。

孩子在白天的安全感 孩子在晚上会不会产生害怕和与父母分开以及被抛弃的心理，在本质上取决于孩子在白天是否感到安全和舒适。孩子白天越感到不安全，晚上就越感到孤独。如果孩子在白天始终能感受到妈妈、爸爸或者其他抚养者一直和他在一起的话，他就会很放心，他会觉

得，只要他需要，他就可以在睡觉时从父母那儿得到安全感；如果孩子总是感到父母或者其他抚养者不在，他晚上就会醒来，冲着父母喊，以确定他们是否在。“父母不在”还有一层含义是：父母虽然在现场，但是宝宝感受不到他们在。如果宝宝在白天得到的照顾太少，他就会在晚上寻求得到补偿。

当一个孩子在有限的时间内能独自一人玩耍，而且感到满意时，孩子情绪上的自立也就开始了。一个在白天总能独自玩耍的孩子，晚上的安全感就会好得多。换句话说，对于父母来讲，一方面能给予孩子以安全感，另一方面又引导孩子自立是一门高超的艺术。这并不是一项简单的工作，关于这点在“关系行为”一章中已经详细介绍过了。

家庭状况 家庭状况也会影响孩子害怕被抛弃和分离的心理。如果父母的工作是倒班制的，孩子有可能越来越害怕，因为在他的意识中，他不知道是谁在照顾他。如果一连好几天见不到妈妈，小家伙晚上就要钻父母的被窝，以便确定妈妈到底在不在家；在爸爸出差的一段日子里，宝宝被允许和妈妈睡在一起，那么，等爸爸回来后，宝宝十万个不愿意让爸爸睡到妈妈床上去。因为，对孩子来说，他实在难以理解，为什么他必须重新回到他的房间里睡觉？最严重的情况是他好像感觉父母不要他了。如果小弟弟小妹妹来到这个世界上，那小家伙更有理由“光顾”父母的卧室了。如果父母对他说：“你不能到父母卧室来睡觉。”那他会反驳说：“为什么小弟弟小妹妹可以在你们卧室睡觉呢？”父母是否更喜欢小弟弟小妹妹？嫉妒心会促使小家伙更加往父母卧室跑。

那么，我的小妹妹睡哪儿呢

噩梦 2 ~ 5岁的小孩想象力非常丰富，而这和他的感觉体验联系在一起（即所谓的幻想）。所以，在朦胧的光线下孩子会将窗帘想象成女

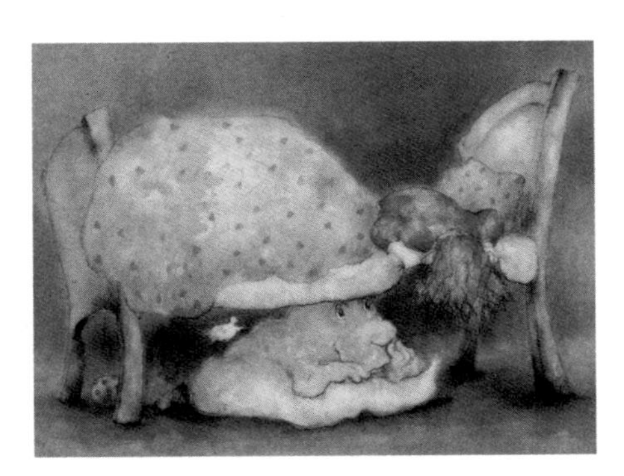

每个小孩的床底下都有一个自己的小幽灵

巫。家具发出一点响声也会使孩子感到害怕，因为这种声响无法解释从哪儿来的。如果室内有一丝照明，孩子晚上的恐惧会有所减少。

孩子恐惧的程度取决于孩子的个性以及白天所经历的事情。如果孩子从录音机中听到了一个恐怖故事或者在电视中看到了一幕难以理解的画面，而父母对他所听到或看到的东西又不作任何解释的话，那么到了晚上，这些声音或画面在小家伙这里就可能会演变为极其阴森恐怖的东西。那些没能及时给孩子解释的父母应当在晚上的时候跟孩子聊一聊有关这些恐怖故事或者画面的经历。

生病 生病的孩子更需要同父母之间的亲近。晚上，当他们感到身体不适或者受到疼痛折磨的时候，他们就会钻进父母的被窝。一般父母对此都表示理解，但问题在于，当孩子病好了之后他还是总想跟父母睡。这时，父母要用耐心和理解的态度，慢慢让孩子改掉这个习惯。

那么，如果小家伙晚上钻到父母被窝里面，父母该怎么办呢？

认可 有一些父母不觉得孩子和他们睡在一起有什么不方便，甚至很愿意和孩子睡在一起，对他们的性生活也没有什么妨碍。如果父母双方都是这么想的话，那就让孩子和父母睡在一起。我们在前面“睡眠行为0～3个月”这章中已经讲过了，父母和孩子睡在一起在很多国家，包括欧洲都是很普遍的。只不过，前提条件是：要有一张大床。

当然，也有很多父母感到和孩子睡在一起有诸多不便。孩子横在中间，又踢又蹬，会挤着父母，打搅父母睡觉；另外，他们还感到性生活受到了干扰甚至压抑。

那么，对于这些父母而言，怎样既能满足孩子的愿望，又不打搅晚上的睡眠呢？

在父母床旁安置床垫 一些父母不希望孩子睡在他们的床上，但并不反对孩子跟他们同一个房间，只要不是同一张床就行。一个保险的办法就是在父母床边安置一张席梦思垫子，大多数孩子对此非常满意。

让孩子自立 如果父母想让孩子自己一个人睡，那么必须教会孩子自立。这意味着，事关睡觉的事情孩子也可以参与做决定。在购买孩子的床时，孩子要在场，并且可以发表意见说床是宽了还是窄了，也可以决定是否睡在里面。这是他自己做的决定！让孩子自己一个人睡觉也属于自立的一部分（见“睡眠行为4 ~ 9个月”）。孩子可以带着他特别喜欢的物品，如手帕、奶嘴等一起睡觉，以增加孩子的安全感。

自立的孩子在陌生的地方也能乖乖入睡。当他们被套上睡袋，往床上一躺，特别喜欢的泰迪熊和奶嘴放在身边，孩子会感到很安全，也就会入睡了。

夜晚的噩梦

一些父母碰到孩子夜惊时会火速将医生叫来，但是当医生到来时，这一幕差不多过去了。于是，父母就使劲地问医生：彼得为什么会这样像精神错乱似的？孩子究竟经历了什么，使得他的脸充满恐惧？孩子究竟看到了什么，使得他的眼睛睁得那么大？为什么叫不醒他？这样的情况还会发生吗？父母在教育方面做错了什么吗？

夜惊及噩梦最主要的睡眠心理特点及行为特点将在下一页的表格中进行总结。夜惊是一种正常的睡眠现象，噩梦会让人从最深的Non-REM睡眠中部分苏醒，也就是说，孩子还没有完全从深度睡眠中醒来，因而表现出一种几乎精神错乱的状态。夜惊现象大约在入睡1 ~ 3小时后发生。孩子眼睛睁得大大的，但是没有反应，或者对父母的出现做出不恰当的反应。恐惧、暴躁和精神错乱从他的脸和行为上表现出来。孩子一般大汗淋漓、呼吸急促、脉搏加快。如果父母问他，他干脆不回答或者语无伦次、答非所问。父母无法把他叫醒。如果父母试图让他平静下来，抚摩他，把他搂在怀里，他会更加激动，使劲从父母怀里挣脱开来。他开始断断续续地醒过来。呼吸和脉搏也突然正常了。随后，孩子满意、疲惫而又迅速地入睡了。如果父母问他，他到底看到、梦到了什么，孩子回答不上来。在事后的几天内，孩子对此一点记忆都没有。一般来说，这种夜惊现象大概持续5 ~ 15分钟，非常罕见的是持续一刻钟。若果真那样长的话，对父母来说确实是非常难熬的时间。

上述夜惊现象一般发生在小孩2 ~ 5岁之间，1岁的非常罕见，最经常发生的是4 ~ 5岁。有关这种现象发生的频率方面的数据不多，但可以肯定的是，2 ~ 7岁的孩子大约有1/3到一半有过这种经历。大多数孩子发生次数非常少，也就是一次到几次。有的孩子在1 ~ 2年之内，每隔1 ~ 2个月便发生一次，一个孩子每晚都有这样的情况极其罕见。

如果白天玩得特别多、特别兴奋，比如看了一场电影、逛了一次游乐场等，孩子晚上就有可能发生诸如上述的夜惊现象。出现这种情况的原因可能是孩子睡得较晚，过度疲倦

糟糕的梦

	夜惊	噩梦
睡眠阶段	从熟睡中局部苏醒，但没有醒来（熟睡第四阶段）	使宝宝害怕在浅睡状态，接着醒来，所谓惊醒
发生时间	入睡后1 ~ 3小时	在夜晚的后半夜
宝宝的第一印象	眼睛睁得大大的无法叫醒	醒来后哭叫着爸爸妈妈
宝宝行为	坐在床上，打人，古怪地在四周游荡，脸上表露出明显的恐惧神情，激动或者类似精神错乱，大汗淋漓，呼吸急促，脉搏加快，醒来后行为恢复正常	哭，害怕，醒来后继续哭
对待父母态度	不认识父母， 无法平静，如果父母搂抱他，他就挣扎，大叫	马上认出父母，要求爸爸妈妈安慰
重新入睡	能迅速入睡	不太容易入睡
记忆	没有	第二天醒来后可能有
父母怎么办	只有等待，不必叫醒 保护宝宝不要受伤	需要照顾。如果必要，和宝宝谈一谈梦的情况
年龄	1 ~ 5岁	3 ~ 10岁
心有余悸	没有	有时有

了。或者是，孩子在梦中对白天经历的事情进行加工，当有些事情非常不寻常，孩子很难加工时，就通过夜惊现象表现出来。

夜惊现象属于正常的睡眠行为，而不是一种怪异行为，不要担心。夜惊不是心里沉重而产生的结果，不会产生心理上的障碍。出现夜惊现象并不是因为家庭关系不好，也和父母的教育方式没有关系，这不是教育失误的结果。

还有一些行为和夜惊现象一样具有生理基础，例如，孩子晚上磨牙、说梦话，和大人一样，还有一些孩子到了上学年龄时发生梦游现象。如果父母问一下爷爷奶奶、叔叔和婶婶，他们经常得出结论：夜惊和梦游都有遗传因素。

那么，父母应该怎么办？父母会想尽一切办法将孩子从心理的恐惧中解救出来，这是可以理解的。他们试图通过说话、抚摩等方法使孩子平静下来。他们想弄醒他：摇晃孩子的身子，用冷水洗他的脸，甚至给他淋浴等，但是，所有这些措施都是徒劳的。孩子做噩梦、产生夜惊现象是一个过程，父母是无法进入这个过程的。那么，如果不弄醒孩子的话，父母又该怎么办呢？父母要注意保护孩子不要受伤，例如不要从阶梯上滚下

睡前的美好时光

来，等等。父母要耐心等待孩子平静下来当然是困难的，但是父母尽管放心：这种现象对孩子的健康没有影响。特别要强调的是：它绝对不是羊癫疯，并且父母要记住，绝对不要因此有负罪感，夜惊现象同教育方式完全没有关系。

与夜惊有区别的是我们平时所说的做噩梦，孩子一生下来就有可能做噩梦，但比夜惊要少见。夜惊现象往往发生在深夜，而噩梦经常在下半夜发生。父母看到孩子做噩梦的情景和孩子夜惊的情景是不一样的：当父母注意到孩子做噩梦时，孩子一般已经醒了。孩子感到很害怕，但不是迷失方向，六神无主，精神错乱的样子。他需要得到安慰，需要父母的照料。和夜惊不一样，父母可以搂抱他，和他沟通。根据孩子年龄的不同，父母还可以和孩子讨论他做了什么梦。孩

子对梦有记忆，甚至在数天后还记着梦的一些内容。但是，梦的内容对孩子确实是一种负担，所谓“心有余悸”，他需要父母的理解，以便减轻梦给他带来的负担。父母应该避免和他谈论梦的内容，因为孩子和大人对梦的消化能力是不一样的。梦对孩子来说更好像是现实生活中的一切：梦到的就是真的。所以，孩子有时会非常固执地对父母说，他对又黑又大的狗感到很害怕。

噩梦和夜惊都属于正常睡眠的一部分，而不是什么心理疾病的预兆。但是，如果孩子在1周之内做好几次噩梦的话，这就说明孩子在白天有事情令他感到害怕，受到压抑，对此，父母需要一些专业上的帮助。

我们已经讨论了很多有关噩梦的问题。当然，孩子也会做好梦。对于小孩来说，梦中的世界就是一个真实的世界。所以，他们的梦我们大人能够了解。虽然孩子很少向父母叙说梦到了什么，但是父母从孩子睡眠中幸福和安详的脸上能断定孩子在做好梦。

要点概述

1. 几乎有一半的孩子每周有一次到多次要跟父母一起睡。3 ～ 4 岁的孩子中有 10% ～ 15% 每晚都要跟父母睡。最常见的原因是孩子对安全的需求。
2. 幻想、害怕分离和被抛弃会导致孩子晚上醒来寻找父母的床，这种恐惧的心理通过某些事件，例如弟弟妹妹的出生，而有所加剧。
3. 如果父母在白天时给予孩子安全感，鼓励孩子自立的话，那么这种害怕分离和被抛弃的心理会有所缓解。
4. 糟糕的梦可以分为：
   - 夜惊
   - 噩梦

   这两种梦的形式在表现和成因上都有不同，父母要区别对待。

第四章 啼哭行为

引 言

大家在一个餐馆进午餐，整个大厅只有客人们的窃窃私语声和进餐时刀叉碗碟的碰撞声。突然，一个婴儿的啼哭声打破了这一切。客人们停住手中的刀叉，但马上又开始吃起来，不过已开始犹疑起来。婴儿继续哭。女士们开始面露疑虑的神色；先生们开始有点烦躁了。孩子的啼哭声突然停止，但不一会儿又起来了，而且比原来更响。客人们面面相觑。一个年纪较大的女士起身绕道去卫生间，但眼睛的余光一直没有从啼哭的孩子身上移开。最后，小孩的啼哭声断断续续地停止了，而代之以孩子吧嗒的吃喝声。大家会心地听着孩子的吃喝声，并重新拿起刀叉继续他们的美餐。

大人们对孩子的啼哭声是不可能无动于衷的。如果无视，孩子的啼哭声将会越来越响亮，时间越来越久，大人会越来越承受不了。所以，不光是父母，大多数成年人对孩子的啼哭声只能忍受一会儿。不管是女士还是先生，都会问："小孩为什么哭？"并想办法安慰孩子，提供必要的帮助，不让孩子继续哭下去。如果女士们在场，先生们总是让女士们去照看一下孩子。如果只有先生们在场，他们也会自己去照看孩子。老天爷一方面给了孩子天生表达自己愿望的能力，那就是"哭"，同时也给了大人们尽量满足孩子愿望的能力，从而不让孩子继续"哭"。

婴儿、特别是一点儿都没有自理和自制能力的新生儿的啼哭声对日常照顾他的父母来说非常重要，他提醒大人注意他、照料他，以满足他的需要。但是，新生儿的啼哭声对父母来说也是一种负担：父母不知道他为什么哭，而且不同孩子的哭声有大有小，时间有长有短。特别令人头疼的是，孩子经常在夜间哭，如果居住环境不好的话，不光弄得父母睡不好觉，甚至连邻居也难逃"厄运"。

满足。我们非常喜欢这个孩子

在这一章中，我们将就孩子啼哭行为的不同原因进行概括，并告诉大人们如何处理孩子的啼哭行为。

孩子为什么哭

孩子啼哭的方式能否告诉我们孩子啼哭的原因呢？有三种方式加上一些客观的因素是可以被那些经常与婴儿打交道的大人如母亲、助产士和儿科护士辨别出原因的，那就是：孩子刚出生时的啼哭、饿了的啼哭以及疼痛的啼哭。父母能从孩子啼哭的方式中得到孩子为什么啼哭的提示，对他们来说，啼哭的方式并不起决定作用。父母可能更愿意将孩子啼哭的前因后果联系起来。例如，妈妈是4个小时以前给宝宝喂的奶，现在宝宝哭了，可能是因为饿了；但如果是半小时以前喂的奶，那么宝宝的哭绝对不是因为饿，而可能是因为还没有彻底打嗝、尿布湿了或者难以入睡。宝宝哭的时间、什么情况下哭的以及宝宝的一些特征可以帮助父母正确判断孩子啼哭的原因。当然，父母不可能总是正确地判断出孩子啼哭的原因，这是父母的一大难题。

有一系列的原因导致孩子啼哭：

出生　随着一声啼哭声，娃娃呱呱坠地，这个哭声使孩子的肺中首次充满空气。孩子的第一次啼哭对在场的父母和所有大人来说非常重要，它象征着这个孩子的生命以及大人们欢迎他来到这个世界上。如果孩子出生后没有立即哭，或者哭得不响亮，父母和助产士是会担心的。

宝宝为什么哭

身体需要	情绪需求	莫名其妙地哭
· 出生	· 不愿意一个人待着	· 原因不清楚
· 饿了	· 想得到身体上的接触	
· 累了	· 想一起玩	
· 刺激过度	· 陌生人	
· 大小便	· 陌生环境	
· 疼痛		
· 气候变化和月光		
· 感觉不舒服		
· 生病		

饿了 任何一个健康的婴儿如果饿了，他就会哭。一般情况下，在宝宝刚出生后的数周内，孩子吃奶后每隔2～4小时就会哭一次。孩子越大，这个间隔的时间就越长。如果一个婴儿喂食得很少，那么他可能在喂食后的2个小时内就会开始哭（参见第七章“吃喝”）。

疼痛 婴儿和刚出生的孩子，特别是早产儿，对疼痛会表现出流眼泪和手脚乱动等现象。新生儿和婴儿同我们一样能感觉所有的疼痛，但比较大孩子的感觉阈（yù）限更高、反应时间更长。

无聊 如果一个婴儿不愿意一个人呆着，比如早上醒来之后，他就会哭。婴儿有一强烈的愿望接触父母或者信赖的人：喜欢被搂抱，抚摩，喜欢看人脸，喜欢听人说话。

累过头了 如果一个婴儿白天玩得太累，精疲力竭，晚上可能睡不着觉，感觉不舒服而哭。

刺激过度 在一个特别繁杂的环境，例如百货商场，婴儿可能因为受到的视觉、听觉刺激太多而哭；有时父母可能一直在照顾孩子，使得孩子没有时间休息，婴儿就会哭；或者还有一种可能是孩子昏昏欲睡。

陌生人和陌生的环境 如果被一个陌生人抱着，孩子会哭；陌生的环境、气味、颜色以及很多灯光等他会使孩子哭。

大小便 婴儿大小便前身体和腿乱动会哭一会儿，哭和乱动表明孩子想要大小便。这种行为对母亲来说很重要，因为婴儿大部分时间都是光着依靠在妈妈或者其他人的身上。如果孩子哭了，母亲就会马上把孩子从身上抱开，这样就不会弄脏自己。新出生的婴儿在前几周也会表现出这种行为，然后就会慢慢消失，因为我们不会对此作出反应。

气候的变化和月相 天气的变化以及月相会影响成人的睡眠，也同样对婴儿产生影响。如果天气很闷热，孩子晚上可能睡不好，身子乱动，会哭。天气骤变时，孩子很容易入睡，并且会连续睡一夜，中间不会醒来或哭闹。一些父母认为，月圆时，孩子可能很难入睡，夜间父母会听到孩子的哭闹声。

孩子“莫名其妙”地哭

在出生后的最初几个月里，孩子经常哭，但父母不知道孩子为什么哭，因为没有明显的症状或者理由来解释孩子哭的原因。西方国家把“这种没有特征的哭”的原因归结为“前3个月的孩子自发性的哭泣的过程”。

在出生后数周内，所有的宝宝总是要哭的。6周时，孩子会哭得最凶。在接下来的几周内，孩子哭的次数和时间就减少了。3个月之后，大多数孩子就不哭了，或者哭得少了。但是，如下图所示，不同孩子的这种哭的周期是不同的。有的孩子哭的次数比其他孩子多出三倍。哭的持续时间最长的年龄也不一样，有的孩子4 ～ 5周时哭得很凶，有的是7 ～ 8周时哭得很凶。

大概5%的孩子是早产儿，也就是说，比预产期提前3 ～ 14周出生。这些孩子哭的周期就不能以生日为准，而是应该以预产期为准。比如，孩子早产6周，那么，孩子哭得最凶的时间不是6周大的时候，而应该在出生后12周左右。对于父母更为重要的是：这个早产儿哭的周期就不是3个月，而是4个半月。早产儿的父母比正常孩子的父母要多一些耐心，但是他们用不着担心：这个哭的周期迟早会过去的。

这种“莫名其妙”哭的时间大多数发生在下午和傍晚时分。

在出生后的前几周，这种啼哭行

新生儿3个月之内的每天啼哭时间

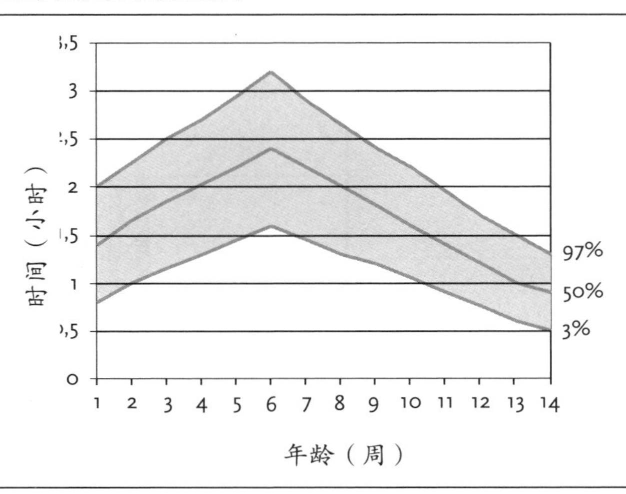

横标表示以周为单位的年龄；竖标表示以小时为单位的时间；灰色区域为整个啼哭时间；中间线为平均啼哭时间（按照布雷泽尔顿 Brazelton 的观点进行了修改）。

为使父母非常担心，因为他们不能解释孩子哭的原因，而且孩子一周比一周哭得更厉害。有的父母甚至以为，是他们抚养的方法不对或者与孩子打交道的方式不对。于是，他们有时停止用母乳喂养、经常变换奶粉并咨询亲戚好友和专家。

那么，怎么解释这种哭呢？

肚子疼 有1/5孩子的啼哭是因为肚子疼。很多父母、抚养人和大夫认为孩子大哭的原因是因为肚子疼。这种原因是可以理解的，因为人们看到孩子在哭的时候身子蜷缩、肚子发胀。但发胀的肚子似乎是孩子哭闹的结果，而不是原因。因为孩子啼哭时吸进了很多的空气。所以，不管是用母乳还是瓶装牛奶、豆浆喂养孩子，这种肚子疼的情况都有可能发生。

环境因素 有专家认为，一些孩子在晚上啼哭是因为不仅孩子累了，而且整个家人都累了，他们的情绪传染给了孩子，从而导致孩子啼哭。但是，如果是这样的话，难以理解的是，为什么是出生后数周的孩子经常哭，而大一点的孩子就不哭或者哭得少了呢？实际上环境因素会

每天的啼哭时间

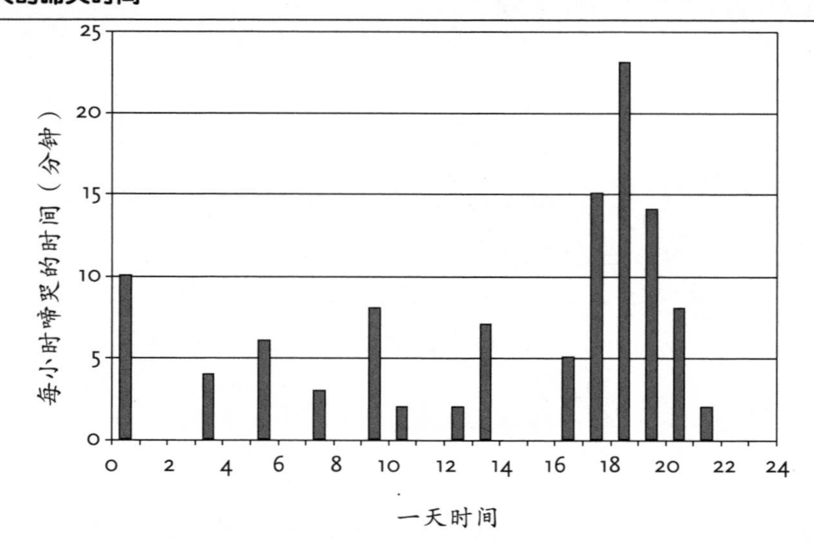

一个出生6周的宝宝在一天24小时中的具体啼哭时间分布。横标为一天24小时的时间；竖标为每小时啼哭的分钟时间。

影响孩子啼哭。这表现在下面的现象中：由缺乏经验的父母抚养时，早产儿比晚一点出生的孩子更爱哭，环境改变也会影响孩子的啼哭，例如在祖父母家待几天后，孩子哭的时间就减少了。

处理孩子的啼哭行为还有一个技巧上的因素：有经验的父母比没有经验的父母照料孩子的时间要少，他们能迅速明白孩子哭闹的原因，更懂得在恰当的时机采取恰当的措施。比如说，当孩子哭够了，累了，这时和孩子轻轻说话，孩子会入睡的。如果父母掌握不了这个时机，让孩子哭的时间太长，可能就错过了孩子入睡的最佳时机；如果将孩子从床上抱起来，抱着他们到处走，孩子的情绪可能更糟糕，哭得更凶。

文化背景 在孩子与父母身体接触很紧密的国家中，孩子这种啼哭现象比较少。我们必须想到，在人类的历史长河中，婴儿与母亲的关系一直非常密切，他们几乎一直保持着与父母在身体上的接触，那么我们就必须严肃地提这个问题：出生才几个月的婴儿能否长时间地不与父母或者抚养人有身体上的接触?

也许，150年以来在我们的文化中，婴儿经常被好几个小时“置之不理”地放在床上，这极大地伤害了孩子的身心健康，并以那种“莫名其妙哭的形式”表达了出来。

不同的研究成果表明，如果一个婴儿每天被抱3小时以上，那么他啼哭得就少。在此，关键的是：不要等到孩子哭了再抱他，而是在一整天中养成经常抱他的习惯。不断的身体接触以及经常刺激平衡和运动器官对孩子不同的身体功能起着规律性的作用，它会让孩子这种啼哭周期缩短。经常被搂抱的孩子不比其他孩子睡眠时间更长或更短，而且更容易入睡。此外，他们的注意力更集中，对环境更感兴趣。

在孩子不太爱哭的那些国家中，不仅仅孩子们被搂抱的次数比我们西方多，而且喂奶的次数也比我们多。在博茨瓦纳的卡拉哈里沙漠地区生活的游牧人，婴儿每隔20分钟就吃一次母乳，经常进行喂奶以及保持一致的喂奶方式可能会减少孩子的啼哭行为。

孩子啼哭的生理周期 孩子这种没有特征的啼哭基本是在前3个月内发生的。在这段时间里，新生儿的大脑发育非常迅速，这从他平时的行为中能反映出来：四处观望，对外部世界的兴趣越来越大，喜欢听到语言和声音，第一次开始抓东西，对人发笑等。根据孩子啼哭的生理周期，啼哭会逐渐减少。而24小时人体的生物节律是孩子睡醒大概周期形成的前提条件，也是孩子没有特征的啼哭过程的重要前提条件（见“睡眠行为引言”）。孩子手与嘴之间的协调越早，四处观望的时间越早，睡醒周期形成得越早，孩子就会越早停止或者减少这种没有特征的啼哭行为。根据这个规律，那些在3个月时还没有形成固定的睡醒周期的孩子啼哭的时间就更长，次数更多。

如何处理孩子的啼哭

大自然不仅赋予了父母对孩子啼哭行为所具备的敏感性，也赋予了他们对孩子的身心需要直接并准确作出反应的能力，但是，仅仅凭着感觉走是不行的，父母还必须具备一定的知识经验。

以下是值得我们父母注意的事项：

- 孩子啼哭不一定就是肚子饿了，没有经验的父母对孩子啼哭的第一反应就是给他喂奶。父母总是怕孩子营养不够，这是可以理解的（见“第七章吃喝”）。
- 在出生后数周内，不同孩子的需要和个性就已经非常明显。所以，我们要搞清楚：有的孩子哭是因为累过头了睡不着觉；有的是因为环境太吵；有的是因为尿布湿了感觉不舒服等。对此，在孩子刚出生的前几周，不仅是新生儿，父母也要有一个适应和学习的过程，了解他们孩子的需要和个性。在这个时期，父母要花费一些时间，对自己和另一方都不要提出过高要求。任何忠告都不如与自己的孩子直接打交道好。只有通过经验，父母才能掌握孩子的特点并“因材施教”。
- 一般而言，新生儿是很少真正生病的，他们从母体那儿获得了免疫力，这使得他们在前几个月都不会被感染。但是也有可能发生的事情是：孩子啼哭确实是因为病了。例如，小肠串气使孩子疼痛导致孩子啼哭不止。如果孩子啼哭不止，父母又实在找不出原因的话，或者孩子不吃不喝，发烧了，无精打采的话，那么，父母就必须找大夫。
- 新生儿已经显示出对环境感兴趣，对周围的事物感到好奇，虽然这个兴趣和好奇是非常有限的、不同的。不同的新生儿对身体接触的需求也不相同：有的喜欢盯着妈妈的脸，有的喜欢听妈妈的声音。父母照料孩子的时间也不同：有的爸爸会在家照料孩子，把孩子放在婴儿袋中，背着孩子到处走；而有的爸爸却只有很少的时间和宝宝在一起，因为他要工作或者还有其他的宝宝要照顾（见“引言”）。老天爷似乎也估计到了父母照顾孩子的时间是不一样的，所以，孩子能根据情况的不同适应他本身的需要，而不影响他的正常发育。

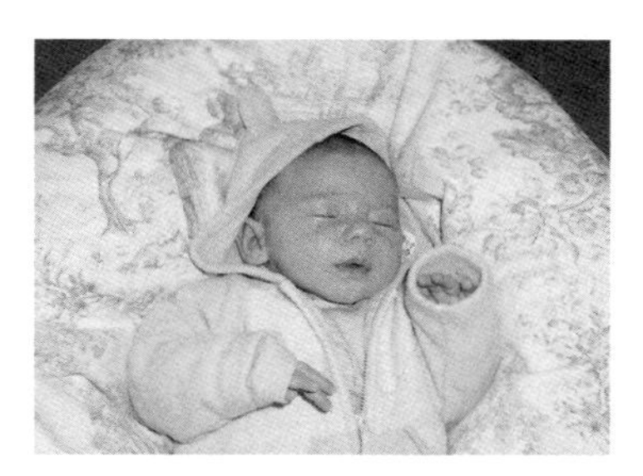

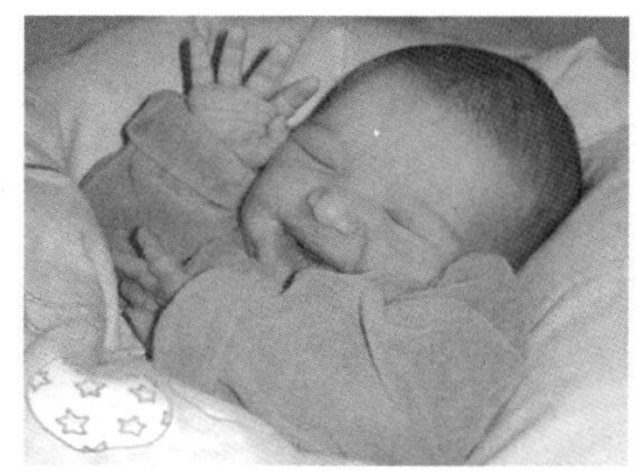

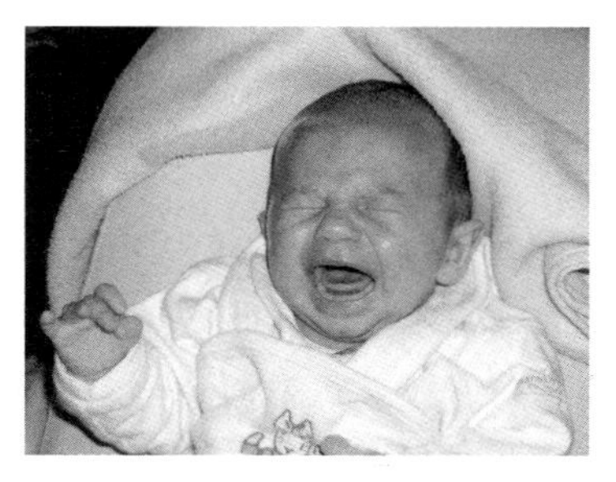

幸福的睡觉（上）；表示不满（中）；放声大哭（下）

对父母来说，孩子晚上啼哭是一大难题。当婴儿深夜 12 点时还没有入睡，总是啼哭不止，爸爸想睡，因为第二天还要准时上班，而妈妈已经很疲劳，但不得不在屋子里抱着孩子走来走去、哄他睡觉时，大人们的情绪非常不好是难以避免的。父母会感到孩子是累赘，而这又会引起他们的内疚感。很多父母心灰意冷，以为他们不会抚养孩子，所以有时表现出一些不冷静的行为，例如使劲摇晃孩子，而这有可能伤害到孩子的头，一定不能这样做。有时父母感到他们无法控制自己的情绪和行为，他们应该获得帮助。如果无法得到帮助，就把孩子放在床上，关上房间门，任由孩子哭闹。如果这种状况持续了好几天，父母可以要求帮助和支持。父母协会和咨询部门会介绍一些家庭陪伴护养的知识，给一些需要帮助的家庭减轻负担。

对于这些父母，我们想让他们知道：

- 在最初几个月中，孩子会哭得越来越凶的。
- 是孩子的个性、而不是父母的教育

方法决定孩子啼哭的程度。孩子经常哭或者很少哭闹，很大程度上取决于孩子自身的原因，而不是父母的抚养方式。

- 孩子的这种啼哭行为一般在孩子出生后3个月内发生。

在日常生活中，如果父母在与孩子打交道的时候进行以下观察，那么父母可以有效减少孩子啼哭，但不可能杜绝孩子啼哭这种现象的发生：

- 经常被搂抱的孩子啼哭会减少，但不要等到孩子哭的时候才抱他，而是要在平日里不断地、有规律地抱他。
- 孩子醒着时和父母一起玩得越多，晚上睡得越好，哭得越少。
- 父母使孩子养成好的睡觉和醒来以及进餐习惯的话，孩子就会形成一个稳定的节奏，也会缩短孩子啼哭的周期。

如何让啼哭的孩子平静下来

新生儿和婴儿有一种有限的能力使自己平静下来：他们改变身体姿势，吃手指头或者奶嘴。这种吮吸并不是孩子饿的表现，这是一种与营养没有任何关系的吮吸行为，有助于孩子自我安静下来。婴儿有一定的自控能力，孩子感觉舒适并不完全依赖环境和他人。

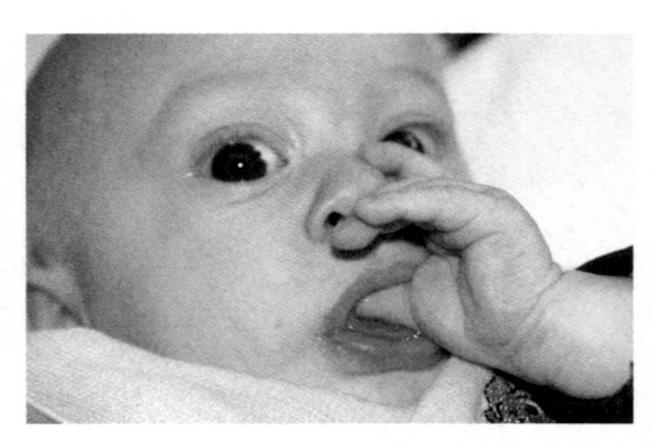

新生儿通过吮吸手指头使自己平静下来

父母有很多办法使他们的宝宝安静下来：

下页表所列的方法里，父母很少知道也很少使用的是前边两种办法：看着宝宝以及对着宝宝轻轻说话。如果大人把手放在孩子的身上，紧握孩子的手臂和双腿，对孩子会起到很好的安慰作用；还有一个有效的办法就是让孩子吮吸自己的手指头，或者给孩子一个奶嘴，这样孩子就能吮吸；再来尝试一下这个方法，将孩子抱起来，搂在怀里，摇摆他，在屋子里面来回走动等，这样会刺激孩子的平衡和身体运动功能（刺激阈限），使孩子安静下来。

怎样让我的宝宝安静下来

- 看着宝宝；
- 对着宝宝轻轻说话；
- 唱歌；
- 把手放在宝宝的肚子上；
- 抓住宝宝的手臂和双腿；
- 给孩子奶嘴，让孩子自己吃手指头；
- 把孩子搂抱在怀里；
- 抱着他轻轻摇摆；
- 抱着他轻轻摇摆并来回走路。

秋千使宝宝安静下来

当孩子晚上连续几个小时哭个不停的时候，还有一些父母不知道怎么办，索性开车带着孩子兜风 2 ～ 3 小时；但是，一些有创造力的父母想出了一个既经济又环保的方法：将孩子放在一个悬挂着的育儿袋中。育儿袋用绳子固定，通过晃动育儿袋使孩子在晃来晃去的过程中感到很满意。吊床或者婴儿车也是很有帮助的。吊床在印度或者墨西哥等国家很普及。在库尔德斯坦，父母把婴儿床用四条结实的绳子悬挂在天花板上，这样孩子可以通过自身的运动而得以安静下来。

无论使用哪种方法，关键的是这种方法一定要有效。当孩子累了、想睡觉了而啼哭时，大人轻轻用手拍打、跟他说话让他入睡就足够了；如果大人此时把他抱起来到处走，他可能会哭得更厉害。最有效的安慰办法的原则就是要从孩子的需求以及实际情况出发。孩子啼哭的原因不同，父母的行为也就不同。当一个孩子喜欢摇摆的时候，另一个孩子却可能喜欢妈妈抚摩他。

人们应该放任孩子哭闹吗？大部分孩子能够哭闹很长时间，远远超过他的父母所能忍受的程度。父母担心，如果经常并迅速地对孩子的啼哭行为作出反应的话，孩子就会养成啼哭的坏毛病，这并不适合刚出生几个月的孩子。相反，如果这些婴儿能够迅速得到安慰，在接下来的日子里哭的就少了。从孩子半岁开始，父母才有必要担心会产生习惯性：如果父母经常并迅速对孩子的啼哭行为作出反应的话，孩子以后的啼哭不仅不会减少，而且还会增加。（贝尔 Bell）

邻居大都是通情达理的

大多数年轻的爸爸妈妈并不住在

单独的私人住宅里，他们经常住在隔音效果不太好的公寓中，上下左右都是他们的邻居。孩子深夜的啼哭声当然会吵醒这些邻居们，但邻居们听到孩子啼哭时总是会替那些父母着想：孩子哭了多久了？父母多快使孩子安静下来？孩子安静的时间有多长？父母对邻居们总是感到非常内疚，因为他们以为，只有他们的孩子才深夜经常啼哭。

怎么办呢？大多数邻居是通情达理的。如果父母找这些邻居聊聊天，邻居总是乐意将他们抚养孩子的经验以及他们当时类似的经历告诉父母，以表示理解。父母应该尽早与邻居接触，将孩子带给邻居认识，并向他们解释自己的处境。这样，即使孩子深夜的啼哭声打搅到了邻居睡觉，但邻居会知道，孩子的父母已经尽了力。他们会理解的，甚至，很多邻居会帮助父母想办法解决问题。

要点概述

1. 前 3 个月，孩子的啼哭有一个生理上的周期：从出生到 6 周啼哭越来越厉害，然后直至 3 个月大后逐渐减弱。早产儿的这个啼哭周期不以生日为准，而应该从预产期算起。

2. 不同孩子啼哭的程度和持续的时间不同，主要取决于孩子本身，而不是父母的教育方式。

3. 孩子的某些啼哭行为是因为一定的原因如饥饿或者累了等引起的，但也有的啼哭行为没有一定的道理，这种“莫名其妙”的没有特征的啼哭行为经常在晚上发生。

4. 父母虽然不能消除婴儿啼哭的周期，但是可以缩短它，如果他们：

- 白天和晚上有规律地搂抱婴儿；
- 和宝宝一起玩耍；
- 使孩子的日常生活规律化，使孩子养成吃饭、睡觉和散步等良好的习惯。

要提前和邻居打招呼，对孩子深夜啼哭打搅他们表示歉意；

最重要的是：千万不要垂头丧气！任何一个宝宝都有这个啼哭的周期，它迟早会过去的。

第五章 玩耍行为

引　言

进餐后，9个月的小亚历克斯坐在高背椅上，前面放了一张小桌子，妈妈拿了一些餐具给他玩。妈妈在厨房整理卫生，而小亚历克斯就玩着这些餐具：他用汤勺敲打锅盖，用打蛋器（译者注：一种在西方国家非常普及的用来搅拌鸡蛋的不锈钢餐具）在桌子上敲来打去，用木制锅铲和汤勺互相敲打。几分钟后，他开始将这些餐具往地上扔。小家伙饶有兴致地看着餐具怎样掉到地上，并听着不同餐具掉到地上所发出的不同声音，有的餐具掉在小桌子下面，桌子上面马上就空了。小家伙开始向妈妈喊叫，带着求助的目光，伸出空空的双手，要求妈妈把掉在地上的餐具重新给他。妈妈把东西捡了起来，重新放到小桌子上去。小家伙又重新开始玩起来，上面那一幕又开始了。

在这一章中，我们想总结一下孩子的玩耍与游戏行为，也许读者会问，我们是否应该对小亚历克斯那样的玩耍表示担心？还是只要我们明白了孩子玩耍的原因，就可以放任孩子这样玩？我们不应该让孩子就这样简单地玩耍吗？

在西方社会，我们已经有很长一段时间没有研究孩子的玩耍与游戏行为了。父母总是考虑在圣诞节前浏览商品目录，然后考虑买什么样的圣诞礼物给孩子。广告商、心理学家以及儿科大夫对孩子的玩耍与游戏行为也总有他们自己的想法，这些想法所表现出来的一些方式有：孩子单独的时候应该怎样玩，孩子们在一起的时候又该怎样玩，什么样的玩具能促进孩子的身心健康、语言的发展以及社会经验的丰富，等等。那么，这些设想

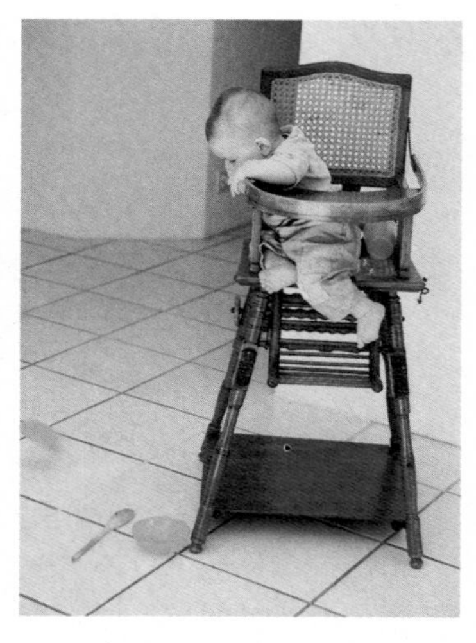

他掉在地上的声音是怎样的呢

真的符合孩子的需求吗?

对孩子的玩耍要予以理解

我们再回头看一看刚才的那一幕：妈妈给孩子餐具玩，是因为妈妈发现，孩子对餐具非常感兴趣。妈妈每天都看到孩子“忙碌”地玩那些餐具，远胜过给他买来的玩具。孩子看见妈妈每天使用这些餐具，这使他们对这些东西特别感兴趣。

亚历克斯用餐具在桌子上敲打，或者用餐具敲打餐具，最后将它们全部扔到地上。孩子的这种行为是会发出响声的，会引起一些大人的反感，有的大人因此不让孩子玩餐具。但是，对于孩子来说，这种玩耍的方法却很重要，能促进他的运动意识。他玩出了声音，不感到无聊，以此打扰正在工作的妈妈。他扔东西并不是在消磨时间，而是一件对他来说非常严肃的事情。通过这种玩法，他得到了很多有意义的经验，它们是：

- 通过餐具之间的互相敲打以及用餐具敲打桌子，亚历克斯开始认识这些餐具的物理学上的特征。他会感觉，一个餐具有多重，大小是多少，形状是怎样的，硬度又有多少，等等；他开始了解，木制锅铲、打蛋器和锅盖互相敲打或者往地上扔之后发出的声音不同。但是，仅仅敲一次、扔一次是远远不够的。小家伙必须一次又一次地重复敲打、往地上扔，他才会最后明白，什么样的材料有什么样的特性，以及怎样区分它们。
- 一些餐具消失在桌子下面。9个月的孩子已经开始有注意力了，虽然东西在他的视野里消失了，但是，他知道，东西还在。为了证实孩子这种正确的记忆力，妈妈必须将东西捡起来重新放到桌子上去，而且要多次反复这样做。
- 最后，孩子会有一种社会概念，也就是说，他想让妈妈和他一起玩。妈妈应该和他一起玩。孩子是不管妈妈是否忙着整理厨房卫生的。

当然，还有一些没有多少意义的理由来解释亚历克斯为什么将餐具往地上扔，他也许是想让妈妈把他从椅子上抱出来，但不管怎样，大人应该理解孩子这种可能令大人反感的行为，毕竟这种行为对于孩子来说是非常有意义的。

现在，我们比较好地理解了孩子从玩耍中想得到什么了，这种理解可以帮助我们克服反感的情绪，而不再把孩子的行为看做是进攻性的或者是毁坏性的。我们应该想一想，除了餐具之外，还有什么样的东西也可以当做孩子的玩具？这样，我们会非常“惊讶”地发现：玩具的含义是广泛的，玩具并不仅仅是从商场购买来的供孩子玩的东西，而是所有在孩子看来可用于玩耍和游戏的东西。同时，更好地理解孩子的玩耍行为也帮助我们更加理解我们作为孩子玩耍和游戏伙伴所扮演的重要角色，增加对孩子玩耍意义的了解，最终告诉我们，不要阻止甚至禁止孩子的玩耍与游戏行为，因为我们对孩子的玩耍意义实在是知之甚少。

什么是玩耍

大人工作，孩子玩耍。工作和玩耍区别何在？一个本质的区别在于玩耍不创造产品。孩子玩耍的意义在于孩子的动手本身。亚历克斯用各种不同的方法来玩餐具，他在玩餐具过程中积攒起来的经验就是玩耍的意义所在。

这并不意味着，孩子的玩耍绝对不是毫无目的的，这个目的可能不是直接的，而是长远的。孩子的玩耍最终会使孩子发展一种具有目的的功能。爬、走路、得到东西等都是在玩的过程中不断锻炼而学会的。最后，他能够有目的的从一个地方走到另一个地方做某件事情。例如，刚开始，孩子只是往大盒子中装或者倒东西。他发现，当大盒子倾斜的时候，东西就出来了，大盒子就空了。过了一段时间之后，当孩子只想让大盒子空的时候，他才会将盒子倾倒。孩子对盒子倾倒的过程已经不感兴趣了。

以下是孩子玩耍的一些特征：

只有当孩子感到安全和舒服的时候，他才会去玩 孩子生病时玩得不多，甚至不玩。累了、伤心或者感觉孤独，会影响孩子玩耍。感觉安全和舒服是孩子玩的前提，所以，细心的父母如果发现孩子对玩失去了兴趣，那么就要想到：孩子是不是不舒服，孩子是不是病了？

玩耍反映孩子的发育状况 将装满东西的容器倒空，然后再填满是一

小孩子在玩耍中互相学习

个2岁、而不是1岁或者3岁孩子的玩耍行为。通过玩，可以观察一定年龄孩子的发育状况，例如：在运动技能方面，3岁的孩子能够在阶梯上爬上爬下；在语言发展方面，一个2岁的女孩开始用电话玩具模仿和妈妈打电话聊天；在社会行为方面，15个月的孩子开始自己用勺子吃饭，等等。

孩子玩东西的顺序是一致的 不同孩子的玩耍行为会在不同的年龄段中表现出来，但是，孩子玩东西的顺序是一致的。比如说，从第二年开始，孩子喜欢将东西放进空的器皿，然后再倒空；1岁半时开始用积木堆积塔楼模型；满2周岁时会堆积火车模型。我们对数百个孩子的玩耍行为进行观察后得出如下结论：孩子装满和倒空器皿、堆积塔楼和火车模型的年龄可能不一样，但是这个顺序是一样的，也就是说，孩子只有先会堆积塔楼了，才会去堆积火车模型，从来没有发现过会堆积火车模型了，但还不会堆积塔楼模型的小孩。

玩是包罗万象的 在此，我们所说的孩子的玩耍行为是指包括所有文化背景下的孩子的玩耍行为，但孩子玩耍的方式方法和孩子们生活的环境一样丰富多彩。仍然拿“装满和倒空器皿”为例，在欧洲，孩子用的是塑料铲子和沙；在印度，孩子用的是桶和泥土；而在印度尼西亚的巴厘岛上，孩子用的却是南瓜掏空后的外壳和南瓜子。所以说，孩子的玩耍行为和孩子的年龄、所处的文化背景以及不同的几代人和不同的社会环境有关联。

看孩子玩 看着孩子玩耍。在玩耍时，孩子想被关注，而且也必须要被关注，他需要别人监督他的行动，以便使孩子感到他的行为是被人关注的，于是就保持这种玩的兴趣，从而使孩子的玩耍行为变成一种有意义的事情，成为孩子的一种经验。

沃特森（Watson）的研究展示了监管对于学习经验的重要性。请看图中的A组、B组和C组。我们在三组8个月大孩子的小床上方每天悬挂10分钟一个可移动的玩具。A组只是一个普通的玩具；B组上方的玩具每分钟有5秒钟会动一下；C组孩子小床的上方所悬挂的玩具用传动装置连着，只要小孩的脑袋一动，悬挂的玩具就会动。

这样过了3周后，孩子的反应是截然不同的。A组和B组孩子的脑袋运动几乎没有变化，而C组孩子的头部运动明显增加，C组的新生儿在很

一个 8 个月的孩子在玩耍和游戏过程中的“自主”意义

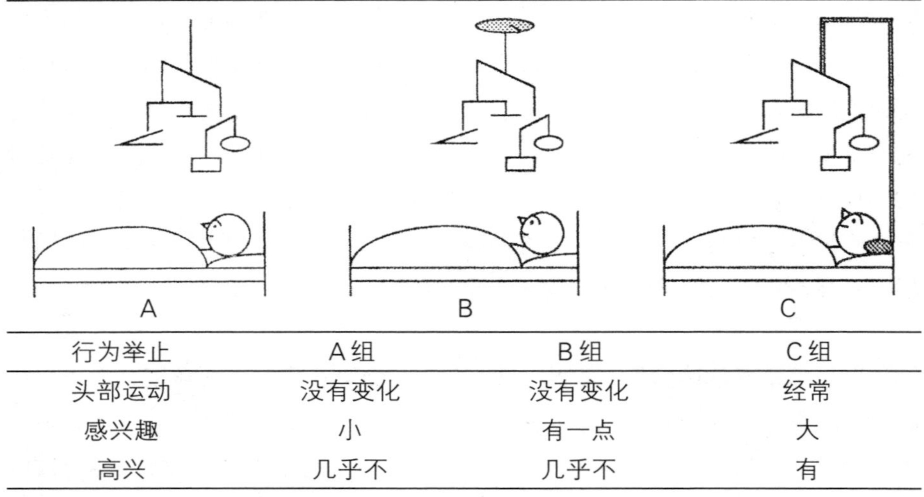

行为举止	A组	B组	C组
头部运动	没有变化	没有变化	经常
感兴趣	小	有一点	大
高兴	几乎不	几乎不	有

A组只是一个普通的玩具；B组上方的玩具有规律地间隔一段时间就动一下；C组的玩具和孩子的头部运动联系在一起。3周后，三个组的孩子对玩具的经验不一样（沃特森 Watson）。

短的几天内便明白了，他们用头部运动可以影响玩具的运动，他们对玩具的兴趣越来越大，而A组和B组的孩子过了几天后对上面悬挂的玩具就不感兴趣了，C组孩子比其他两组孩子更能微笑、逗着玩和露出高兴的脸部表情。

这个试验表明：新生儿就有“玩中求知”的能力了，他们可以感知自主活动的影响，根据一种状态调整他的行为，并有针对性地对外部世界施加影响。如果没有传动装置，会是什么情景呢？行动很少受到监管和关注的婴幼儿是否有影响环境和通过经验学习的能力？

因为新生儿的运动机能还非常有限，还必须求助于其他人作为他的玩伴。父母、哥哥姐姐、其他抚养人，包括那个传动装置，都能够对他的运动作出反馈。如果他不舒服，双腿又蹬又踢，哭了，妈妈就会把他抱起来；如果他在爸爸的怀里发出声音，爸爸可以模仿这种声音，孩子会觉得很有意思；如果他对哥哥姐姐发出微笑，哥哥姐姐也对他微笑，并跟他说话。所有这些都会使孩子得到丰富的经验，从而证实这样一个观点，即他的行为方式会引起信赖人一定的、可信任的相关反应。

天生的玩中取乐 上述试验还说明了孩子的一个重要特征：孩子对于玩耍有天生的兴趣，即使他是很认真的。作为观察者我们发现：孩子喜欢玩耍并且对它们很感兴趣，孩子总是带有感情地参与玩耍。

孩子的这种“玩中求知”的方法与我们成年人“熟能生巧”的方法是不同的。婴儿的自控能力差，只有在玩的过程中自然地学会某种能力；而成年人自控能力强，可以强迫自己学会某种能力。两者学习的过程是不一样的，所以，当孩子学吃饭的时候，如果妈妈教导式地告诉他应该怎样拿刀叉吃饭，其效果远不如让孩子自觉学习吃饭好。因此父母应根据孩子的需求而不是自己的意愿来教育孩子，也就是说，要将学习化作孩子一种玩的乐趣，使孩子自觉投入，方可奏效。

那么，孩子所有的活动都带有玩中取乐的意义吗？我们当然不能将孩子所有的活动都用玩耍来解释，只能说大多数孩子的活动带有玩耍的意义，但也有一些则完全是自然发育的需要。比如，新生儿喜欢叼着奶头吃奶，这是一种直接的有目的的行为，而绝对不是一种玩耍行为。

孩子为什么要玩

不光是小孩，就是动物，特别是智商较为发达的动物也喜欢玩。动物和小孩玩的方式有的甚至是一样的，但有的只有人类才有。

熟练天生的“本领” 这种玩法在动物中非常普及，而且，不管年龄大小，这些动物的动作几乎相同。小动物平日“练习”时就特别认真，如同“实弹演习”，比如小猫逮老鼠：在真正抓老鼠前，小猫喜欢追着一团黑糊糊的绒线团玩耍，用前爪子把它抓住，放开，突然使劲咬住它。这个动作一而再，再而三，不厌其烦。小猫在玩耍中不断地练习抓老鼠的本领，等它长大了，它就可以捕捉老鼠自己养活自己了。

小猫的这种玩法是天生的，它没有必要从“父母”那儿学习这种本领，只要是在逮老鼠的时候，猫逮老鼠的各种姿态就会在小猫身上完美无缺地展示出来。

从孩子身上，我们也可以观察到这种天生的行为方式在玩耍中表现出来。孩子早期的运动机能大都源自遗传的行为模式，不用父母教。到了一定的年龄，孩子自然就会爬，但他也是在玩耍中不断练习爬的；如果他迈出了第一步，他就会“不知疲倦”地练习走路，而不一定要有什么目的；再如，我们平时所说的用五指像钳子那样抓东西的本领，小孩是在不断地从地上捡东西，如面包碎片和细绒线的过程中学会的。

感知物质世界 出生后的第一年里，孩子就通过接触来认识这个物质世界，但他首先是通过嘴巴和手，而不是眼睛来认识物体的。

婴儿将东西往嘴里塞、转动，用嘴唇和舌头来感觉这个物体，然后放回手中，最后往地上打。这些动作也是婴儿天生就具备的，不是通过模仿得来的，父母也想不起来教孩子用嘴巴感知事物。婴儿这种用嘴巴和双手来感觉物体的玩法要达数月之久。孩子 1 周岁时，观察物体才成为孩子了

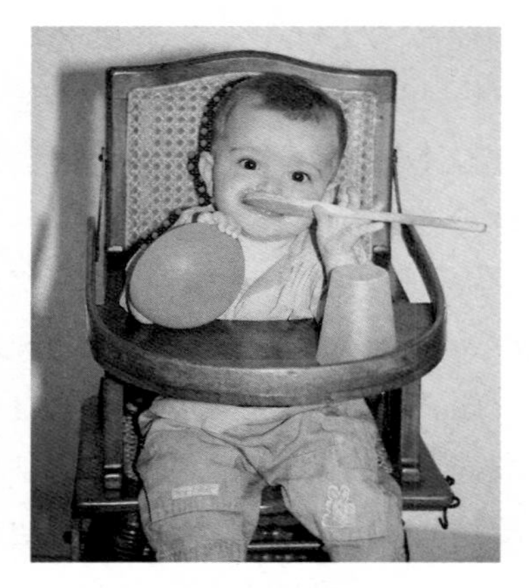

通过嘴唇和舌头感受

解外部世界的主要方式。

通过嘴巴、双手和眼睛，孩子认识了物体的物理特征如大小、形状和重量并将它们区分开来。

从模仿中获取能力 人类社会的关系结构、交往方式以及文化背景非常复杂，孩子需要 10 ~ 20 年的时间才能通过模仿学会重要的行为方式。强烈的模仿需求具有特别重要的意义，而可模仿的对象（即榜样）的存在是非常必要的。

在不同的发育领域，模仿影响着孩子的玩耍方式：

- 在最初的几个月中，和别人一起玩耍是孩子重要的玩耍行为。新生儿已经能够模仿简单的面部表情。在头两年里，孩子能在玩耍中学会站立、行走以及家庭和社会中人与人交往所需的面部表情。社会行为有着很大的文化背景差异，比如：一种文化是，人们在互致问候时要看着对方的眼睛；而另一种文化是，人们在互致问候时却是通过低头、眼睛向下看、避免目光接触来表达的。通过模仿，孩子学会了这些行为习俗。
- 在早期语言发育中，模仿起着多种

现在娃娃要睡觉了

多样的作用。第一年，孩子开始模仿在家中听到的发音，孩子的发音越来越适应他的语言环境；第二年，孩子在玩耍中模仿父母、兄弟姐妹以及其他熟悉人的说话方式，他会像妈妈那样拿起玩具电话说话，或者像哥哥那样教导玩具熊应该做什么，不做什么。

- 大约快1周岁时，孩子开始模仿一些简单的动作，如摆手再见或拍手鼓掌；接下来的几个月中，孩子开始模仿如何使用物品，试着用勺子吃饭或用梳子梳头；从第二年开始，孩子会和娃娃、玩具熊一起玩一些简单的游戏；接下来的几年里，孩子通过模仿不断玩有关家庭和社会日常生活中有一定意义事情的游戏，如购物、看病、婚礼等。

我们已经知道，天生遗传就具备的动作模式基本相同，但是，那些通过模仿得来的动作模式却不同。例如，在瑞士、德国和意大利，小孩子的面部表情各不相同；婴儿嘟嘟囔囔的“聊天”也带着各语言的特征；欧洲的孩子用勺子吃饭，印度的孩子用手吃饭，中国的孩子则用筷子。孩子通过模仿得来的行为方式受其成长的文化环境影响。

人类这种通过模仿得到的行为方式也可以从一些高级哺乳动物，特别是黑猩猩身上观察到。为了能吃到蚂蚁，黑猩猩用一根树枝插在蚂蚁洞里，一直等到蚂蚁牢牢地爬到树枝上，才小心翼翼地取出树枝。从2周岁起，小黑猩猩开始模仿这个动作，它一边玩，一边试：多粗、多长的树枝才能插进蚂蚁洞？多长时间蚂蚁才能牢牢地爬到树枝上？怎样取出树枝才会不碰掉蚂蚁？大约需要3年的时间进行模仿与自身经验的积累，黑猩猩才能敏捷地吃到渴望得到的“美味佳肴”。

同样，小黑猩猩模仿老黑猩猩如何砸开坚果：把坚果放在硬的东西上面，用粗树枝或石头砸开。小黑猩猩在一旁非常认真地观察这一过程，并试着去模仿。起初，它们往往会失败，比如它们忽视了应把坚果放在硬物上。此后，它们把坚果放在石头、树根或蚂蚁堆上逐渐积累经验。

猩猩用石头去砸碎坚果

猩猩试图用树枝去逮蚂蚁吃

空间经验的积累 从2岁起，孩子在玩耍的过程中分析物体与物体间的空间关系。孩子通过诸如填满和倒空容器以及搭积木等游戏来积累空间经验。

了解因果关系和分门别类的规律性 孩子在玩耍中了解物质间的因果关系。8个月的婴儿已经明白，拉开音乐盒的带子就会发出响声。他在玩耍中发现，既不需要摸，也不需要扔，或放进嘴里，音乐盒就会响起音乐声。总之，只要拉开音乐盒的带子就肯定会有成果。

2周岁时，孩子就能区别物体的一些特征，如形状和颜色等。他明白，哪些物体是相同的，哪些是不同的。根据一定的特征来区分物体的能力是一个人逻辑思维的基础。人类这种抽象的思维能力刚开始时也是在孩子玩耍和游戏的过程中逐步具备的，例如，孩子把刀、叉、勺分类摆放整齐。

这种玩法即使在头脑较为发达的动物中也几乎没有，猿猴只能为了某种目的而使用一种东西。猿猴在自然界中用它的双爪逮昆虫，或者在动物园里用棍子“钩”笼子外的香蕉。和人类相比，它们对因果关系和分门别类的理解是非常有限的。人3岁时就已经比成熟的猩猩对外部环境及其内在的关系理解深刻得多。

所有孩子玩的都一样吗

孩子们的玩法是不一样的，这一点对于那些有几个孩子的父母是很明显的。

玩法不一样有两层含义。一层含义是：同样的一种玩耍行为在同龄的孩子中具体玩的时间是不同的 例如，对事物进行观察，有的孩子在8

个月时就开始了，而有的要到10个月时才开始。

另一层含义是：不同孩子对同一种玩法的程度不一样 例如，将东西往嘴里塞，有的孩子次数多，有的孩子次数少；有的孩子好几个星期对拉抽、将东西装满和倒空容器感兴趣，而有的孩子，令他们的妈妈很高兴的是他们几天就玩腻了。

女孩男孩玩的不一样吗

在最初的两年中，男孩和女孩在玩耍行为方面只有很细微的差别。我们的研究表明，18个月之内的孩子没有性别上的差异。如果我们让男孩玩玩具娃娃、奶瓶和梳子，他们表现出来的玩耍行为和女孩完全一样，给玩具娃娃喂食，给它们梳头发，而此前，他们是从来没有玩过玩具娃娃的。

男孩有机会玩娃娃时，他们玩的方式也和女孩相同，同样，男孩与女孩一样都喜欢将东西往嘴里塞，把空箱子装满东西、然后再倒空以及在妈妈做家务时模仿妈妈的动作。

2周岁时，女孩和男孩的玩耍行为就有细微的差别了：男孩倾向了解，而女孩倾向形象性的玩耍以及一起玩。我们做一个试验：给孩子们一些玩具，加一个灶台。女孩喜欢玩“在灶台上烤东西，然后给玩具娃娃吃”这种游戏，而男孩则试图把灶台拆开；女孩喜欢玩她曾经玩过的东西，而男孩则想知道：这个灶台是怎么造的，以及它是怎么工作的？在3～6岁孩子中做的很多试验表明，孩子满2周岁之后，性别差异就越来越大了。

兄弟姐妹一起玩耍和游戏

从父母给孩子所购买的玩具中更可以看出男孩和女孩的差别：父母给男孩买汽车、火车和飞机等玩具，而给女孩买家务和卫生等玩具。

玩　具

小孩天生就喜欢玩“从周围环境中得到的东西”，特别是大人们手中拿的起着重要作用的东西，孩子们尤其感兴趣。但是，有些东西，例如子弹和武器等会伤着小孩和大人，大人当然不能给小孩玩。所以，玩具最初源自大人想避免给他们自己和孩子以伤害的设想。在史前时代，人类就已经做了专门供孩子玩耍用的餐具等东西，此外，我们在对苏黎世湖畔木桩建筑的挖掘中还发现了专门供孩子玩耍用的类似厨房锅子的“玩具”。在现代居室内，一系列的用具如灶台、吸尘器和电视机等为父母天天使用，这引起了孩子莫大的兴趣，但父母总是想让孩子远离这些东西，于是，玩具厂家生产的玩具能帮助他们。

父母给孩子玩具玩的另一个理由是：父母能够安排做自己的事情。他们让孩子单独在房间里玩，而少打搅他们，但是，这种做法并不迎合孩子对玩具的本意。孩子可以单独玩，有时也想单独玩，但并不是绝对的。孩子也想和大人一起玩，这样，在游戏的过程中，孩子的情绪才会高涨起来。

专家和越来越多的父母总想用玩具有目的地促进孩子在某些方面的发育。于是，各种各样的活动中心等供孩子娱乐的场所应运而生，以用来促进孩子在视觉、运动机能和心理等各个方面的成长，但是，从长期看，这种在婴儿时期所做的“促进努力”到了学校以及社会并没有产生多大的作用，父母的愿望往往导致了对孩子玩耍兴趣的滥用。

实际上，不光是孩子，连父母也被那些玩具商“耍”了。玩具商有一种嗅觉：要生产出不仅吸引孩子，而且还要吸引父母的玩具。大人在商场购买玩具时，被玩具精美的做工和商场宣传上的设想所倾倒，而很少考虑这些玩具的缺点。所以，他们总是喜欢优先考虑买那些木制、特别是手工玩具，而忽视塑料玩具。那么，木制玩具就一定更适合孩子们吗？根据制作的不同，婴儿也许更喜欢塑料玩具，因为塑料玩具给婴儿更多的可能性来了解它们，婴儿通过嘴、手和眼睛来认识这个塑料玩具，而有的木制玩具婴儿不太容易用嘴、手和眼睛来认识它们。

一个东西能否成为孩子的玩具，并不是父母和专家决定的，而是由孩子本身决定的。父母可能会感到非常惊奇：钥匙链对于一个 1 岁的孩子来说可能是一件非常具有吸引力的玩具。钥匙链是由大小和形状不一的各种钥匙组成。如果抖动钥匙链，各把钥匙将重新排列组合，而且还会发出响声。最后，父母天天带着钥匙链使孩子也感到很有意思。玩具商们发现了这一点，于是用塑料制作了钥匙链给婴儿玩。钥匙链的这个例子告诉我们，即使在父母看来并不是玩具的东西，在婴儿眼中也可能是很合适的玩具。

那么，父母如何确定给孩子玩什么样的玩具呢？试着观察一下孩子对这个东西是否感兴趣！在此，我们一定要扩大我们的视野，眼光不要盯着玩具商场，而首先应该看一看自己的家中以及周围的环境中是否有小孩喜欢玩的东西。我们不妨回忆一下小亚历克斯喜欢玩餐具的情景。

一起玩

任何一个年龄段的孩子都是能够以及愿意单独玩的，但同时更愿意和父母及其他孩子一起玩。那么，大人怎样才能当好孩子的游戏伙伴呢？

孩子越小，父母越直接地调整孩子对玩耍和游戏的态度；孩子越大，父母越试图孩子在玩的过程中给以一种启迪，但实际上却毁灭了孩子无拘无束的玩耍。我们重新回忆一下，对孩子重要的是玩耍和游戏本身，而不是最终的目的。例如，爱娃正费力地穿靴子，对她来说，穿靴子这个过程比穿了靴子后站起来要重要得多。她在想，她自己能不能穿靴子，以及怎样才能穿上靴子。这时候，如果我们任何一个在场的人出于好心帮助她穿靴子的话，那我们实际上是毁灭了她的自立，我们没有给她做好事，反而是做了坏事。

如果我们想和孩子一起玩，我们应该常常注意孩子们的兴趣以及兴奋点，来获知孩子处于哪个发展阶段。这是什么意思呢？上页的图展示了18个月大的玛蒂娜喜欢搭积木塔。她的表情透露出，她很喜欢搭积木塔。玩了一段时间后，她被要求拼出一辆玩具火车，经过努力，她没有成功，她还只能搭积木塔，最后她失望地放弃了。

从玛蒂娜的例子我们学到了什么？当我们陪孩子玩时，他们可以影响我们的行为。

过高地要求孩子，即我们让孩子做一个游戏，但高出了他的发育水平，对此，根据性格的不同，孩子的反应是不一样的：

- 把玩具一扔，玩她自己的游戏；或者象路蒂那样拒绝游戏。也就是说，堆积小塔模型这样的游戏不适合这个年龄段的孩子，玩“空盒子填满倒空的游戏”才适合；
- 刚好符合孩子的发育状况。西梦就是这样的例子：堆积小塔模型符合她的发育水平，所以，小家伙玩起来特别带劲；

- 低估了孩子的能力，即我们希望孩子玩一种游戏，但是她对此不感兴趣。勒亚的年龄已经过了堆积小塔模型的年龄，所以，她超越了父母的要求，而堆积起了火车模型。

如果我们让孩子玩适合其发育水平的游戏，孩子就会按照大人的意思去做，否则，过高或者过低的要求都会导致孩子的拒绝。衡量游戏是否符合孩子的发育水平，一个非常行之有效的方法是看孩子所表现出来的神情是高兴的、感兴趣的，还是没有兴趣的、消极的，后者即表示过高或者过低地估计了孩子的能力。如果孩子感兴趣，就像玛蒂娜搭积木塔时神情是高兴的，那么这个游戏就是有意义的。如果孩子是消极的或者神情是不感兴趣的，那么可能我们的要求过高或过低了。

玛蒂娜积极地搭积木塔，搭火车的要求对于她有些高

但是，如果我们实在难以知道孩子的发育水平是什么样的话，那我们该怎么办呢？与其拿东西给孩子玩，让他做一种游戏，倒不如就是简单地让他自己玩，而我们呢？则观察他的动作，甚至模仿他，他会感到被肯定，从而欢迎我们。

有时候成年人也会感到为难，孩子成了监督者，当我们积极地参与到孩子们的游戏中时，会有一些很棒的经历，这时我们就应该感谢孩子们了。

如果父母是好的玩伴，就会是更好的榜样。孩子2岁时喜欢看父母、兄弟姐妹以及大人和其他孩子们的活动。他有一种欲望，即喜欢模仿他所看到的发生的事情，而且试图尽可能地融入到成人们的活动中来。同

和爸爸一起了解自然

时，孩子也确实具备了模仿大人一些动作的可能性。孩子越来越多地有机会用他的灵巧和组织能力来帮助大人干活：比如，一起帮助大人用桌布将餐桌盖上、餐后的收拾或者给室内植物浇水等；如果父亲星期天早上刮胡子，孩子会帮着父亲弄刮胡子的泡泡；如果父母写东西，他也会用一支笔在纸上乱涂乱画，给父母拿胶带或者装订文件用的打孔器；在邻居的工具房里，整齐地摆放着一系列的螺丝和钉子，孩子第一次获得了用榔头和钳子的经验；特别有意思的是，如果奶奶和孙女一起玩“喝咖啡”的游戏，奶奶喝着咖啡，而孩子则假装喝咖啡。

孩子最好的模仿对象是同龄人或者比他大的孩子，这些孩子的行为比较成年人更容易被接受和模仿。在游戏场上，小孩起先并不和其他孩子一起玩，而是先观察他们怎么玩，几个小时甚至几天，孩子一直在模仿之中，这时，哥哥姐姐以及其他的孩子是最理想的师傅。

注 意

小家伙们也喜欢玩父母经常用的日用品，如剪刀等。但是，父母最好将这种比较危险的东西放在孩子拿不到或者不知道的地方。

但同时，我们又可以将那些对孩子来说潜在的危险品放在孩子的“直接监督”之下，因为只有这样，孩子才知道如何与这些危险品打交道，从而发展孩子自身防卫意识和能力。

最后，有些东西并不危险，却是父母喜欢的并且价格昂贵的，例如相簿。这些东西只属于父母，父母应该小心地给孩子这些相簿并且和他们一起看，这对于孩子来说简直像过圣诞节。应该给孩子那些只属于父母的东西，这样，能让孩子学会珍惜他人的东西。

引言和其他章节都不是对孩子2岁前玩耍行为的全面论述，而只是描述了其中的一部分，还有许多孩子的玩耍行为在此没有提到，或者只提到了一点。孩子并不只是玩积木、玩具娃娃，还玩沙子、土、水，也对动植物感兴趣。因此，家长应注意观察本书没有提到的孩子的玩耍与游戏行为方式。

每个孩子都能创造新的游戏。可是，那些所谓能够极大地促进孩子在智力、语言和社会经验方面的游戏并不存在。因此，我们千万不要单凭自己的想象而阻止孩子发挥自己的游戏能力！是孩子、而不是大人决定什么是游戏。

要点概述

1. 孩子在玩耍中积累经验，这些经验对孩子的社会行为、智力和语言能力的发育具有重要意义。
2. 孩子游戏的意义并不在于其结果，而在于其过程本身。
3. 游戏是有趣的，而且由孩子来决定；游戏与熟练或训练无关。
4. 孩子的游戏具有年龄特征：要与其发育阶段相适应。
5. 孩子游戏的行为方式有着相同的时间顺序，但不同的游戏方式出现在不同的年龄阶段，并有不同程度的表现。
6. 2 岁前，男孩和女孩的玩耍行为几乎没有什么差异。
7. 孩子游戏是为了：
   - 熟练天生的“本领”；
   - 感知物质世界；
   - 将行为和使用物品相吻合；
   - 通过模仿获得社会和语言能力；
   - 发现空间、因果以及类别的规律性。
8. 大人的作用在于：
   - 成为小孩模仿的对象；
   - 成为小孩游戏和玩耍的伙伴；
   - 提供玩具。
9. 如果我们参与孩子的游戏和玩耍，对孩子的要求必须符合他的发育水平。

出生前

莫妮卡已经怀孕8个月了，慢慢显现隆起的肚子，已经可以透过衣服看出来了。蒂姆感觉，他的手放在肚子上时，孩子的运动越来越剧烈了。没出生的孩子会玩吗？

胎儿会玩耍吗？胎动被认为是运动机能的发育，同时也可以被认为是玩的表现，比如胎儿吮吸大拇指或者蹬腿等，这种动作在新生儿那儿也能观察到。

对此，请详细参阅“第二章：运动机能”。

要点概述

一系列的胎动都可以被认为是胎儿的玩耍行为。

0～3个月

当看到外孙女亚力山大戴的白手套曾经是她女儿小时戴的手套时，外祖母不禁喜形于色。母亲也感觉到了，虽然这副手套不太保暖。

原来，外祖母看到亚力山大一直在使劲地吃她的小手，她的脸上也被小家伙细嫩的指甲挠得一道道的，所以，外祖母就将白手套从阁楼的箱子中取了出来。

尽管在孩子出生后的最初几个月内，没有大人的帮助，孩子是抓不到玩耍的东西的，但是孩子一诞生到这个世界上来就是玩。新生儿的玩具有“社会性质”，也就是说，他虽然可以单独玩一会儿，但孩子玩的本身并不是单一的，而是和家庭、邻居和周围的人有关联的。新生儿用眼睛、面部表情和发出的声音来玩，对此，他需要一个对象，比如一件东西、一个人等和他一起玩，这就是孩子玩耍的社会意义。

新生儿可以自己通过不同的方式用手来玩耍，这个玩耍是他4、5月大时能够自己抓得着东西玩耍的准备。

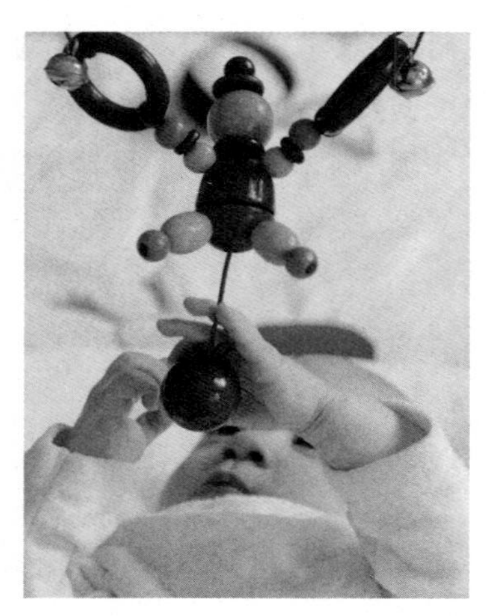

开始玩玩具

和别人一起玩耍

新生儿对其他人特别感兴趣，他不光想看兄弟姐妹，听他们说话，而且还想和他们一起玩。如果一个人总是变着法子将他的脸朝着小宝宝，同时把眼睛睁得大大的，不断重复亲昵的话，声音逐渐提高，小宝宝会高兴得不得了。宝宝不光被大人的这种“演出”所倾倒，而且还试图参与：他会不断地改变他的面部表情，手舞足蹈，口中不断念念有“词”。宝宝出生后不久便这样会和大人开始一种互相变换着的游戏了。

但是，必须指出的是：新生儿这种和大人一起玩耍的能力是极其有限的。新生儿和婴儿接受外部刺激的感受能力以及表达能力并不发达，小宝宝需要很长时间来接受一个刺激并适应它。宝宝适应这个刺激依赖于这个刺激的强度、持续的时间以及重复发生的频率，他需要很长时间才能做出响应，如脸部表情的变化和发出声音等，但宝宝这种对周围环境的反应持续的时间很短，因为宝宝马上就累了。

父母总是能直接地适应孩子这种有限的和别人共同玩耍的能力。母亲逗着孩子玩的行为有如下特点：她总是夸大其脸部表情、身体和语言上的表达方式。妈妈表露出来的脸部表情特别明显，尤其是嘴巴富有表情，眼睛也故意睁得大大的，她不断对着孩子摇头晃脑，点头，整个身子也猛烈晃动，她的脸上总是表现出一种惊讶的神情。妈妈会慢慢地放松这种表达方式，然后又开始简单地重复；妈妈的语言表达方式总是那么简单，集中在很少的几个音节上，然后说话的声音放慢，音量不断提高，如此反复。

一起玩耍，都有乐趣

母亲不光是简单地改变她的行为方式，而且还会根据孩子有限和缓慢的表达能力来调整她的动作。她能感觉到，孩子需要很长时间才能自我表达出来，妈妈对待孩子总是非常有耐心，她等待着孩子的眼睛放射出“光芒”以及“迸出”声音来。

对此，科学家做了一些实验和研究，课题是：母亲被要求故意改变上述对小宝宝的夸张行为，然后看看新生儿的反应是什么？比如，她们被要求像对待成年人那样对待她们的新生儿，也就是说，收回她们那明显和夸张的面部表情，不要连续重复某种动作，不要故意放慢她们的动作。由于母亲的行为不符合孩子的观察和接受能力，孩子迅速失去了与大人进行正常玩耍与交流的基础，或者说孩子根本无法接受大人的行为。所以，孩子的反应是呆滞的，并最终拒绝和大人一起玩了。如果母亲一直这样做，孩子希望与母亲适度的接触就受到了伤害。

类似的还有一种极端的实验，即进行一种所谓“板脸实验”：母亲被要求一点也没有面部表情、身体运动以及语言表达地坐在孩子面前。不一会儿，孩子就受不了了，他使劲表现出面部表情、不断地用声音以及手臂和身体摇晃得越来越厉害等方式来换取妈妈的反应，如果孩子费了“九牛二虎”之力，妈妈没有一点反应，仍然板着脸，孩子就开始哭了，动得也不厉害了，就会闭上眼睛或者入睡。孩子这种强烈的反应往往使很多母亲还没有把实验做完便提前结束了，因为妈妈们于心不忍哪！

在玩耍与游戏过程中，新生儿不可能进行多次变化，或者只能变化一次，这一点我们可以从孩子和陌生人，而不是与妈妈一起玩耍时看出来。当新生儿和陌生人在一起时，他的表达是拘谨的，而且很难像和妈妈或者熟悉人那样调整他的玩耍行为。与妈妈和熟悉人一起玩耍相比，新生儿与陌生人在一起玩耍时配合不太默契，持续的时间要短。

那么，为什么妈妈和孩子之间在玩耍方面的交流是独有的呢？最重要的原因之一也许是：每一个人的行为方式都有独特的一面。有的妈妈脸部表情特别丰富，有的妈妈声音表达能力特别强；与此相类似的是，不同孩子的观察能力和表达能力也是不同的，这在新生儿身上就已表现出来。有一些新生儿，对妈妈的脸特别感兴趣，有的喜欢听妈妈的声音，有的喜欢被亲昵地搂抱着。（参见“第一章关于行为0 ～ 3个月”）

母亲和新生儿之间的交流是在日常生活中逐渐发展起来的。由于妈妈不断地满足宝宝在身体上的需求，所以，不管是妈妈给孩子喂奶或者用奶粉喂他，还是妈妈给宝宝换尿裤、让宝宝躺着睡觉，妈妈在抚养宝宝时越来越多地带有玩耍的性质。妈妈和宝宝不仅在行为方式方面越来越趋于默契，而且通过他们之间内在的认识在他们当中产生了一种愿望：双方都希望在一定的情况下进行互动。这个互动行为以及愿望中的协调性便构成了“母——子关系”的独特性，而孩子和其他人之间的行为和愿望的协调性是相当有限的。

这是否意味着，婴儿只能和他们的父母建立关系？大多数专家不这样认为。孩子们建立关系的能力是没有界限的，只是他们需要时间来认识一个人，但是婴儿是有能力和更多的人建立关系的。在刚出生的几周里他们已经适应了父母及兄弟姐妹们不同的游戏方式了。当孩子对你感兴趣，你和他之间就可以建立关系，只是需要时间。我们和孩子都需要时间，在玩耍中互相熟悉。

正确的标准

很多出版物总结说，忽视孩子的身心健康对孩子的早期发育会产生负面的影响。毫无疑问，孩子缺乏照料对孩子产生的后果是很严重的。但是，是不是说，母亲对孩子照顾得越细致，孩子的发育就越好呢？或者说，母亲越亲近孩子，孩子与周围人和社会的交流能力就越强呢？或者换另外一种提问方式：照顾孩子有没有一个正确的尺度？如果有的话，那么，这个尺度是什么？

我们来分析一下出生才两天的阿力克斯和妈妈所做的“对视游戏”也许可以给我们一点启示：这个标准尺度是什么？

阿力克斯躺在妈妈怀里，仔细地瞧着妈妈的脸，听着妈妈讲话，脸上露出表情，嘴里也发出声音。2分钟后，阿力克斯看上去累了，这个游戏使他筋疲力尽，他将头和眼睛从妈妈的脸上移开，毫无目的地看着整个空间，不再盯着某一个具体的物体。当妈妈试图重新做这个游戏时，她没有成功。宝宝目光呆滞，脸部没有表情，身体也不动，这表明，宝宝还没有做好准备和妈妈重新做这个“对视游戏”。最后，宝宝逐步缓过神来了，他重新将目光移向了妈妈，看着妈妈的脸，但是不一会儿，他又将目光从妈妈眼中离开。妈妈又得重新努力将宝宝的目光移过来，尽管这些动作持

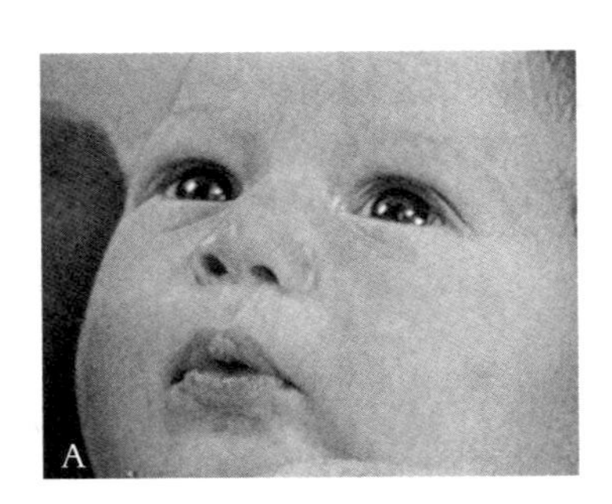

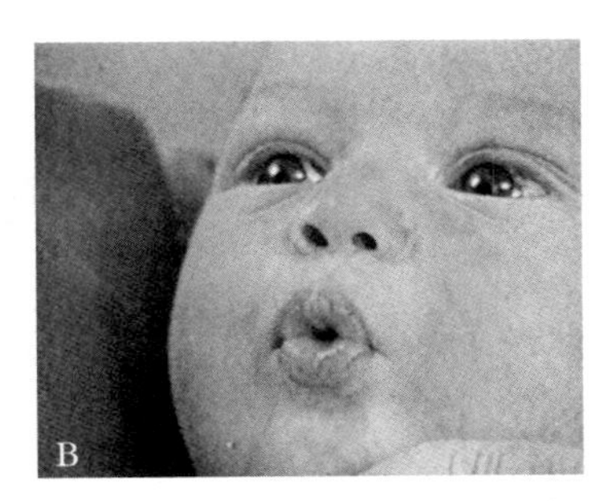

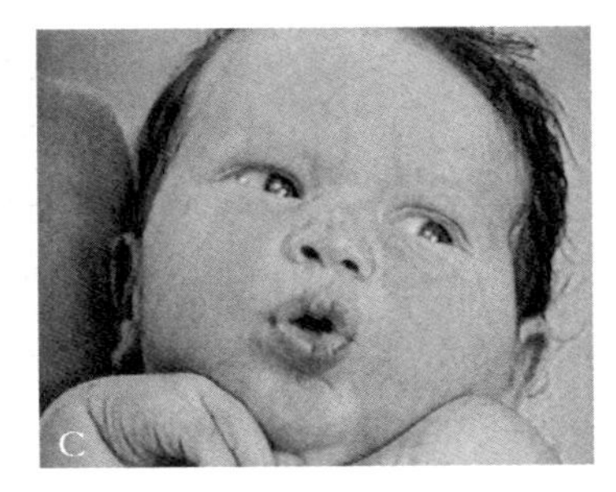

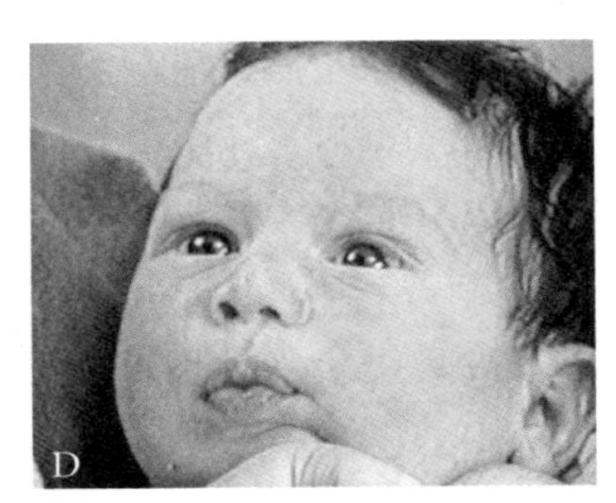

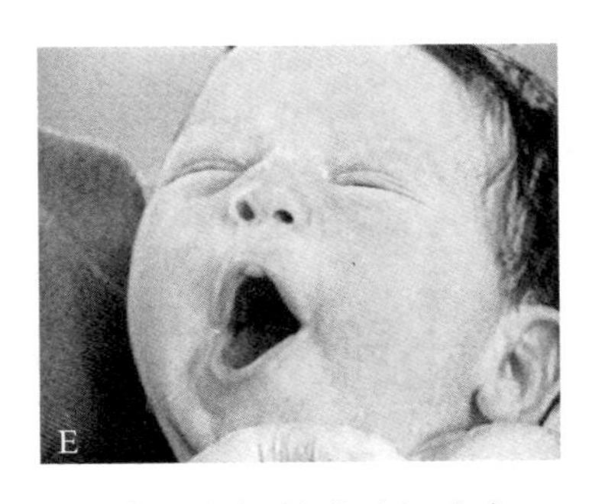

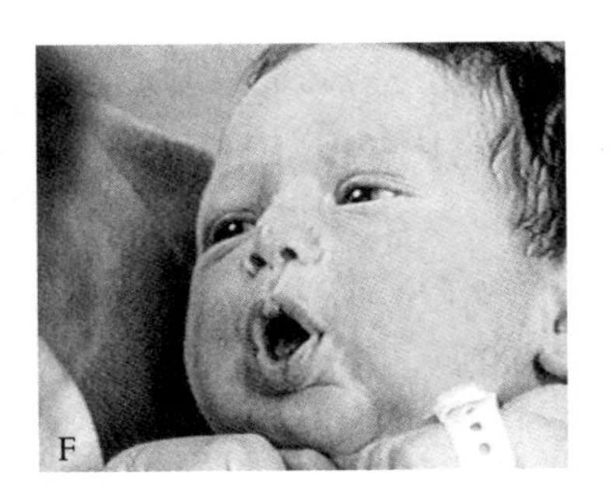

阿历克斯和妈妈的对视游戏

续的时间很短。

阿力克斯和妈妈所做的这个对视游戏持续的时间是非常短暂的。我们知道，与较大的孩子和成年人相比，新生儿接受一种刺激、并将其反应表达出来需要较长的时间，新生儿累的速度也较快。对于阿力克斯来说，他积极响应妈妈的要求需要付出很大的努力，他只能在很短的时间里才有这种精力。

母亲想让宝宝提前回到这个游戏中来，但没有成功，只有当孩子缓过神来重新转向妈妈时，这个游戏才能继续下去。如果这时妈妈非逼迫孩子转过来继续这个游戏的话，那么，不同孩子因为性格上的不同会做出不同的反应：阿力克斯的反应是将眼光和身子不再转向妈妈；有的宝宝可能会屈服于妈妈的压力，将眼睛和身子转过来，但是非常不情愿；有的宝宝可能会打喷嚏、打哈欠，并昏昏欲睡。

和宝宝一起玩耍和游戏是一种“变换着的游戏”，也就是说，宝宝对游戏的兴趣以及要求被照顾是随着宝宝是否缓过神来重新有兴趣做这个游戏而变换着的。不同宝宝对共同游戏的兴趣以及重新做这个游戏的兴趣是不同的，我们必须尊重孩子这个早期发育的特征，以便我们不要过低或过高要求孩子。

那么，父母应该怎么做呢？很多研究表明：父母不仅天生就具备了一种理解宝宝行为的能力，而且能够适应孩子各不相同的接受和表达能力。父母能感受到：孩子什么时候准备玩，什么时候累了，什么时候想睡觉了，等等。

没有一个专家能够对父母说，他们的孩子需要多少照料和游戏，需要什么方式的照料和游戏。孩子的要求只有父母才知道。对父母最大的建议是观察。如果父母试图将一些读来或听来的抽象的“设想”在自己的孩子身上实现的话，这对孩子来说是没有好处的。很遗憾的是，有这么一个设想非常普及，即认为父母和他们的孩子做游戏越多、或者孩子被照顾得越多，孩子的发展，首先是心理上的发展就越好。这种设想是错误的，它往往导致父母对新生儿要求过高，结果是：由于秉性的不同，有的孩子哭了，有的抵触情绪很大，有的昏昏欲睡，父母是“吃力不讨好”。

每个孩子对游戏和再游戏都有他自己的需要，父母应根据孩子的需要确定自己的行为。如果孩子对游戏感兴趣，他会表现出来，大人就应该帮助孩子完成他的愿望——和孩子一起玩耍；如果孩子对游戏不感兴趣，他就是想安静了，大人就不要和孩子一起玩了。

用手玩耍

虽然新生儿自己玩耍、游戏的能力是非常有限的，但是，他的玩耍也不一定只能依靠母亲或者其他抚养者才能进行。新生儿首先可以用手来自己玩耍，这个玩耍是孩子到4、5个月时可以用手抓东西前的准备。

我们可以观察到以下用手玩耍的方式：

吃手（手嘴协调） 胎儿4个月时就开始将手放进嘴里“吃手”了，所以，新生儿总是吃手，而且还吃得

用手玩耍：抓之前的准备

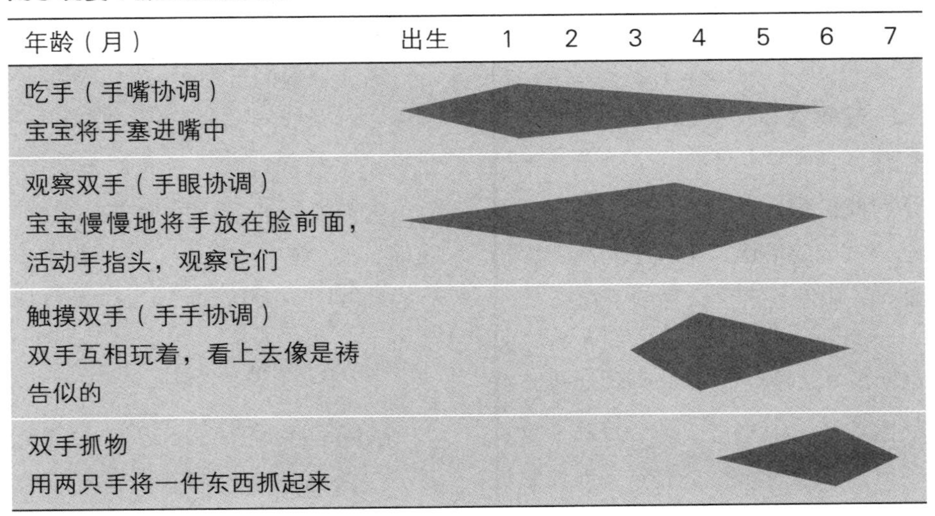

很香、很灵活也就不足为奇了。

孩子吃手并不仅仅表示孩子肚子饿了，吮吸手指头和手是宝宝自我平静、使自己更容易入睡的一个突出手段。新生儿把手塞进嘴里也是为了认识手，他用嘴唇和舌头来感觉双手，感觉手在动的时候是怎么样的。当孩子出生后4、5个月开始能抓东西时，孩子也是首先用手将东西往嘴里塞。嘴是孩子第一个用来认识物质世界的感觉器官。

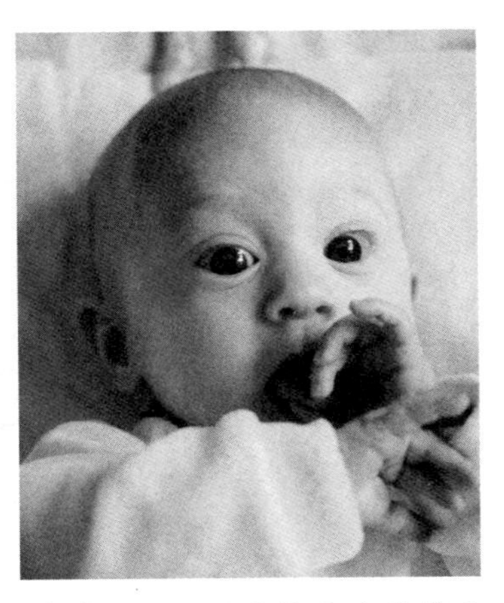

手嘴协调，孩子将手放进嘴里

所以，尽管手套很精巧，但是宝宝戴手套并不好，它对孩子认识他自己的双手不利，而且也不利于他自我安静，为此，亚历山大的母亲对那副手套的心情是比较复杂的。

孩子4个月时对手已经有了足够的认识，他停止将手放到嘴里进行“研究”，但是作为自我安静和安慰的手段，孩子吃手的行为将继续持续很长时间，有的都已经上学了，甚至成年人还时不时地吃大拇指和手指头，以用于自我安静和安慰。

观察双手（手眼协调） 如果我们仔细地观察一个新生儿玩他的手的话，我们就会看到这一幕：孩子怎样把手放到脸前面，伸开手指头，慢慢地动，眼睛盯着他自己的手指头。

起初，新生儿的眼手协调还不够发达，但是到2、3个月时就已经很熟练了，而当宝宝4个月和5个月可以抓东西时，孩子能熟练地控制臂膀、双手和手指头的运动，用双手有目的地抓一件东西了。

高级猿猴的行动也显示，手眼协调对于抓的发育来说是非常重要的。如果小黑猩猩被阻止看它们手的话，小黑猩猩抓东西能力的发育就很慢；同样，眼睛瞎的孩子由于没有手眼协调的能力，对抓东西产生了很大的影响。

触摸双手（手手协调） 新生儿不仅仅是通过嘴巴和眼睛来认识双手，而且还通过手本身来认识双手，并在运动中互相协调起来。

孩子3 ~ 4个月时经常将双手放在脸前面玩，互相触摸。有时他双手紧握，就好像是祷告似的。通过双手互相触摸，孩子的一只手了解了另外一只手。

4 ~ 5个月时，孩子开始抓东西，

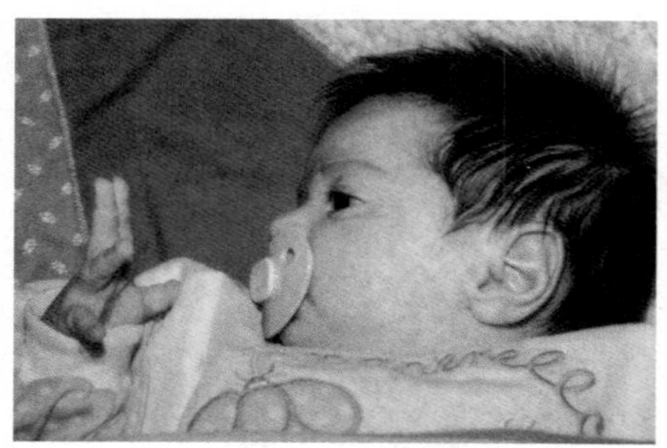

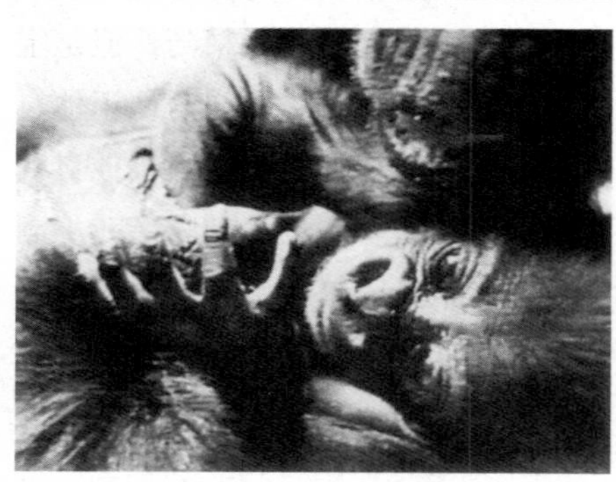

手嘴协调：新生儿将他的手指头塞进嘴里（上图）；宝宝3个月时相应的行为（下图）

3个月宝宝的手手协调。宝宝双手互相触摸

他用双手接近一个物体，然后把它捧起来，他的五指就开始抓的动作了。特别合适练习抓的一个物体是父母的手。

父母作为孩子的玩伴

在最初几个月里，小宝宝在很大程度上依赖于父母作为他们的玩伴，但这并不意味着，父母得整天整夜陪着孩子玩，孩子醒着并且愿意玩的时间是非常有限的，特别是饭后和晚上的时间，父母应该充分利用。

新生儿醒着的时候往往不一定要玩，但也不想一个人待着。如果宝宝能够和一个信赖的人有身体上的接触，或者在父母等人的身边，他就满足了，所以，当宝宝在父母干活的时候被背着，或者躺在祖母的怀里，或者能够从摇篮观察整个家庭的活动，宝宝就已经很知足了。

如果宝宝想一个人玩的时候，他首先是玩他的双手。当他趴着时，他玩的可能性很受限制；当仰卧时，他的手臂就被彻底解放出来，宝宝可以将手指头往嘴里塞，或者观察它们，或者双手互相玩着。

父母应该给小床配备一些什么玩具呢？我们从引言中已经知道，如果这些玩具对孩子没有影响的话，孩子对这些玩具的兴趣会很快消失。一个悬挂在床上的东西刚开始时会给新生儿带来吸引力，但在几天之后，这个东西对孩子的吸引力会越来越小。

那么，这是否说明，这个悬挂的能运动的玩具就没有用了呢？不能这么说。对孩子而言，这个玩具成为了他所信赖的包括窗帘和家具在内的周围环境的一部分，不管怎么说，这个悬挂着的玩具总比房间的白墙更吸引宝宝。另外，对孩子来说，放在小床上的有意义的东西是玩具娃娃、玩具熊以及图画书等，这些玩具给孩子一种信赖感。当孩子一个人待着的时候，尤其是入睡前和醒来后，这些玩具就非常重要。

要点概述

1. 孩子在出生后头3个月中最重要的玩耍和游戏方式是：玩自己的双手以及与大人一起玩耍和游戏。
2. 共同玩耍和游戏是在大人和孩子之间互相交换着的游戏。大人照料孩子、大人与孩子双方互相感兴趣的过程是一个随着孩子不断恢复兴趣而交换的过程。

3. 和孩子一起玩要要根据孩子的喜好而定。当孩子转向我们时，我们就和他一起玩；当他失去兴趣、或者背向我们时，我们就让他安静和休息。

4. 孩子玩手的方式有以下三种：
- 吃手（手嘴协调）；
- 观察双手（手眼协调）；
- 触摸双手（手手协调）。

5. 通过玩手，孩子认识了玩手的方式，这是孩子为 4 ～ 5 个月开始抓东西做的准备。

4～9个月

7个月的彼得躺在床上，他双手抓起一本图画书，将书的一角往嘴里塞。他不断地转动书本，用嘴咬，用舌头舔，小家伙好几次把书随手一扔，扔到了床上，最后索性将书扔出了床外，彼得对这本书好像没有了兴趣。

新生儿拿到一件东西后，他会怎么办呢？他想认识它，但他不会像大多数父母所期待的那样，用眼睛去观察他，而是用嘴巴和双手去认识它，孩子要到 1 周岁时才会用眼睛去端详它。用嘴巴、双手和眼睛去认识和了解事物，从而打开了孩子理解这个物质世界的大门。在第一年中，不同的了解方式成为孩子最重要的游戏和玩耍方式。

为了能够玩东西，新生儿必须要学会抓东西。孩子到 4、5 个月时开始有目的地去抓东西了。在随后的几个月内，孩子这种抓的能力突飞猛进：从笨手笨脚地用双手把东西捧起来发展到五指运用自如地抓东西。像钳子那样抓东西使孩子能够抓细小的物品了。人类高水平的抓握物品的能力是人类使用工具以及人类文化发展的一个基本前提。

抓的发展过程

父母并没有告诉孩子应该怎样抓

孩子1岁以内抓行为的发展过程

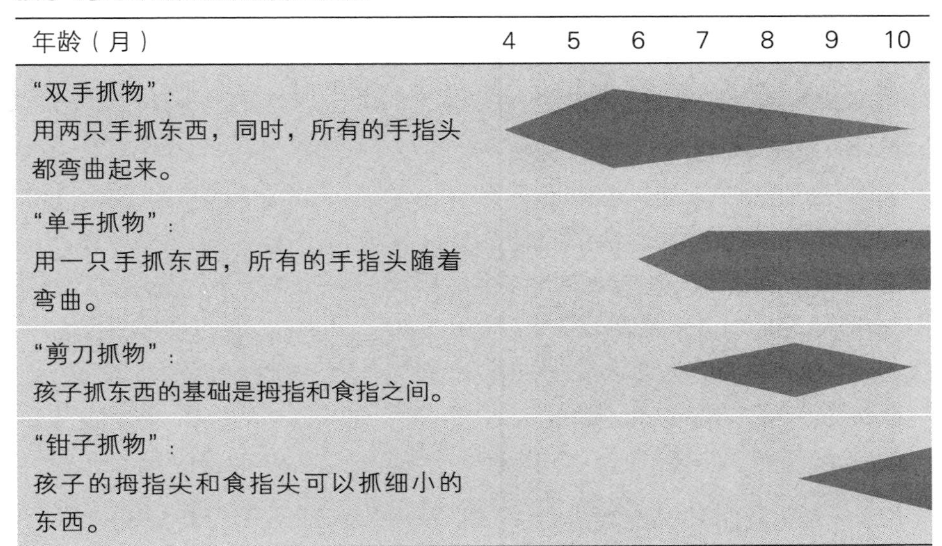

一件东西，孩子这种抓东西的本领不是模仿得来的。从本质上讲，孩子抓的发展过程是人类自然的生物学意义上的一个成熟过程。从4～12个月，在所有孩子身上所体现出的会抓的一系列功能的顺序是一致的，在这仅有的几个月里，孩子们重复了人类几百万年来抓的进化过程。

抓之前，新生儿必须首先认识他的双手。新生儿通过将手往嘴里送、“舔尝”以及观察他们的双手来认识它们。这些玩法是孩子抓之前的准备。当一个2个月的新生儿看到一件东西时，他的整个身体会使劲地动，挥舞胳膊，两脚又蹬又踢，因为他还不能用双手将东西抓起来，所以就试图用整个身体把东西“包围”起来。接下来的几个月里，小家伙整个身体的运动开始有所节制，孩子开始平静地躺在床上，用手去打悬挂在床上的玩具。4～5个月的时候，小家伙的手臂运用自如，就可以有目的地抓东西了。

在此，我们将在以下的内容中详细阐述孩子这个从第4个月到第12个月的抓的发展过程。

“双手抓物” 新生儿第一次试图抓的时候是在两眼紧盯一件东西的同时用双手的手掌心去抓，因为孩子是用手掌心去抓，所以我们把这种抓的方式又叫做“掌心抓物”。

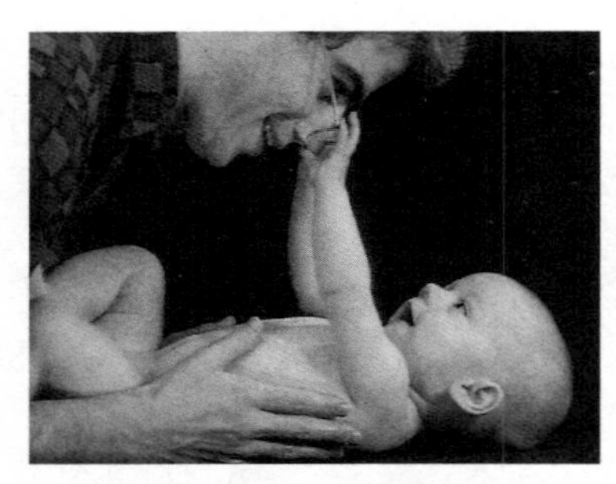

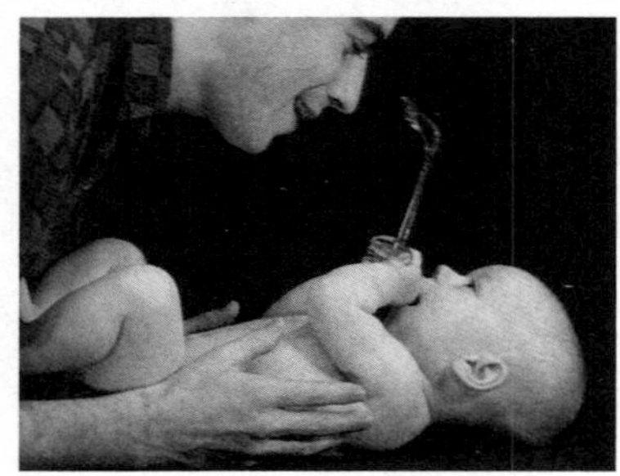

5个月大的亚娜用双手抓爸爸的眼镜

“单手抓物” 6～7个月时，孩子抓东西开始从“双手抓物”向“单手抓物”转换，孩子能够用一只手抓东西了。当孩子的一只手努力抓东西时，另一只手抓东西的作用就减弱了，只起辅助作用。

4～7个月时，孩子用整个一只手抓东西，五指随之弯曲运动，但单个手指头还不能单独抓东西。手接近物品的方式方法在不同的时间里是不同的：4～5个月时，孩子是用手的小拇指接近物体，随后几个月则越来越用大拇指接近物体，“手抓物”的部位开始向五指转移，手指作用的最初阶段形成了。

“单手抓物”扩大了孩子玩物的功能：能够用手将东西接过来、接过去。为此，孩子的双手必须互相独立地张开合拢。这时，孩子的两只手“单独抓物”还显得不协调。比如，小家伙一只手当中已经抓着一件东西，他的另一只手也是握着的。当他看到另外一件东西时，他的另外一只手就张开去抓，结果本来有东西的那只手也张开了，手中之物也掉了。

“剪刀抓物” 7～8个月时，孩子的拇指和食指之间可以抓小东西了，由于孩子这个抓东西的方式像剪刀那样，所以我们称之为“剪刀抓物”。孩子抓东西不再用所有的手指头，而只局限于用拇指和食指。在接下来的几周里，就能用指尖拿东西了。

“钳子抓物” 9～10个月时，孩子的拇指尖和食指尖可以抓细小的东西了。

“钳子抓物”是孩子在玩耍的过程中“熟练生巧”而成的。孩子喜欢从地上捡面包碎片或者细绒线，可能一次不行，就多次地捡、练，孩子对抓的过程非常感兴趣。

孩子1周岁时，已经能够非常熟

手指抓物行为

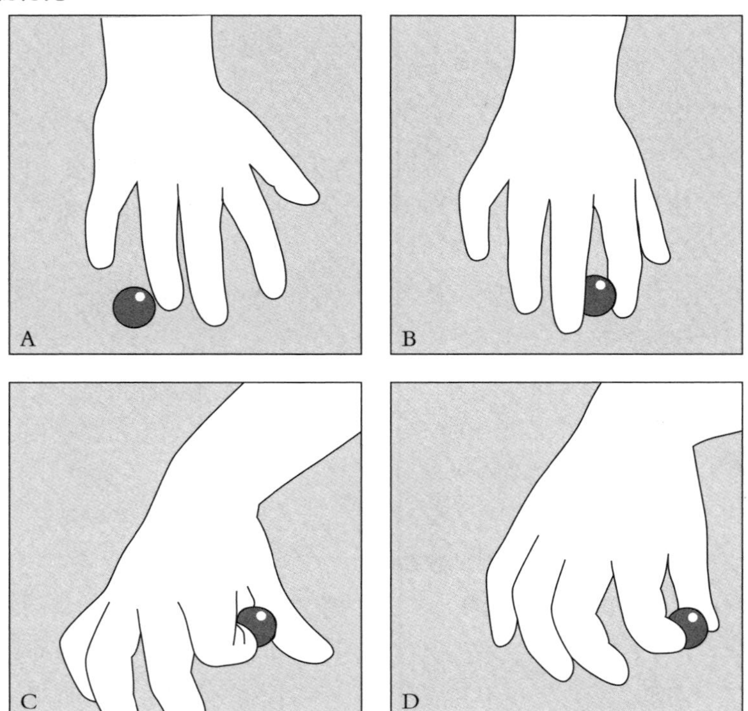

从小指侧掌心抓物（A），从食指侧掌心抓物（B），剪刀抓物（C），钳子抓物（D）

练地用手抓东西了，但是扔东西却有点儿费劲，总是挥舞手臂乱扔。有些没有经验的父母总是担心，孩子毫无目标地扔东西会毁坏家里的摆设等，直到孩子第二年年初的时候，孩子才有能力有目标地将东西扔掉。

右利手还是左利手

出生前，胎儿已经倾向经常使用一只手了，胎儿将右手的拇指伸进嘴中的概率要大于左手，但是，孩子出生后，还没有明显的证据来证明这种倾向。一直到8个月前，孩子使用左右手的概率大致相同。此后，大部分孩子开始偏爱用某只手抓东西，如果玩具放在中间，90%的孩子会用右手去拿，再接下来的时间中，孩子习惯使用一只手的倾向越来越明显。

探索行为

1 周岁时，孩子开始认识身边的物体，如奶瓶、床、玩具等，他会注意到该物品多方面的特性，直至确信将它与其他物品区分开。当孩子第一次拿到木头制作的动物模型玩具时，他会感觉到，这种玩具摸起来不如他以前摸过的金属钟凉爽；他同时还会注意到：木制玩具表面较为粗糙，不像橡胶动物玩具那样可挤压，也没有玩具熊那样的毛毛。木制动物玩具的表面处理、大小及重量会让孩子想到这是一块大积木，不过，木制动物玩具的形状比有棱角的积木要柔和。

最初，孩子是用嘴和手来认识物体，而很少用眼睛。与大孩子和成年人相比，婴儿不是一个用眼，而是用嘴和手的生命。我们成年人总是有一种倾向，即过高评价眼睛作为感觉器官的意义，我们总是以为，用眼睛就能认识所有重要的事物，因为这世界上的大部分东西我们都见过了，但是，当一件陌生的东西出现在我们眼前时，我们也会像小宝宝那样用手去触摸它的表面，试着挤压并拿起来。任何一位去华盛顿太空博物馆参观过的人走过月亮岩石时都会用手去摸一摸，因为谁都想“感觉”一下，它摸上去是否与地球岩石一样？

从 4 ~ 12 个月，孩子先后会出现三种探索方式：最初是品尝，或者叫“口部感物”；然后是使用，或者叫“手部感物”；最后是观察，或者

具有探索特征的玩耍行为

年龄（月）	3	6	9	12	15	18	21	24
“口部感物”：宝宝将东西放进嘴中，用嘴唇和舌头来研究它们（品尝）。								
“手部感物”：宝宝敲打东西，或者将两件东西互相敲打，在空中捣来捣去，把它们扔到地上（操作）。								
“眼部感物”：宝宝仔细观察东西的所有方面。宝宝开始真正用眼睛观察东西，用手指头抚摩东西（观察）。								

叫“眼部感物”。

“口部感物” 如果婴儿想要得到某件东西，他会随着眼睛把手伸向这件东西，一旦拿到了，他会用嘴巴而不是眼睛去探索这件东西，他把它伸向嘴边，用嘴唇感受它，用舌头舔它。

孩子并不是在检查这个东西是不是可以吃，或者可不可以将这个东西吞咽下去。孩子的这种行为是一种认识事物的方式：孩子用他的嘴巴来认识事物，用嘴唇和舌头来研究物体的大小、硬度、形状和表面。有科学家发现，9个月的孩子在用嘴巴“研究”了东西的形状之后，才用眼睛重新认识这些东西。

用嘴巴认识物体是孩子8个月前最主要的玩耍行为，此后，孩子将东西塞进嘴里的次数越来越少，18个月之后，孩子几乎不再有这种行为了，2周岁之后则更少。但是，嘴巴仍然是人类非常敏感的感觉器官，对于盲人而言，嘴巴伴随着盲人的一生，一直是盲人重要的观察工具。

“手部感物” 孩子在“嘴部感物”数周后开始这种行为。孩子用手将东西在空中捣来捣去；将它们往床上打，或者用两件东西互相敲打；将

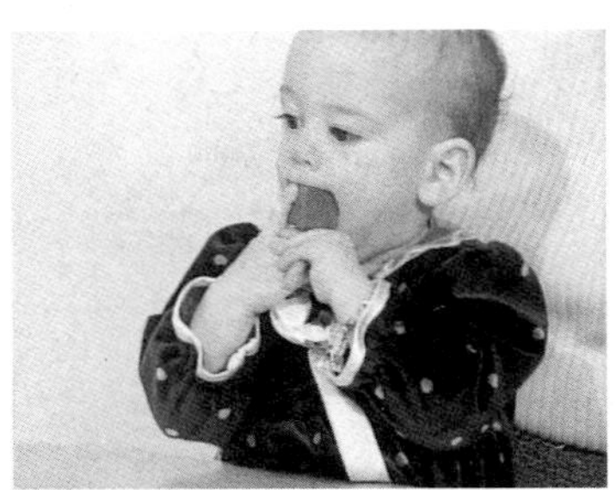

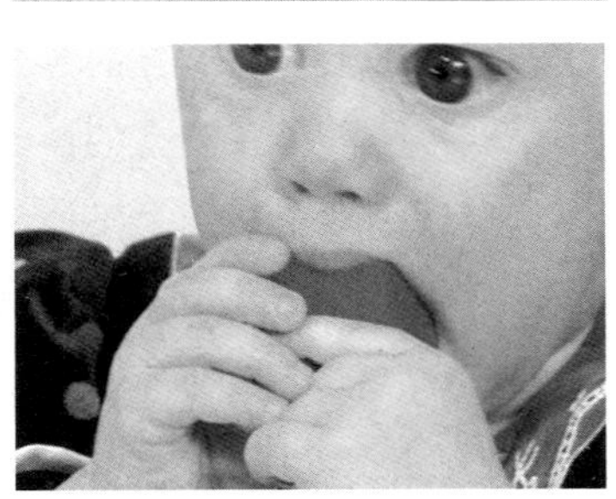

口部感物：塞丽娜用嘴和舌头感知玩具

手部感物：荷亚将玩具扔在桌子上

东西在床上擦来擦去，或者将它们干脆扔到地上。

孩子是在用手来了解物体。通过将手中之物捣来捣去、互相敲打和扔出去，孩子知道了，每一种东西的重量是不一样的，发出的声音也是不一样的，等等。

“手部感物”在6个月后的孩子身上体现得特别明显，孩子15个月后还会用这个办法，但已不是最主要的玩耍行为了。有时，当碰到疑难问题解决不了时，稍大的孩子，甚至成年人也喜欢做这个游戏。

“眼部感物” 一般情况下，孩子8～9个月时就开始像成人那样观察了。在这个年龄段之前，孩子只是偶尔利用一下眼睛，局部地观察物体。把东西交到他的手上玩耍，一抓到东西，孩子看都不看，或者也就最多看一眼。8～9个月开始，孩子开始实实在在地深入观察东西了。

孩子会拿着东西在手中持续好长时间进行观察，在手中颠来倒去，而且会非常小心地用手去摸它们，这种“眼睛感物”在孩子2岁期间会逐渐消失，孩子已经认识了日常生活中的物体，如玩具娃娃，勺子和鞋等，他没有理由再去仔细端详这些东西了。但如果看到一件陌生的东西，孩子就会端详它了。观察是人的一生中了解整个物质世界的最重要的方式。

眼部感物：塔贝雅用食指拿着玩具看（上图） 玛蒂娜旋转着小闹钟（下图）

孩子通过不同的方式来了解物体。比如一个10个月的孩子先将勺子放进嘴里，然后拿出来观察它，在床上擦来擦去，然后又把它塞进嘴里。

任何一种了解物质世界的方式都打上了不同孩子的烙印：有的孩子更喜欢用眼睛仔细地观察一个物体，有的则喜欢用嘴巴，有的喜欢用手。

带着记忆力的玩耍

9个月前，孩子没有短时记忆力，

也就是说，如果一件东西在他眼前消失了，那么对于孩子来说这个东西也就不存在了。俗话说，“眼见为实，不见即无”。但是，大概从第 9 个月起，孩子开始有记忆力了，也就是说，即使孩子看到的东西消失了，但孩子对这个物体还有印象。如果孩子正在玩着的一个小球从柜子上掉了下来，孩子就会去寻找，并向妈妈喊叫，要求

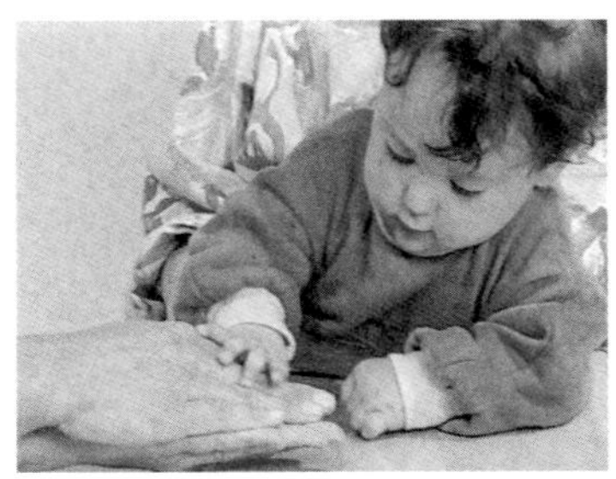

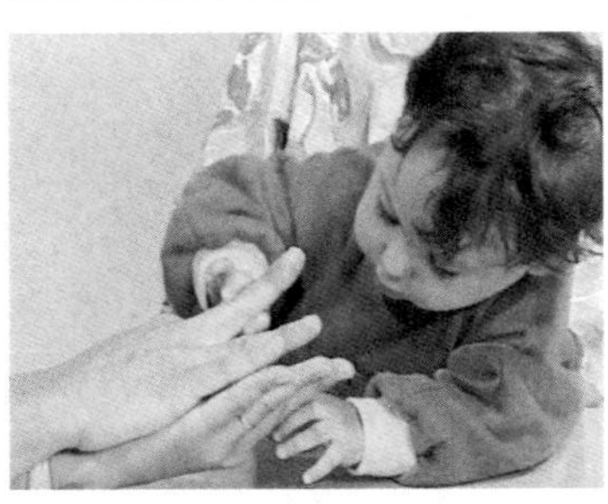

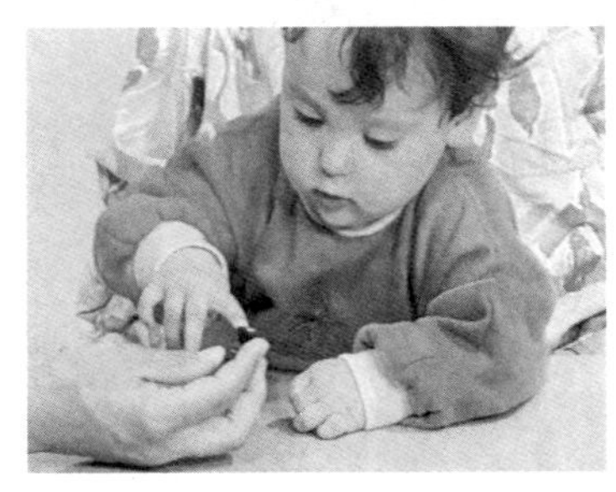

荷雅想要大人手中的玩具

妈妈帮助他重新找回小球，因为他明白了：小球可能看不到了，但是还在。

从此，不管是一个人玩还是和其他人一起玩，孩子开始用很多方法来实验他这个新获得的短时记忆能力。他从坐着的高靠背椅子中将东西扔到地上，然后朝地上看：东西滚到哪儿去了？他把玩具塞到盒子中，然后把它拿出来，然后又把它塞到其他的地方藏起来；他用枕头把玩具熊盖起来，但又立即掀开枕头，为的是看一看：玩具熊是否还在？

“藏猫猫”是孩子 1 周岁时最喜欢玩的游戏之一。妈妈抱着孩子，爸爸躲在妈妈背后。当孩子看不见爸爸时，孩子就开始找。爸爸来回躲藏。当孩子发现爸爸时，他好高兴，会咯咯地笑出声来，因为他达到了他的目的：重新找到了爸爸。

还有一个玩法是，爸爸用一块布把自己的脸“蒙”起来，挡住孩子的视野，然后又将布拿开，孩子会显得非常高兴。爸爸也可以将孩子的脸“蒙”起来做这个游戏。至于这个游戏持续多长时间，父母要自己决定，不要让孩子感到害怕或无聊。

在孩子 1 周岁前，父母主要掌握“捉迷藏”游戏的主动权。此后，孩子开始越来越起着决定性的作用。他开始自己决定藏在哪儿，并规定

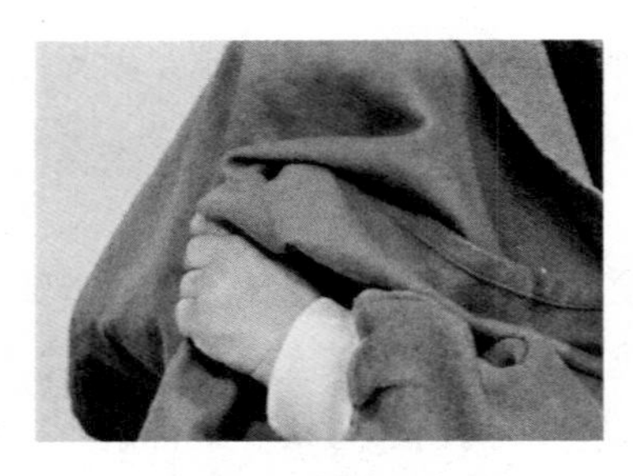

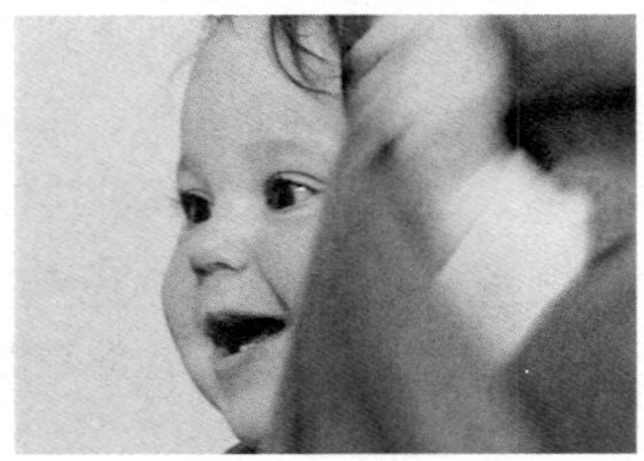

藏猫猫游戏

“捉迷藏”的规则。2 岁的孩子特别喜欢将自己藏在家具后面，让大人找他。

达到目的的手段

1 周岁时，孩子开始理解手动所起的作用。通过不断地摇晃大钟，孩子知道了手动和钟声之间的关系。如果一个玩具能够在桌子上用一根线被拉来拉去，那么，孩子就试着用这根线将玩具拉到他想去的地方。

在日常生活中，孩子通过各种方式了解事物间的因果关系，特别是和物体玩耍时，例如土和水。很多小孩特别喜欢玩水龙头，每次玩水龙头，孩子就会琢磨：为什么将水龙头一拧开，水就出来了？类似的乐趣还有开灯和关灯、开门和关门：

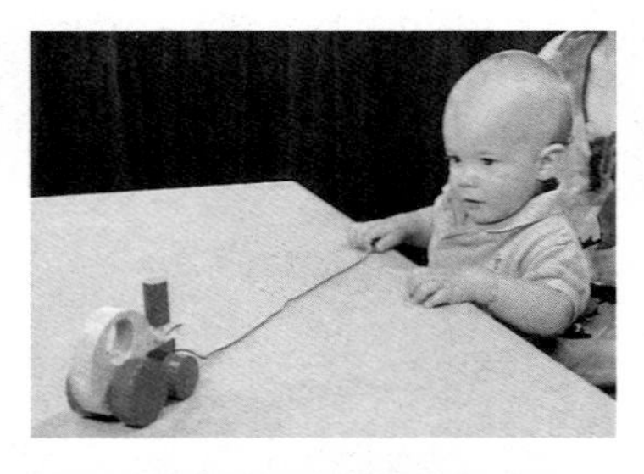

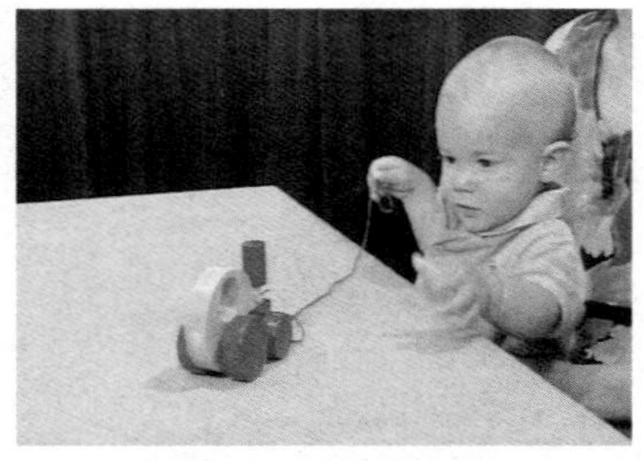

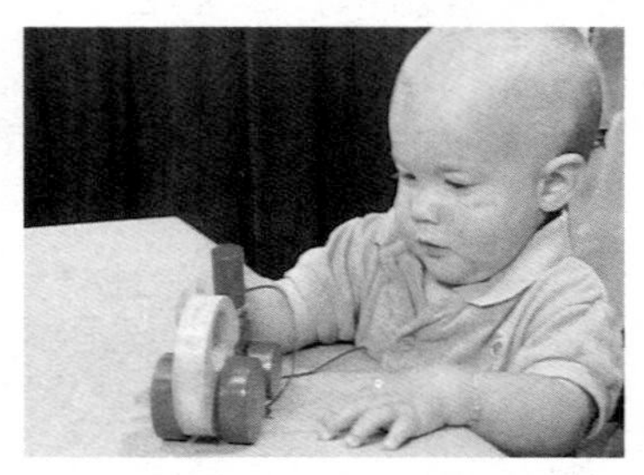

达到目的的工具。西尔万用线把小木车拖到自己身边

灯亮了还是灭了？门是开着呢，还是关着呢？等等。但是，如果孩子像被“魔力”驱使的那样试图打开煤气灶或者电炉灶开关的话，那是非常危险的。

玩 具

虽然我们认为，孩子在4 ~ 10个月期间是在玩要和游戏中认识这个物质世界的，但是，必须指出的是，任何一件适合孩子玩的东西，对孩子本身而言都是玩具。所以，孩子喜欢玩爸爸的钥匙链，把它塞进嘴里，摇晃它，观察它。日常生活中的东西，如可以撕裂的白纸，在孩子看来，可能比父母专门从商场中买来的贵重的玩具更具吸引力。

一个好的玩具是孩子感兴趣的东西，以及没有危险性的东西！

一个没有危险性的东西是：

- 够大，孩子不能将整个东西吞进嘴里；
- 没有棱角和尖尖；
- 不会碎；
- 所描颜色无毒。

孩子能整个放进嘴里的东西，会阻塞呼吸道，所以，不是玩要和游戏

1岁之内的玩具

玩要行为	发育心理意义	玩具	
		特征	材料
感知物体 口部（从第4个月起） 手部（从6个月起） 眼部（从8个月起）	认识物体的物理特征	不同大小、形状、硬度、表面、颜色的物体	木头、塑料、纸、布料、海绵、棉、皮质
记忆力 （从9个月起）	练习、检查记忆力	让物体和人消失	球 藏猫猫
达到目的的手段 （从8个月起）	使用东西于某种目的	将东西拉过来拉过去	用一根绳子拉着走
因果关系 （从9个月起）	认识原因和结果	能发出噪音、响声的东西	拨浪鼓、钟

行为本身具有危险性，而是日用品如图钉、曲别针以及食品，如花生、瓜子等具有危险性。

父母所扮演的角色

前 3 个月，孩子只与父母及照顾他的人玩耍。4 个月之后，孩子对他周围的物体及社会环境越来越感兴趣。这正反映了孩子与父母间在身体接触方面的关系：最初几个月，孩子的脸和身体总是随着父母转；5 个月后，孩子越来越多地观察周围的环境，想与其他人建立关系，并尽自己所能观察他们。孩子要抓东西玩，此时，父母仍然是孩子最频繁、但不再是唯一的玩伴。他与兄弟姐妹同样可以玩得很好，甚至更好。对孩子来说，父母和照顾他的人是一个安全港湾，他从这里开始“征服”世界。

父母既没有必要教孩子如何抓东西，也不必教他如何去探索。父母恐怕从来没有想过，用“把东西放进嘴里”的方法来教孩子“用嘴巴去探索”。当然，在很大程度上，孩子的玩耍和游戏还是依赖父母的。孩子越小，就越得依赖父母来决定孩子的体位，从而影响孩子如何使用他的双手。俯卧时，孩子的玩耍受到较大限制；仰卧会好得多；但最好是将孩子放在倾斜度约为 30 度的婴儿椅子上；另外，父母还应该检查一下，孩子能不能够到玩具，以及哪些玩具他能够到。

一些父母不愿意让孩子把东西放进嘴里，他们想阻止孩子这种“嘴部感物”行为。因为他们认为，这种行为不仅不干净，而且会导致孩子多流口水；大多数父母还担心，东西会不会卡在孩子的气管里。但是，这种“嘴部感物”是婴儿的一种生理需求，对孩子而言是一种有意义的行为，因此，父母很难阻止孩子这种行为，也不应该阻止。父母能够做的只是在孩子的手能够得着的范围内尽可能不要放危险物品。

如果我们回忆一下所有满月后的孩子拿东西放进嘴里的情形，那么显而易见的是：这种“嘴部感物”行为很少导致窒息，或者孩子将整个东西吞咽下去。“嘴部感物”行为本身并不危险，只有在一些特殊情况下才会导致物品被吞咽下去，或者东西被卡在孩子的气管里。例如，孩子将一块乐高（Lego）小玩具放进了嘴里，这时，小家伙被哥哥姐姐逗笑了或被碰倒了，那么，小家伙的吸气或者摔倒可能会使乐高小玩具卡在气管里。

孩子喜欢玩沙子、石头和泥土，所有孩子都会把脏手伸进嘴里。因为狗和猫的粪便经常带有病菌，所以，孩子们应该在游乐场玩耍，玩沙坑中的沙子，这样就可以远离这些动物粪便。

7个月之后，孩子开始对因果关系感兴趣，开始明白他的动作所产生的影响，并试图在一定的程度上实现这种影响。比如说，孩子摇晃一下钟，钟就发出了响声；一个玩具从床边推出去，就不见了；拉着线，带轮子的玩具鸭子就会向他走来。孩子很喜欢和父母捉迷藏，也愿意和兄弟姐妹一起用线或者绳子拉着玩具鸭子走来走去。

要点概述

1. 从第4、5个月起，孩子开始“双手抓物”以及“单手抓物”。孩子从开始能“双手抓物”发展到能用单手的“剪刀抓物”和“钳子抓物”。
2. 1岁期间，孩子最重要的玩耍与游戏行为方式是：认识物体；带着记忆力的玩耍和游戏；手段，目的，玩耍。
3. 孩子了解物质世界通过“嘴部感物”“手部感物”和“眼部感物”，这三种方式都符合孩子不同的需求，它们彼此之间并不孤立。
4. 带着记忆力的玩耍是：捉迷藏、让东西消失。
5. “手段、目的、游戏”的玩耍行为是：音乐盒；能拉着跑的玩具；孩子玩泥土、沙子和水也可以促进孩子对因果关系的理解。
6. 玩具是孩子感兴趣以及对孩子没有危险性的东西。一个没有危险性的东西是：没有棱角和尖尖；不会碎；所使用的颜色无毒；孩子不能将整个东西吞进嘴里，不能阻塞呼吸道。

10～24个月

爱娃费了好大劲才把电话筒摘了下来，她把电话筒放到耳朵旁，开始装模作样地讲起话来。当妈妈出现在她眼前时，小家伙非常不情愿地伸出手来，将电话筒给妈妈。她脸上的表情似乎很矛盾，既充满骄傲又好像很内疚，因为她对电话充满着矛盾：一方面，她很妒忌这个电话筒，但另一方面又喜欢电话筒胜过其他任何东西。当妈妈拿起电话又说又笑，妈妈脸上同时露出非常不同的神情时，爱娃就哭闹，她不愿意妈妈那样，因为妈妈这时只“照顾”这个电话；但同时，小家伙又特别想代替妈妈的位置，所以愿意“打电话”。

从第二年开始，孩子玩耍的花样特别多，反映出孩子的心理、语言和社会发育特别迅速。当孩子将桶装满东西，然后再倒空，将杯子层层叠起来、将积木按顺序堆积起来时，孩子发展了对空间关系的理解。通过在日常生活中的模仿，孩子学到了怎样有效地使用物品：用梳子梳头，用笔在报纸上涂画，或者像妈妈那样拿起电话筒，装模作样地聊天等等。孩子特别喜欢打电话，因为他看到，父母常常拿起电话聊天，对着电话说话，而且脸部表情还特别丰富，就好像是对着一个真人说话似的。

从2周岁起，孩子开始明白：物体的特征有相同的，也有不同的。小男孩会按照顺序，把玩具汽车以及木制动物玩具整齐地排成一溜儿；小女孩会根据形状和大小的不同，将娃娃的餐具分类摆放整齐。根据一定的特征进行分门别类是逻辑思维的一个前提，孩子就用这种方式表达出来。

在这一章节中，我们将阐述一些在孩子身上经常发生的、为我们所理解的玩耍和游戏行为，它们不可能包容所有父母在观察中所碰到的孩子2岁时的玩耍和游戏行为，但不容置疑的是，这些行为的意义确实为父母和专家所不断揭示。

另外，必须说明的是，从说教的层次出发，我们在本章中关于孩子玩耍行为的描述是“简单化”了。这个简单化主要指两方面的含义：一个是，大多数孩子的玩耍行为不光是一种特征的表现，而是很多特征的综合表现。所以，一个2岁的孩子在堆放着很多玩具娃娃的房间里玩要的时候，他的玩要行为是由空间、功能以及分类等诸多因素组成的；另外一个是，我们所指的孩子的某种具体的玩要行为的出现是平均年龄的孩子。事实上，每个孩子玩同种游戏的年龄是不同的。比如说，有的孩子14个月时就能够用积木堆积宝塔模型了，有的要到16个月，有的还要向后推迟2个月。关于这一点，读者一定要注意。

带有空间特征的玩要行为

有一些2、3岁孩子的玩要行为反映出孩子对空间的理解，它们告诉我们，孩子是怎样理解物与物之间的关系、空间的大小和重力的，所以，12 ~ 16个月的孩子对向一个空的器皿中装东西感兴趣，而16 ~ 20个月的孩子喜欢将东西叠起来。不同孩子进行这种玩要行为的年龄可能不一样，但是，这种玩要行为的顺序是一致的，也就是说，不可能让一个12个月大的孩子玩“叠东西”的游戏，然后10个月时再玩“装满倒空器皿”的游戏。

9个月大的西蒙将玩具放进小盒中（上），18个月大的玛蒂娜在搭玩具塔（中），26个月大的阿尼娜在搭玩具火车（下）

“填满倒空”游戏 在这个研究中，我们使用了一个小的玻璃瓶子，里面装有很多“小小的木制球体”（以下简称“小木球”）。通过这个玻璃瓶子和小木球，我们可以很好地观察这个游戏。

孩子6个月时，他拿起瓶子就往嘴里送，他虽然摇动玻璃瓶子，而且注意到了瓶子中装的小木球，但是并

带有空间特征的玩耍行为

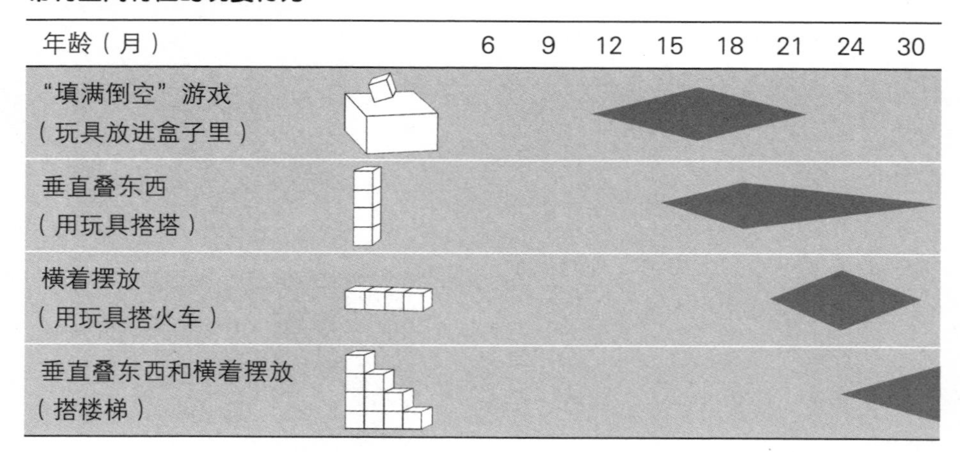

瓶子和小球。A：一个 8 个月的小男孩注意到了瓶子中所装的小球，并试图透过玻璃拿到这些小球；B：一个 12 个月的小女孩知道，瓶子是有一个开放着的口子的，她试着通过这个瓶口用手指头取瓶子里面的小球；C：15 个月的小女孩试着从瓶口向外倒小球；D：小女孩将小球往瓶子里放

不观察这些小木球。孩子把瓶子和小木球当做一个整体来玩；7个月之后，孩子对小木球的兴趣越来越大。他试图用手去够瓶子中的小木球；到第9个月和12个月时，孩子用一个手指头从瓶口往里掏，试图用这个方法去够这些小木球。他们的行为告诉我们，孩子对一个东西在另外一个东西中的理解是怎么发展的。

当小木球被放进瓶中之后，1周岁的孩子再也取不出小木球了。我们向他展示，把瓶子的口倒过来，小木球就滚出来了，但孩子学不会，他仍然不断地摇晃瓶子，想把小木球弄出来；到了15个月时，孩子开始能够用倒过来的方法将小木球倒出来；到18个月时，孩子就能本能地倒空瓶子了。

孩子在10～15个月时特别喜欢玩这个“填满倒空”游戏。他有时候令父母头疼，因为孩子感兴趣的不只是玩具的铲子和小方块等东西，而且还有储衣柜、厨房抽屉、放唱片或者录像带的盒子和书架等。

垂直叠东西 15个月之前，孩子对用积木堆积宝塔模型不感兴趣。

从18个月开始，孩子对垂直叠东西感兴趣了，孩子喜欢将小方块和积木等东西叠起来。

堆积宝塔模型

横着摆放 2周岁时，孩子对“叠宝塔模型”的兴趣越来越弱，而开始“废寝忘食”地喜欢将积木按着顺序横着摆放整齐。

这时，孩子尤其喜欢玩带有轨道

横着摆放：将乐高块（Lego）按顺序排列整齐

的玩具火车。

2岁半时，孩子在玩耍的过程中不仅喜欢垂直叠东西，也喜欢横着摆放东西了。例如，孩子既做一个隧道，又在下面摆放一列火车。

非常有意思的是，当我们观察1、2岁的孩子搭玩具小屋时，能看到孩子们的空间想象力是怎样发展的。孩子们摆放桌子、椅子及餐具的方式方法反映了他们不同年龄段的空间想象力。15个月大的孩子对如何将小椅子摆在桌子旁边全无意识；18个月时，孩子感兴趣的主要是把东西堆放在一起。他把小椅子堆放在桌子上，而不是围着桌子放；24～30个月时，孩子的空间想象力已相当发达，对各种东西的功能有了相当深刻的理解，孩子可以将小椅子挪到小桌子旁边，将布娃娃放在小椅子上坐着，并在小桌子上摆好餐具。

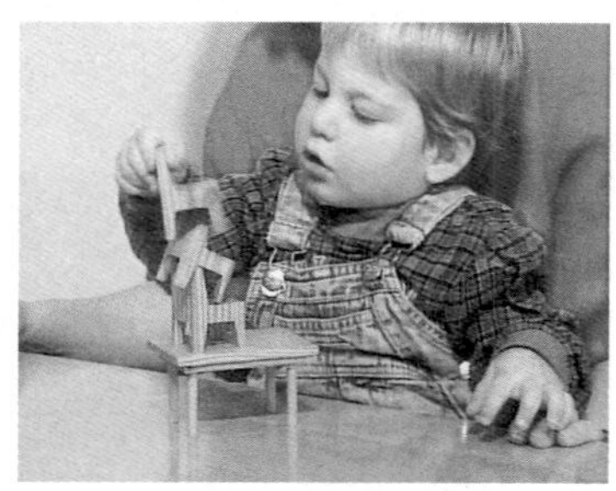

玩具小家具。对18个月大的多米尼克的要求有点高（上），同样大的西蒙用玩具搭了一个塔（中），26月大的阿尼娜能正确摆放玩具椅子和餐具了（下）

有象征特点的游戏行为

1周岁时，孩子通过“口部、手部和眼部感物”将日用品区分开，并重新认出来；第二年，孩子的兴趣开始向物品的功能方面转移。

模仿在孩子开展具有功能特点的游戏中起着重要作用。新生儿已经具备了一定的能力，可以模仿简单的嘴部动作。接下来的几个月，婴儿越来越多地学会父母及哥哥姐姐的面部表情和身体行为，并重复他所听到的声音。大约快满1周岁时，孩子开始模仿大人其他简单的行为。

孩子在“当前模仿”和“延迟模仿”中学习物品的使用（功能游戏）。

有象征特点的游戏玩耍行为

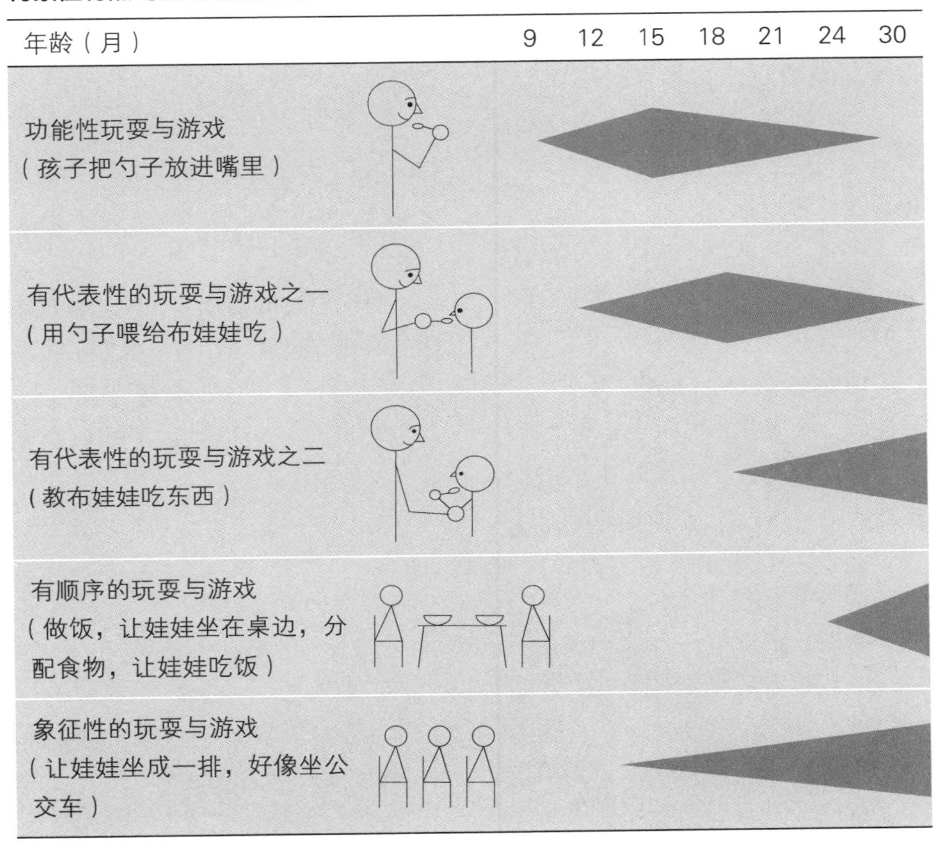

举例说明，当妈妈给他喂饭时，他试图用勺子吃饭，这就是“当前模仿”；“延迟模仿”或者说“非当前模仿”我们可以在孩子独自玩耍时观察到，他会重演几小时前或几天前所经历过的事情。

在第12～18个月期间，孩子迈出了走向所谓“特征功能发展”的第一步。延迟模仿使孩子产生了某种行为的内在想象，这种内在想象独立于当时、当地孩子所经历过的行为，但可以被用于孩子新的行为。比如，孩子不仅能够自己进行某一种行为，如“用勺子吃饭”，而且还试着用勺子给妈妈或布娃娃喂饭；再进一步，他设想让娃娃自己“用勺子吃饭”；到第三年初，孩子的想象力已经非常丰富，不仅用于单个行为，而且运用一组行为过程来表达一个主题（系列游戏），例如，孩子在玩具小屋中模仿着玩“在餐桌上吃饭”或“上床睡觉”。内部想象或象征功能对人的思维、关系行为、特别是语言发展具有重要意义。

于是，各种带有象征特点的游戏方式被表现出来。

功能性玩耍与游戏 9 ~ 12 个月期间，孩子开始模仿一些简单的行为：自己梳头发，或者把电话听筒放到耳边嘟嘟囔囔；如果手中有笔，他会模仿父母写字，模仿哥哥姐姐画画，实际上，他什么也写不出来、画不出来，只是这么做，就好像在写、在画。

这种功能性游戏表现了孩子使用物品最简单的方式：如何使用物品部分地保存在了孩子的脑海中。

有代表性的游戏 在向“有代表性的游戏”过渡中，孩子使用一件东西不是为了他自己，而是为了别人，首先是父母，所以，孩子给妈妈喂饭，给爸爸梳头。

接下来，孩子将他的行动针对玩具娃娃，孩子给玩具娃娃一个奶瓶或

功能性游戏：西万用水杯喝水，也让妈妈喝（向代表性游戏过渡）

有代表性的玩耍与游戏之一：阿尼娜用勺子喂娃娃吃饭。西尔万让娃娃听电话

有代表性的玩耍与游戏之二：孩子设想着，布娃娃自己照镜子，给自己梳头

有顺序的游戏。阿尼娜在按顺序上菜

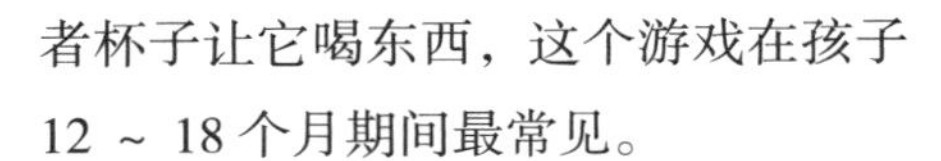

者杯子让它喝东西，这个游戏在孩子12 ～ 18个月期间最常见。

再过几个月，孩子将玩具娃娃当作一个能动的“人”了。于是，孩子将玩具娃娃放在镜子面前“照镜子”，让它自己拿着梳子给自己梳头发。几年前，玩具厂商注意到了孩子的这种玩耍行为，并生产出了一系列带有工具手的玩具娃娃。

有顺序游戏 从第21 ～ 24个月起，孩子开始做一种有顺序的游戏，这种顺序属于日常生活中的一些事情。比如，孩子玩“吃饭时间”的游戏：孩子先炒菜，把吃的放到桌子上，让玩具娃娃挨着桌子坐下来并让它吃饭。

象征性的游戏 在这个游戏过程中，孩子将一件东西的意义赋予另一件物体，或者干脆简单地当成另一件新东西。

比如，孩子把玩具娃娃放进一只鞋子中，表示放进了一部车子；将玩具娃娃在空中比划着，表示飞机在飞。

分 类

18 ～ 24个月大的孩子的行为表明，他似乎已经具备了一定的秩序观念：将所有的玩具汽车放在一边，塑料小人放在另一边；小椅子放在一处，而盘子放在另一处。这种行为并不表明孩子是在“整理家务”，而是表明，孩子逐渐认识了物品的某些基本特性是相同的，或者是不相同的。根据玩具和物品的某一特性，孩子将玩具和物品分类分组。

这种分类能力能使2周岁的孩子区分开一些简单的图形，并排序。因

根据形状分类：雷安卓还不能完成（上），18 个月大的阿尼娜做得很好（下）

按颜色归类：21 个月大的安妮娜还不能将颜色分类（上），这对于 24 个月大的卡佳毫不费力气（下）

此，2 岁的孩子能正确地将圆形、正方形、三角形放到相应的位置上（如图显示）；而“图形块块”是孩子 3 岁时喜欢玩的玩具之一：将复杂的图形块放入相应的缺口中。

共同游戏：你给我，我给你

与 1 岁时一样，孩子 2 岁时也有他特别喜欢玩的共同游戏，这个游戏是：你给我，我给你。也就是说，孩子把东西给成人，希望成人把东西还给他。于是，球滚到了妈妈那儿又滚回到了孩子身边；爸爸用积木装载玩具车，小家伙把积木卸掉，爸爸再将积木装到其他新的东西上去。对孩子特别具有吸引力的事情是：他怎么做才能从大人那儿肯定地得到他所希望的反应。这样，他从这个游戏中得出结论，他的行为是不是正确的，对他人能否施加这样的影响：我做什么，请你也做什么！

父母的作用

如果从适合孩子发育状况和需求的角度出发，孩子第二年在日常生活中接触到的东西要多于那些专门从商场中购买来的玩具。

当然，想让孩子参与家务事“说

孩子 2 岁时的玩具

玩耍行为	发育心理意义	玩具
空间特征	认识物体间的空间关系	
填满倒空游戏（从 9 个月起）		平底锅、杯子、篮子、塑料瓶、核桃仁、木塞子、水、沙
垂直叠东西（从 15 个月起）		积木块、杯子、木环
横着摆放（从 21 个月起）		积木块、玩具火车
垂直叠东西和横着摆放（从 30 个月起）		积木块、乐高
象征特点	认识物体的使用功能，运动和行为方式的内在想象	
功能性玩耍与游戏（从 12 个月起）		勺子、杯子、梳子、玩具熨斗、玩具餐具、手工玩具、一些厨具
有代表性的玩耍与游戏（从 15 个月起）		布娃娃、玩具熊
有顺序的玩耍与游戏（从 21 个月起）		布娃娃屋、木头动物玩具屋
象征性的玩耍与游戏		自然界中的一些东西，如木头、石头、蜗牛壳、贝壳
分类	根据一定的特性进行分类分组	
分类分组（从 21 个月起）		积木块、不同大小和颜色的杯子、图形方块、拼图

来容易做来难”。一连好几天，小多丽丝开着吸尘器，在整个房间里拉来拉去，与其说是打扫卫生，倒不如说是在玩耍。但是，父母却发现，孩子这几天情绪很好，闹得也少了。

另外，从安全的角度出发，大人和孩子在一起玩耍是一件好事，而如果能让孩子融入到我们的日常生活中，使我们成为孩子的榜样，那样会更好。在此，不光是父母，而且哥哥姐姐以及爷爷奶奶、亲朋好友和邻居都可以和孩子一起玩耍，成为孩子的榜样。不管是在家里，还是在工作场合，不管是出于家庭原因，还是公共原因，社会都应该尽可能多地将孩子纳入到我们的日常活动中来。

要点概述

1. 2 岁时，孩子表现出很多玩耍和游戏方式，这些将帮助孩子获得丰富的经验和理解力。
2. 孩子具有空间特征的玩耍行为的发展顺序是：
   - “填满倒空”游戏；
   - 垂直叠东西；
   - 横着摆放；
   - 垂直叠放和横着摆放；
   - 三维立体摆放。
3. 孩子具有象征意义的玩耍行为产生于直接和间接的模仿，它们有：
   - 功能性玩耍（有作用地使用东西）；
   - 有代表性的玩耍（针对玩具娃娃的行为）；
   - 有顺序的玩耍（有共同题材的行为）；
   - 有象征意义的玩耍（一个东西的使用象征另外一个东西）。
4. 分类的玩耍行为是：根据一定的特征对物品进行分类和分组。
5. 孩子在玩沙土和水等过程中理解因果关系。
6. 家庭日用品以及从周围信赖的环境中所得到的东西经常比专门从商场买来的玩具更吸引孩子。
7. 通过模仿父母、哥哥姐姐和其他信赖人的行为，孩子学会了有效地使用东西以及一些社会行为方式。
8. 大人和孩子一起玩是好事。通过我们将孩子融入我们的活动中来，让我们成为孩子的榜样，这样更好。

25～48个月

上周末，巴斯蒂安、索菲和他们的父母去了动物园。现在他们正在模仿在动物园的所见所闻。4岁的巴斯蒂安用木头给狮子和熊建了个笼子，这样它们就不会伤害到人了。3岁的索菲让猴子到处爬，用纸球当做香蕉和苹果喂猴子。

孩子3、4岁时，游戏就变得多样和不同。4岁的巴斯蒂安已经有很好的空间想象力了，他能仿造整个动物园的路。索菲则模仿猴子的行为。相同的是他们都描述了企鹅表演。这两个孩子都能将他们只经历过一次，看过一次的东西，在稍后复述出来。在这个年纪，游戏的显著特征是想象中的形象。想象中的形象会和某些特定东西相联系，例如恐龙代表强壮的强盗动物，而公主则象征着美好。

模仿猫的睡觉姿势

在这一章，将会讲述例如空间游戏的游戏行为，这一行为在2岁时已经出现，在3、4岁时得到进一步发展。并且会出现如画画等新的行为。在这一章的后面我们将要了解以下问题：父母应该怎样指导他们孩子的游戏？对于那些已经对字母和数字感兴趣的孩子，父母应该做哪些调整？小孩能看电视吗？

空间游戏

2～4岁时，孩子会有三维立体想象力，他们也会在游戏中显示出这种能力。

水平摆放 在能搭玩具塔后，2岁的孩子显示出对水平摆放玩具的兴趣，给玩具火车搭一个轨道很吸引他们。2岁半时孩子能第一次同时水平、垂直地摆放玩具。例如给娃娃搭一个楼梯间，给火车搭一座桥。

立体摆放 3、4岁时，孩子开始能搭出三维立体的形象，如一个车库。5岁时，空间想象力进一步发展，已经可以用乐高积木或者其他物件搭出房子、飞机或汽车了。

空间想象力不仅在搭积木方面发

空间游戏：
2 岁半到 3 岁搭桥（上）
3 岁到 4 岁搭楼梯（中）
5 岁到 6 岁搭房子（下）

挥着重要作用，在其他方面也很重要。当孩子给娃娃穿衣服时，他需要有人体立体形象的想象力。18 ~ 24 个月时，孩子应经能识别出一些身体器官了，例如，鼻子，手或者腿。3、4 岁时已经有全面的身体想象力，并可以将这种想象力用到其他人或者娃娃身上了。

绘画和手工制造

孩子其实理解的总比他们能表达的要多。绘画和语言表达很像，在画

遗憾的是，孩子们很喜欢动手

从乱涂乱画到有人形

画时孩子没有关注细节的能力。虽然3岁时孩子已经有人体想象力了，但一两年之后他才能画。

3岁时大多数孩子还是涂鸦画画，他们在写和画时，模仿大孩子和成人怎样写和画。4岁时，能画闭合图形了。很快，孩子就能第一次画出一个人的形象。

4岁时，孩子很喜欢在画本上搜集不同的形象。他们可以很好地控制线条，并且选出正确的颜色。

直到5岁，孩子可以填进一些细节了，例如画上头发、手和脚。再大些，孩子可以画出一家人，还会画出人物的大小。画房子、汽车、动物得在5岁甚至再大些。

第一次尝试画画

拼图和记忆

3 岁时孩子很喜欢玩拼图。在此时，他们能搭配不同的形状。4 岁时，可以将简单的拼图拼在一起。这种兴趣在不同孩子的身上发展是非常不同的，有些孩子可以根据细节分辨别出哪些是属于一起的。

孩子会在 4 ~ 5 岁时第一次玩简单的记忆游戏，同时展示将不同形象正确归类的能力，在这个年龄也能注意到图像的空间位置。

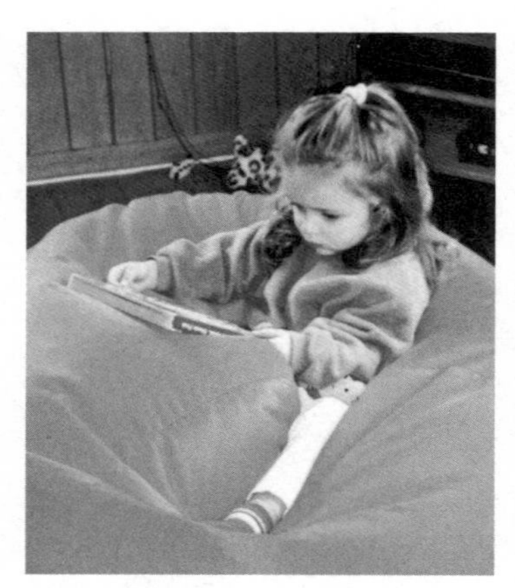
我的图画书

我的小提琴

手工制作

2 岁半到 3 岁时孩子可以自己使用剪刀，这需要灵活性。手工制作对于孩子有特别的吸引力，他们很喜欢摆弄不同的东西，例如纸、木头。他们在游戏中学习使用工具，例如剪刀和锤子。他们可以手工制造他们自己的作品。孩子可以一个人动手制作，但他们还是最喜欢和其他孩子或者和大人一起动手制作。

图画和歌曲

最迟 3 岁，孩子会对图画书产生很大兴趣，孩子会很注意细节，例如，一个小女孩在玩球，或者一只猫在追老鼠，然后会翻阅所有形象和位置之间的联系，最后理解整个故事。在看书和讲述时，慢节奏和重复是很重要的。当孩子能理解不同角色和故事情节时，听力磁带也会变得很有趣。

孩子们喜欢和家长一起看家庭影集，对于孩子来说翻看家庭影集是很令其兴奋的，在翻阅过程中，孩子会认出家庭成员。孩子认为最美的图画书就是家庭影集，随着不断成长，这对于孩子越来越重要。

3 岁时孩子就会喜欢旋律和简单的歌曲。他们喜欢唱歌，特别是和其他小朋友或者和大人一起唱。有的孩子在 4 岁时喜欢玩乐器，要想知道，这种兴趣能否持续，或者什么乐器合适孩子，需要有经验的人的指导。

象征性的游戏行为

3 岁时，孩子已经可以复述一天简单的过程了。女孩更倾向于家庭角色扮演的游戏，例如做饭。她们在很

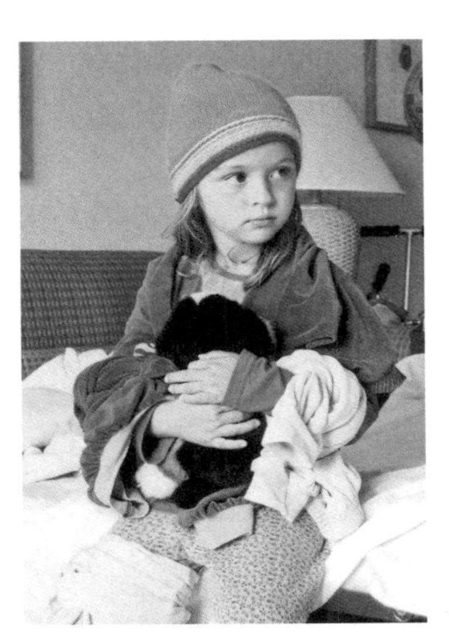

卡佳在街上遇到了一条狗。这给她留下了深刻印象，回到家模仿这一场景

给您鲜花。谢谢

早就开始尝试模仿她们熟悉的人的行为，人之间的关系，例如爸爸妈妈，以及他们的行为方式。男孩也玩娃娃，但是他们想知道娃娃的腿和胳膊是怎么动的，当娃娃哭时，声音来自哪里。他们也喜欢模仿，但喜欢模仿他们在交通道路和工地上看到的。他们开玩具车模仿在街道上，然后将车停进车库。男孩总是很好奇东西是怎样运转的。

3 岁时，孩子们喜欢一起玩，但很少有互动。他们还不能在游戏中适应彼此，只是互相模仿对方的行为。他们会观察其他小朋友在做什么，在自己的游戏中模仿他的行为。

3 ～ 5 岁，从这种游戏中发展出角色扮演的游戏。孩子模仿每天的场景，例如散步，给娃娃穿衣服。那些给孩子留下深刻印象的，如婚礼、旅行是他们最喜欢模仿的场景。

角色扮演游戏的另一个作用是，他们接受了自己的角色，并适应同伴

第一个家

的角色。幼儿园的孩子们最喜欢的游戏就是“买卖”游戏：一个孩子扮演售货员，其他孩子扮演顾客。

象征游戏和角色扮演游戏来自于孩子每天的经历和经验，没有经验就没有这种游戏。所以家长让孩子参与不同活动是很重要的。另外，和相关人员的交往中，孩子也会积累经验：和奶奶一起做饭，和爷爷一起钓鱼。对于游戏和孩子们的发展，他们需要经历和榜样。

儿童医生说，孩子以他们自己的方式模仿，并把这些内化。

3 ~ 5 岁时，孩子还不能用语言表达出他们的感受，但他们能在游戏中更好的、作出不同的表达。大多数 2 岁孩子还不会说，人们在吃饭时用勺子，他们用勺子喂娃娃，他们能很准确地模仿这些行为。小孩子还没有那么多的词汇来表达他们的情绪情感，但是在特定的情景下，他们能不自觉地表达出高兴、伤心、生气等情绪情感。游戏帮助他们理解体验不同的情绪情感。

3、4 岁时，孩子进入了所谓的“泛灵心理阶段”，这个阶段会一直持续到上学。他们喜欢听童话故事，喜欢看想象丰富的电影。仙女和仙子对于他们来说是真实存在的。孩子们开始喜欢王子、骑士、恐龙和怪兽。所有这些形象是高大、力量、神奇和美丽的象征。

有些家长不太喜欢或者很失望，他们的孩子对玩具施加暴力。孩子表现得越剧烈，越情绪化，说明他们对游戏越感兴趣。家长错误理解了孩子与暴力的联系。他们不希望孩子变得太暴力。家长不用担心，这种行为是很正常的。

在这个阶段，道德发展成为教育

谁生我的气了

的主题。孩子们必须学习：不能用枪指着别人。这涉及到孩子们在游戏中表达的价值观，并且学习怎么加工表达自己对周围环境的反应。为什么他令其他人生气呢？他思考的和其他人感觉的一样，他们是否受到威胁？美丽为什么这么重要？

特别有天赋的孩子会有一个想象的朋友，给他起名字，每天都陪着他。孩子和他说话，向他寻求帮助和建议。有些孩子希望，自己的父母和兄弟姐妹能像对待家人一样对待他想象中的朋友。几周或几个月后他的朋友突然地、莫名地消失了，就像当初突然出现一样。家长不用担心，想象中的朋友属于孩子成长中的正常现象。

为什么孩子在自然中从来不会觉得无聊

在大自然中

早先，孩子是在大自然中长大的。人们认为，在自然中成长对于孩子是必须的。今天孩子对大自然依然有很大兴趣，和大自然的联系也解释了为什么孩子在草地上、在森林里从来不会觉得无聊。他们喜欢玩沙子，喜欢玩土、石头和水，他们对鲜花和果实也有很大兴趣。孩子身体接触大自然，并影响着他们的行为？如果把石头扔进水里，会发生什么呢？孩子以各种方式，在大自然中获取经验，这些都会影响他们。

和家长，其他大人，主要是和其他小朋友，在大自然中玩耍、生火、在帐篷中过夜，这对于小孩子都是很好的经历。

读和算

大多数孩子到6岁时才会对字母和数字感兴趣，也有些孩子3、4岁时就愿意学习读书。在读书时他们很少需要解释。他们会问家长这个字母或者单词怎么读。当上学时，他已经读完了整本书。伴随着读，他们也发展了写的能力。

6 岁前，大多数孩子对数字的理解只停留在 1 ~ 5。当问他们几岁了，他们会很骄傲地举出一只手，也有些孩子在很小的时候就对数字感兴趣，4 岁时已经能数到 1000 了。

这些孩子对读和算有一定天赋。当孩子早早开始面对字母和数字时，家长既不能强迫孩子，也不能促进他们的发展。早早地能读能算的孩子，不一定就比其他孩子聪明。

父母应该怎么对待这些早熟的孩子呢？大多数的家长很骄傲。家长们要注意，既不要加速孩子发展，也不要阻碍孩子的发展。家长应该为孩子的发展提供支持。另外，家长不应该把自己的孩子与别的孩子作比较。对于这些孩子来说，这一章里讲的游戏同样重要，同样不能忽视。

拉斯 3 岁时就能读了

怎样在游戏中指导孩子

在德语国家，每年玩具销售额都能达到三百亿欧元。家长希望玩具能帮助孩子很好地成长。孩子需要符合他们发展的玩具。只是，玩具对于孩子的发展是不够的，孩子真正需要的是和大人以及其他小朋友一起玩。

孩子会把其经历内化，但是此前他们必须自己亲身经历过。巴斯蒂安和索菲不会模仿动物园的经历，如果他们没有去过动物园。孩子的经历越多，他们就能玩得越好。象征游戏和角色扮演游戏尤其如此。

家长和其他成人并不是孩子的第一玩伴，而是他们的榜样。

孩子可以自己玩，但他们还是最喜欢和其他玩伴一起玩。单独玩要应该是特例，而和其他小朋友一起玩才是常规的。

如果父母以同样方式对待男孩和女孩，他们会玩得相同吗？不，在游戏方面，男孩和女孩身上有明显的性别差异。男孩喜欢玩车，女孩喜欢玩娃娃，本性如此，但也有些女孩喜欢玩飞机，男孩喜欢玩娃娃。这与个人经历有关，同样年纪和性别的孩子的游戏会有差别。

孩子的房间都被玩具占满了，有些家长教育孩子要整洁，要求孩子自己整理玩具。一个3、4岁的孩子怎么能理解应该收什么东西？他只是知道玩完玩具后把玩具放在箱子里。他们是否能够完成，取决于父母的指导有多灵活。如果父母不只是要求，并且做榜样，和孩子一起整理，那么这项活动就充满了乐趣。

电　视

在中欧大多数小孩子每天看0.5～1小时电视，美国孩子平均每天看2小时电视。关于孩子是否能看电视，曾经有过激烈的争论。虽然关于孩子看电视都是负面的评价，但有些父母不这样认为，并且相信电视节目对于孩子成长还是有帮助的，如果让孩子看合适的电视节目。这场讨论不仅是孩子看电视是否好，还有父母为什么让孩子看电视，而不和他们一起玩。

孩子到底对电视有多感兴趣？6个月大的安陆坐在地板上看电视。电视上在放网球比赛。安陆看得很认

出去玩还是看电视

真。他感受到了什么？吸引他的是运动、颜色还是声音？小孩子已经很认真地在看电视上放的节目。

没有孩子愿意违背意愿坐在电视机前。播放的节目，必须是孩子感兴趣的。十五年前，英国有一档专门为2～5岁孩子制作的节目，这个节目被翻译成了许多语言，在很多国家播出。1999年这个节目被翻译成德语在德国播放。这个节目还是很有成效的。

为什么Tinky Winky，Dipsy，Laa-Laa，Po[①]和他们的冒险活动这么有吸引力？孩子容易被电视节目吸引，有以下原因：

外表和行为　这四个角色是由成年人扮演的，但外表看起来却是小孩

① Tinky Winky，Dipsy，Laa-Laa，Po为英国动画片《天线宝宝》中的主人翁，分别为丁丁、迪西、拉拉、波。

子，行为也是。他们走路步伐很小，而且会像小孩子一样突然跌倒。

语言 这些角色都说很简单的句子。他们用的词汇是孩子们熟悉的，并且每天都会说的。

描述 只描述必要的场景。一个小草屋，几朵花，作为背景已经足够了。小孩不会被多余的东西转移注意力。

故事 故事都来自于孩子们的经历，使孩子能很好地理解故事。故事很简单，只是在传达信息。

节奏 运动，语言方式和过程是很慢的，这样可以很好地适应孩子的节奏。

重复 情景、过程和所说的话都被重复，这对于孩子是很重要的。

这些特征都显示出，这个节目符合小孩子的行为语言特征。这样的节目对于小孩来说情节紧凑，而对于成年人来说节奏缓慢而且无聊。我们从中学到的是，小孩子感知世界的方式

电视节目真的适合孩子吗

角色
- 怎样表现角色才是适合孩子的?
- 他们的行为是怎样的?
- 他们的语言在内容和形式上，对于孩子来说是否便于理解?
- 他们代表哪些价值?

场景
- 怎样设置孩子们熟悉的场景?

故事
- 故事内容对于孩子是好理解的吗? 他们和孩子的经验是否相关?
- 过程是否设置得够简单，以至于孩子能很快理解?
- 怎样处理冲突和过程，并且孩子怎么经历这些?
- 故事内容是什么? 它们是否适合孩子?

节目形象
- 电视节目的节奏是否适合孩子?
- 在过程和语言中是否有重复?

和大人是不一样的。这就使得小孩子很喜欢这个节目。

但是这个节目还是有以下不足：

- 孩子还只有二维感官，还没有三维经验。
- 孩子只是看和听，其他感官，像感知、品尝、闻都没有被激发。
- 孩子在看电视时一直很被动，他们只是看角色动和说，却不能参与其中。
- 孩子自动就会变得不积极。
- 孩子感受不到所看见的产生的影响，也没有要求作贡献。
- 孩子和角色之间没有交流。

这个节目不能代替孩子真实的经历。在过去几年总是有这样的节目被生产出来，针对不同年龄段和不同兴趣爱好的孩子。

有些家里没有电视，因为家长认为电视对孩子的成长没有帮助。家长让孩子看电视，有以下原因：

- 照顾是根本原因，家长把孩子放到电视机前，这样他们就不需要人陪他们一起玩了。
- 父母允许孩子看电视，这样他们能了解孩子的发展状况和他们的理解力。

比起电视，自然总是更适合孩子

- 家长应该至少有一次和孩子一起看电视。
- 当孩子和其他同伴一起看电视，他们会在一起讨论，并且模仿电影情节。
- 最好的节目不一定适合孩子成长。
- 家长看电视的习惯会影响孩子的行为。在中欧，成年人平均每天看3～4个小时的电视。这种情况对于家长来说，很难阻止孩子看电视。
- 现在电视上播放很多沉重的节目，父母不愿孩子看到。孩子很少看儿童节目，而是看成年人看的新闻或电视连续剧。

3 ～ 4岁时，孩子的能力得到发展，在这个阶段，家长被要求为孩子提供更多的经历机会，这样他们才能更好地发展。

要点概述

1. 直到5岁，孩子才有三维想象力，这种想象力会在游戏中得到展示。
2. 4岁时，孩子开始画画、手工制作、拼简单的拼图。
3. 3岁起，孩子会对图画书和简单的故事感兴趣，4岁起会喜欢听磁带。
4. 2～5岁，孩子开始玩象征游戏和角色扮演游戏。
5. 有些孩子3～4岁就对字母和数字感兴趣。家长不应该过分要求孩子的这种能力，但也不能压制，而应该提供支持。另外，不应该把自己的孩子和其他的孩子作比较。
6. 家长应该参与孩子的游戏，并且：
   - 给孩子机会，有不同的体验，并且成为他们的榜样。
   - 让孩子常常和其他孩子玩。
7. 当家长让孩子看电视时，他们应该：
   - 选择的电视节目是适合孩子的。
   - 至少有一次和孩子一起看电视。
8. 在看电视的时间里，孩子不能获得和其他伙伴、成年人一起玩的经验，这一点父母应该想到。

第六章 语言发展

引　言

据说，德皇腓特烈二世（1194—1250）至少会7种语言，他还试图研究人类的原始语言。为此，他让保姆领养一些新生儿，但严厉禁止保姆和这些孩子说话。德皇本来想知道，孩子最初说的语言是希伯莱语，还是希腊语、拉丁语或者阿拉伯语，或者是他们亲生父母所说的语言，以此来推断什么语言是人类最古老的语言。这个实验以失败告终，因为孩子们最后都死了。

在历史上，德皇腓特烈二世是一个非常有教养的人，但这也没有阻止他做出这种对孩子很残忍的行为。实际上，公元前7世纪时，类似的试验就曾有做过。作为人类特殊的一部分，对人类而言，语言特别具有魅力。我们希望，通过更多地理解语言，从而更好地了解我们自己的生命。

为了生存，孩子们需要照顾。没有照顾，孩子们就会死亡。德皇菲德烈二世给保姆的指示意味着，只供给孩子营养，却不给孩子以关照，因此，孩子们死了。语言的发展来源于早期的社会经验，这是语言发展在人类关系行为中的重要根源之一。第二个根源是，语言生理上的前提条件在于大脑。大脑中负责语言的区域并不只是通过与单词打交道所得到的经验才形成的。孩子是带着这个“语言器官”降生到这个世界上的。这个语言器官包括两个中枢，其中一个能够分析理解语言，另一个能够产生语言。年纪较大的人，如果得了中风，我们就能发现，一些因一个或两个语言中枢受损而带来的严重后果：如果中风使一个语言中枢受损，那么这个病人要么听不懂，要么不会说话；如果两个语言中枢都受损，那么他既听不懂也不会说话了。

语言的第三个根源是我们的能力。语言并不仅仅是简单地接受话语以及对单词进行语音组合。人首先要理解单词的内容，同时也要表达出自己的思想。例如，一个母亲对她2岁的女儿说：“你的布娃娃在沙发上。”为了理解这句话，孩子不仅要知道屋子里的物体有娃娃和沙发，还必须理解“在……上”的意思，这就要求孩子具备空间想象能力。只有这样，孩子才能理解布娃娃和沙发处于怎样的空间关系：布娃娃不是在沙发的下面、后面或旁边，而是在沙发的上面。

在继续深入研究语言的三个根源前，让我们先弄清楚“语言”这个概念。一个不寻常的事实是：我们利用语言这个工具来理解语言的本质，这是不是一件不可能的事？

什么是语言

让我们试着来探索这个概念。语言的一个重要标志就是信息的交流。我们用所说的话和所写的字来与别人交流。其实，婴儿啼哭也是在传播一个信息：他可能饿了。当然，我们并不把婴儿的啼哭视为语言，它只属于动物之间进行信息传播和交流的一种形式。一只狗朝着另一只狗汪汪地叫，是为了警告那只狗远离自己的区域。雄鸟喳喳地叫，是为了吸引雌鸟。婴儿发出饥饿的信号，狗发出保卫自己领域的信号，鸟则以一种特定的交流方式发出性欲的信号，这些信号是与特定的内部、外部事物相联系的，而语言的意义则远远高于信号的传播。

有科学家认为，语言的根本特征是：使用语言、单词和句子的信息单元与内部和外部的具体事物相分离。具体地说，2 岁的孩子就已经能够在不同的语言环境中理解“在……上（译者注：auf，德语介词）”这个词的意思。他知道，就垂直关系而言，布娃娃是在沙发之上。同时，他也懂得，帽子戴在头上，苹果长在树上。孩子能够在很多语言环境中使用这个介词。他在使用这个介词时，已经能够把这个介词和孩子所获得的具体经验相分离。这个经验是：这个介词表明两个物体之间的空间关系是垂直分布的。再进一步，孩子能够将该介词运用到所有物体间可能的垂直关系上去。

人类总是能够在新的环境中使用语言概念，由此，语言便获得了其无穷无尽的创造力和巨大的生产力。如果人类的语言如同动物那样只是信号的传播或者只能通过模仿来继承的话，那么，我们的文化就不能形成和发展了。

只有人类在使用语言时遵循上述理论吗？事实上，所有高级动物和大部分低级动物都要进行相互间的交流，它们使用信号以规范其共同生活。为此，高级动物运用所谓的“非语言的交流形式”，该形式也被我们人类所应用，并对我们的共同生活起着重要作用。这种形式通过身体的停止与运动、眼神、面部表情和特定的声音表现出来。猫弓起背，对着狗呼噜呼噜地怒叫，表明：猫在向狗示威，这是一种威胁的举动；狗摇尾巴表示向主人讨好，龇牙咧嘴表示已经发出了准备进攻的信号。

在动物世界，类人猿处于一种特殊的地位。近年来，一些深入的研究表明，黑猩猩和大猩猩具有学习手势语的能力，类人猿能够掌握手势语，并用手势来表达新的、有意义的句子（普雷马克 Premack）。它们也有能力在很有限的范围内掌握更高层次的语言。它们用手势连成新的有意义的句子结构，但是这还是需要有人类的指导。母猿猴可以将它们的语言知识传授给幼猿猴。不过手势的运用在野生的猿猴群中还没有被发现过。即便经过多年的训练，类人猿也只能拥有非常有限的语言能力，它们的语言能力和表达能力最多也就只能达到一个 2 ～ 3 岁孩子的语言发育水平。

关系行为：语言的摇篮

根据有关理论，语言在孩子满 1 周岁时才出现，但这并不妨碍孩子 1 周岁前与大人之间的交流。从出生后的第一天起，新生儿就开始运用多种方式和周围的人进行交流。孩子这种通过关系行为而获得的理解形式是孩子语言发展的必要前提。

在人际交往中，我们总是过高地评价语言的作用。但是，正如我们自己的感受以及对别人的感受一样，我们更多的是用一种身体语言，也就是非口头语言，而不是具体的文字内容来表达我们的意思。比如，我们只需将嘴角微翘，而不需任何语言就表明了我们的友好态度；如果一个人瞧都不瞧我们一眼，那就表明他不愿意和我们有任何关系。因此，除了语言外，人际交往行为的表达方式还有身体、面部表情、眼神、语调和气味等。首先，眼睛是我们的感觉器官，同时还有触觉、听觉和嗅觉器官。另外，语言的内容有时还不如我们说话的方式重要，比如，究竟是把“Schelm”这个词理解为“流氓、无赖”（贬义词），还是理解为让人感觉亲昵的“淘气鬼、调皮鬼”（褒义词），取决于说话的语调和语气。

前两年，孩子几乎只用身体语言和父母交流。当妈妈对小宝宝说话时，对小宝宝而言，说话的内容没有任何意义，起决定作用的是妈妈说话时的语音、语调和说话方式，而小宝宝则用他的身体运动、面部表情、眼神、啼哭和喊叫等来回应妈妈的说话。

身体语言调节着孩子与父母的关系（参见第一章“关系行为”），人类

身体语言

表达	观察和感觉	例子
身体姿势	看	累了
运动	看	迈大步
面部表情	看	脸上露出笑容
眼神	看	胆怯的目光
啼哭	听	疼痛而哭
触摸	触摸感	抚摩
气味	嗅	香水

的语言是在这种关系中发展起来的。

语言的生理结构

从对语言的继承上，我们能够清楚地看到孩子的大脑所具备的不同寻常的发育能力和适应能力。孩子出生后便具有巨大的语言潜力，这一潜力使孩子在 1 岁之内就能在语言发展方面取得惊人的成绩。从本质上说，语言的发展取决于大脑的发育成熟，而大脑的发育开始于出生前，结束于青春期（伦内贝格 Lenneberg）。我们都知道，语言不是大脑天生具备的能力，这需要后期在与他人的生活中积累语言经验。

在学习语言方面，学龄前儿童和学龄儿童与成年人不一样。孩子们是在聆听的过程中，以及将所听到的与周围的人、物体、事情的发展经过和他们自身行为联系起来的过程中学习一门语言的。父母不必教孩子说话，孩子们只要有说话的意识就足够了。和成年人相反，孩子们学习第二种、第三种语言很轻松，他们能够在 6 个月、最多 12 个月之内掌握一门外语，而且语法准确，不带口音。

青春期是语言发展的一个根本转折点：大多数成年人不能像孩子那样全面地学习一门外语，而只能通过分析的方法来学习外语，必须努力地背诵大量的单词，并注意单词的使用和句子构造的一系列语法。经过 20 年甚至更多年的学习，才有少数成年人

通过听和看学习语言

能够像自己的母语那样语法准确、不带口音地熟练掌握一门外语。

分析和生产语言信号的能力是由生理条件决定的，而且在婴儿早期就具备了。

这个观点是从以下的观察中得出来的。

语言中枢 人类不仅拥有高度发达的听觉器官，而且还拥有复杂的语言器官。100 多年前，人类就已经知道，人类的大脑拥有两个语言中枢。其中，一个用于语言理解，以它的发现者的姓名被命名为“维尔尼克语言中枢”。在这个脑部区域中，现实信息通过内耳、听觉神经以及脑部的核心和轨道传输给语言中枢后进行分析处理；第二个语言中枢用于语言生产，并同样以它的发现者的姓名被命名为“布罗卡语言中枢”，这两个语言中枢之间以及和其他大脑区域间的关系非常密切。

惯用右手者的语言中枢位于左脑，而“左撇子”的语言中枢在右脑（基穆拉 Kimura, 拉森 Lassen, 彭菲尔德 Penfield）。非语言的声音信号，例如音乐等则主要由另一半大脑进行加工。

年龄还小的时候，这两个中枢在大脑区域中的位置是无法确定的。如果孩子的一个语言中枢受损，比如遇到了一次交通事故，大脑能够出奇地将丢失了的语言功能转移到另一半大脑；如果一个成人因中风而丧失了语言能力，则不能完全恢复，甚至完全丧失。儿童的大脑要远比成人的大脑具有更强的接受能力和适应能力。

语言的特殊加工和生产 在演变过程中，特定的脑部区域负责语言功能。人类对交流的需求决定了语言的加工与生产（戈德尼科 Godnik, 米勒 Miller）。从根本上说，对语音的分析不同于对声音和噪音的分析（爱马斯 Eimas 认为这是无条件的感知），这就是为什么孩子对语言的反应和对声音及噪音的反应不同的原因。

语音的普遍性 不管哪一个人说什么语言，所有的人都是相同地分析和组合语音。一些科学家对意大利语、德语和芬兰语等 11 种语言进行研究后得出结论：所有语言的语音生产都遵循同样的发音规律。虽然世界上有很多种语言，但是所有语言的生理基础都是一样的。因此，人们可以理解，为什么全世界的孩子在最初的几个月内能发出相同的音，如 Mama（妈妈）等（韦尔 Weir）。

语言基本构造的生理限制 不同孩子分析和构造句子的能力差异很大。有的孩子 18 ～ 24 个月的时候就能够说出两个单词组成的句子，而有的孩子要到 30 ～ 36 个月的时候才行。但是，与孩子开始能够造句的年龄无关，所有孩子造句的过程是一样的，所遵循的规律也是一致的（斯扎贡 Szagun）。

对我们来说很简单的一句“苏珊唱歌”对一个孩子来说是在语言继承方面取得的重要成就。为了能够组合这个简单的句子，孩子最起码应当能区分两类词：一类是如“苏珊”和“歌”这样涉及人和事物的词；另一类是如“唱”这样涉及动作的词，接下来，孩子还应该理解，“唱”这个动词应当与“苏珊”这个主语相配，而动词的变化则是他从别人那里听来的。

常使大人觉得有趣的是，孩子会组合一些不寻常的词和句子。之所以如此，是因为他们根据听到的语言来制订词的使用与造句规则。最初，他们把自己新总结出的规则运用到所有的句子中去，从而导致了不寻常、错误的结果。一些语法特例，如不规则动词就总是使孩子们“上当”，孩子在运用动词变化时会犯错误，类似的错误在动词时态和名词复数的应用中也会出现，孩子也总是搞错一个句子“主、谓、宾”的顺序。孩子会把“苏珊”和“歌”颠倒位置，或者把动词放在句子的末尾：“歌苏珊唱”，但是，孩子们会很快纠正这些错误，这几乎可以说是个奇迹。他们能够很快地掌握那么多的词组、造句的规则以及特例。注意：孩子们其实并没有意识到这些规则！

上述孩子这种不寻常的组词与造句能力有力地证明了：孩子是通过规则组合来学习语言，而不是通过模仿来继承语言。如果是后者，那么，孩子所说的话都必须是孩子已经听到过的话。另外，孩子也并不背记单词。从语言的经验中总结出正确的语法规律是孩子天生的本领。20 世纪一位美国的语言学家乔姆斯基 Chomsky 提出了这样的观点，即孩子天生具有对语言结构的敏感性。他认为，在一定程度上，孩子天生就拥有语言结构方面的基本知识，这一基本知识使孩子能够理解句子以及造句。也有另一种说法是：孩子有一种内在的要把语言规则化的需求。

语言与思维

究竟是哪个在先：思维还是语言？对于大多数成人来说，没有语言的思维是不可想象的：“如果没有用于思维的语言概念的话，我拿什么来思维？”因此，他们也就想当然地认为，在孩子的发育过程中，语言也是先于思维。但是，科学家们在经过了确切地考证后取得了如下结论：在最初的几年里，孩子首先是发展思维，然后才是发展语言。思维上的认识是语言发育的绝对的先决条件。在最初几年中，思维发育与语言发展的关系可以被描述为：“思维发育，语言理解，语言表达。”

接下来，我们用“吃”这个概念来描述一下孩子思维发育与语言发育之间的时间关系：大约快满1周岁时，孩子能够理解“吃”这个动作的含义。他尝试着先用手，再用勺子“吃”东西；不久后，他还会明白，这一动作是用“吃”这个字来表述的；大多数孩子需要再过几周甚至1个月的时间才会发出“吃”的音，并会正确地使用这个字。

因此，孩子首先发展对“吃”这一动作行为的内在想象，然后理解与该动作相符的词，最后自己使用它。任何一个年龄段的孩子所理解的都要比他能用语言表达出来的多得多。小孩子尤其如此，但是，这一点对成年人依然适用。我们成年人理解的同

理解，掌握和说

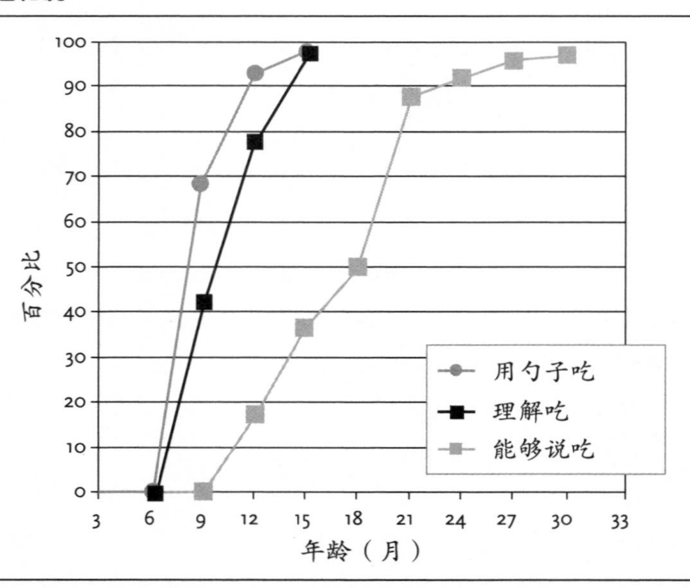

智力发育，语言理解和表达之间的关系：图中带点的线条显示，有多少孩子能够理解勺子的作用，以及对“吃”一词的理解和运用。

样比用语言表达出来的多得多。我们可以看懂德国伟大诗人歌德的文学作品，但几乎没有人能够写出同样精妙绝伦的文学作品来。

当然，任何规律都有特例：在某些领域，语言概念是思维的前提条件，例如逻辑和数学。但是，对于人生的最初几年而言，如下规律是适用的：首先思维，然后理解，最后说话。

父母的角色

尽管孩子能够独立继承语言，但是他仍然需要与父母、兄弟姐妹和其他照顾他的人进行密切接触。父母没有教孩子说话，但是对孩子的语言发育起着巨大的影响。

人们在不同的研究中对父母的教育方法和孩子的语言发展之间的关系进行了调查。这些研究从根本上得出了以下结论（卡德泽恩 Cadzen，内尔松森 Nelson）：如果父母纠正孩子的表达内容，而不是表达方式的话，父母就能促进孩子的语言发育。也就是说，如果孩子表达不正确，父母应当向孩子讲清楚事情的真相，并无论如何用正确的表达方式重复一遍这个句子。不断重复纠正孩子的发音、句子结构错误，这对孩子来说是没有帮助的。如果人们想到孩子并不是通过模仿来继承语言的话，这一研究成果就不足为奇了。孩子是通过语言的内容，而不是语言的形式来学习语言结构的。因此，大人不要一味地要求孩子模仿大人讲话，因为这对孩子的语言发育是没有好处的。

其次，如果父母采取孩子能够接受的教育方法，比如提问、对孩子的游戏表示感兴趣等，也能促进孩子的语言发育；如果大人采取命令、指示、要求的教育方法，那会对孩子的语言发育产生消极影响。

父母应当怎样与孩子说话？小宝宝的语言有意义吗？父母说话的形式和内容不应当适应孩子的语言表达方式，而应当适应孩子的发育水平和语言理解能力。如果父母说话具体，也就是说，与情节、内容相关，那么孩子最容易理解。父母的语言应当适应孩子的想象世界，并与他所处的情境有着意义上的联系。

一位父亲晚上临睡前亲吻着他 2 岁的宝宝说：“明天我们去动物园。”孩子并不理解“明天”这个词的含义，因为他几乎还没有时间概念。如果父亲说：“你现在得睡觉了。等你醒来后，我们一起去动物园。”那么，孩子就更容易理解。孩子在其日常生活中经常碰到这样的情况。但是，这种情况并不糟糕，因为，对于孩子而言，和父亲的交流是实质性的，与此相比，一些字的含义显得并不重要。父亲熟悉的脸庞、声音和抚摩着他的头的双手都属于交流。“明天我们去动物园。”孩子听到了动物园，并因动物而感到兴奋，这就足够了。

与任何年龄段的孩子进行语言交流都应该如此：我们不应该根据孩子的语言表达方式，而应该根据他的语言理解能力来确定与孩子交谈的方式方法。我们不应该简单地接受孩子的语言，而应该这样与孩子说话，即我们感觉到：孩子理解我们。

要点概述

1. 人际交往包括身体语言和狭义的语言。
2. 身体语言调节着与他人的交往。身体的停止、运动、面部表情、眼神、触摸和气味都可以作为表达方式。
3. 语言可以理解为符号的运用，符号是脱离了直接经历的内在想象。
4. 语言发展于早期的关系行为。
5. 在结构上，语言功能与两个语言中枢相连：一个用于语言理解，另一个用于语言表达。人天生就具备发音和语言的基本构造。
6. 语言从内容上反映思维发育。
7. 思维发育先于语言发展：孩子首先形成一种内部想象，然后理解描述这一想象的语言概念，最后自己运用这一语言概念。
8. 我们不应该根据孩子的语言表达方式，而应该根据孩子的语言理解能力来确定与孩子交谈的方式方法。我们的语言应该适应孩子的想象世界，并与当时的情境有着意义上的联系。
9. 促进孩子语言发展的最好方法是与孩子的良好关系。

出生前

彼得和玛利亚正在听音乐会。不过，玛利亚的心思更集中在腹中宝宝的胎动上，而不是激情的音乐。她已经妊娠7个月了。胎儿到处踢打，而且多次踢得重重的。

胎儿能听见声音吗？如果能，他听见了什么，以及这种听觉对孩子来说有什么意义呢？这是一个准父母、医生和心理学家们一直在探讨的问题。我们发现，孕妇妊娠20周时，胎儿的内耳就已经发育到成人那样大小了（巴斯特 Bast）。这个听觉器官在这么早的时候就已经能够发挥部分功能了。孕妇妊娠36～40周时，胎儿的听觉器官已经完全发育成熟，听觉细胞已经能够像成人那样进行生理反应了（莱布曼 Leibermann）。正因为人类的内耳早期发育如此成熟，所以，在最初几年中，孩子不会因为听觉器官的长大而导致孩子对声音的感觉不断变化。

早在20世纪初叶，人们就尝试使用粗野的方法来研究胎儿是否能听到声音。一种方法是：孕妇坐在浴缸里，别人用一个锤子敲击浴缸，同时观察，连续不断地敲打浴缸所发出的声音是否引起胎动？另一种方法是：把乐器，如小号顶着孕妇的肚子，乐器所发出的音乐声是否引起胎动？近些年来的实验更加精确，最主要的是：这种实验对胎儿更加公平。借助于心电图和脑电图证明：声音刺激确实能够引起胎儿心跳速度和脑部运动的变化反应。

胎儿能否区分噪音、声音和音乐呢？妈妈的声音对胎儿具有特殊的意义吗？如果父母坐在音乐厅里聆听贝多芬那雄壮有力的交响曲，胎儿也会因此感到兴奋吗？妈妈与腹中胎儿之间的交流究竟有多重要呢？

近年来，类似上述问题一大堆，但是令人信服的论证却不多。一些专家和非专业人士非常重视研究孕妇关于胎儿出生前的经验，认为这些经验对他们研究问题具有重要的意义。我们经常看到这样的报道：噪音会引起胎儿心跳加快以及胎动加剧，而人的声音和音乐则使胎儿心跳减速、胎动趋缓。看上去，胎儿对熟悉和不熟悉的声音所作出的反应是不同的，新生儿能区分出母亲和陌生人的声音。这一结果表明，不同的声音刺激对胎儿有着不同的意义，而且在妊娠期内，胎儿已经熟悉了母亲的声音。

实际上，胎儿对外部声音的感受受到一系列因素的影响和限制。在听觉方面，胎儿究竟能听到多少值得注意并进一步研究。首先值得注意的是：子宫其实不是一个安静的地方。胎儿经常处于 60 ~ 80 分贝的噪音下，这个噪音的强度相当于人与人交谈中平均声音的强度。这个噪音是由子宫血管和体动脉流动发出的嘶嘶声和母亲肠子的汩汩声所引起的。另外，一个最根本的限制因素是：人类的声音、音乐和噪音在穿透母亲的腹壁、子宫和羊水时被大量地过滤掉了。我们可以做一个比喻来说明这个问题：如果我们坐在一个盛满水的浴缸中，打开水龙头洗头，这时我们试着去听音乐或外面人的对话，我们就能想象一下胎儿在妈妈的肚子里能听到什么了。

总结来说：孩子天生就具有对声音的反馈能力。但是，这一经验对胎儿究竟具有什么样的意义还很难评价。也可能，这个意义是非常有限的——说不定这样的评价对孩子是有好处的，因为，如果胎儿对外界声音有很强的接受能力的话，那么，电视、收音机、街道交通以及吸尘器发出的声音会对胎儿产生什么样的影响呢？

要点概述

1. 孕妇妊娠 20 周时，胎儿具有部分听觉功能；孕妇妊娠 36 ~ 40 周时，胎儿已经具备完整的听觉功能了。
2. 胎儿对外界声音如噪音、音乐和人声的刺激所作出的反应是不同的。胎儿似乎对母亲的声音非常熟悉和信任。

0～3个月

出生刚2周的小丽莎吃饱后满意地躺在妈妈的怀里，妈妈对着她轻柔地说话。过了一会儿，小家伙开始眼睛一动不动地看着妈妈的脸，并认真地听妈妈讲话。

许多年以来，一些知名专家认为，新生儿是听不见声音的。这个观点的基础是：新生儿的听觉尚未发育成熟以及新生儿的中耳中有液体。但是，新生儿究竟能不能听见声音，只有母亲再清楚不过了。母亲对着小宝宝说话，并且能感觉到，宝宝对妈妈的声音感兴趣。几年来，专家们也开始明白了：在出生后的几天内，新生儿的听觉甚至比成人还好（莱布曼 Leibermann）。出生时，新生儿的听觉功能便已经准备起作用了。

在这一章节中，我们首先将对孩子的早期语言发育进行研究，然后，我们来回答一个问题：为什么“保姆式的语言”适合婴儿？

宝宝聆听

出生后的几个小时内，新生儿就已经对人的声音感兴趣了。当听到一个声音时，宝宝的脸上会露出关注的神情，动作会减少或增多，并偶尔试着发出自己的一些声音。如果妈妈对着宝宝的耳朵说话，宝宝会把眼睛转向妈妈，甚至有时将头也移向妈妈。但是，宝宝聆听妈妈声音的时间是非

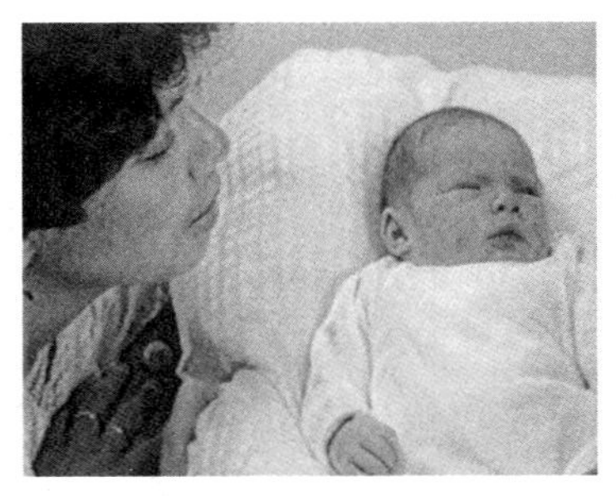

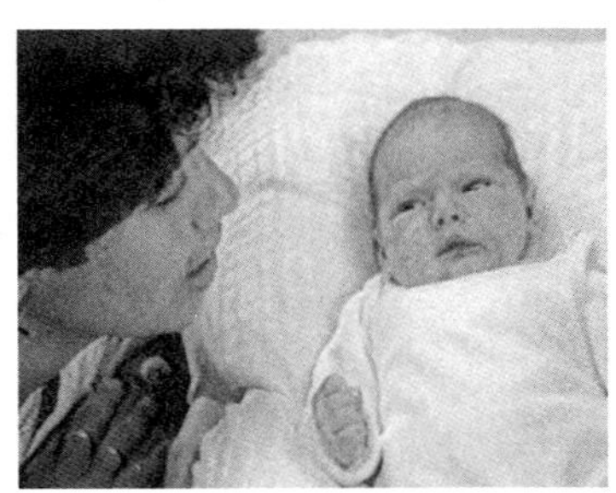

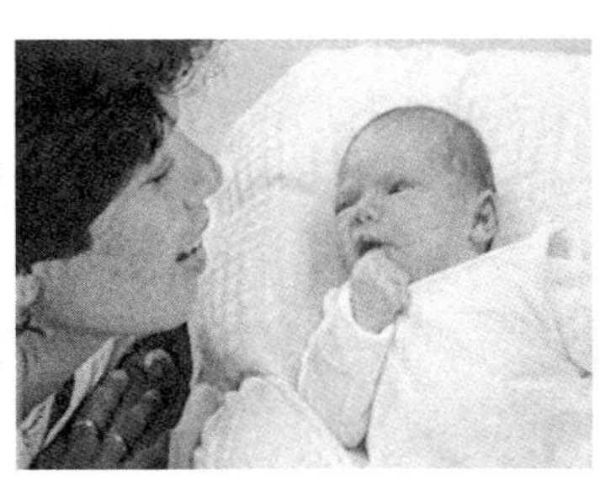

妈妈对着萨曼莎（Samantha）说话。小宝宝将眼睛和头转向妈妈，听着妈妈讲话

常有限的，宝宝会很快感到疲倦，把头和目光移开。他需要休息一会儿，直到他再次对妈妈的声音感兴趣。和任何一种声音相比，宝宝最感兴趣的声音是人的声音，它像磁铁一样吸引着宝宝。噪音、音乐和其他的声响都不能像人的声音那样引起宝宝的注意。

和男性声音相比，女性声音更容易激起婴儿的兴趣。对婴儿来说，女性声音的音响、音色、语调和表达方式都是一种特别的刺激。原因可能在于，婴儿尚在母亲腹中的时候就已经对女性的声音产生了信任，除了音色之外，女性声音的语调和表达方式也让宝宝很感兴趣，宝宝不关心大人讲话的内容，我们是否使用文字或者语音，以及它们表示什么含义，对宝宝都不重要，是声音而不是单词在向宝宝说话：这个声音问候他、安抚他。声音能够用音响和语调来表达感情，不久，孩子就能准确地区分出是友好的声音还是生气的声音了。数周后，宝宝对陌生声音的兴趣就小于熟悉的声音了。2、3 个月之后，如果妈妈说话，宝宝就会去看妈妈的嘴巴，并注意妈妈嘴唇的动作。

最初几个月，婴儿学习“将妈妈声音的表达方式以及某一特定的声音与有规律地、重复的结果联系起来”。渐渐地，宝宝熟悉了爸爸妈妈讲的话，比如当奶瓶已经装满奶了、洗澡水已经准备好了时。

一方面，婴儿能够将头转向一个声音和噪音，同时，他也能够对一些声音有目的地不作出反应，这种忽视干扰刺激的能力对孩子的睡眠具有重要的意义。（见“睡眠行为 0 ~ 3 个月”）

最初的发音

满月后，宝宝开始越来越多地发出不同的音节，主要是娇滴滴的如“啊”“喔”“咕”等音，也就是说可以发一些元音；百天后，小家伙开始能够像唱歌似的发出一些音节，并首次出现了辅音；如果高兴，宝宝会在第 1 和第 2 个月期间就会用充满特征的喊叫音来表达他的喜悦之情；第三个月，小家伙会越来越多地用兴奋的发音来替代喊叫。前 3 个月内，宝宝的表达方式与他的年龄相适应，而与日后出现的语音没有多大联系。在最初阶段全世界的宝宝都是用同样的方式“闲聊”，然后他们的声音表达渐渐地受母语影响并带有其文化特征。

如果爸爸妈妈、哥哥姐姐重复宝宝的发音，宝宝会高兴得不得了。有时，宝宝也会模仿他们的发音。百天时，当妈妈靠近时，宝宝会像“聊天”那样咿咿呀呀地问候妈妈。如果他想让别人注意他，他现在喊叫得越来越少了，而越来越多地试图用聊天的方式引起父母或哥哥姐姐们的注意。

小家伙不光喜欢与别人“聊天”，而且还经常自言自语，比如在清晨醒来时，或者喝奶后躺在小床上，他一边玩耍，一边咿咿呀呀地说个不停，好像是在和他自己的声音做游戏似的。

语言交流要适合宝宝

白天，大人有很多机会与宝宝对话：给孩子喂奶、换尿布、洗澡或者把孩子放到床上睡觉时。

在和宝宝“聊天”时，爸爸妈妈、陌生的成年人或者大孩子应该采取一种独特的说话方式：提高音响或音量，多用元音，拖长发音，夸大并经常重复所说的话。当他们以这样的方式与婴儿对话时，他们就会感觉到，婴儿会注意他们。这样的语言交流是适合宝宝的，因此对宝宝来说是有意义的。我们不妨将这种语言交流描述为“保姆式的语言”，它可以使我们适应宝宝非常有限的语言接受能力。再强调一遍：我们应该放慢说话的速度，夸大表达的方式，并不断重复。我们不仅在语言交流方面，而且在所有的行为举止方面都应该这样做。因此，在与婴儿的交往中，我们的眼神、面部表情以及行为举止也应该遵循“放慢、夸大、重复”的原则（见“关系行为 0 ～ 3 个月”）。

给宝宝洗澡的时候和宝宝聊天

但是，我们已经讲过，新生儿以及婴儿能够集中注意力的时间还是很短的，对他们来说，聆听大人讲话还很费力，因此，他们很快会感到疲倦。为了能够感受孩子在他内心深处做好了聆听大人讲话的准备，父母需要付出几个星期的认真观察后才能很好地认识他们的孩子。如果孩子还没有具备接受能力，父母也就不要再苛求孩子，并停止和孩子对话。

在早期婴儿时期，孩子的语言发展完全被埋在关系行为中。对孩子来说，语言直觉和关系才是本质的东西。聆听与闲聊还属于孩子与照顾人之间的互动游戏。

要点概述

1. 一出生，孩子的听觉功能就已经具备了。
2. 婴儿对声音的表达方式感兴趣，而讲话的内容对他来说没有意义。
3. 最初 3 个月，婴儿越来越少地通过喊叫，而越来越多地通过发元音来表达自己。
4. 慢速、简单、重复、表达方式强的讲话适合婴儿的接受能力，因此是有意义的（宝宝或“保姆式的语言”）。

4～9个月

爸爸发怒了！原来，3岁的亚历克斯试图用积木搭一座尽可能高的宝塔模型，但这个宝塔最终没有搭好，坍塌了，亚历克斯好沮丧。于是，小家伙就拿积木撒气，把积木扔得满屋子都是，其中一块积木差点儿扔到6个月大的小妹妹埃娃的头上。当爸爸用咆哮的声音指责亚历克斯，向他说明这是一个危险动作时，不是亚历克斯，反而是埃娃吓得哭了起来。

在最初的 6 个月中，单词和句子对孩子来说是没有多少意义的，但是，孩子能够捕捉并感受人的声音那充满感情色彩的表达方式。一块积木差点扔到埃娃的头上，埃娃并没有反应，埃娃也不理解爸爸对亚历克斯说话的内容，但是，埃娃从那咆哮声中感觉到了，爸爸生气了。

6 个月之后，孩子开始理解单词的含义。对孩子来说，语言在具有感情和关系含义的同时，也开始表达具体的意思了。同样，在发音方面，这个年龄段的孩子也开始进步神速。1 周岁时，一些孩子已经能够掌握一些单词了。

在这个章节中，我们首先来讨论一下孩子最初对语言的理解是怎么一回事，然后谈谈发音和手势的问题。手势是孩子说话前又一个前期阶段。

最初的理解

从 6 个月开始，孩子开始理解一

些单词的具体含义。最初的理解是将名字和人联系在一起。当小家伙听到别人在喊他的名字时，他会停止手中的“活儿”；如果听到母亲喊“爸爸”，小家伙会向爸爸看去；如果听到母亲叫他的哥哥姐姐，他就会向哥哥姐姐望去。不久之后，小家伙能够将一些单词和具体的物体和场景联系在一起了。他认识了日常生活中一些东西的名称，例如奶瓶和奶嘴等。如果母亲使用诸如“吃”“洗澡”和“散步”等词汇，小家伙开始明白这些词汇指的是什么场景和活动。同时，他也开始理解“来”“再见”或者“不”的概念是什么。

在很大程度上，孩子对语言最初的理解是和当时的人、事物以及场景联系在一起的，孩子是在“经历”这些词汇，所以，孩子最初理解“散步”的含义只和“穿上衣服、戴上帽子”以及“被放进童车”联系在一起。一段时间之后，孩子才真正独立地明白“散步”这个词汇还拥有更多的丰富含义。

9个月起，孩子开始对对话非常感兴趣，他会聚精会神地聆听父母和哥哥姐姐之间的谈话，这是到了可以将孩子放到家庭桌边共同“聊天”的时候了。

聊　天

在最初的5个月中，孩子的发音不受他所成长的环境所影响。不同文化背景下的孩子能够发出同样的音。不管在欧洲、非洲和美洲，小家伙与人“聊天”时所发出的音是相同的。5个月之后，孩子的发音开始和他所成长的环境以及文化相联系。前5个月，天生聋哑儿能够与听力健全的孩子一样“聊天”，这就进一步证明了，语音的产生最初来自孩子自身，而不是来自对语音的模仿。6个月后，听力健全的孩子发音越来越多，而丧失听力的孩子发音越来越少。快1周岁时，丧失听力的孩子就不再出声了，聋哑的特征完全暴露出来。尽管在最初几个月中，孩子很少模仿，并且很少去感受并加工语音，但是，这种聋哑儿语言发育的停滞向我们表明：我们与1岁以内的孩子说话是多么重要。

4 ~ 6个月的婴儿能够越来越多地发出诸如“o（喔）”“a（啊）”这样的元音，随同辅音如“g（鸽）”“m（摸）”等的出现就发出了组合音如“go（高）”“me（美）”等。短时间内，婴儿能够发出4个甚至更多不同的组合音。6个月孩子的发音特点是“吹音”和“摩擦音”，喜欢将自己的唾液在嘴里不断地玩，以及将上下嘴唇忽合忽闭。6个月之后，孩子就越来越多地发辅音了，他把两个或更多的音节连在一起，于是，像“ba（吧）”“ga（嘎）”“oppo（哦坡）”这样的组合音就出现了。

如果妈妈对着婴儿讲话，并模仿婴儿发出的音，婴儿就会微笑，并非常愿意继续和妈妈聊天。这就是初级的简单形式的会话！另外，小家伙还会自言自语，比如，在睡觉前和醒来后。当他看见镜子中的自己时，小家伙会咿咿哑哑地说个不停。他开始越来越多地用语音，而不是喊叫来表达自己不愉快的心情。如果他想要一件玩具，而这件玩具他怎么也够不着，他便开始“谩骂”，这时，小家伙的唠叨中带着一种生气的口吻。如果他想得到照顾和关心，他不再喊叫，而是用吸引人的、响亮的发音来引起别人对他的注意。婴儿能根据距离来调节自己的音量，如果妈妈距离他较远，小家伙的声音就大；最后，他还能改变自己的音调，婴儿聊天时就仿佛是在唱歌一样。

7～8个月时，孩子开始直接模仿，他首先模仿熟悉的音，然后模仿不熟悉的音，但是，不同孩子模仿的速度是非常不一致的，有的从第二年初才开始模仿。

男孩和女孩模仿声音的百分比图

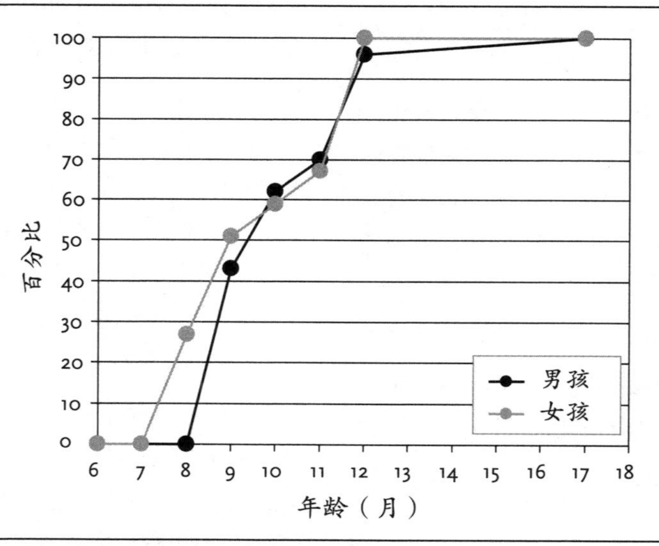

横标表示以月为单位的年龄；竖标表示百分比。

8 ~ 10个月时，孩子开始发“ta（塔）”“ma（妈）”“pa（爸）”等组合音，从中，孩子开始选择爸爸妈妈的称呼。但是，孩子是先叫“mama（妈妈）”呢，还是先叫“papa（爸爸）”？这不仅取决于孩子与父母的关系，同时也取决于孩子首先会发什么样的音，也就是说，是先发“m”音，还是先发“p”音。很多父亲特别自豪，当他们的宝宝首先叫“papap（爸爸）”的时候，而且这种情况并不少见。在整个世界上，对父母的称谓——“爸爸妈妈”的发音几乎都是相同的，这表明，这个年龄段的孩子在发音方面都遵循一样的规律。刚开始时，孩子只是简单地会发“mama（妈妈）”和“papa（爸爸）”的音，但还不能正确地区分开妈妈爸爸的称呼。但是，用不了多久，小家伙就能对着妈妈叫妈妈，对着爸爸叫爸爸了。

但是，必须指出的是，不同孩子会叫爸爸妈妈的年龄是非常不同的。当有的孩子在9 ~ 10个月就会叫爸爸妈妈的时候，大约一半的孩子要到1周岁时才会叫爸爸妈妈，还有一些孩子，特别是小男孩，一直要到15 ~ 20个月时才会叫爸爸妈妈。

8 ~ 12个月的孩子不仅喜欢模仿大人的发音，而且被大人的脸，特

男孩和女孩第一次能够针对性的叫爸爸妈妈的百分比图

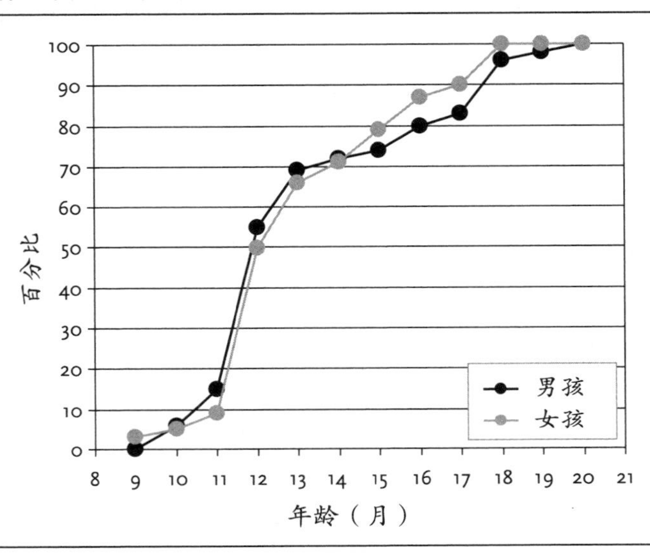

横标表示以月为单位的年龄；竖标表示百分比。

宝宝琢磨着：妈妈的声音是从哪儿来的呢

别是承担发音功能的嘴巴所吸引，所以，在大人说话时，孩子经常用手去抓大人的嘴巴，似乎想瞧一瞧，为什么大人的嘴巴能发出声音？

在头一年的下半年，不光孩子的语言模仿能力，而且非语言模仿能力也突飞猛进。孩子开始利用手势，也就是手的运动和姿势来表达一定的含义。摆手表示再见，鼓掌表示欢迎和高兴，摇头则表示拒绝。如果他想要一件东西，但又够不着，小家伙刚开始时会用整只手，以后会用手指头指着这件东西，然后看着大人，嘴里嘟囔着，意思是：把这件东西给我拿来。当爸爸用手指着一个人或一个东西时，宝宝也会看向相应的方向。宝宝对父母和对其他人的注意力也开始有了区别。在这个年龄段宝宝的记忆能力开始形成。藏猫猫的游戏给父母和宝宝带来很多乐趣（参见第一章“关系行为4 ~ 9个月”，“关系行为10 ~ 24个月”和第五章“玩耍行为4 ~ 9个月”）。

父母的作用

那么，父母如何在语言方面与这个年龄段的孩子交流呢？孩子有一个很大的需求和愿望，那就是和其他人在一起。孩子不愿意孤独，特别是当其他人聊天的时候，小家伙更希望和他们在一起，尽管他还不会讲话。通过聆听，孩子逐渐掌握母语的发音和语调。

一直到第二年，孩子对词汇的理解还与人、物、活动和场景紧密地联系在一起。在宝宝玩耍的时候，在父母照料孩子、给宝宝喂奶的时候，父母向宝宝说出他手中拿着的、或者他看到的东西叫什么名字，那么，宝宝就会逐渐熟悉这些东西的名字。我们不妨给父母做一个示范，当父母准备带着孩子去散步时，父母可以向宝宝强调以下词汇：父母给娃娃穿上“外衣”和“鞋子”，把“帽子”戴到他“头”上，然后从“童车”中把他抱出来。

父母能够给宝宝做的最重要的事就是让宝宝“经历”这些说话的语言，宝宝应该能够看到、听到和感受到父母对他说的一切。

要点概述

1. 从6个月起，孩子开始理解语言，这种理解是和具体的人、物、活动和场景的名称联系在一起的。
2. 孩子开始对家庭成员间的对话感兴趣。
3. 孩子开始适应交际语言的发音，并开始模仿语调。
4. 从一连串的发音中，孩子开始会发出诸如妈妈、爸爸的音节，但这种发音还是偶然的，然后，孩子能够正确地叫妈妈、爸爸了。
5. 9个月时，孩子开始理解并使用一系列诸如鼓掌、摆手再见或者摇头的手势语言。
6. 宝宝开始区分不同的人并引起注意。
7. 我们应当跟宝宝说一些和他的感受相同符合的词。我们给宝宝所说的一切，宝宝都应该能够看到、听到和感受到。

10～24个月

卡尔已经2岁了，但是还不会说一个单词，而他的姐姐在2岁时早已能够说简单的句子了。但是，卡尔能够听明白妈妈说话的所有意思。当他想要某件东西，但又够不着的时候，他就拉着妈妈在房间中走，用手指头指着他想要的东西，并不断发出“m”的声音。尽管如此，小家伙还是经常感到失望和沮丧，因为他不能用文字来表达他的愿望。几天前，小家伙更是伤心透了，因为父母费了九牛二虎之力还是不明白小家伙想表达什么。

大多数父母希望，孩子1周岁时能够迈出第一步，那么，2岁时也就能够说话了。但是，正如不同孩子的运动机能发育非常不同一样，孩子之间在语言发展方面的差异也是很大的。当有的孩子1周岁就能说话时，有的父母不得不耐心地等待他们的孩子可能要到第三个年头才开始说话。这种巨大的差异首先表现在语言表达方面，而不是在语言理解方面。因此，同龄孩子在语言表达能力上所表现出来的差异要比语言理解能力大得多。

理　解

1周岁时，孩子认识了他日常生活中经常接触到的人和物的名字。他能够理解简单的要求，比如“给我球”；他能够对诸如“爸爸在哪儿”这样的提问作出反应；如果妈妈说“不”，小家伙至少会停止玩耍一会儿。2周岁时，孩子开始理解较长句子的含义了，比如：“如果我们在游戏场的话，你才可以玩球。”

在12～18个月期间，孩子对对话的兴趣与日俱增。如果父母和哥哥姐姐互相谈话，小家伙会竖起耳朵，聚精会神地聆听。这时，孩子的语言理解能力已经相当发达，即便父母和哥哥姐姐的谈话所提到的人或者物体不是此时的，小家伙也已经能够理解这些词汇的含义了。如果母亲要求小家伙将他的鞋子从另一个房间中取出来，小家伙就知道，妈妈所指的是什么东西，以及这个东西位于什么位置。如果妈妈让他看一本图画书，然后说出一个动物的名称，孩子就会正确地指出妈妈说的在图画书上所画的动物。孩子也了解了人体的一部分，

宝宝发出“卟卟”“突突”的声音

如嘴巴、眼睛和脚，以及一些穿着，如鞋子和帽子等。

对孩子来说，日常生活中的动词，如“吃”“睡觉”“玩”等已经具备了具体的含义，但是，刚开始时，孩子总是赋予这些词汇更广泛的内容，远远超出了这些词汇本身的含义。比如，“睡觉”这个词，对孩子来说可能是包含一切的，从晚上上床睡觉前的准备，到本身真正意义上的睡觉，一直到第二天清晨妈妈叫他起床的整个过程；也有可能，孩子将睡觉理解成了“床”。随着时间的推移，孩子的理解越来越精确。最后，孩子对“睡觉”的理解就是睡觉本身的含义了。

第二年，孩子开始理解表示

倒满填空游戏中宝宝对“在……里面”的理解和发展

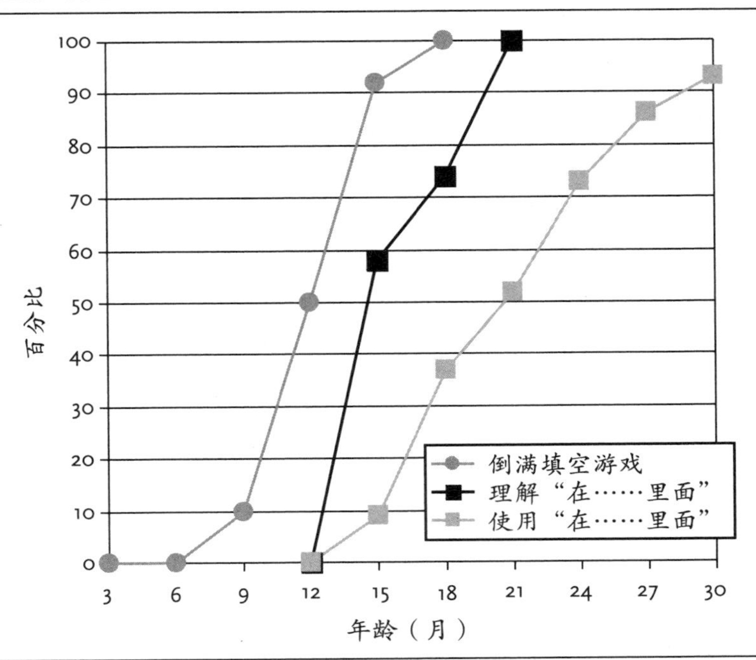

横标表示以月为单位的年龄；竖标表示百分比。

空间概念的介词，如“在……里面（in）”“在……上面（auf）”等。孩子能够理解这些介词的前提条件是：孩子必须要对一个空间概念拥有自己的内在想象，而孩子只有在一个空间中运动以及和具体东西的玩耍中才能发展这种想象。

孩子首先理解的介词是“在……里面”。孩子在1周岁时就已经懂得，一个东西可以在另外一个东西里面。孩子在所谓的“装满倒空”游戏中培养对空间的想象。第二年初的时候，孩子用这个介词来理解两个物体之间的空间关系。如果母亲说：“苹果在我的口袋里”，孩子就会伸手从妈妈的口袋中掏苹果。再过数周和数月之后，孩子就能够说这个介词了。大多数孩子在2周岁时才开始在说话中使用这个介词。

我们经过研究后发现，孩子对空间概念的理解是有一定顺序的，而且这个顺序在所有孩子身上都是一致的。孩子首先理解“在……里面”，其次才会明白“在……上面”，然

对空间介词的理解的发展

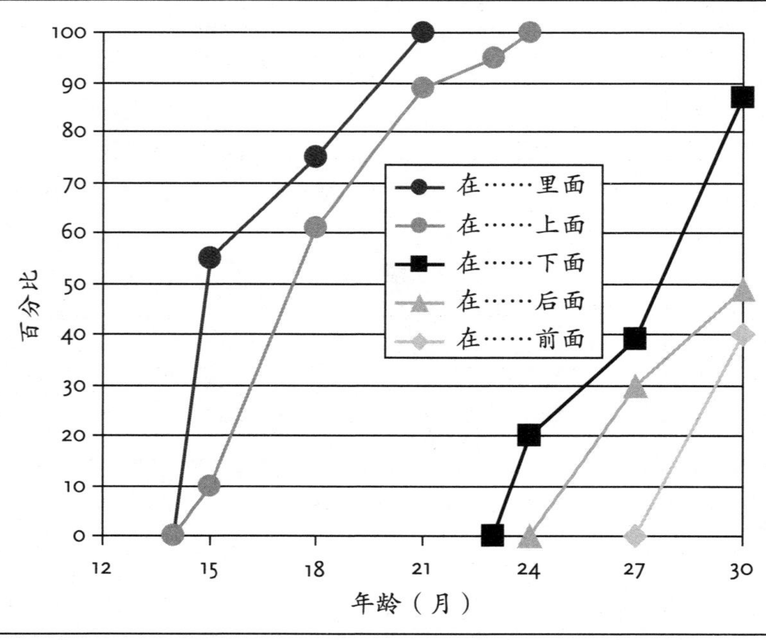

这些点说明，有多少孩子（以百分比计）在某一特定年龄理解表示空间的词。

后是“在……下面”，最后到2岁半到3岁时理解“在……后面”以及“在……前面”。

在第2年中，孩子对代词“你”或者“你的”理解是非常有限的。一个2岁的孩子理解“把鞋子给我”比“把鞋子给爸爸”要费劲。特别是人称代词，孩子理解起来非常费劲。所以，父母尽量用名字，而不是代词“你”来和2岁的孩子说话，是非常有意义的。父母能够感觉到，孩子对这一组词汇的理解有很大困难，因此，他们确实也尽量避免使用代词，而直接用人名。

小孩特别喜欢念儿歌，他们会毫不费力地借助于旋律和押韵等来记住长长的儿歌。其实，孩子并不关心儿歌的内容，关心更多的是儿歌的旋律和节奏，它们像磁铁一样吸引着孩子。

说　话

2岁初，孩子开始说一种大人根本听不懂的“话”，这就是所谓的“儿语”，它们是杂乱无章的。孩子经常将乱七八糟的音节堆积在一起，大多数情况下，它们并没有被组成真正的单词。“儿语”的特征是：孩子模仿从周围环境中听到的语言的旋律和语调。小家伙根据他的情绪以及他所想象的场景，会像父母或者哥哥姐姐的说话方式一样，来进行他自己独特的聊天方式，特别是在独自玩耍、看图画书，或者早上起床时，小家伙经常使用连他自己也不懂的“儿语”自言自语。

小家伙不仅模仿家庭成员的说话方式，而且也模仿他们打喷嚏、咳嗽和“吧嗒吧嗒”吃饭的样子；此外，环境中发出的声音，如狗叫、汽车从屋子旁边奔驰而过的轰隆声也是孩子模仿的对象。孩子特别喜欢动物发出的声音，所以，孩子起初最喜欢模仿极具动物特征的声音。在孩子的语言表达中，他们更喜欢用模仿动物的声音来进行表达，而不像成年人那样用动物的名字来表达。

父母总是紧张地期待着孩子说出第一句话。大多数孩子是在12 ~ 18个月的时候从口中蹦出第一个单词，最早的也要到8 ~ 12个月。有的父母还必须更耐心地等待：他们的孩子要到20 ~ 30个月的时候才会说话。如果孩子会走路了，完全有可能在语言发育方面有一段时间停滞不前。孩子非常乐意不断地锻炼这个新得来的运动机能，而在扩大词汇量方面连续数周都没有进展，或者进展极其缓慢。经常发生突变的情况：一些孩子

孩子说话情况（3 个单词以上）调查表

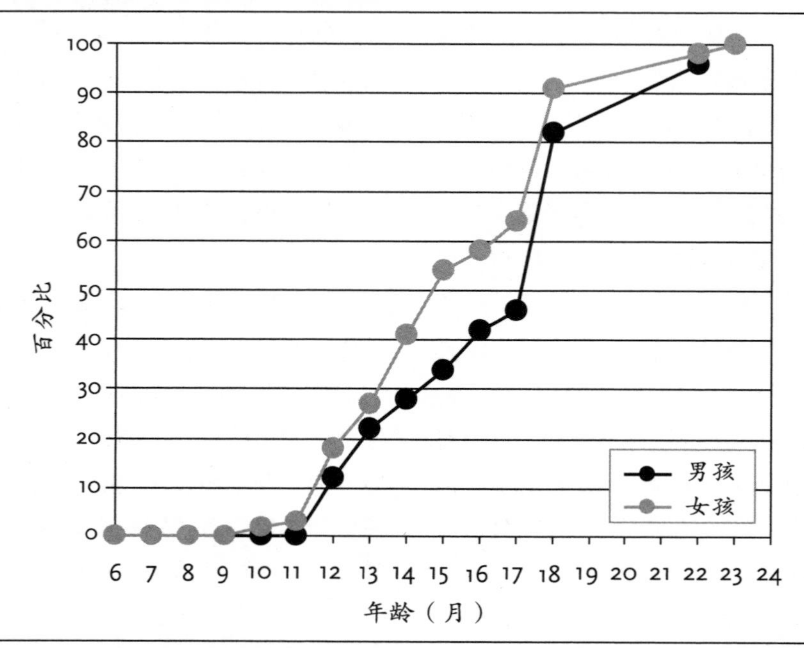

多少孩子能够在不同的年龄段中掌握 3 个以上的单词（除了“爸爸”“妈妈”）（拉尔戈 Largo1986）。

在早期语言发育方面有一种“跳跃性”的特征，他的词汇量的扩大不是缓慢持久进行的，而是突然一下子跳跃式的发展。

女孩说话要比男孩早，而且快。很多女孩在 1 周岁的时候就会说话了，而很多男孩要到 2 周岁之后才会说话。

虽然，孩子刚开始说话时是不清楚、不彻底的，但是父母和哥哥姐姐能够理解小家伙，因为他们了解孩子说话的场景以及孩子所说的这些词汇的意义。对于外人而言，是很难，也是几乎不可能明白孩子讲话的意思的。

孩子早期语言发育还有一个特征是：经常把词义扩大。比如“奶牛”这个单词，孩子将这个单词的含义扩大到了所有较大的动物，不光是小牛犊，而且也指马、绵羊和山羊等；与此同时，孩子不光倾向于将词义扩大，而且也喜欢将词义缩小。比如“汽车”，孩子把这个汽车仅限定于自己家的汽车，而不是所有的汽车。在孩子的眼里，即使是玩具车以及在图画书中的汽车也不是汽车。在一定程度上，这个汽车的含义在孩子的理解中特指他们家自己的汽车。

由于孩子刚开始只会使用单个单词，而不会说一句完整的句子，所以，在很大程度上，大人理解这个单词的意思要和孩子说话时的语调以及具体的场景联系起来。比如说“鞋子”，大人要根据孩子的语言表达能力、手势以及场景来判断孩子说“鞋子”的含义是什么：“这是我的鞋子”“这些是鞋子吗”“我想穿鞋子”“这是妈妈的鞋子”；等等。

小孩子有一种特别浓厚的兴趣，就是：想尽可能知道所有东西的名称，并且让人解释并证实它们。他们整天提“这是什么”这样的问题，并期待着从父母那儿得到回答。孩子会拉抽屉中的东西，问：“刀？”妈妈证实说：“是的，这是一把刀。”孩子指着报纸问：“爸爸的？”“是的，是爸爸的报纸。”当孩子被抱在大人怀里的时候，孩子就会尽可能地指着屋子里的所有东西，并想听大人说这些东

说自己的名字

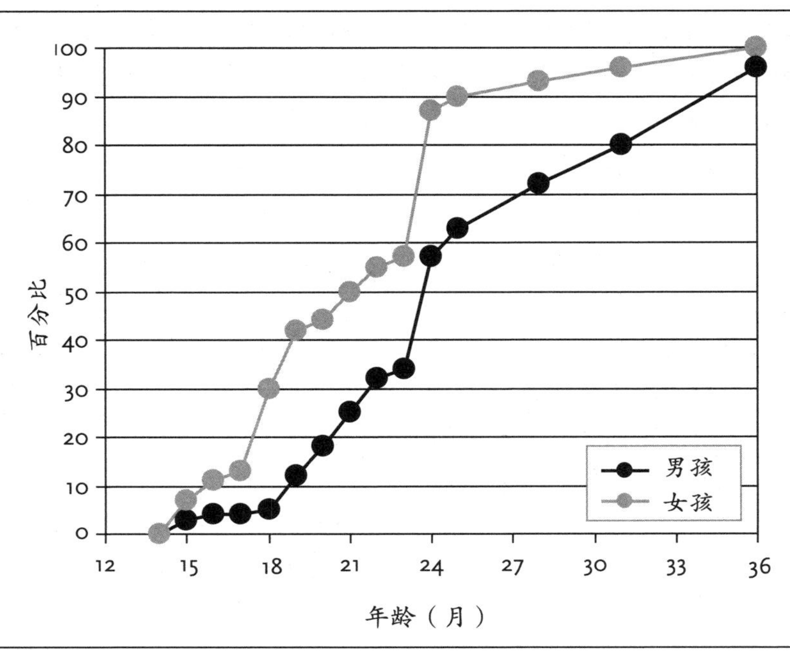

不同年龄段的孩子使用自己名字的数量（以百分比计）。

西的名字是什么。

孩子最早要到 15 ~ 18 个月的时候才会使用两个单词的组合，有些孩子特别晚，要到 3 岁至 3 岁半。女孩在这方面仍然比男孩快。

在 15 ~ 18 个月的时候，一些孩子开始使用自己的名字，但是，大多数孩子是在 18 ~ 27 个月的时候才开始使用自己的名字，而有的要到 3 周岁。这个能力是和孩子的“自我”发展紧密联系在一起的：孩子在 18 ~ 24 个月的时候开始第一次知道自己本人的形象（参见第一章“关系行为 10 ~ 24 个月”）。这之后，孩子才有能力说起自己。

那些语言表达能力比较差，说话比较慢的孩子在 2 岁和 3 岁的时候还必须依赖于手势和脸部表情等交际手段，他们利用脸、手和其他身体部位进行表达。有的孩子表现得非常滑稽，不少孩子会产生这样的情况：他们和其他孩子一样理解他们的环境，他们知道自己想说什么，但是“嘴巴”就是不争气，表达不出来。于是，就会出现像卡尔那样暴躁的情况。他们感到失败，因为无论他们怎么表达都不能被人所理解。

必须指出的是，即便是兄弟姐妹，他们之间的语言发育也存在很大的差异。在此，遗传因素、性别以及出生的顺序都会影响孩子的语言发展。我们的研究发现：在语言发展方面，头胎比二胎要快（拉尔戈 Largo）。三胎和以后出生的孩子也比二胎要快，和头胎相似。我们可以用以下原因来解释这个现象：妈妈照顾老大付出的时间总是比老二多，在所有孩子当中，妈妈对老大说的话最多，所以，头胎的语言发展总是很快；对老二来说，妈妈陪伴的时间少了，而老大自己还不会说话，所以也没办法帮到老二。而老三及其以后的孩子说话比老二快，是因为：这时候，老大经常和他们说话。对小弟弟小妹妹而言，2 ~ 4 岁大的老大恰好是他们最好的谈话伙伴，因为他们的兴趣、行为和语言表达方式比较相似。孩子之间的年龄差距越大，对孩子之间互相说话的影响就越小。

父母的作用

一般来说，父母会本能地适应他们 2 岁或 3 岁孩子有限的语言理解和表达能力。和 1 岁的孩子相比，父母此时的说话方式更符合孩子的需要，但仍然包含一系列的简单语言。

父母和小孩说话的语速总是要比成人和较大孩子慢；父母说话的音响忽高忽低，音调忽粗忽细，而且不断

以下是成人与小孩说话的语言特征

说话方式
· 慢悠悠的语速 · 较高的音量 · 不断变换音域 · 重复单词和整个句子
组词
· 经常说简单的单词 · 简化句子（多用名词，少用动词） · 多用动词的现在时，不用过去时和将来时 · 名词和形容词的简单形式 · 很多提问

变化语调语气；父母说话经常重复；句子的构造也很简单；他们首先使用名词，而少用形容词，避免使用动词的过去时和将来时；他们总是提很多问题；父母要根据场景的不同来调节对孩子的说话方式，因为日常生活中的语言虽然简单，但对孩子说话还是要有所区别，例如在孩子吃饭、睡觉、看图画书的时候，父母说的语言是不同的。

如果父母说一个单词的时候和某种行为联系在一起的话，就会使孩子更容易理解，比如说“看图说画”：孩子会迅速地替代母亲的角色，评论起图画和文字来。

2 岁孩子理解语言的能力是相当有限的。父母凭直觉判断，什么样的词汇和句型孩子能懂，从而使他们说话的方式更适合孩子的理解能力。父母不应全盘接受孩子的说话方式，而应该将他们的语言简单化，以便使孩子能够明白。

如同我们在“引言”中所说的那样，如果父母采取以下态度，那么对孩子的语言发展会起促进的作用：父母对孩子说话采取认可的态度，认真地倾听孩子说话，并证实孩子的说话内容。父母只是在内容和事实方面对孩子说话进行纠正，不在语法上进行纠正。只要孩子所说的话不影响理解，父母就不要纠正孩子在句型上的错误。如果有必要，家长要把孩子说错的话改正确并重复说，多提出些问题。反之，以下父母的态度则对孩子的语言发展起着消极作用：父母在孩子面前唠叨个没完，不断纠正孩子说话的语法错误以及句子构造，不认真倾听孩子的讲话而且跟孩子说的也少了。

父母没有必要教导孩子应该怎么讲话。一定要注意：孩子自己会说话的，只要孩子有机会听大人说话，有机会表达。即使孩子在说话方面比较“笨”，父母也不应该试图通过诸如不根据孩子的手势和脸部表情的方式来压迫孩子说话，因为那是毫无意义的，而且是徒劳无功的。如果父母尽可能多地给孩子机会，在日常生活以及在孩子的玩耍中，多让孩子与父母和哥哥姐姐说话，那么，父母就最好的促进了孩子的语言表达能力。父母对孩子的说话感兴趣，以及孩子自身做好了交际的准备对孩子的语言发展非常重要。

两种和多种语言

在两种或者多种语言环境下成长起来的孩子不光可以学习和掌握一种语言，而且可以学习两种甚至多种语言，这对孩子的未来而言无疑是一个巨大的优势。但是，必须指出的是，在最初的几年中，这种优势体现得并不明显。相反，和一些在一种语言环境下成长起来的孩子相比，他们的语言发展可能是缓慢的，甚至在词汇和简单句子的构造方面非常迟钝，而且，这种现象可能一直延续到上学。但是，这个“不足”不应该成为孩子接受多种语言的障碍；此外，还有一个必须注意的事项是：在孩子最初的几年中，任何一个抚养者对孩子说话最好只用一种语言。

在早期，多种语言环境下成长的孩子经历的和在单一语言环境下生长的孩子是一样的，但是会逐渐显露出其特点。不同语言的发展进步往往是不同步的。孩子往往更愿意通过他们最常听到的和经常看护他们的人说的话来学习说话。一直到 4 岁多他们还常常会混淆不同的语言来说话（比如“我不 eat 了”）。在完全掌握一种语言之前，他们会经常使用这种混淆的句式。

父母应该注意以下几点：父母和其他看护人应该在头几年中只用一种语言和孩子说话。如果妈妈只说挪威语，而爸爸只说德语，那么孩子在语言上还可以适应。他会把两种语言和爸爸妈妈对应起来，但如果母亲和父亲对孩子一会儿说挪威语，一会儿又说德语，这对孩子来说是很难懂的，因为这过高要求了孩子。

要点概述

1. 1 周岁时，孩子知道了他所信赖的人和物品的名字。从 2 岁起，孩子开始认识行为和空间关系。
2. 2 岁的孩子在玩耍的时候总是嘟嘟囔囔，孩子开始模仿周围语言的语调和旋律，但是还说不出完整的词。

3. 孩子在 10 ~ 30 个月的时候开始说出第一个字。孩子经常将词义扩大或者缩小。

4. 孩子 18 ~ 36 个月的时候开始使用他们的名字。

5. 孩子的理解能力比表达能力要强得多。

6. 女孩的语言表达能力比男孩要强，发育要早。

7. 父母对孩子说话不能根据孩子的说话方式，而应该根据孩子的理解能力进行。

25~48个月

3岁半的吉姆开始结结巴巴地说话了，他要费很大的劲才能表达清楚，并一再重复单个的词。他的父母总是很耐心地等着吉姆把他想说的说清楚。但是吉姆的爸爸慢慢地开始担心了，因为吉姆已经这样结巴了3个月了，他害怕吉姆会一直结巴下去。他想起自己的一个朋友，在学校的时候因为结巴而经常被其他人嘲弄。

短暂的结巴属于正常的语言发展现象。大部分的孩子在语言发展时期都要经过和吉姆一样的特定时段，而结巴的原因恰恰就是孩子在 2 ~ 5 岁时在语言方面的重大进步。他们的语言理解能力在这一时期迅速增长，同时他们的词汇量扩大得比之后的任何一个时期都快。他们开始掌握语法和句型的基本规则，并且发音也在不断进步。这么多的挑战同时到来，使得大部分的孩子暂时不能接受，于是出现了结巴。

理解能力

我们对很多 2 岁宝宝的语言理解能力感到惊讶，觉得他们基本上什么都能明白，而实际上 2 岁的宝宝也只是处于语言发展的初级阶段。培养他们的语言能力还需要很长时间。

当我们评价一个孩子的语言能力时，首先会观察他的表达能力。到底孩子对语言的理解是什么程度往往很难判定。家长经常会高估孩子的语言理解能力。孩子大部分时间会表现得像是明白了，是因为他们会吸收除了听到的内容以外的其他非语言信息。当爸爸手里拿着孩子的外衣和鞋子，然后问孩子，要不要出去玩，孩子会明白，但是爸爸的提问并没有被孩子完全理解。他的外衣和鞋子，爸爸说话的语气就能让孩子明白爸爸的意思。

到了 3 岁之后孩子就会开始喜欢听大人的对话，尽管他们只能断断续续理解其中的一部分。他们到了第二个提问年龄段，会整天问一些“为什么”和“什么时候”的问题。这些都源于他们逐渐扩大和丰富的兴趣。他们开始喜欢看图画书，并且乐意有人给他们讲这里面的故事。刚开始他们会首先对这些图片的细节和新出现的词语感兴趣。到了 3 岁的时候，孩子对故事情节的理解能力已经逐渐觉醒，之后他们开始喜欢有人跟他们读过的短诗和唱过的歌曲。

4 岁的时候孩子已经可以就一些日常的问题给出回答，并且开始参与一些简单对话。对故事内容和情节的理解能力也明显增强，这个时候他们会愿意自己听故事的录音，开始能够表述自己的经历，计划一些小活动，并且也能够说出自己想要什么了。

词　汇

2 ~ 5 岁之间孩子的词汇量迅速扩大，比之后的任何一个时期都要快。3 岁之前词汇量逐渐达到将近 1000 个单词。孩子每天都会学到新单词并把它们纳入自己的词汇表，5 岁的孩子能理解 2000 ~ 5000 个单词，其中能理解的词要比会用的词多很多，之后的五年，孩子的词汇量达到 8000 ~ 15000。而不同孩子之间的区别只是体现在学到的词能说出来多少，这是一个成年人无论如何都无法获得的成绩。

接下来孩子开始学会与他直接相关的人和物那里听来的词，最后学会那些与他们没有直接关联的词。

下页图显示，即使是相同年龄的孩子，他们所掌握的词汇量大小还是有明显区别的。一般来说女孩子的词汇量会比男孩子大一些。但是也有些男孩子会比女孩子的词汇量超出很多。一个理解能力强的孩子，并不见得就会说得很多很好。语言的理解能力和表达能力之间并没有很紧密的关联。

当孩子知道 200 个左右的词时，他就会运用简单的语法规则把词语联系起来，这和孩子的年龄没有关

2 ～ 5 岁的单词量

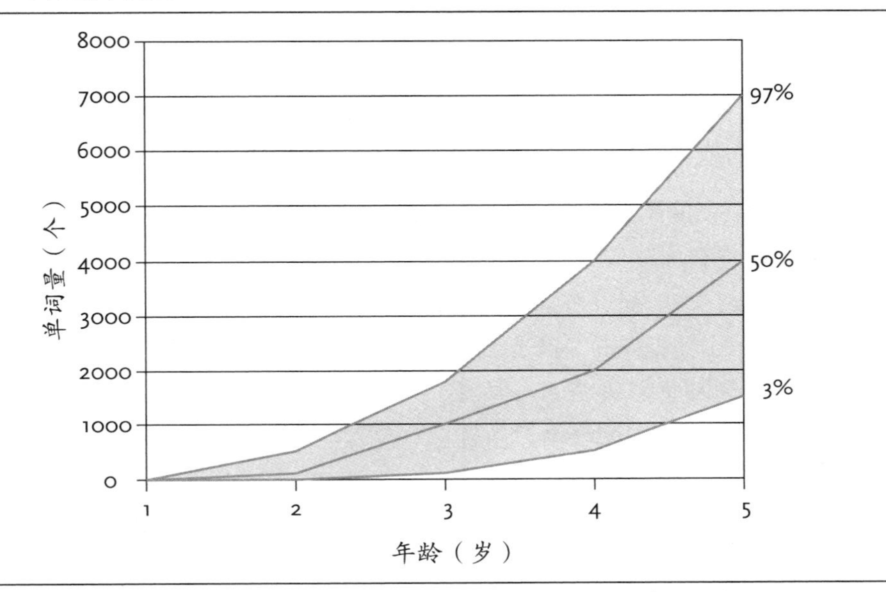

面积表示分散度，中间线表示平均量（根据不同来源的数据汇编）。

系，而是取决于孩子的词汇量是否达到，这个时候他会把主语和动词对应起来并组成简单的句子（“我玩球”）。

语　法

很少有成年人会喜欢在学校做那些复杂的语法规则练习，但是小孩子并不需要这么费力，在直接学习语言结构的过程中，他们的表现非常出色。

下面我们描述一下孩子 2 ～ 5 岁之间在语言发育进程中的一些主要“里程碑”：

主语　刚开始的时候孩子们只会用名词的基本形式，而且没有量词。之后会开始逐渐使用量词，比如“一个”“很多”。

形容词　2 岁的孩子几乎不会使用形容词。但有一个词是例外：“热”，这个词早已在孩子的日常词汇量中了，那是因为：灶台、炉子和蜡烛是“热”的，不能碰！如果父母说出一个单词，而这个单词孩子能够使用，并具有感觉上的意义的话，那么大多数孩子就能比较容易地“记住”这个单词了。

动词 2岁的孩子只会使用“动词原形”。他们还不能根据主语来使用变化的动词。孩子要到3 ~ 5岁的时候才会用“动词式”这个语法现象。能使用动词式的孩子在身心发育上必须具备一个前提条件：孩子能将自己和别人当做一个独立的人来对待，以及具有数量和时间概念。

空间介词 2岁时，孩子能够理解的空间介词有：在里面、在上面、在下面，其他空间概念的介词要等到孩子4岁的时候才能理解。

时间概念 如果父亲早上上班前对他2岁的孩子说：“今天晚上我们一起玩。”孩子只明白“玩”，“今天晚上”这个概念对孩子却没有意义，因为2岁的孩子还没有时间概念，对“昨天”“今天”或者“明天”还不理解。只有到3岁的时候，孩子才会对时间差距有简单的概念，比如妈妈说：“午睡后我们到游乐场去玩。”孩子对日程有一个内在的设想：早上醒来，随妈妈出去购物，然后吃饭，随后睡觉，睡觉之后到游戏场去。所以，妈妈说“午饭”后到游乐场，孩

概念分层

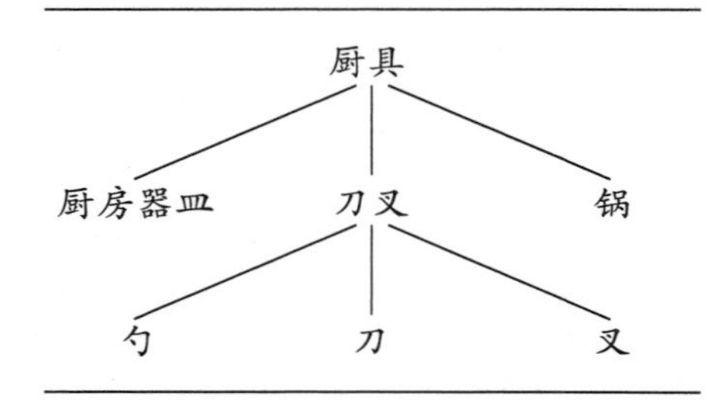

子还不能完全明白这个时间概念。孩子4岁的时候才开始明白“昨天”或者“明天”这样的时间概念。

分门别类 像“家具”“动物”这样的总概念在语言中起着很重要的作用。而对于总概念的运用要到入学之后才有可能。

在孩子理解和运用这种概念之前，需要在1岁时开始发展根据一定的特性对物品进行比较和区分的能力。（参见第五章“玩耍行为10 ~ 24个月”）2周岁时，孩子开始能够根据一定的特性对物品进行比较和区分。比如说，孩子可以用勺子作比较，把刀和叉子区分开。3岁的孩子能分门别类了，就是说，孩子能够通过一定的特性进行分类。比如，孩子将自己和兄弟姐妹归为“孩子”，而将父母和祖父母归类为“成年人”。孩子还开始就颜色进行分类：首先，孩子将各种颜色排放在一起（参见第五章

“玩耍行为 10 ～ 24 个月” 之分门别类），然后学习颜色的名字，最后叫出这些颜色的名字。

5 岁的时候孩子开始理解一些简单的总概念如“玩具”“动物”。之后的几年里，孩子不仅会明白像桌子、椅子和沙发之间的区别，也会知道它们同属于“家具”的范畴，这个时候“家具”这个总概念就可以被孩子理解了。

数字概念 2 岁的孩子能够数到 5 或者更多，但是，对于他们而言，数数就如同是背诵诗歌一样，他们并没有一个数字概念，并没有一个内在的对数字的理解。孩子 3 岁的时候对数字的第一个区分是“一个”和“多个”。这样，对于孩子来说，理解一个或者多个名词成为可能。到了 4 岁和 5 岁的时候，孩子的数字概念才得以扩大，但也有很多孩子都已经到了上学的年龄，对数字的概念还停留在 5 以内。

老鼠有多大？
——这么大。

人称代词 2 岁的孩子是通过说他的名字来说自己的。3 岁的孩子开始使用“我的”以及“我（宾格）”，然后是“你”，最后是“我（主格）”。然后，孩子逐渐懂得了“我们”这个代词形式的含义。一般情况下，大多数孩子在 2 岁时通过使用他们的名字来说自己，3 岁时才开始使用“我的”“我（宾格）”，然后用“你”，最后才是“我（主格）”。孩子能够正确使用第一人称完全是孩子自己的功劳；而当父母和哥哥姐姐说“我”，孩子用“你”说话时，这又是一个惊人的成绩。这表明，孩子已经知道如何自主地使用以下原则，即：如果一个人说自己的话，就用“我”，如果一个人对另外一个人说，就用“你”。如果孩子要正确使用这个原则的话，孩子“自我的发展”以及“与别人区分开”必须达到一定的程度（参见第一章“关系行为 10 ～ 24 个月”）。这是孩子不再简单模仿别人说话而开始具有自我意识的重要证明。

表达“我”

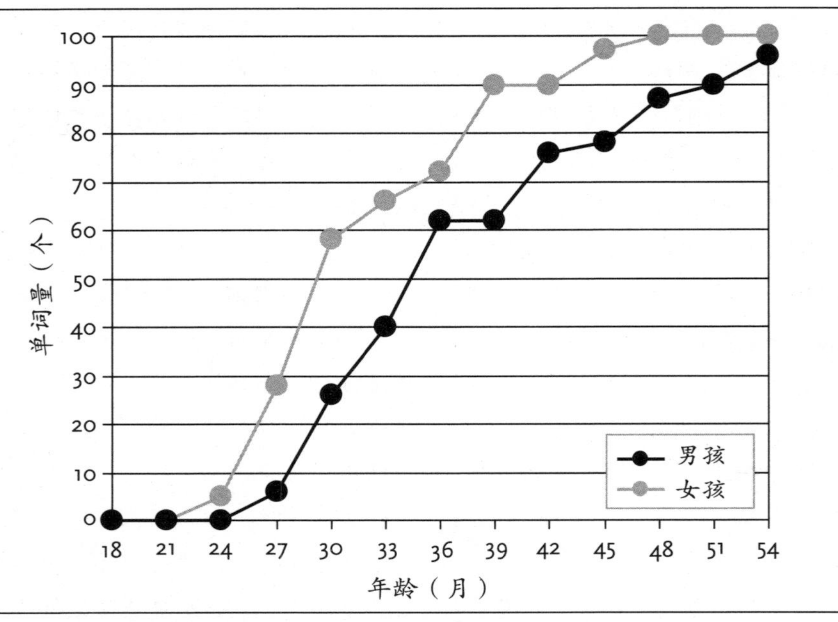

不同年龄段开始运用“我”的概念的孩子的百分比。

随着对数字理解能力的增强，孩子对人称代词的理解也慢慢发展起来。

因果关系 孩子 1 周岁的时候开始具有因果关系的认识（参见第五章“玩耍行为 4 ~ 9 个月”），但是，完全有意识的对因果关系的认识是在孩子 3 岁和 4 岁的时候才有。孩子开始进入提问的年龄，他们整天问“为什么”。需要指出的是，孩子不光问他们不理解的因果关系，有时候也问一些他们已经明白的事情，这绝对不是故意惹父母生气，而是为了从父母那儿证实自己的观点是否正确。在第二提问年龄段时，孩子开始对时间感兴趣，并就此提出一些问题。通过这些提问，他们也想找出一个事件的过去、现在和将来的关系是什么样的。

句子结构

语法使得单个的词语组成有意义的句子。造句时，词语要放在对应的位置，并且要符合语法规则。比如说：“我喝牛奶”中，语序是主语－

谓语－宾语。句子结构的不同和与其相对应的语法规则紧密相关。

当孩子的词汇量扩大到 20 ～ 50 个的时候，孩子就开始说由两个单词组成的句子，但还不是一个完整的概念。例如："爸爸，那儿""鞋子，爱娃"，等等，而不会说："晚安。"如同说话一样，不同孩子身上出现这种现象的年龄也是非常不同的。

孩子开始说两个词组成的句子最早是从 15 ～ 18 个月开始，最晚要到 3 岁到 3 岁半。女孩子一般来说还是要比男孩子早一些。

显然，能用两个单词进行组合之后，孩子就要比使用一个单词表达得更为丰富了（见下表）。孩子可以用两个单词组成的句子来表达"一个人或者一件东西在现场，还是不在现场"。孩子能够将行动和人员规范在某一个地方，并且表达孩子自己的愿望和意图。后者的前提是孩子能够独立地进行观察（如"我听"），而这又是和自我意识相联系的。如果从身体上的需求出发就可以做这样的解释：孩子说"我喝"，这就表明，孩子是在向大人传达信息"我口渴了"。最后，孩子就能搞清楚了，什么东西属于什么人：这是妈妈的鞋子，爸爸的鞋子，还是哥哥姐姐的鞋子。只有当孩子的亲身经历达到一定的水平时，孩子才具备这种是谁的概念，并表达出来；同时，孩子必须具备一种是自己的，还是他人的意识，才能确定东西是属于谁的。

1 ～ 6 岁的句子结构（语法）发展

年龄	1	2	3	4	5	6
	单个词 苹果					
		两个词的句子 吃 苹果				
			多词句 皮特 吃 苹果			
				简单句 皮特在吃苹果		
					主从句 皮特在吃苹果， 因为苹果好吃。	

两个词的句子

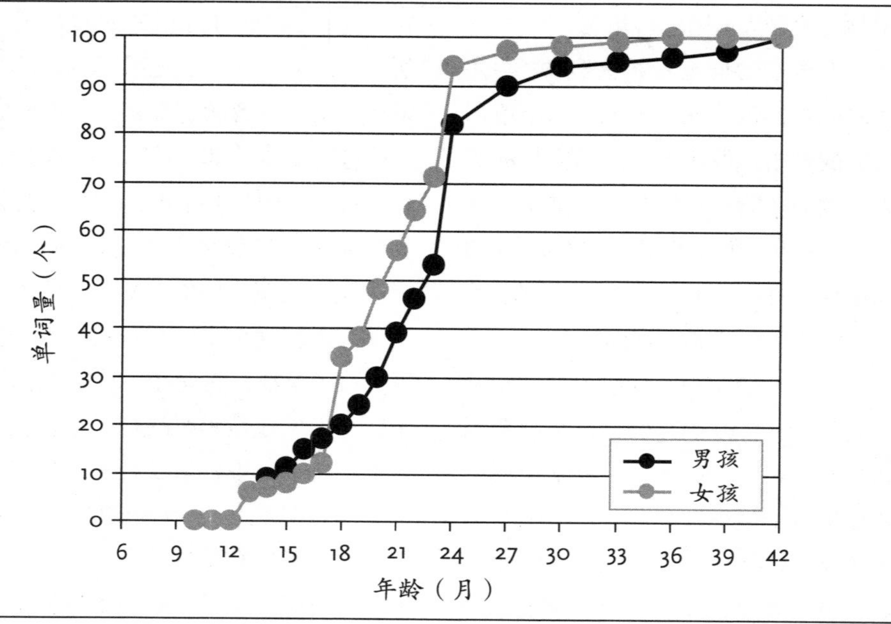

孩子在不同年龄段说出两个单词组成的句子（拉尔戈 Largo）。

两个词语句子的表达可能的方式

含义	举例
存在 / 不存在	“爸爸 那儿”“车 走”
行为主体 / 行为	“皮特 玩”
地点与行为	“厨房 吃”
地点与人或物	“宝宝 床”
意图	“苏珊 玩”（苏珊 = 我）
自我认知	“听 爷爷”（我听到爷爷来了）
需求	“要 巧克力”
从属	“妈妈 包”（妈妈的包）

和说单个单词所表达的含义有很多一样，孩子说两个单词组成的句子所表达的意思也是有很多的。比如，孩子拿着一个苹果说："妈妈，吃。"根据孩子说话的语调、面部表情、手势以及具体场景，孩子这句话可能会有以下几种意思：我饿了！这是妈妈的苹果吗？我可以吃这个苹果吗？

在说了一段时间的多词句之后（"安娜、爸爸、车"），很多孩子就开始说简单的主句，这样的进步在语言发展中是巨大的飞跃。这是对语言能力的最高要求，因为孩子要在第一时间找出正确的词语并且运用对应的语法规则组成句子，每个学过外语的成年人都经历过这样的挑战，我们很快就会看到孩子出色地克服了这个阶段的这些困难，似乎没有什么可惊讶的。4岁的时候孩子就会使用主从句和一些连词。

发　音

2岁的时候很多孩子的发音还不是很清楚，很多时候只有父母才能明白孩子的话。虽然孩子已经知道了所有的元音，但是辅音只认识一部分，有30%的孩子甚至到了3岁的时候还发不清"r""s"的音。但是大部分的孩子在这个年龄都已经能完全说明白了。

像之前提到过的，造句对孩子来说要求很高，对很多孩子来说甚至是个障碍，超过一半的孩子就表现出跟吉姆一样的结巴。他们试着用正确的词语，正确的形式和正确的顺序来表达，所以就会出现结巴的现象。这种"正常的结巴"一般会持续几个星期，少数的可能会有半年。之后孩子就会克服掉这个困难，学会用简单而具体的句子来表达。

发音的发育

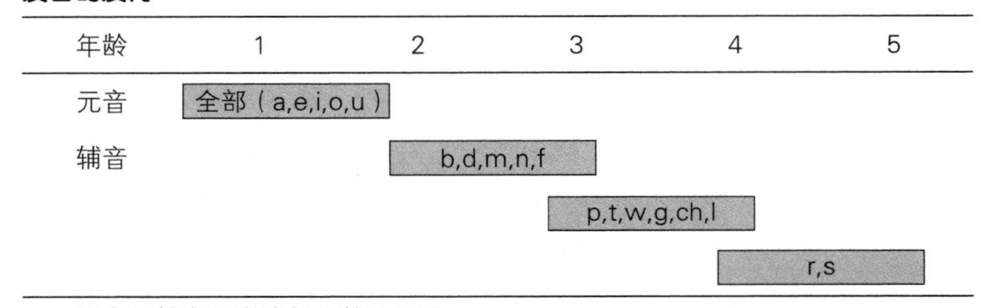

元音和辅音的表达与年龄的关系。

父母的作用

和整个语言发育的过程一样，孩子的语言理解能力在不同年龄段的发展程度也是不一样的。孩子的语言理解能力一般要比表达能力强。不同的孩子对语言的理解和表达有着明显的不同。父母和其他抚养人要注意，自己的语言风格要尽量和孩子的语言能力相适应，以便能对孩子的语言发育起到最大的积极作用。

孩子如果出现结巴，家长应该怎么办呢？他们应该像吉姆的父母那样耐心，不耐烦只会使孩子不知所措，并且加重孩子结巴的现象。家长不应该让孩子重复整个句子，而是只确认孩子想表达的内容。如果孩子不能表达完整或者没有勇气说下去，家长要对此表示理解。这样就可以避免孩子开始与自己的问题作斗争，这只会使结巴更加严重。如果孩子觉察到父母的沮丧情绪，他们就会产生抵触情绪，这对孩子的心理健康很不利。只有当孩子的结巴持续到6个月以上，或者家长实在不知道该怎么办的时候，才可以向专业人士寻求帮助。

1岁的时候，孩子如果能在不同的生活情境下有合适的机会，与父母、兄弟姐妹和其他的孩子或成人有不同形式的语言交流，那么他们就能得到最好的语言学习。如果这些能得到保证，那么大部分孩子在4 ~ 6岁的生活中，对母语甚至是第二、第三语言的理解能力都会有很好的发展。他们自己就可以说出完整的，正确无误的句子，而且发音和内容都能被完整理解。

要点概述

1. 2 ~ 5岁时，孩子的语言发展在以下几个方面都会取得很大进步：语义，语法、句子结构和发音。
2. 孩子可以运用的词汇量逐渐达到1000个左右，并且每天都会学到很多新单词。
3. 孩子开始学习一些重要的语法规则。
4. 孩子开始学习所有元音和部分辅音。5岁的孩子中有30%无法清楚地发出辅音“r”“s”。
5. 孩子能够回答一些日常生活中的简单问题，参与对话和理解故事的含义。

6. 5岁的孩子已经具有理解母语并且说出完整和正确无误的句子，发音和内容表达都开始清晰。

7. 年龄段不同，孩子的语言发展水平也不同。

8. 结巴属于语言发展过程中的正常现象，超过一半的孩子会在2岁半到5岁时出现短暂的结巴。这种现象会持续几个星期，最多6个月。

9. 家长的语言风格要尽量和孩子的语言能力相适应，以便他们能对孩子的语言发展起到最大的积极作用，对于孩子的结巴现象要耐心对待。

第七章 | 吃　喝

引 言

爷爷奶奶来看望他们的小孙子吉恩，他们给爸爸带来一瓶葡萄酒，给妈妈带来一束鲜花，给2岁的小吉恩则带来一个硕大的巧克力兔子。大家非常高兴地看着叔叔怎样把巧克力兔子的包装撕开，把巧克力兔子拿出来；大家更加高兴的是看到小家伙满脸糊着巧克力，以及孩子脸上所表达出来的感谢神情。

如同呼吸和睡眠一样，吃喝是我们的生理需要。饿了、渴了都迫使我们满足基本的身体需求，但是，我们养活自己的方式是非常灵活的。我们吃什么、我们怎样汲取营养以及我们将吃赋予什么样的感觉和社会意义？人与人之间是不同的，家庭与家庭之间是不同的，社会和社会之间也是不同的。当肉对于某些人而言是每餐必备的食物时，而某些人则是素食主义者。当有的家庭花大量时间，认真细致地准备饭菜时，有的家庭就餐则比较简单。

新生儿之间就已经显示出在吃喝行为上的差异了。小孩对喜欢吃什么、喝什么已经表露出喜好和倾向。我们认为，对孩子而言，从汲取营养以及吃的过程中，孩子能得到什么样的关于吃的行为和意义，不仅仅是孩子个性的表现，同样也是家庭经验的缩影。因为，通过父母作为孩子的榜样以及对吃行为的价值理解，父母不光是在简单意义上地喂养他们的孩子，其实也是在教育他们。一条鱼被烹饪之后是“美味佳肴”，还是真难吃，不仅仅是口味的问题，同样也是一个教育的问题。

独自喝汤

喂养方式

孩子1岁期间，大人采取三种不同的喂养方式，每一种方式都必须符合孩子生理机制的发育状况，符合孩子营养的吸收、消化、新陈代谢和排泄的功能。

液体营养 母乳和专门供新生儿吃的奶粉是 1 ～ 4 个月大的新生儿理想的营养品，它们是容易消化的，即使在过量的情况下也不会对新生儿的新陈代谢和肾造成压力。母乳含有使孩子免疫的物质，它可以使孩子在出生后 5 ～ 14 天之内得到足够的营养，以保证孩子进一步的发育和成长。

半流质营养 4 个月之后，孩子光喝奶已经越来越不能满足他对营养和能量的需要了。这时，孩子的消化、新陈代谢以及排泄功能已经相当发达，吃喝的东西可以从流质食品过渡到半流质食品了。从这个年龄段开始，孩子开始自己汲取营养，比如把面包皮放进嘴里并且吸吮。

固体食品 2 岁时，孩子的嘴部运动以及肠胃功能已经很发达，可以吃成人吃的东西，开始会咬和咀嚼。孩子的这个运动机能可以使孩子上桌和家人一起吃饭了。

重新提倡母乳喂养

一直到 19 世纪，人们喂养新生儿的方法一直是母乳喂养。如果母亲自己不能喂养孩子，就让奶妈来喂养。母亲和亲戚也把喂养孩子的经验传授给下一代。只有在特殊的情况下，而且是在非常有限的时间内，大人用牛奶或者羊奶来喂养孩子。

19 世纪中叶，人类开始生产第一批奶瓶。20 世纪 20 年代，工业化生产的以牛奶为加工原料的新生儿食品大量上市。在随后的 40 年中，“用奶瓶喂养（或者说‘奶粉喂养’）”与“母乳喂养”这两种方式展开了激烈的竞争。当时，用奶瓶喂养被认为是安全的、价廉的。同时，妇女角色的转变以及一系列母乳喂养不好的观点阻碍了长年以来母亲们的母乳喂养行为：

- 母乳喂养很繁琐。
- 母乳喂养很辛苦。
- 母乳喂养损害体形。
- 母乳喂养妨碍就业。
- 母乳喂养限制自由。
- 母乳喂养在公共场合是不可能的。
- 母乳喂养是社会地位低下的表现。
- 用奶瓶喂养可以较好地控制喝奶量。

最后，医生、护士和助产士都不主张母乳喂养，这对母乳喂养的倡导也起着不利的影响。一直到 20 世纪中叶，这样的态度导致在西方社会中母乳喂养急剧倒退。

几十年前，人们开始重新认识并转变有关母乳喂养的观念。这些有利于母乳喂养的观念首先是从宗教组织那儿传播开来的。在医学上，人们也重新挖掘出了母乳的生物价值以及母乳喂养对孩子所起的有利的心理作用。今天，所有的妇产医院都备有床位，以便供母亲给孩子喂奶。

“母乳喂养又回来了”，但遗憾的是，很多年轻妈妈因为哺乳困难而感到无助，原因是她们从母亲以及邻居那儿得不到建议和咨询，因为母亲和邻居们以前从来没有给孩子喂过奶，所以，对于年轻妈妈来说，有母乳喂养经验的妇女以及母乳喂养方面的“咨询员”就非常有帮助了。在过去的几年中，欧洲很多国家开始培训母乳喂养方面的“咨询员”。

“母乳喂养的孩子是幸福的！”“母乳喂养是一个良好‘母子关系’的前提”，在无数的书籍和杂志中都能读到这种建议。从营养学和心理学的角度出发，主张用母乳喂养孩子的理由是充分的：母乳喂养是新生儿理想的营养方式。母乳天生就非常适合新生儿的生理需要。从这个观点中又不难引申出以下逻辑：“每个‘真正’的母亲都应该用母乳喂养他们的孩子”。但是，实际上，不可能所有的妇女都能用母乳喂养孩子。其中包括两种情况：一种是特殊情况，如早产儿、孩子或者母亲生病或者母亲需要工作使母乳喂养不可能；有些妇女因为各种各样的原因不能亲自喂养小孩，对于她们而言，“任何妇女都可以用母乳喂养孩子”的要求给她们的心理造成了很大的压力，使她们对孩子有一种负疚感，同时，她们又感觉到“无能”，并十分担心，她们的“无能”使孩子没有一个成功的开端。

我们必须指出的是：对孩子和母亲而言，母乳喂养确实是值得双方追求的目标，但是，这绝对不是唯一的喂养方式。用奶瓶喂养照样可以很好地使孩子得到充分的营养，并在孩子和母亲之间产生与母乳喂养同样好的关系。没有一项研究可以确定地表明：用奶瓶喂养的孩子的成长与关系行为和用母乳喂养的孩子有什么差别。

母乳喂养好，还是奶瓶喂养好

刚出生的动物，也包括新生儿，在最初的几周和数月内都是喝奶的。任何一种动物的奶均由碳水化合物、蛋白质、脂肪和其他营养成分组成，与各自小“宝宝”的成长、运动机能和热量需求相适应，因此都适合各自的小生命。比如，小老鼠只需要喝6天母老鼠的奶，体重就会增加一倍；乳牛需要喝牛奶45 ~ 60天体重才增加一倍；而人需要喝母乳150天后体重才增加一倍，原因是各种奶的营养比重不一样，各种动物和人的成长对营养的需求也不一样，导致各种动物和人的成长速度不同。作为最重要的营养成分，老鼠奶的蛋白质含量是牛奶的4倍、母乳的10倍多；同样，老鼠奶的热量含量远远高出牛奶和母乳。从中我们可以得出结论：在营养和热量含量方面，我们必须将牛奶和羊奶与母乳区分开，相对母乳而言，没有经过任何加工的牛奶和羊奶不是婴儿理想的营养食品。

在下面，我们可以看到母乳相对牛奶的优点。母乳包含着新生儿需要的能量和营养成分，使新生儿能够进行很好的新陈代谢，具备很好的免疫力，并避免早期的过敏。后者对于新生儿来说是很重要的，特别是当家里人经常出现一些例如哮喘、花粉过敏等反应的话。

母乳喂养不仅对小孩有好处，同样也是有利于母亲的，这能降低母亲患乳腺癌的几率。

遗憾的是，在母乳相对牛奶显示优点的同时，也显示出了“人为的”缺点。在过去的几十年里，工业生产了大量的化学品，而且在我们的这个环境中到处传播。但是，它们和我们这个自然界是陌生的、互相排斥的。杀虫药剂和农药看上去似乎保护了农作物免遭虫咬和真菌的侵扰，但实际上，氯化的碳氢化合物，作为软化剂被用来制作塑料和清漆，在被遗弃的过程中散发到了空气、土壤和饮水当中。这些有害物质是非常困难，或者说根本不可能被自然界所消化的，它们通过动植物食品也进入人体当中，而人体本身也几乎无法将它们排泄出去，它们反而更容易在人体的脂肪中停留下来。在给宝宝喂奶的过程中，母亲的脂肪储存是运动的，这些有害物质也就同时进入了母乳中，从而对宝宝产生危害。我们经过研究发现，在过去这样的食物链当中，这种化学药剂集中的有害物质是以往天然植物的几百倍，甚至还多。对此，在过去几十年中，人类采取了一些措施，危害性很大的保护农作物的药剂被禁止使用，农药有害成分减少了5 ~ 20倍。但是，其他有害物质，如氯化的碳氢化合物却根本没有什么改变。母乳里面的有害物含量比牛奶里的要多，但是却总是允许不经考虑采取母乳喂养。所以，在未来的时间中，如果我们继续不认真地对待我们的环境，那么完全有可能发生的事情是：

母乳（相对牛奶的优点）

- 是适合婴儿能量和营养需求最好的“食品”；
- 含有较多的非饱和性脂肪酸；
- 含有较多的脂溶性维生素（除了维生素 D），因此水溶性比牛奶弱；
- 含有脂肪酶（牛奶中不含有）；
- 适合孩子肠道消化功能（含有脂肪酶，丰富的乳清蛋白，少量的酪蛋白）；
- 适合孩子有限的肾排泄功能（更少的矿物质）；
- 包含丰富的微量元素，以及使孩子能够吸收铁元素；
- 具有抗病免疫功能：分泌的免疫蛋白质阻止病菌黏附在肠胃内；发酵素加速病原体的释放；从病原体当中抽出铁元素；摧毁病原体；免疫细胞；
- 包含一种成长性细菌，这种细菌对一个酸性的肠胃环境起作用，而这个酸性的肠胃环境能够抑制病菌的成长与扩散；
- 是无菌的；
- 总是源源不断的；
- 温度天然适宜，用不着加热；
- 不用花钱的；
- 防止早期过敏，特别是防止牛奶蛋白质

本来天然无害的东西，如母乳都会给孩子带来身体健康上的风险，这绝对不是危言耸听。

在 20 世纪 20 年代，生物化学研究方法非常发达，人们可以决定母乳和牛奶的制作成分。分析表明，牛奶中含有太多不同的蛋白质、矿物质，脂肪酸，首先是亚油酸含量却很少。于是，企业界就努力通过稀释以及增加营养成分的办法来使牛奶尽量达到母乳的标准。和牛奶相比，婴儿奶粉具有以下不同点：

- 整个蛋白质的含量减少了，酪素含量减少，乳清蛋白质的含量提高了。
- 增加了非饱和脂肪酸。
- 丰富了乳糖。
- 减少了矿物质含量。
- 增加了维生素，特别是维生素D的成分。

经过加工，现在的婴儿奶粉在营养和能量成分上已经和母乳相同了，其中的铁元素和维生素含量甚至还高于母乳中铁元素和维生素的含量，缺少的只是母乳中含有的天然免疫物质以及防菌物质。和最初的牛奶相比，后期的牛奶因为含有各种碳水化合物（血糖、麦芽糖、乳糖）而更加强劲，同时，蛋白含量更加对齐（酪蛋白与白蛋白的比率达到 80:20，不再是 60:40），它能在胃里停留得更久因此能够导致更强烈的饱腹感。

自 立

新生儿和婴儿的营养汲取完全依赖于父母和其他抚养者。到了 2 岁的时候，孩子才开始在吃喝行为上有所独立，孩子会自己拿着奶瓶和面包片往嘴里送。1 周岁起，孩子开始试图从杯子中喝水或者饮料，用勺子吃东西。孩子不再偎依在妈妈怀里，而是自己独立地坐在椅子中。2 岁时，孩子吃饭开始使用专门的与其文化背景相吻合的餐具：用勺子、筷子或者手。

在烤蛋糕时提供帮助

在最初的 2 年中，小家伙从一个无助的只能靠喂养的婴儿成长为一个能够以及愿意自己动手吃喝的小孩。有些“不良习惯的饮食者”把自己当做一直被喂食的享受者，为了让小孩“像大人一样”吃饭，应该允许他们慢慢地做一些试验。

在餐桌上不要给孩子定规矩

在餐桌上，孩子开始感受父母和哥哥姐姐吃饭的行为。大多数父母总是要求孩子注意吃饭的规矩，并鼓励孩子应该做什么，不应该做什么。不同社会在餐桌上的风俗和吃饭的习惯是不同的。比如，在西方社会中，“饱后打嗝”是不礼貌的、没有教养的行为，因此，父母会要求孩子不要这样做。但是，在一些其他文化背景的国家中，打嗝却是吃得非常好的表现，是称赞主人的表示；或者只是“吃饱了”的代名词，与礼貌和教养没有任何关系。

如今，在我们的社会中，饭桌上的一些陈规陋习已经声名狼藉。很多父母开始试图废除老一代人严格的餐桌习惯，并寻找一个适合孩子吃饭的宽松环境。这是一个多么不容易的开端哪！有些父母以善意和退让的教育方法获得了在餐桌上的一些经验：没有规矩，孩子和父母吃饭反而更尽兴。在这里，小孩同样是向大人们学习的。如果父亲在吃早餐的时候玩手机，小孩就会不理解：为什么他不能玩玩具。如果父母都能起到良好的模范作用，制定对大家都适用的规定，那么小孩从小就会学习到餐桌礼仪，大家就能一起享受吃饭了。

一起吃饭

在一起吃顿饭可以拉近人与人之间的关系，在任何一次重要的活动中都会安排一顿饭：婚礼、洗礼、葬礼、节日和国事访问，任何一个年龄的人们在一起吃饭被当做是相互建立关系的一种方式。

在我们这个物质极大丰富的社会中，不同的人群喜好什么样的东西越来越有一种倾向。爷爷奶奶给小吉恩带来了一个巧克力兔子，而给父亲带来了一瓶好酒，给母亲则带来了一束鲜花。这些表明，小孩子、母亲、父亲和叔叔等人均有自己一定的喜好。

我们认为，照料孩子不仅仅与“给孩子喂奶”相联系，同时还和“用瓶子给孩子喝水等行为”以及“大人和孩子之间身体上的接触”相联系。即使孩子在吃喝上已经独立了，父母还可以利用吃的东西作为奖励，以引导孩子做什么，不做什么。父母可以用甜食来表扬孩子、安慰孩子，或者以撤掉吃的东西的方式来惩罚孩子。但是，父母必须明白，利用食品进行奖励或者惩罚是一个非常有争议的教育方法，因为孩子在心理上还是持久地依赖于食物的。

“我没有食欲。”吃饭和情绪是互相影响的。吃一顿好饭会使人感到心情舒畅，心情舒畅会使人吃饭吃得香；沮丧会让一些人没有食欲，而另一些人则会大吃特吃。在西方社会，一系列的食品，特别是甜食，成为很多儿童和成年人弥补失望、获得满足的理想替代品。由于物质极其丰富，人们用这种替代品来达到自我满足的方式就没有限制了，但这成为导致以下现象的重要原因之一，即在我们的社会中，“不是没有吃的，而是吃得太多”，反而成为了我们一个很大的健康问题。

在最初的几年中，孩子开始学习如何“结束”失望，而父母开始学习如何安慰失望的孩子。在此，父母是否用食品作为安慰品来安慰宝宝，完全由父母决定。当孩子哭闹的时候，如果父母不是用甜食来安慰他，而是将他搂在怀里，和他说话，那么，孩子在以后的几年中就不会试图用甜食来对抗父母了。

吃是一种享受

一方面，父母拥有完全控制孩子汲取营养的权力，但是另一方面，孩子的食欲也同样可以成为控制父母的权力。孩子食欲很好，父母就很高兴；孩子食欲不振，父母就很担忧。父母好像有一种“被人命令似”的压力来喂养孩子。在许多社会中，宝宝壮实是孩子健康的表现，同时，社会也称赞父母会抚养孩子。如果孩子吃得不多，身材瘦小，这会给父母带来内疚感和挫败感。如果孩子拒绝吃饭，父母会感到被拒绝了，并会担心孩子的身体健康。即使孩子健康、活泼，但如果孩子的食欲没有达到父母所想象的标准的话，那么，父母就认为孩子食欲不好，从而疑神疑鬼，担心孩子的性格是不是不好。孩子在饮食习惯上可能引起父母害怕或者抗拒的感觉，已经在蓬头皮特的故事中精准地描述过了。我想说的是，父母没有必要担心，因为即使一个健康的孩子拒绝吃，也绝对不会达到这样的程度，即孩子的健康和发育会遭到伤害。孩子饿了、渴了自然就会吃喝，饿了、渴了是孩子最大的救星。

人们有好多种方式喂孩子吃饭，以及教育孩子吃饭，但是，没有一个专家能够传授给父母一种所谓孩子吃喝最理想的方式，而任何一种教育孩子吃饭的方法也都有其在营养、感觉和关系方面的优点与缺点。父母可以努力使孩子养成一种健康和自立的饮食习惯，可以用食品作为奖励和惩罚孩子的手段；反过来，孩子下意识地吃饭行为也会使父母感到高兴或者担忧。对于孩子和父母而言，食品和吃饭是双方互相吸引的一个更进一步的领域。

正如我们父母经常做的那样：在孩子最初的几年中，我们只是给孩子今后的饮食行为打下一个基石而已。

要点概述

1. 喂养新生儿和婴儿的方式有三种，这三种方式是与孩子各个阶段的发育和孩子的体质相适应的：
   - 在前 4 ～ 6 个月当中的液体奶制品；
   - 4 ～ 12 个月期间的半液体营养品；
   - 2 岁开始的固体食物。
2. 不管是从生理角度出发，还是从心理角度出发，母乳喂养对于新生儿而言是最理想的喂养方式。
3. 母乳符合新生儿对营养和能量的需要，而且包含很多的免疫物质。
4. 即便在最好的条件下，并不是所有的母亲都可以用母乳喂养孩子的，至少10%的妈妈们只能依赖于用奶粉喂养孩子。
5. 在营养和能量含量方面，市场上出售的专供新生儿用的奶制品是完全可以代替母乳的。
6. 和用母乳喂养孩子的母亲一样，用奶瓶喂养孩子的母亲照样可以与孩子建立起密切的关系。
7. 父母可以用奖励或者惩罚的方式来影响孩子的吃喝行为，反过来，父母必须同时认识到，孩子的吃喝行为也极大地影响着父母的行为。
8. 饮食应该是一种享受而不应该被看作是一种教育方式。

出生前

怀孕 16 周的超声波检测，女医生在显示器上把小孩指给父母看。父母几乎无法想象，他们的孩子会打哈欠，吮吸手指还吞口水。

在最初的 9 个月中，胎儿成长发育所需的营养补给完全由母体提供，这些营养包括：碳水化合物、氨基酸、脂肪酸、维生素、矿物质和（生物体内必需的）微量元素。胎儿新陈代谢排泄出来的“垃圾”物质重新还给母亲，母亲再经过肾的加工后将这些物质排泄出去。胎儿的呼吸也通过母体进行，胎儿从母体的血液中吸取氧气，然后以同样的路径将二氧化碳排放出来。胎盘和脐带保证胎儿的整个供给过程，它们将母体和胎儿的循环联系在一起。最后，母体像一件“温暖的大衣”保护着这个未出世的生命。

和刚出生的一些动物相比，人类的新生儿显得并不成熟。在某种程度上可以这么说，新生儿是过早地来到了这个世界上，因此，有科学家将新生儿称作“生理早产儿”。很长一段时间以来，人们持这样一个观点：孕妇的妊娠期之所以限制在9个月之内，一方面是因为孕妇的骨盆，也就是说子宫的空间不能再容纳更大的胎儿了；另一方面，孕妇的供给能力也限制着她更长的孕期。胎儿越大，需要的能量和营养就越多，母体承担不了。

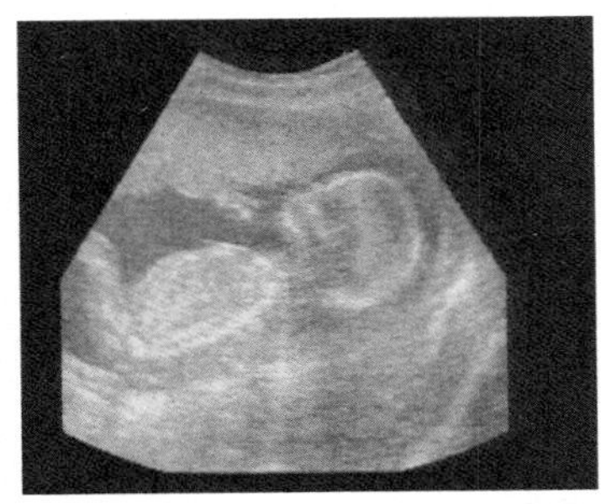

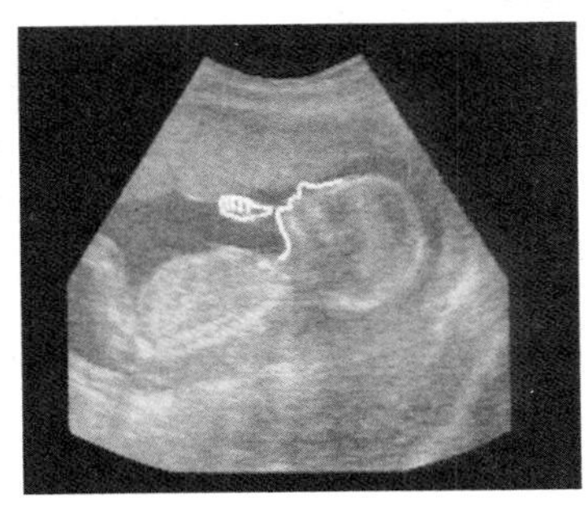

胎儿吃手指头（第14周）

同时，我们也必须承认，虽然胎儿总体上是由母体供给，但并不完全是被动的。胎儿已经在做吸取液体食物的准备了。在8 ～ 12周时，胎儿开始吮吸他的小手、喝羊水、吃液体物质，然后通过肾的加工将它们重新排泄出去。

随着出生，胎儿本来由母体总体供给的系统突然中断，脐带被剪断，胎盘和母体相分离。在很短的几分钟内，新生儿作为一个完全的独立体来到了这个世界上。当新生儿立即呼吸，吸取生命所必需的氧气时，他的消化系统还在慢慢运行。在出生后的前5 ～ 10天里新生儿对营养的吸收是不够的。为了度过这段时期，新生儿会带着储存的脂肪和碳水化合物出生，因此，新生儿在刚出生的几天是不需要被充分喂养的。

妊娠期内的营养

为了使胎儿健康成长，孕妇的营养要充分而且丰富。卡路里含量太低或者太高，以及缺少维生素都不利于胎儿的发育。只吃素食的孕妇会发生缺乏维生素的情况。

在工业化国家，环境污染越来越令我们担忧，食品受到污染，孕妇深受影响，特别是未出生的孩子深受其害。作为个人，孕妇是很难避免这些外界影响的。因此，孕妇能够做的就是尽量避免她所吸收的那些物质是伤害胎儿发育的，其中包括尼古丁和酒精。研究发现，经常抽烟会影响胎盘的发育，母亲定期抽烟所产下的孩子的重量要比不抽烟母亲所生的孩子轻300克。被动吸烟者也会受到影响，酒精则严重地伤害胎儿的发育。不同的酒精摄入量对孩子的发育会产生不同程度的伤害，尤其是胎儿的脑部发育会受到长期影响，这些有过不少的报道。我们认为，“不怕一万，就怕万一”，孕妇还是应该尽可能地戒酒。只要我们还没有充分的科学论证解释清楚人造糖精对人的新陈代谢、特别是孩子的新陈代谢产生什么样的影响的话，孕妇就应该放弃食用这种人造糖精。最后，药物对孩子的发育也会有伤害，孕妇只能在医生的指导下服药。

很多父母在孩子出生前就做积极准备了。他们参加一些课程培训班，以了解妇女怀孕和孩子出生的一些知识，并在将来喂养和照料孩子的过程中使用它们。在我们这个社会中，有关怀孕和出生以及如何与新生儿打交道的经验和知识在各代之间几乎不再进行互相介绍，所以，这样的培训班对于未来的父母而言是有帮助的。

要点概述

1. 孕妇妊娠期间，胎儿所需的营养和能量总体由母体供给。胎儿通过母体呼吸，并将其新陈代谢出来的东西通过母体排泄出去。
2. 从第3个月起，胎儿开始有吮吸手指头以及吞咽液体物质的行为。
3. 为了保证胎儿健康成长发育，孕妇的营养应该充足和丰富。
4. 酒精、尼古丁和人造糖精会伤害胎儿的供给和发育，药物也会，孕妇只能在医生的指导下服药。

0～3个月

2天前，妈妈出了院，将宝宝贝蒂纳带回了家。小女儿每隔2～4小时就吃一次奶。当她饿了的时候，她就哭，然后使劲地吃奶。妈妈总是担心她的奶到底够不够。到了第7天的时候，贝蒂纳的重量比出生前还少了100克。

宝宝出生后的数周内对宝宝和母亲而言都是一个转变的过程，新生儿必须适应新的生活环境，他在出生后几分钟内就必须克服呼吸系统和循环系统的转变，而他的消化、新陈代谢以及排泄功能的适应要持续好几天。

在最初的5～10天内，新生儿的营养吸收和消化是不充足的。其实，新生儿在最初的几天中并不需要充足的营养补充，恰恰相反，如果太足了反而对孩子不利，因为大自然已经提前准备好了孩子这段时间的营养：胎儿在最后的几周内，皮下组织内的脂肪储存以及在肝中的碳水化合物已经提供了孩子出生后几天内足够的营养和能量需要。

孩子出生后的几天内，母亲在身体和心理上都必须休整一下。她需要时间和安静，以便能照顾孩子，并正确地给孩子喂奶。

孩子喝的行为

在宝宝刚出生后几分钟内，如果母亲将宝宝放到胸口，宝宝就会自然地寻找乳头、舔乳头，并开始第一次尝试着吮吸。吮吸和吞咽是孩子出生前就已经“训练”达数月之久的行为方式。在孩子34周的时候，条件反射机制已经很发达，以至于孩子刚降临到这个世界上时就能自己吃奶了。

在最初的几个月内，孩子的营养吸收是通过以下的无条件反射行为得以保证的：

觅食反射 当新生儿肚子饿了的时候，如果用乳头去触摸新生儿的脸颊或者嘴唇，新生儿就能本能地努力去寻找乳头，并把乳头含在嘴里。即便孩子肚子没有饿，但如果新生儿的脸颊感受到母亲胸膛温暖气息的话，他也会转头去寻找乳房。人们可以用奶嘴或者手指头就能轻易地使一个肚子饿的新生儿产生这种寻找的运动。

新生儿是根据母亲乳房的气味来

做出寻找反射行为的。研究表明，新生儿 5 天的时候就已经能够根据乳房气味的不同，将母亲的乳房和其他母亲的乳房区分开来。

吮吸反射 如果用奶头触摸新生儿的嘴唇，新生儿就会深深地吮吸奶头，并用上下颌牢牢地夹住，舌头压着奶头，将母乳吸进嘴中，把嘴松开，然后再用舌头压住，再开始吮吸，这种吮吸动作也可以用奶嘴和手指头来引诱孩子做。

几周之后，新生儿的这种吮吸动作就相当熟练了。

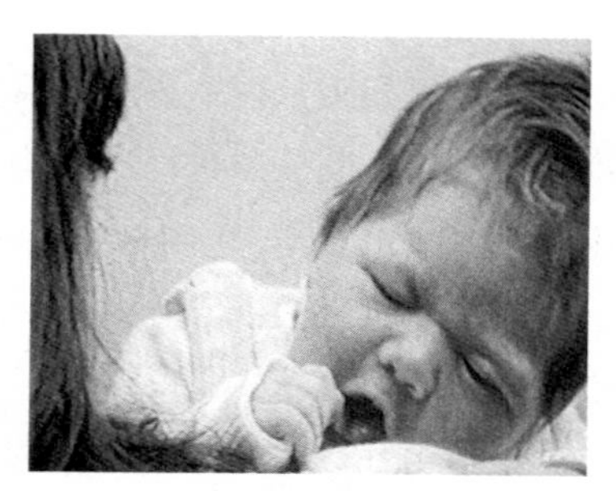

一个肚子饿了的新生儿靠在妈妈肩膀上寻找（吃）的运动

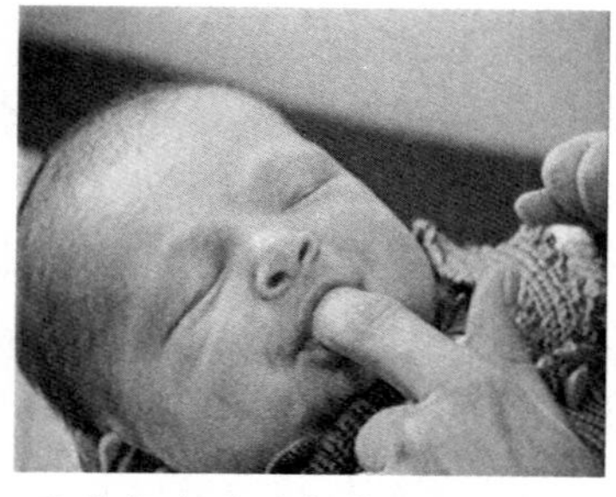

用手指头引诱新生儿的吮吸运动

宝宝吃妈妈的奶和吃瓶子中的奶是不同的：新生儿在吃妈妈奶的时候是用舌头将母乳吸出来，但是在嘴巴里面没有形成一个低压，只是新生儿的嘴角张开；而宝宝用瓶子喝奶虽然也是用舌头压住，但是在嘴巴内产生一个低压，然后从奶瓶中将奶吸出来。由于两者喝奶的方式有所不同，所以一些孩子在吃妈妈的奶和喝瓶子中的奶的时候变换起来很费劲。但是只要妈妈有耐心，宝宝这种转变总是可能的。

我们曾经讲过，当新生儿和婴儿饿了的时候，他们喜欢吮吸，但是孩子的吮吸行为并不一定表明孩子就是肚子饿了。当他们情绪不好、感觉无聊、累了或者想睡觉的时候，会用“吃”手指头的方式来自我安慰（参见第四章“啼哭行为”）；最后，他们吮吸手指头还有一个目的就是为了认识他们的手指头（参见第五章“玩耍行为 0 ~ 3 个月”）。所以，吮吸手指绝不仅仅是饿了的标志！

吞咽反射 孩子在妈妈肚子里面的时候好几个月一直在喝羊水，所以，当孩子出生的时候，新生儿的吞咽反射动作已经练习得相当熟练，而且与吮吸和呼吸行为非常协调。新生儿在喝奶的时候，吞咽与吮吸和呼吸

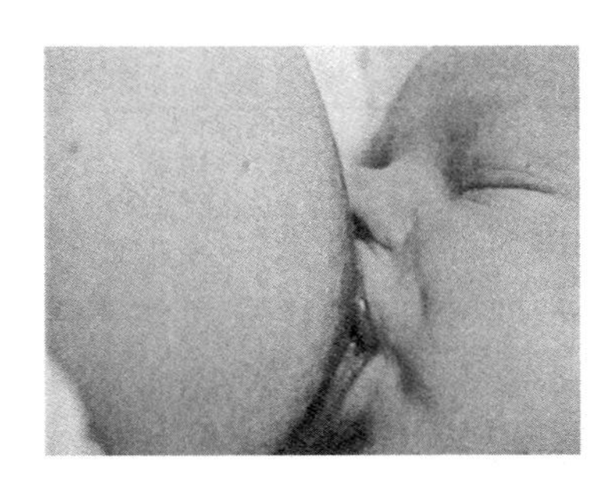

吃妈妈的奶。人们可以观察到小宝宝的嘴角是张开的

的关系是这样的：15 秒钟内约吮吸 10 ~ 30 次，吞咽 1 ~ 4 次，同时每吞咽 1 ~ 2 次就呼吸 1 次。新生儿能干的事情却是我们成年人所干不了的：他能够同时吮吸、吞咽以及通过鼻子呼吸。由于宝宝喝奶的时候完全通过鼻子呼吸，所以，他非常依赖于他鼻子的通畅，一个普通的感冒都会使孩子在喝奶的时候呼吸困难。

抓握反射　孩子在喝奶的时候会牢牢抓住妈妈的衣服、孩子自己的衣服或者奶瓶，吮吸加强了新生儿这种紧紧抓住一种东西不放的反射行为（见“运动机能 0 ~ 3 个月”）。

产　奶

由于荷尔蒙的原因，孕妇在怀孕期间乳房开始产生很多乳腺，最迟到妊娠第 6 个月的时候，乳腺已经作好了准备工作，也就是产奶的准备，孩子一出生，乳腺就开始分泌出奶，而新生儿通过吮吸奶头进一步刺激乳腺“制造”和“排放”出奶汁。如同孩子的喝行为一样，在产奶过程中，反射机制也起着重要作用。

泌乳反射　婴儿吸奶的行为会影响母亲脑垂体前叶以分泌催乳素，这种荷尔蒙会促进乳头产奶。宝宝吮吸奶头越多，对妈妈的乳头刺激越多，产奶也越多，母乳过多会导致乳房发胀，这会引起疼痛甚至影响睡眠。

排乳反射　婴儿的吸奶行为会影响母亲的脑垂体前叶分泌催产素进入母体的血液中，这种荷尔蒙会使缠绕在乳腺上的肌纤维收缩，因此奶就会被压出。在排奶反射的帮助下，婴儿能在 5 分钟之内喝完一只乳房里的奶。母亲可以通过按摩乳房和多喝水的方式促进排奶反射，身体、心理上的压力或是疲惫都会阻碍这种反射。

有时，排奶反射太强，妈妈会发生“溢奶”现象。宝宝一哭，或者妈妈感觉有奶要喂给孩子吃的时候，妈妈的奶就溢出来了。这时，有的妈妈会产生一种痒、麻的舒服感。此外，在生育之后催产素会通过提高肌肉压

在最初 14 天里宝宝的喝奶量

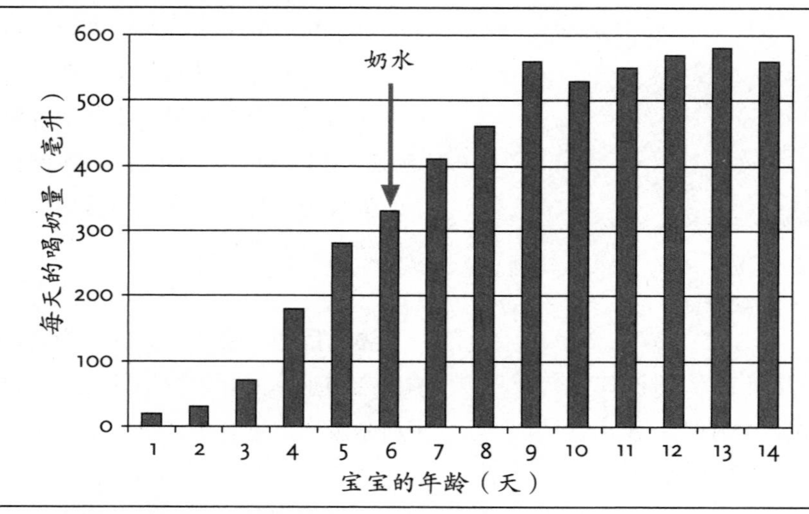

宝宝在最初 14 天里每天的平均喝奶量。

力加快子宫退化。

一般情况下，宝宝出生后第 1 天，妈妈的出奶量为 30 ~ 60 毫升；第 2 天会增加 40 ~ 80 毫升；从第 3 天起到第 7 天，妈妈的出奶量急剧增加，妈妈会感到乳房胀胀的，体温也略为升高。从第 7 天 ~ 12 天，妈妈的奶完全可以满足宝宝对营养和能量的需要了。

在头 14 天内，妈妈的奶不仅越来越多，而且其成分也在不断变化。

“初乳” 在妈妈生下宝宝后 3 天内产生，颜色淡黄，透明，充满免疫物质，因此被称为“新生儿的第一免疫保护”；

“过渡母乳” 从第 4 天开始，母乳中的脂肪和能量含量增加；

“成熟母乳” 第 2 周到第 3 周的时候，母乳中的成分逐渐稳定，在接下来的数月内，母乳中的脂肪和能量含量还将轻微增加。

母乳喂养成功的开端

在医院，护士、助产士和医生照顾着小生命，并帮助母亲给宝宝喂奶。出院回家后，喂养宝宝的责任就完全落到了妈妈身上。

要想使母乳喂养具备一个成功的开端有两个重要因素：时间和安静。

遗憾的是，很多母亲要想拥有这两个因素并不容易。有些母亲感到很疲倦，在几天中，荷尔蒙的转化受到压制。等待母亲的经常是繁重的任务，母亲不仅要照顾新生儿和其他孩子，而且还要和往常一样做家务，处理一些日常生活中的琐事。如果丈夫在妻子分娩后2周内待在家里，帮助处理家务、照顾孩子的话，那会极大地减轻母亲的负担。亲戚朋友也可以帮助母亲，以便使母亲找到时间和安静，这不仅会进一步密切双方的关系，而且给母乳喂养创造了良好的条件，使母乳喂养顺利进行。一定要注意，孩子出生后的头2周决定着母乳喂养是否成功。

以下是一些实践经验，可以帮助母亲成功进行母乳喂养：

怎么抱宝宝 母亲可以有多种方式将宝宝抱在怀里喂奶。以下方式被证明是非常好的，也是最常见的：母亲用一只胳膊将宝宝搂在怀里，宝宝平躺着，脸冲着妈妈，妈妈腾出另外一只手来调节乳房，尽可能使宝宝将乳头整个含在口中，同时保持宝宝呼吸通畅；另外，腾空的那只手还有一个功能就是挤压乳房，以帮助宝宝更容易地吮吸到奶汁。喂奶过程中，母亲要换一下胳膊，一会儿让宝宝吮吸左边的乳房，一会儿让宝宝吮吸右边的乳房，以便使两个乳房均匀出奶。

怎样使宝宝结束喝奶 是吃饱了，还是乳房暂时没有奶了，孩子自己会知道，并自动把奶头从口中吐出来，如果宝宝还在吮吸，但妈妈想提前结束宝宝的喝奶行为，可以轻推宝宝的上下颌，中断宝宝的喝奶行为，并非常轻松地将奶头从宝宝的口中抽出来。

一天喂奶几次 在最初的几天内，新生儿每隔2 ～ 4个小时就吃奶一次，白天和夜间一样。在这几天内，与其说是尽可能地满足孩子对营养的需要，倒不如说应尽可能多地刺激乳房，使乳房产出更多的奶。在最初的2周内，宝宝一天之内吃奶的次数从第3 ～ 4天之后逐渐减少，然后一直稳定在每天大约5 ～ 7次的水平上。

一次喂奶多长时间 出生后第1天，宝宝每次吃奶的时间约为5分钟，第2天为10分钟，第3天之后不超过15分钟。我们不建议让宝宝每次喝奶的时间再长一些，一是因为时间再长，宝宝也吃不到奶；二是妈妈的奶头吃不消；另外，刺激乳房产

在最初的 14 天里，宝宝每天喝奶的次数

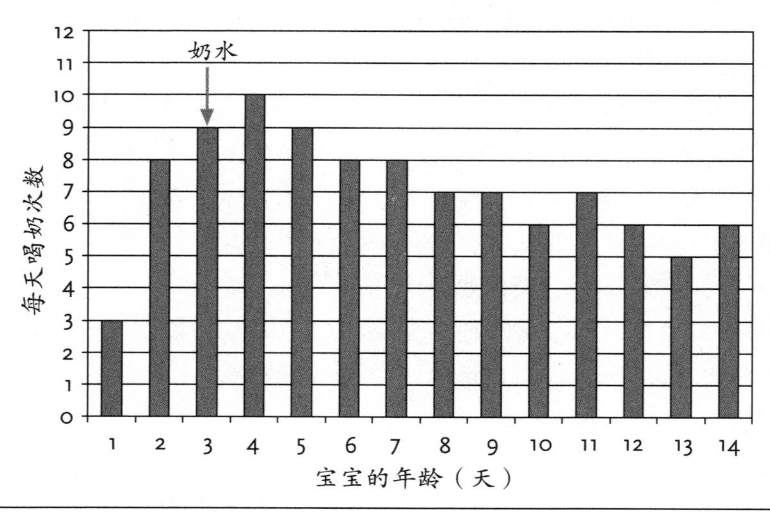

母乳喂养的孩子在最初 14 天里每天的平均喝奶次数。

奶并不是通过孩子每次吃奶时间的长短，而是吃奶的频率。

体重 在最初的几天内，所有的孩子摄入的营养都比排放出去的要少，宝宝们是在失去重量。和出生时的体重相比，有些宝宝的体重减少了 6%，甚至更多；从第 7 ~ 14 天，宝宝的体重开始重新恢复到出生时的水平（参见第八章“成长发育 0 ~ 3 个月”）。

添加辅助食物 如果新生儿特别饥饿和口渴，和出生时相比，体重减少了 10%还多，伴随发烧，在第 2 周的时候体重仍然没有增加的话，妈妈在给宝宝喂奶的同时可以给宝宝适当添加一些辅助食物，如茶水、糖水或者牛奶。要挑选专门适合新生儿食用的所谓“低过敏牛奶”喂给宝宝吃，以防止宝宝过早因为牛奶蛋白质而过敏（见“奶瓶喂养”）。

黄疸 有些宝宝在 1 周内出现轻微黄疸现象，黄疸使宝宝经常昏昏欲睡。尽管如此，妈妈还是可以用母乳喂养宝宝的。非常罕见的是黄疸一直持续到第 2 周还存在，如果孩子黄疸严重，而且持续 10 天以上还没退尽的话，有必要让医生检查一下。

哺乳的一些问题 如果年轻的妈妈对母乳喂养心存疑虑和不安，或者

喝奶，和妈妈的眼神交流

担心她的奶不够，或者担心孩子是否茁壮成长，等等，她可以向有经验的母亲或母乳喂养咨询员等人咨询，大多数哺乳中的问题在有经验人的耐心指导下是可以排除的。

用奶瓶喂养也是可以的

由于种种原因，并不是所有的母亲都能用母乳喂养她们的宝宝，一些母亲在分娩几周之后就给宝宝断了奶，并改用奶瓶喂养孩子。

专门适合新生儿食用的牛奶食品具有与母乳一样全部的营养，缺少的只是母乳中的免疫物质。在最初的几周内，用奶瓶喂养孩子的母亲完全可以和用母乳喂养孩子的母亲一样，与宝宝建立起亲密的关系。不仅仅是母亲，而且父亲和其他抚养孩子的人都可以用奶瓶给孩子喂奶。这种情况是不会受到母乳喂养所阻碍的。当母亲不在的时候可以在奶瓶里装上已经挤出的母奶或者是低过敏性的奶喂养婴儿。婴儿牛奶是容易准备的，无菌的，容易消化的，如果我们注意以下事项的话：

- 为了避免细菌感染，奶瓶要高温消毒，奶粉一定要用开水冲。
- 我们建议，最好是每吃一次奶，就准备一次奶。当然，也可以将宝宝一天吃的奶提前准备好，封好口，并24小时放在冰箱内；喝过的奶不能再食用。
- 牛奶的温度应保持在30℃-40℃之间。用微波炉热奶一定要注意：当牛奶已经沸腾的时候，瓶子的外壳可能还是凉的。
- 奶嘴的小孔要适当。那么，怎么才算是适当的呢？掌握两点：一是如果将奶瓶倒过来，大约每1秒钟往外滴1滴；二是宝宝喝奶必须用力。如果奶嘴的孔太大，小家伙毫不费力就能喝到奶，将导致小家伙喝奶太快、太急，会呛着。
- 和奶粉生产厂家的建议相比，父母总是想多冲奶粉给宝宝吃。有些父母总以为，多冲一些奶粉会使他们的宝宝更好地成长，少哭闹以及多睡觉，但是实际上，这种想法是错误的，它往往起反作用。宝宝不仅会消化不良，而且会肚子疼，哭闹也多。因此，我们建议父母们，一勺奶粉就是一勺奶粉，不要太满，平平的即可。

- 由于水中的硝酸盐对人体不好，所以我们建议，不要用矿泉水，而是用普通的自来水给宝宝冲奶粉，因为矿泉水中的盐成分含量高，会对宝宝的生理机制造成负担，容易导致宝宝腹泻。虽然我们现在的自来水成分较以前为差，但和矿泉水相比，还是更适合小宝宝。
- 如果宝宝发育不好，腹泻，经常哭闹，父母试图通过更换奶粉的做法来改变宝宝的这一状况的成功概率很低，因为市场上的奶粉构成几乎千篇一律，很难解决问题。一般情况下，宝宝出现上述问题不是因为宝宝吃得太多，就是吃得太少，所以，我们建议先不要忙着更换奶粉，而是先找找专家咨询一下为好。
- 婴儿奶粉包含婴儿需要的所有维生素和铁元素，因此没有必要再给孩子补充其他维生素。
- 如果孩子容易过敏，可以让孩子尽量食用低过敏奶粉，这种喂养方式看上去至少在头2年内能够避免孩子过敏。

头3个月内的营养

当宝宝喝母乳的时候，妈妈乳房中的奶量并不总是一样多的，母乳中的成分含量也不一样。宝宝每次喝奶要喝多少才算饱了也是不一样的，就如同成年人每顿饭的饭量并不总是相同一样，所以，宝宝每次喝的奶量不一样多，每次喝奶的间隔时间也不同，这也就不足为奇了。虽然宝宝每次喝奶的奶量可能不一致，但一天的总量基本是稳定的，也就是说，与妈妈每天给宝宝喂奶几次无关，宝宝每天的喝奶总量基本上是一致的。

和上述母乳喂养相同，用奶粉喂养孩子的时候，孩子每次喝的奶量并不总是一样多的，所以，妈妈们很容易发现，有的时候宝宝喝得很好，能将奶瓶中的奶全部喝完，有的时候就喝不完。但是，宝宝一整天下来喝奶的总量是一样的。

所以，当我们对“孩子的营养是否充足”进行评估时，一定要以一天的喝奶总量，而不能以一次的喝奶量来计算。

我们还必须指出的是，同龄、但不同孩子每天奶量的需要也是不同的。以满月的孩子为例：有的宝宝每天奶量需要500 ~ 600毫升；有的还要多，要800毫升；而有的较少，只有 400 毫升就足够了。有一半 4 周大的孩子比 1/4 6 个月大的孩子喝的奶还要多。有意思的是，喝奶多少并不决定体重（参见第七章“吃喝 4 ～ 9 个月”），又重又大的孩子经常比又轻又小的孩子吃奶还少呢。

不同孩子之间喝奶量不同是因为他们的消化不同，新陈代谢不同，成长速度不同，以及妈妈的出奶量不同。

母乳喂养的孩子每次喝奶每个乳房大约持续 10 ～ 15 分钟，但是，一般情况下，每个乳房中的母乳 5 分钟就空了。每次喝得越空，乳房产奶就越多。宝宝每次喝奶的时候，母乳中的脂肪含量会增加 4 倍，蛋白质含量将增加 1 倍半，因此，母乳的味道会变化，而这也将影响宝宝每次的食欲。

用奶瓶喂养的孩子喝奶的速度也是不同的：有的孩子 5 分钟就喝完了，有的则需要更长时间，最长的甚至可以持续 20 分钟。

在头 3 个月中，宝宝每天大约喝奶 5 ～ 10 次。大多数孩子在至少 2 个小时中感觉是饱的、满意的。在 1、2 个月之后，一些母亲感觉到孩子吃妈妈的奶不香，于是担心宝宝吃不饱，进而试图改用奶粉喂养。当改用奶粉喂养之后，宝宝的喝奶量增加，宝宝也能吃饱了。这时，大人应该尽

母乳喂养儿半岁以内的每天喝奶量

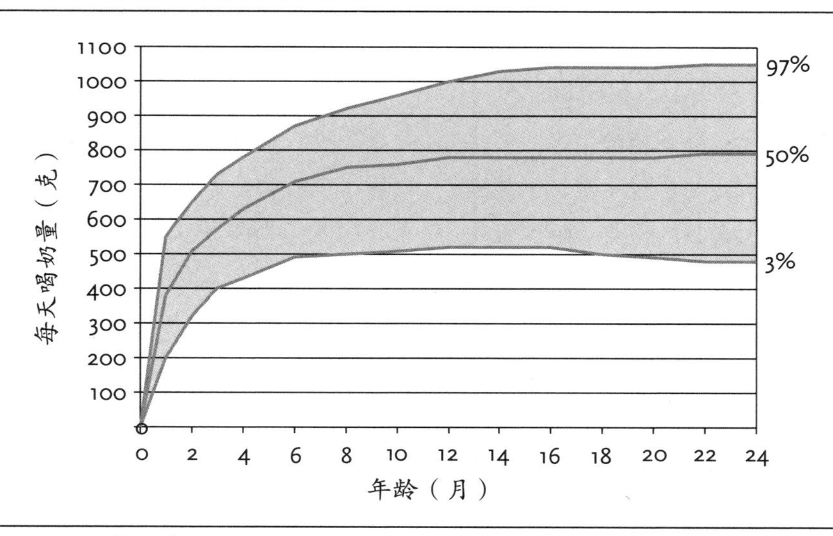

母乳喂养儿半岁以内的每天喝奶量（根据瓦尔格恩 Wallgren）。面积部分表示散射区域，中间的线部分表示中间值。

宝宝最初 3 个月的营养汲取和体重增加情况

年龄（月）	1	2	3
母乳喂养次数	5 ~ 10	5 ~ 8	5 ~ 8
奶瓶喂养次数	5 ~ 6	5	4 ~ 5
奶量（毫升 / 千克）	150 ~ 210	140 ~ 190	130 ~ 190
每天喝奶量	400 ~ 800	600 ~ 900	600 ~ 1000
体重增加（克 / 周）	80 ~ 300	80 ~ 300	80 ~ 300

量避免添加辅助食物，因为这将导致宝宝喝奶量减少。

用奶瓶喂养的孩子在头 1 个月中大约每天喝奶 5 ~ 6 次，从第 2 个月和第 3 个月起，大多数宝宝每天喝奶次数只要 4 次就足够了。从第 4 个月起，宝宝深夜的一顿奶也可以不要了。但是，母乳喂养的孩子在第 4 个月之后深夜还需要起来吃妈妈的奶一次（见“睡眠行为 4 ~ 9 个月”）。

母乳中含有全面的维生素，但是母乳中维生素 D 的含量不多，不能满足孩子对维生素 D 的需要。缺少维生素 D 会导致佝偻病，晒太阳可以避免孩子得佝偻病，但是在缺少阳光的季节中，维生素 D 的补充就非常不够了。所以，为了避免孩子得佝偻病，我们建议在阳光缺少的季节中每天补充 400 个国际单位的维生素 D 元素，但是，用奶粉喂养的孩子则不需要，因为奶粉中已经含有足够的维生素 D 含量了。

在头 4 个月中，孩子最好不要吃干的食品，因为这些食品会对孩子的消化、新陈代谢以及排泄功能造成负担，这个年龄段的宝宝只要喝奶就足够了。

吐　奶

任何一个新生儿在喝奶的时候都有可能吸入空气，不管是喝母乳还是喝奶瓶中的奶，被吸进去的空气必须要吐出来。如果孩子没有机会打嗝，他可能会在喝奶期间或者之后反胃，不仅会将吸进去的空气，而且会将吃进去的奶吐出来，被吸进去的空气会使孩子产生“肠胃气胀现象”，导致宝宝肚子疼而啼哭（参见第四章“啼哭行为”）。

但是，还有一种现象是：有一些孩子虽然有了足够的机会打嗝，将吸进去的空气吐了出来，但在喝奶之后还是会嘴角流出奶来，或者吐出一大口奶，产生这种现象的原因主要是因为孩子的胃功能还没有完全成熟。其实，孩子“吐奶”对孩子的身体并没有什么不利的影响，只是宝宝吐出来的奶可能会弄脏宝宝的衣服或者父亲的西服，并散发出难闻的气味，这使家人感到不快。为了使宝宝减少“吐奶”的次数，我们建议，当宝宝喝奶之后，将宝宝抱着竖起来，轻轻地拍打他的后背，然后，让宝宝至少半小时竖着，或者抬高宝宝的上身仰卧着。大多数孩子在数周之后这种现象就消失了，但是也有一些孩子在头一年中一直发生这种现象。如果孩子总是每次“吐奶”，而且量又很大，那么父母有必要叫家庭医生来看一下了。

宝宝是健康成长吗

父母如何评价宝宝的营养是否充足，成长是否健康呢?

“任何妈妈的奶对孩子都是足够的” 这个观点适合大多数母亲，但不是所有的母亲。乳房大或者总是有奶并不表明奶就充足，总是有奶的母亲可能奶量不足以及母乳中的脂肪含量少。

“孩子想喝多少奶就喝多少奶，否则就哭” 从出生后的第1天起，饿了还是饱了，不同宝宝的感受是各不相同的，表现出来的方式也是不同的。有的宝宝饿的时候大声啼哭，吃奶的时候，为了尽可能多地吃奶，会使劲使得满脸通红。吃饱后，宝宝脸上露出惬意的神情；而有的宝宝饿的时候，并不啼哭，吃奶也不用力，而且很快就满足了。因此，啼哭是表明孩子饥饿的一个重要信号，但不是一个绝对的信号：

- 不是所有饥饿的宝宝都啼哭。如果宝宝感到满意、令人注意、而且运动机能很活跃的话，那么，啼哭就是一个好的、但并不总是绝对的说明宝宝已经吃饱了的信号。大部分孩子在餐后2～4个小时内会感觉满意。不过，也有的孩子虽然没有吃饱，但也会长时间乖乖地躺在床上一点儿都不闹；他们把代谢机能调整得慢些。
- 不是所有啼哭的宝宝都饿了。当孩子想要某件东西、感觉无聊、累了或者不舒服时，他会啼哭（参见第四章“啼哭行为”“关系行为0－3个月”）。因此，婴儿啼哭时，并不一定非要喂他吃的。

尿布湿了 尿布湿了只能说明大概的液体供给量，而不能说明热量供给量是多少，就是宝宝大便的次数也不是孩子成长发育的标志。

体重增加 长时间以来，妈妈们坚持，而且是天天给孩子称体重，餐后更少不了。有些妈妈更是把孩子的体重作为衡量其成长发育和健康状况的标准。从几年前开始人们就呼吁"离开体重计，回到孩子身上来！"体重计被放到一边，孩子的行为成为衡量孩子状况的标准。

实际上，体重不是唯一的标准，只是一个比较重要的标准而已。儿科大夫的经验表明，如果我们适当地给宝宝称体重，这会成为我们观察宝宝一个有用的衡量助手：头3个月，我们每周给宝宝称一次体重后发现，小家伙平均每周体重增加170克，最多300克，最低只有80克。这说明，一个健康的孩子在1、2周内体重几乎是没有增加的。

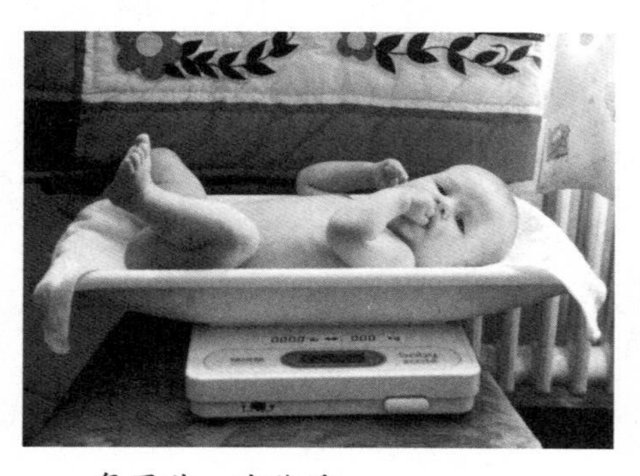
每周称一次体重

父母如果担心孩子的营养是否充足，那么，可以在几天中喂奶前后给孩子称体重。如果孩子一次喝奶量太少，就多喂几次；如果孩子的体重3周以上都没有增加，父母应该带孩子去看一下大夫。

体重曲线 体重曲线是婴儿成长发育最好的标志，良好的成长发育表现出来的体重曲线应高于或略微平行于成长线（参见第八章"成长发育0～3个月"和附录）。

大　便

新生儿在出生后几小时到2天之内第一次排便。新生儿的大便无味，颜色从深绿到黑色，被称为胎便。胎便包含消化物、肠细胞和羊水。

在最初的2个星期内，母乳喂养的宝宝所排出来的大便是软软的、黄色的、气味新鲜的。此后，大便由黄变绿，仍然柔软、稀薄。用奶粉喂养的宝宝所排出来的大便比母乳喂养儿的大便较为干燥，颜色泛白，气味难闻，经常是一团一团的。如果大便硬、解手的时候啼哭、大便甚至带有血迹，表明宝宝被喂奶太多。

新生儿每天排便的次数因人而异。有些婴儿每天排泄多次，有些可能5天才排便一次。母乳喂养儿排便次数多于喝奶粉的宝宝。宝宝经常在喝奶之后解手。喝奶粉的婴儿排出的大便比较硬，过硬可能会导致婴儿疼痛或不排便，这种情况下应该多喂食流体食物。

妈妈的营养

给宝宝成功进行母乳喂养的一个重要前提条件是妈妈营养健康。所谓营养健康指的是：妈妈平日里的饮食应该是多方面的，从蔬菜到水果一直到奶制品、鸡蛋、肉和鱼。

以下是一些建议：

补充能量 产奶100毫升需要母亲付出80千卡热量，这些热量源于母亲的营养和自身的脂肪储存，体重刚好或者低于标准体重的母亲应该比平常每天多补充500～700千卡的热量。由于母乳喂养需要妈妈补充更多的营养，所以，我们奉劝妈妈们在给宝宝喂奶期间就不要太在乎“身材苗条”了。

奶制品 婴儿成长迅速，在5个月内体重会增加一倍。宝宝体格健壮需要从母乳中摄入大量的钙和磷酸盐。

对于哺乳期间的妈妈而言，奶制品和牛奶是含有丰富矿物质的食品。妈妈们应该每天摄入200～500毫升牛奶或者等量的奶制品，如酸奶、凝乳或者奶酪等。如果妈妈没有补充足够的钙和磷酸盐的话，那么，妈妈哺乳期间可能就要缺钙和磷酸盐了，因为母乳会从妈妈的身体中吸取矿物制。

水果和素菜 婴儿需要多种维生素，特别是维生素C。母亲应该至少每天吃一次水果和素菜。如果哺乳时间长，妈妈又没能及时补充上维生素，母乳也会从妈妈的身体中吸取维生素了。

放屁 人吃了一些诸如大白菜、葱、洋葱、蒜和荚果等素菜后容易放屁。有研究表明，母亲吃了这些素菜后通过母乳也会使宝宝感到不舒服。当然，这些素菜只是宝宝放屁的一个原因而已（参见第四章“啼哭行为”）。

素食营养方式 哺乳期间的妈妈可以不吃荤菜，但前提条件是，妈妈必须吃奶制品和鸡蛋，否则，一个完全吃素、“滴荤不沾”的妈妈在哺乳期间会导致她和孩子营养不良，妈妈和孩子将缺少蛋白质、维生素 B_{12}、钙、铁和碘。人是从肝脏、肉、鱼和奶制品当中吸取这些营养元素的，从素菜中吸取的这些营养元素则很少。

铁元素 铁元素是用来造血的，它首先存在于肝、肉和蛋黄中。此外，铁元素还存在于一些豆类植物里。如果孕妇分娩后缺乏血红蛋白的话，也就是俗话说的“贫血”，她还必须服用补充铁元素的药剂。

流质食品 哺乳期间的母亲必须保证每天饮用至少 1 升的流质食品，例如果汁、素菜汁、牛奶、茶、酸奶以及其他的流质奶制品。

嗜好品 如果母亲煮浓咖啡或者泡浓茶喝的话，这对孩子不宜，但如果母亲每天喝 2 ~ 3 杯普通咖啡的话，这似乎对孩子是有益的。母乳喂养者应在喂养完后喝咖啡，这样，在下一次喂养前，一部分咖啡因已经被分解了。酒精对母乳不利，母乳喂养者应完全戒酒或是在实在忍不住时喝一点。酒精对婴儿的器官会产生压力，因为婴儿没有办法分解酒精。

尼古丁使血管变窄，限制氧气供给，使妈妈出奶量减少，伤害宝宝的身体；尼古丁会通过血液进入母乳中，此外其他的有害物质也会通过母乳传给婴儿。另外，抽烟所排出的污浊空气使宝宝窒息。所以，母亲，还有父亲，无论如何要放弃抽烟，就算是在外面抽烟，尼古丁还是会留在他们的衣服上。

人造糖精对宝宝的影响还没有得到验证，所以建议妈妈们最好不要食用人造糖精，高浓度的人造糖精会导致腹泻。

药物也经常能进入母乳中，所以，如果母亲必须服药，她就得问清楚，她所吃的药对母乳以及孩子有没有负面影响。

房　事

母乳喂养对妈妈而言是避孕的。给宝宝喂奶越频繁，母亲避孕的系数越大，但不能完全排除怀孕的可能性，所以，最早从分娩后 6 周起，夫妻双方要注意避孕了。目前市场上出售的避孕药对母乳不会产生负面影响。如果母亲哺乳期间又怀孕的话，母亲对营养的需要会很大，一般情况下，妈妈的出奶量会减少。

要点概述

1. 在最初的 14 天中，新生儿的营养汲取、消化、新陈代谢和排泄功能要和新的生活条件相适应。
2. 宝宝不同的反射机制保证其对营养的汲取：寻找反射、吮吸反射、吞咽反射。
3. 如同孩子的吃喝行为一样，在产奶过程中，反射机制起着同样重要的作用。
4. 宝宝吮吸奶头越多，对妈妈的乳头刺激越多，产奶也越多。
5. 妈妈的出奶量每天增加 40 ～ 80 毫升。从分娩后 3 ～ 7 天内，妈妈的奶量逐渐增多。5 ～ 10 天后，妈妈的奶量完全符合新生儿对营养和能量的需要。
6. 最初几天里的母乳叫“初乳”，它含有很丰富的免疫物质；大约经过 2 个星期的“过渡母乳”之后，妈妈的奶就成为“成熟母乳”了。
7. 专门适合新生儿和婴儿食用的奶制品，如婴儿奶粉等符合宝宝对所有营养的需要，唯一缺少的是母乳中的免疫物质。
8. 和用母乳喂养宝宝的母亲一样，用奶瓶喂养宝宝的母亲完全可以与宝宝建立起同样密切的关系。
9. 不同宝宝之间的喝奶量以及频率各不相同。有的宝宝的喝奶量比其他同龄儿多一倍，宝宝的喝奶量与体重几乎没有关系。
10. 父母可以根据以下特征来评估孩子的成长：啼哭行为；孩子醒着时的注意力和运动机能的活跃程度；每周的体重增加情况；成长曲线。

4~9个月

午饭后，父母喝着咖啡，3个孩子在餐馆附近的游戏场上嬉戏。突然，4岁的乌尔斯从游戏场中闯进来，直接奔向妈妈，一把撩开妈妈的上衣，在妈妈的胸前“吮吸”，邻桌的客人惊讶地看着发生的这一幕。

在最初的几个月内，孩子的营养完全依靠母乳或者牛奶。半岁起，孩子可以添加一些半流质食品。2岁起，孩子可以和家人坐在餐桌旁一起吃饭。孩子从喝奶到可以进半流质食物最后到和成人一样吃饭需要多长时间取决于孩子消化、新陈代谢、嘴巴的运动机能和牙齿的发育等情况，而父母以他们的饮食习惯和教育态度影响着孩子的这个进程。

大多数母亲在第一年中就给孩子断了奶，在第二年里，即使还没有断奶的孩子也已经越来越不喜欢喝母乳了，特别罕见的是孩子都上幼儿园了但还没有断奶。孩子越大，越愿意汲取其他的营养源，母乳的作用减弱，但是更想得到母亲的关怀。乌尔斯并不是因为肚子饿了想吮吸妈妈的乳头，而是在游戏场上突然感到哪儿有点疼，想从妈妈的怀里得到一丝安慰。

为什么要吃半流质食物

在第5~9个月之间，母乳或者牛奶作为唯一的营养方式对孩子来说越来越不够了，孩子成长很迅速，对营养和能量的需要也越来越大，(流质的食物如母乳和婴儿奶产品对他们来说越来越不够了)。这个年龄段的宝宝的消化、新陈代谢和排泄功能已经很发达，可以吃一些半流质的食物，并消化它们。

什么时候开始吃半流质食物

为了使孩子能够吃半流质食物并消化，孩子的各个身体功能必须

艾荣自豪地抓着杯子

成熟：

嘴部运动机能 宝宝在4个月前不愿意进半固体食物，他会用舌头顶着勺子，将半流质食物往外吐。为了能够成功地用勺子喂孩子吃半流质食物，孩子的嘴部运动机能必须达到一定的发育水平：宝宝在嘴中能感觉这些半流质食物，并吞咽下去。

1岁之内的孩子不能咀嚼固体食物 9～12个月的孩子能够吃一些软软的、煮过的、味道较好的半固体食物，如稀粥、奶糕等，宝宝用舌头将它们压碎，然后吞咽下去。

味道 新生儿和婴儿只喜欢吃甜的，如果新生儿的舌头沾上一滴甜的东西，小家伙的眼睛会发亮，并开始有滋有味地吃起来。其他味道，比如苦味、酸味和咸味等，宝宝的反应是呕吐，把脸拉长，把头移开。3个月之后的孩子才开始慢慢地对除了甜味之外的味道感兴趣。

消化 和母乳、牛奶相比，半流质食物对宝宝的肠胃和消化功能提出了更高的要求。半流质食物含有更少的液体，并且其中的营养物质也比母乳和牛奶中的营养物质更难消化，消化系统必须发育到一定程度才能够消化半流质食物。

用勺子喝粥

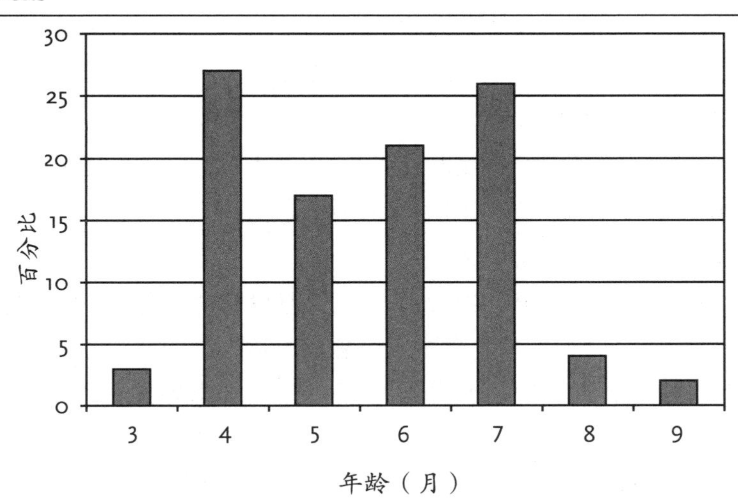

孩子从何时开始试图用勺子吃东西。

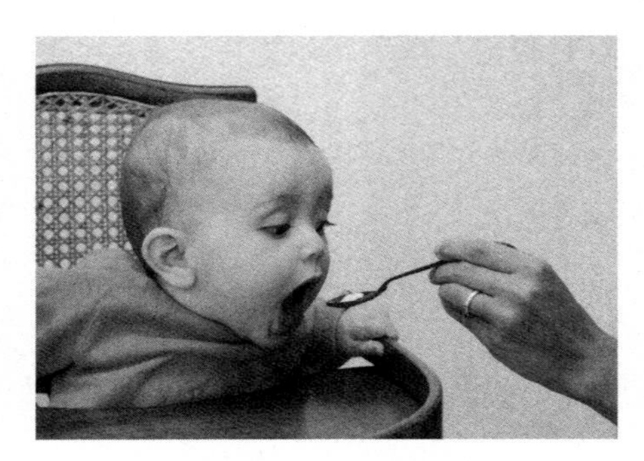

艾荣像待哺的小鸟一样张开嘴巴

排泄功能 与母乳和牛奶相比，半流质食物含有更多的矿物质。身体必须将大部分盐通过肾排泄出去。4个月的时候，宝宝的肾已经具备这种功能了。

必须指出的是，不同孩子身体功能的成熟速度是各不相同的。有的孩子4个月的时候就能吃半流质食物了，大多数孩子要到5～7个月，有的孩子要到8～9个月。如果宝宝在喝奶之后仍然饥饿，这可以成为有必要给孩子吃半流质食物的一个信号。

给孩子第一次吃半流质食物时要让孩子的嘴巴首先感觉一下勺子以及食物陌生的味道，要连续好几天给宝宝吃少量同样的半流质食物，看看宝宝的反应如何，是否适应这种食物。如果孩子拒绝勺子和食物，表明孩子不愿意；如果孩子感到肚子胀或者腹泻，那就再等2～4个星期。等几天的适应期过后，可以以一种半流质食物为主食，其他食物为辅食搅拌在一起给宝宝吃。流质食物如牛奶或者茶水等在吃了半流质食物之后再吃。

宝宝会在他的行为中表示他已经作好了吃半流质食物的准备：如果大人将勺子从碟子中拿起来，并举得高高的，宝宝会张大他的嘴巴。刚开始吃半流质食物的时候，有的宝宝将食物含在嘴中特别费劲，总是流出食物来，有时还流唾沫。为了便于清扫宝宝吃饭时的“垃圾”，父母要给宝宝系上围嘴，不要在漂亮的客厅里，而是在厨房中耐心地让宝宝吃饭。

吃什么

在第一年的下半年中，宝宝的营养来自半流质食物、牛奶和点心。

本质上，半流质食物由以下4种营养品组成：

粮食包含丰富的碳水化合物和蛋白质 孩子最早在5个月的时候可以吃土豆、大米和玉米，6个月的孩子可以吃小麦和燕麦。谷胶包含所谓的谷胺，许多不同种类的谷物都含有这种营养物质。它可能导致罕见但是很

4 ~ 12 个月的营养摄取计划

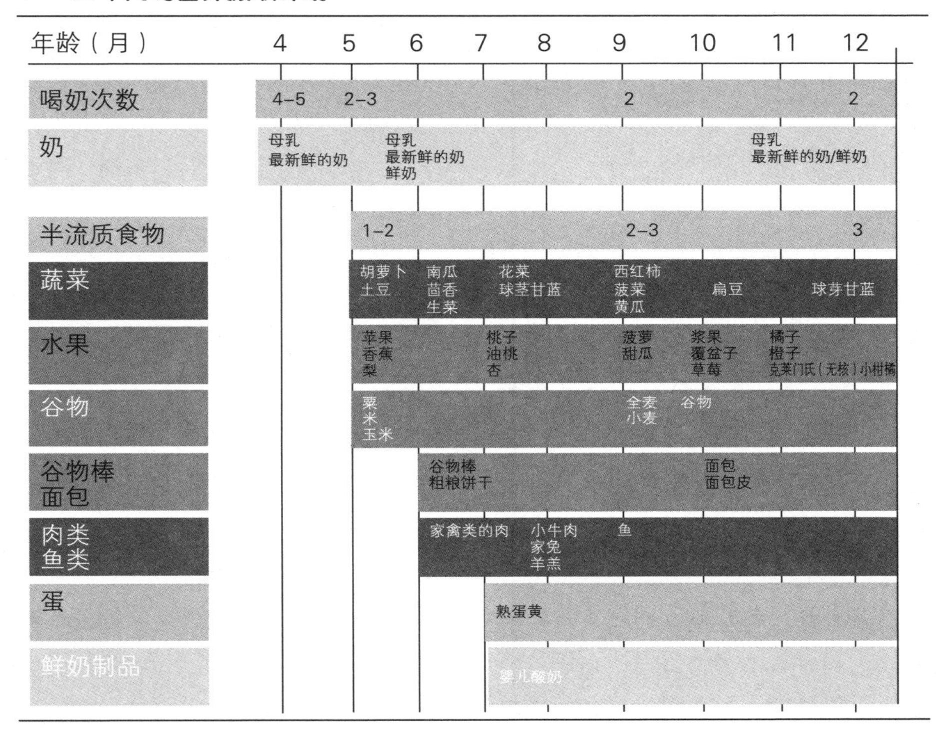

严重的小肠消化不良，并由于营养物质吸收的减少产生严重的谷物过敏。

水果包含丰富的维生素，首先是维生素C 大人可以将香蕉和苹果压碎之后给孩子吃，也可以让孩子试着吃橙汁。“柑果”中含有一种芳香油，这种物质刺激肠胃，容易导致腹泻。

蔬菜提供碳水化合物、蛋白质和维生素 孩子比较适宜吃胡萝卜、茴香和西葫芦。不要让孩子吃容易引起“肠胃气胀”的蔬菜。如果将蔬菜和土豆或者大米搅拌在一起给孩子吃，孩子会有一种比较好的饱的感觉。为了不“杀死”蔬菜中的维生素，或者不让蔬菜中的维生素流失，在洗菜的时候要注意以下事项：不要将蔬菜泡在水中，用流淌的水洗干净即可。蔬菜最好用少量的水蒸熟，不要煮沸，有时也可以用微波炉。如果一次性准备好多种蔬菜点心，并冷藏在冰箱中的话，会减少很多工作量。注意：冷藏的蔬菜在融化的时候会损失一些维生素。可以用一勺黄油或者食用油把蔬菜炒熟，味道会很好。如果孩子经常吃新鲜蔬菜的话，就用不着从商场购买专门的“蔬菜汁”给宝宝喝了。

肉和鸡蛋含有铁元素、其他的微量元素和各种维生素，首先是维生素 B_{12} 比较适合的是：宝宝每周吃 1 ~ 2 次牛肉、鸡肉、猪肉或者猪肝，每周吃一个鸡蛋黄。

在吃半流质食物的同时，牛奶继续是宝宝重要的营养品，它含有骨骼生长所必需的丰富的蛋白质、钙和磷酸盐。孩子应该每天喝牛奶，但如果孩子不愿意，大人也不要强迫孩子天天喝牛奶，孩子可以从其他奶制品，比如酸奶中照样可以汲取必要的钙。

在宝宝 5 ~ 6 个月大的时候，他的消化系统就已经发育到可以消化一段乳和二段乳，直到第 12 个月的时候可以消化不含部分脱脂的全脂奶。后期母乳和全脂奶比一段乳的饱和度更高。

我们首先推荐水果酸奶，因为它含有丰富的糖分。孩子 1 岁之内，我们不推荐吃“凝乳”（牛乳变酸时所凝结的物质），因为它蛋白质含量高，容易对孩子的身体机能造成负担。

为了避免早期过敏，在有湿疹、哮喘和花粉热病症的家庭中，1 岁以内的孩子不要吃以下食品：小麦、大豆、鸡蛋、鱼、巧克力、可可、干果和热带水果。

注意：给孩子做的东西一定要有别于成人的口味，尽量少放糖和盐，因为盐多了会加重孩子肾的负担，从孩子的身体中抽取水分。从 8 个月开始，可以在孩子的半流质食物中加一些盐来调味了，但是我们不主张使用人造糖精，因为它会对宝宝产生什么样的影响我们还不清楚！

除了牛奶外，适合宝宝喝的东西有自来水和不加糖的甘菊茶和茴香茶；我们不主张给宝宝喝矿泉水，因为它含有太多的矿物质，会对宝宝的肾造成太大的压力；碳酸饮料可能会引起肚子疼；至于水果汁，除了在吃正餐的时候喝，其他时间我们也不主张给孩子喝，因为它们含有太多的糖分。关于它对牙齿的严重不良影响，我们将在第八章“成长发育 10 ~ 24 个月”这一章节中予以阐述。

孩子必须吃多少

那么，孩子必须吃多少，或者说至少必须吃多少才能保持身体健康并

孩子每天吃多少

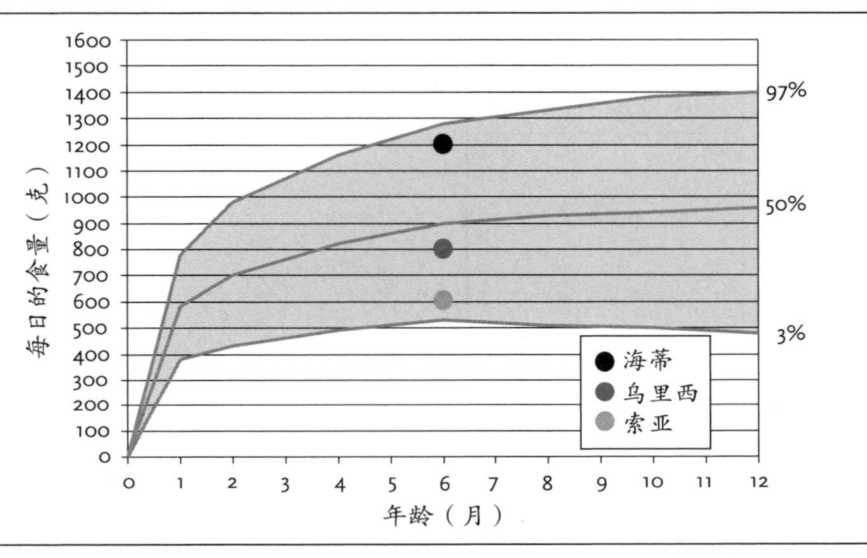

上图显示，不同年龄的孩子每日食量（由施托莱 Stolley，瓦赫特尔 Wachtel 整理）。6 个月大的时候索亚（Sonja）每天的食量为 600 克，乌里西 800 克，海蒂（Heidi）1200 克，海蒂吃的是索亚的 2 倍。Ulrich（乌尔里希）

发育正常呢？对父母而言很难接受的是以下事实：同龄但不同孩子吃的量是非常不同的，有的孩子比其他同龄孩子的“饭量”要多出 1 倍。

读者也许会想，个子大的孩子肯定比个子小的孩子吃得多，其实不然。如果我们考虑到体重因素，将体重因素和营养的需求联系起来的话，不同孩子之间的这种比例仍然存在着很大的差异。例如，在孩子 9 个月大的时候，有的孩子每千克只需要 70 克营养就足够了，其他孩子每千克则需要 140 克的营养。

为什么不是所有的孩子吃的量都是一样的呢？第一个原因在于：孩子们需要的营养不同，就如同我们成人一样。人与人之间的新陈代谢能力是不同的，瘦小的人说不定比肥胖的人吃得还多；另外，活动量也影响孩子的食欲。同样一个孩子，在室外玩耍折腾之后肯定要比闷在家里吃得多；在身体快速发育的时候，孩子也会比平时吃得多；最后，孩子所吃的食物本身所含的营养和能量也不同。

如果孩子病了，吃得就少，或者

每天的营养汲取量与体重的关系表

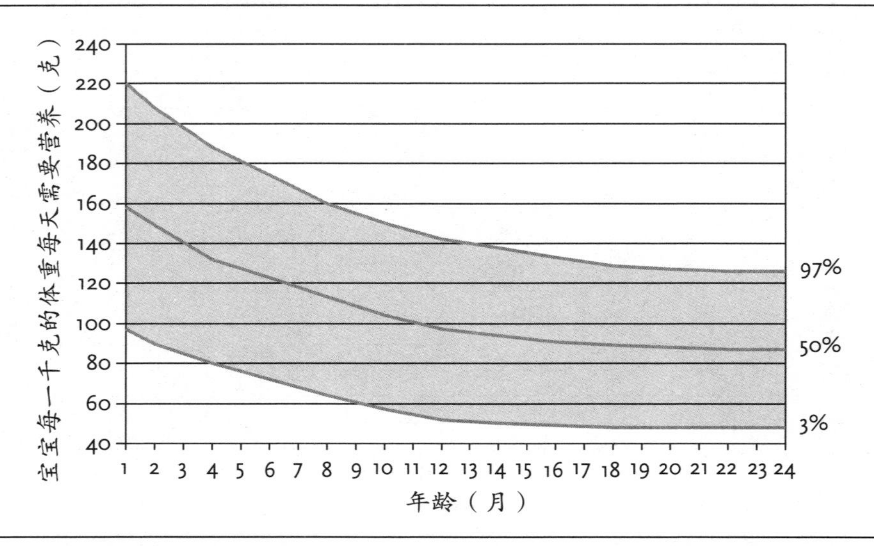

每天的营养汲取量与体重的关系表（由比尔克 Birch，施托莱 Stolley 和瓦赫特尔 Wachtel 整理）。

干脆不吃。在几天之内，体重甚至会下降。病好了之后，会吃得很多，体重也会迅速上升。

不仅仅吃的量不一样，吃的次数也不一样，并不是所有的孩子每天都吃 3 顿饭，有的需要每天吃 5 顿饭。

孩子胃口如何以及摄入了多少营养并不能准确地衡量孩子的成长好坏。那么，父母应该遵循什么原则呢？如果宝宝能做到以下四条，那么，宝宝的成长就是健康的：

- 宝宝满意而且活泼；
- 很少生病，如发烧；
- 大便正常；
- 体重、身高的成长曲线和成长路线平行。

成长曲线是衡量一个孩子成长发育最好的标准（参见第八章“成长发育 4 ～ 9 个月”）。

自己吃

孩子大概 1 岁的时候开始对吃干的食品感兴趣。

为了能够吃饼干、硬面包和类似的食品，孩子不同的功能必须达到一

第一次试着咬饼干

定的发育水平。

抓　孩子5个月的时候开始抓东西。他第一次能够自己进食。

我们已经讲过，这时候孩子的嘴巴不仅仅是进食的工具，更是一个重要的感知外部世界的器官，孩子用嘴巴研究他手中拿的东西（参见第五章“玩耍行为4～9个月”）。

分泌唾液　孩子2～3个月的时候总是流唾液，唾沫当中含有丰富的酵素，有利于消化。

牙齿　大多数孩子在6～10个月的时候长出第一颗牙，首先是门牙：小家伙可以咬东西了。臼齿一般要到第二年才长出来，所以，在这之前，孩子不可能咀嚼东西。孩子把硬的食品用唾液软化，同时将食品在嘴

孩子在多大的时候开始吃固体食物

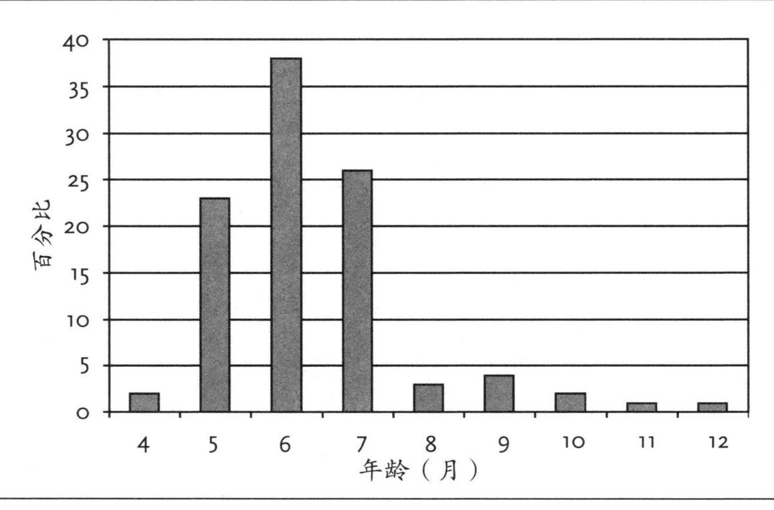

柱状图显示：孩子（以百分比表示）从某一年龄段开始食用硬质面包之类的固体食物。

中前后不断移动，在舌头和腭以及上下颌之间将食品咬碎。

孩子在 5 ~ 7 个月的时候就可以咀嚼干的食品了，但对于一些孩子来说，直到他们 1 岁的时候才能做到这一点。

点心使孩子有机会吃零食了，但是大人一定要注意：点心并不能向孩子提供多少营养和能量。大人最好用干的面包片作为点心给孩子吃，大一点的孩子可以吃水果。尽量不要给孩子吃饼干，因为饼干中的糖分含量高，饼干和其他甜食会影响孩子正常吃饭，并且对孩子牙齿的成长不利。

自己喝

孩子一开始会抓东西，就开始试图自己拿着瓶子喝。根据孩子的积极程度和妈妈是否让他们自己抓瓶子，孩子最早在 5 个月，最迟在 10 ~ 12 个月的时候开始自己拿着瓶子喝东西。

端着杯子喝东西除了要求宝宝能拿稳杯子之外，还要求宝宝相当的嘴部运动机能，因为喝东西和吮吸奶瓶不一样，喝东西不太容易控制液体的流量。奶被喝到嘴里，然后被分批咽下。只有嘴部机能充分发育，孩子才会自己懂得，他也能够像其他人一样，从杯子里喝东西。

孩子什么时候开始能够自己端着杯子喝水

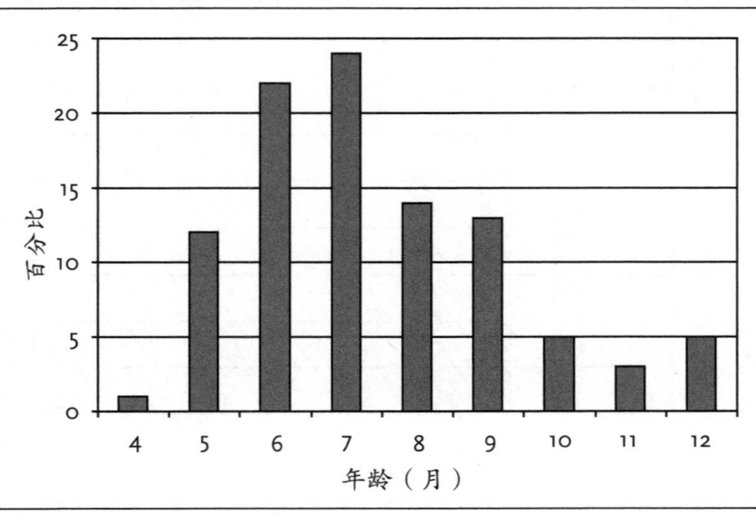

柱状图显示：孩子（以百分比表示）从某一年龄段开始自己端着杯子喝水。

什么时候给宝宝断奶

宝宝越大，就越来越不依赖于母乳了，但是，对宝宝来说，只要妈妈愿意，妈妈的胸膛依然是宝宝能够得到关怀和安慰的地方。宝宝愿意躺在妈妈的怀里，因为宝宝感到很温暖、很安静、很安全，而且容易入睡。如果妈妈对此不介意的话，就不要改变这种方式。

大多数母亲在宝宝1岁之内就给宝宝断了奶，这有很多原因，其中最重要的原因有两条：

- 继续给宝宝喂奶使宝宝一刻都不能离开妈妈，妈妈就不能将宝宝在一段较长的时间内暂时托付给别人照料。父母不能同时外出。如果父母接受邀请，他们必须同时带着宝宝一起出席活动，这会造成诸多不便；
- 宝宝只能躺在妈妈的怀里入睡，如果宝宝夜晚醒来，还要吃妈妈的奶。父亲一个人经常无法哄宝宝入睡或者使宝宝在夜晚平静下来。

经验表明，妈妈白天可以给宝宝断奶，但晚上一下子断奶对母亲和宝宝而言都很难。这样慢慢连续数周之后，就会产生以下转换：

- 将宝宝搂抱在怀里逐渐被其他的关怀方式，比如抚摩、说话、一起玩耍和游戏等替代；
- 宝宝吃母乳少了，但吃半流质食物和干的食物多了；
- 有时，妈妈可以不在场，而让爸爸或者其他大人喂宝宝吃饭。

宝宝白天不吃妈妈的奶，妈妈的出奶量自然就会减少，最后，宝宝晚上也就不吃妈妈的奶了。对于妈妈而言，用药断奶只有在特殊的情况下才是必要的。关键是，宝宝吮吸乳房的次数越少，母乳量也会越来越少。

要点概述

1. 从第4个月起，仅仅靠母乳和婴儿奶粉已经越来越不能满足宝宝对营养和能量的需求了。
2. 根据嘴部运动机能和消化功能的成熟程度不同，宝宝在4～8个月之间已经作好吃半流质食物的准备了。

3. 按照营养角度划分，半流质食物由以下几类组成：粮食、水果、蔬菜、肉、鸡蛋。

4. 对于宝宝的骨骼生长来说，牛奶和奶制品继续是宝宝汲取蛋白质、钙和磷酸盐的重要食品；在孩子 5 个月大的时候，用后期母乳代替初期母乳，在 12 个月的时候用全脂奶代替后期母乳，部分脱脂奶对于婴儿来说是不合适的，因为它脂肪太少了。

5. 5 ~ 7 个月之间，宝宝开始吃干的食品，这时，给宝宝吃的点心中的糖分含量不能多。

6. 同龄但不同孩子每天的“饭量”是不同的。有的孩子的“饭量”是其他同龄孩子的 1 倍多。

7. 宝宝的成长健康情况要从以下四条进行评估：

- 宝宝满意而且活泼；
- 很少生病，如发烧；
- 大便正常；
- 体重、身高的成长曲线和成长路线平行。成长曲线是衡量一个孩子成长发育最好的标准。

孩子胃口如何以及摄入了多少营养并不能准确地衡量孩子成长的好坏。

8. 宝宝越大，妈妈的乳房与其说是宝宝汲取营养的地方，还不如说更多的是宝宝从妈妈那儿获得关怀的地方。宝宝 1 岁之后是否断奶不是由孩子的营养因素决定，更多的是由母子关系决定。

10~24个月

和15个月大的罗伯托吃饭是一件很费劲的事，他就是不愿意接受用勺子喂他吃饭，但是他还不能自己用勺子。他在用手抓吃，塞满嘴巴的时候倒是显得很高兴。让父母抓狂的是，罗伯托3岁的姐姐妮娜，也模仿她的弟弟，虽然她已经可以很熟练地用勺子吃饭了。她还说："罗伯托能做到的，我也能做到。"

在出生的第二年孩子们就已经准备就绪，像成人一样吃饭。这也就对父母提出了一个问题：怎样让孩子吃得健康？接下来孩子咀嚼一些特定的食物如肉和沙拉还没那么容易，他们同样缺乏的，是吃喝的独立。

健康的膳食

孩子的膳食应该是多变的、丰富的，具体应该做到如下几点：

孩子每天应该吃水果、蔬菜、沙拉以及一些全麦食品，不论是生的还是熟的。

- 孩子每2、3天就应该吃一次肉、鱼或者鸡蛋。
- 孩子每天要喝牛奶或吃奶制品，比如酸奶、奶酪等。
- 水果、胡萝卜、面包等可以作为点心给宝宝吃。
- 尽量少给宝宝吃饼干等甜食，因为其中的糖分含量高，影响孩子吃正餐，对孩子的牙齿发育也不好。

饭菜可以同孩子的食物一起准备，并保持新鲜。成品食物不应该上桌，因为它们中的大多数都含有太多的调味品。应该尽可能少地添加盐，并且可以用植物调味剂代替它。瓶装的调料也要从食谱中剔除。植物性脂肪要优于动物性脂肪。

上述建议只是给宝宝的"理想餐"，但是没有一个家庭能够做到每天如此"理想"，所以，在给宝宝吃的时候总是要去掉一些东西的。

咬和咀嚼

不同孩子开始会咬和咀嚼的时间不同，因为他们的牙齿生长不同以及嘴部运动机能成熟的速度不同（参见第八章"成长发育4 ~ 9个月"），最

4 ~ 12 个月的营养摄取计划

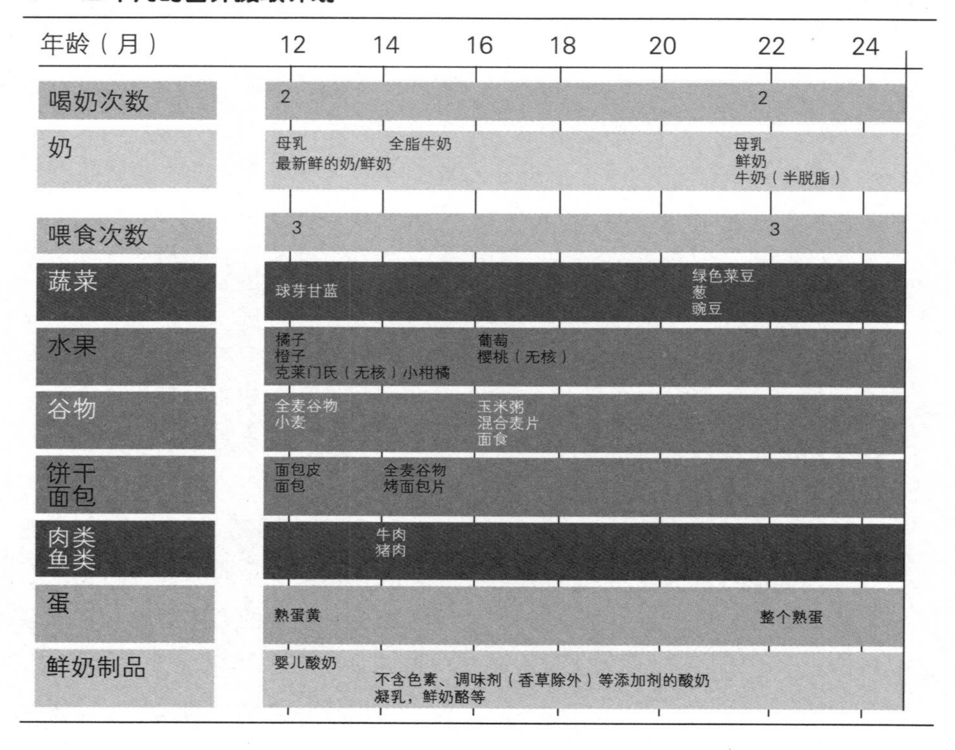

迟到 1 周岁的时候，孩子的门牙长了出来，孩子开始能咬比较硬的食品了。臼齿要到第二年才长出来。大多数孩子在第二年，有的在第三年的时候才具有比较发达的咀嚼能力。第二年的时候，孩子基本上能吃所有的菜了，除了肉和沙拉之外。孩子吃肉和沙拉还比较费劲，因为他们的臼齿还没有发育得那么好（牙齿发育见第八章“成长发育 25 ~ 48 个月”）。

吃多少才算够

大多数宝宝第二年的时候胃口反而不如 1 岁的时候好了，有些宝宝比第一年的时候吃得还少。不同孩子之间不同的吃的行为依然存在。吃得少的孩子比吃得多的孩子营养摄入就少。为什么会出现这种情况，我们已经在第七章“吃喝 4 ~ 9 个月”中阐述过了。

咀嚼食物

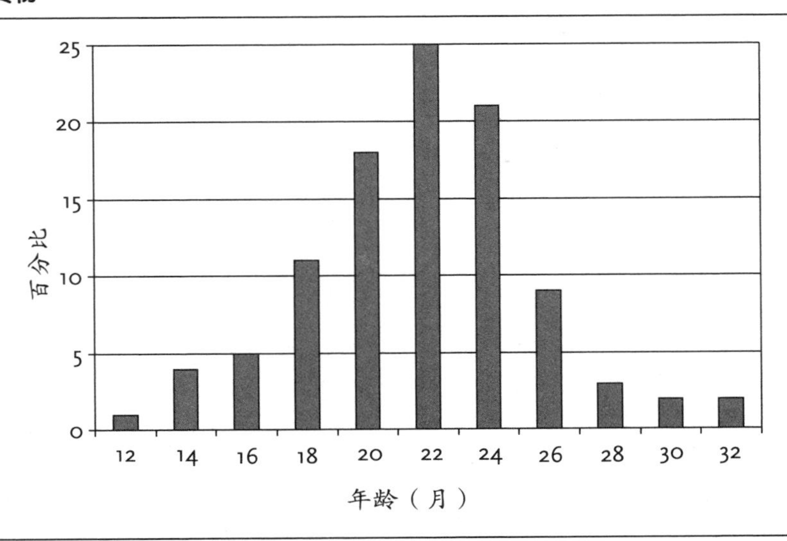

图表显示在特定年龄开始咀嚼食物的孩子的百分比。

2 岁以内的婴儿每天汲取多少营养

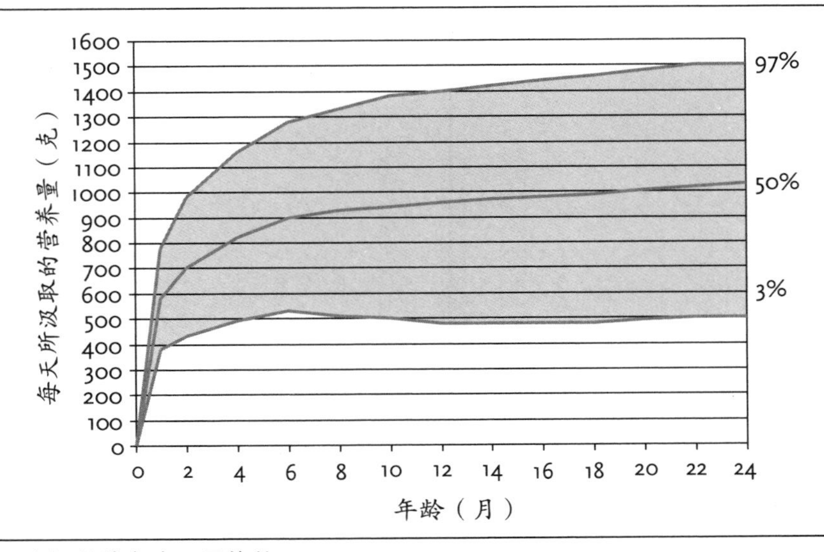

中间的线条表示平均值。

自　立

任何一个孩子在吃喝方面都想自立，当他的智力和运动机能达到足够的发育水平的时候，自立的需求就被唤醒了。

孩子怎样端着杯子喝水，拿着勺子吃饭，首先通过模仿来学习。9 ~ 15个月之间的孩子能够模仿简单的动作（参见第五章“玩耍行为10 ~ 24个月”）。当宝宝将杯子和勺子拿在手中的时候，宝宝就试图喝东西、吃东西。

没有必要教孩子怎样吃喝，在此，宝宝更需要的是榜样。当宝宝和家人坐在一起，看着父母和哥哥姐姐怎样从杯子、盘子中喝东西，以及怎样拿着“刀、叉、勺”吃饭、吃菜，这就足够了。

端着杯子喝水或者其他液体需要宝宝高灵敏的感觉：只要水一接触到宝宝的嘴唇以及在宝宝的嘴巴中流动，宝宝就必须把握好杯子倾斜的程度，而不要“喝到”脸上去了；同时，这还要求宝宝一些灵巧的运动机能能力。

个别孩子在1周岁的时候能够自己端稳杯子喝水了，但大多数孩子要到1岁半的时候才学会这个动作。

我们建议首先让宝宝用尖口杯喝水，因为这样，宝宝能够像用奶瓶那

孩子在玩耍过程中模仿吃喝行为

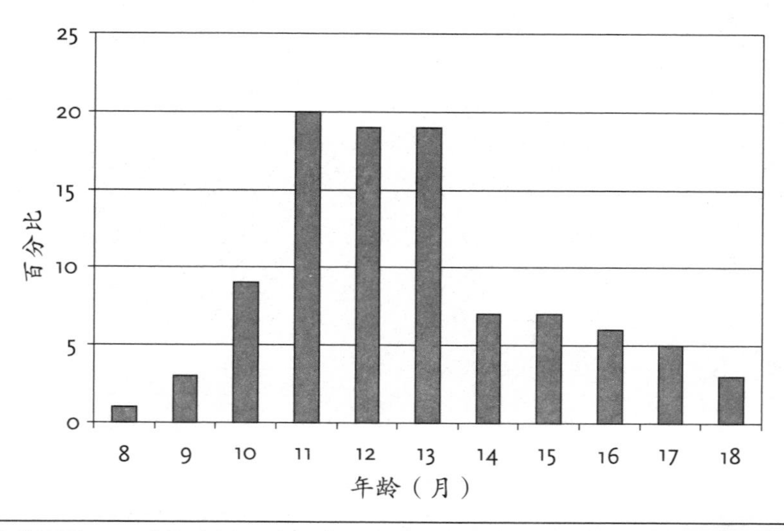

柱状图显示：孩子（以百分比表示）从某一年龄段开始在玩耍过程中模仿吃喝行为。

自己喝水

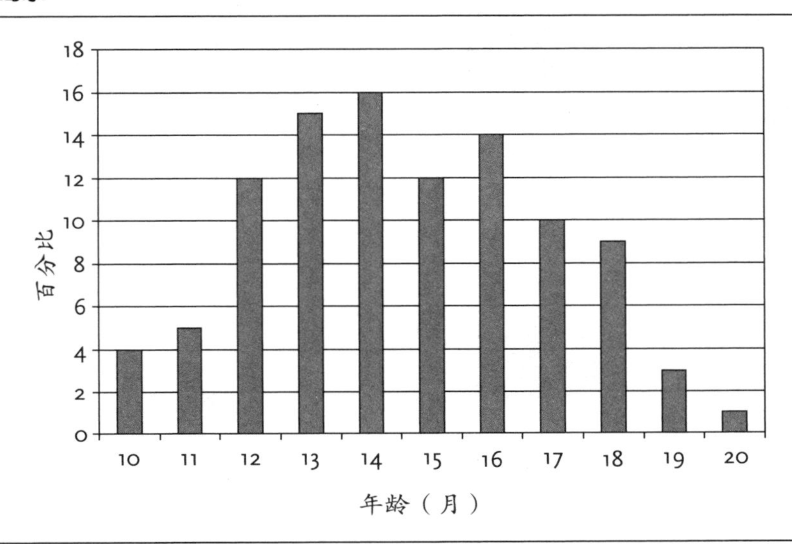

图表显示特定年龄有多少孩子可以自己用杯子喝水。

样吮吸，或者说容易让水流到宝宝的口中，而不会将水倒在脸上。

用杯子喝水的宝宝不愿意离开瓶子，瓶子对他们来说更是一个慰藉，而非解渴用具。他们代替了奶嘴的功能，变成了"奶瓶"。如果宝宝不舒服，比如父母不满足他的要求，或者他感到厌烦了，又或者他累了，他就会吮吸奶瓶。吮吸奶瓶会造成严重不良后果，在后文第八章"成长发育10 ~ 24个月"将提到。

已经会用杯子喝水了

和端着杯子喝水相比，用勺子吃东西要求宝宝更加灵巧。首先，宝宝得用勺子将吃的东西盛起来，然后必须正确地往嘴的方向送，在这个过程中不能倾斜或者旋转勺子使东西掉下来，最后，将东西放进嘴中，而不要放到鼻子或者面颊上。想一想：当宝宝完成这些"复杂"动作的时候，宝宝是多么的自豪呀！

孩子们使用勺子吃东西的年龄是各不相同的，有的孩子1周岁的时候

看，我会这样！

就开始了，大多数是在 12 ~ 18 个月之间。如果宝宝对勺子表示出兴趣，并试图拿盘子中的勺子往嘴里送，父母就应该鼓励他们。

宝宝尝试用勺子吃饭的第一餐肯定会吃不饱。在宝宝自己努力使用勺子的时候，妈妈可以时不时地喂他一些饭。这当中可以使用另一个盘子，以便让孩子不觉得过于被逼迫。 当孩子使用勺子一段时间之后，他对于勺子的兴趣会降低，饥饿感会更加强烈，宝宝这时候就想要被喂饭了。

对宝宝而言，用勺子吃东西是在玩耍中不断熟练的过程：我怎样才能成功地将菜盛到勺子中去？我怎样才能稳住勺子，使菜掉不下来？宝宝在不断的努力“练习”中认识勺子的特性。在这样的“训练”中，椅子和地

孩子从什么时候开始尝试用勺子吃东西

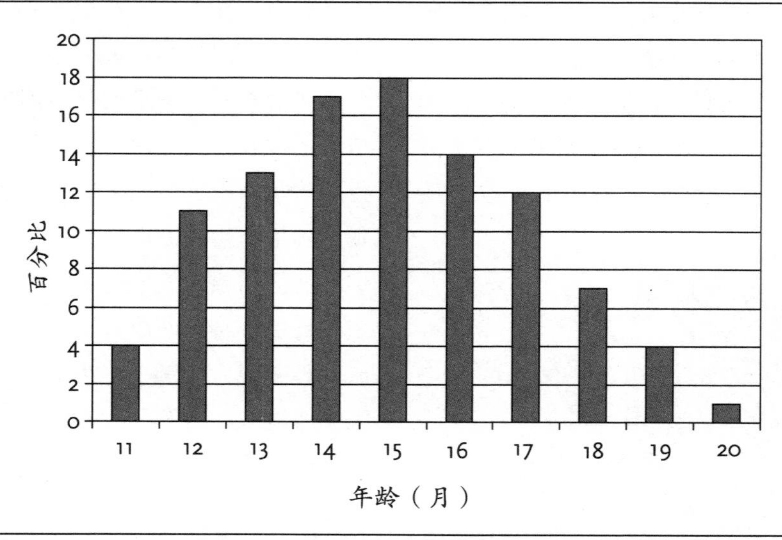

柱状图显示：孩子（以百分比表示）从某一年龄段开始尝试用勺子吃东西。

喂给别人要比自己吃掉好玩多了

板难免被弄脏。可以选择在厨房，用塑料薄膜将椅子盖住，给宝宝戴上大围嘴，围嘴能够将整个身体和手臂盖住，这样，父母就可以轻松地看着宝宝第一次试着用勺子“练习”吃饭了。为了鼓励宝宝，父母也可以让宝宝喂着吃。

如果父母给宝宝足够的时间和机会“练习”，使宝宝积累必要的经验，那么，几天到数周之后，宝宝就能自立地用勺子吃饭了。在孩子学习用勺子吃饭的过程中，父母只能起一点帮助的作用，而无法教孩子学会如何使用勺子吃饭。如果父母非常耐心，而且对宝宝在吃饭过程中难免弄脏桌椅、地板和衣服不表示生气的话，这就为宝宝学习用勺子吃饭作出了实质性的贡献。

如果父母阻止孩子独立用勺子吃饭，这将会产生什么后果呢？宝宝会反抗，大多数情况下会拒绝吃饭，甚

孩子从什么时候开始能够自己用勺子吃东西

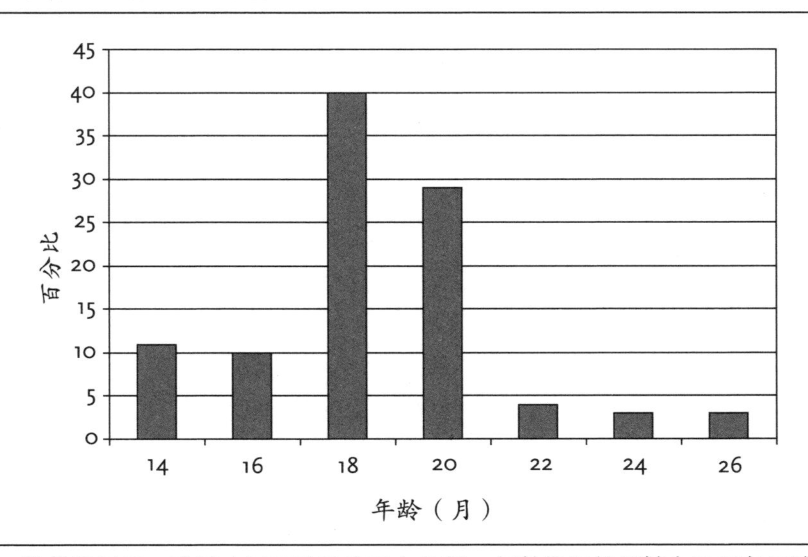

柱状图显示：孩子（以百分比表示）从某一年龄段开始能够自己用勺子吃东西。

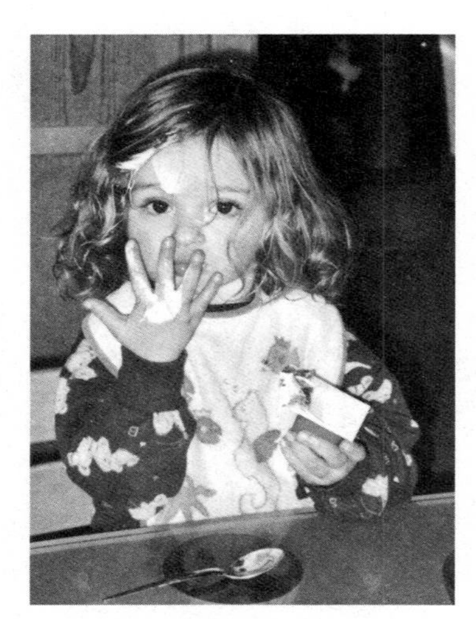

第一次试着自己吃饭

至发生更糟糕的情况：孩子自立的愿望被遏制，他会产生这样一种观点，反正他在所有的时间内都是要被喂着吃饭的。若果真是这样的话，当宝宝在随后的几年中对独立吃饭不感兴趣时，父母也就用不着觉得奇怪了。因此，第二年对孩子的吃行为发展而言是一个“批评性”的时期：孩子有强烈的独立吃饭的需求，如果这种需求得不到满足的话，就会产生一些宝宝不好好吃饭的情况。

父母和哥哥姐姐在吃饭的时候使用叉子多于勺子，所以，小家伙想用叉子吃也就不难理解了。有的宝宝喜欢用叉子吃小的食品，而不用勺子舀来吃。

在瑞士，不同孩子使用叉子吃东西的年龄存在着很大的差异，原因可

孩子从什么时候开始能够使用叉子

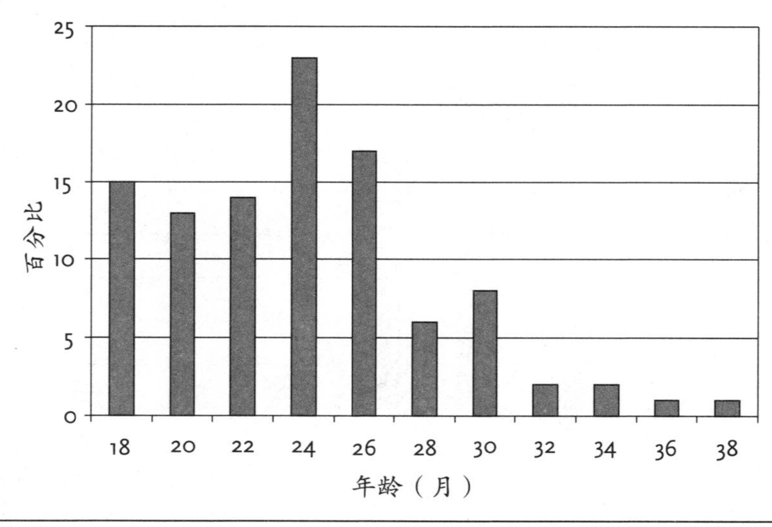

柱状图显示：孩子（以百分比表示）从某一年龄段开始使用叉子。

能是：许多父母不愿意让孩子用叉子吃东西。因为父母担心，叉子容易伤着孩子，但实际上，叉子的尖刺并不锋利，对孩子造成伤害的危险性很小。

2周岁的时候，大多数孩子能够熟练使用勺子和叉子独立地、“正儿八经”地吃饭了，但是，有一些吃的东西即使是最灵巧的小家伙用勺子和叉子吃起来依然很费劲。比如，意大利面条对一些成人而言都还是一个“挑战”，更不用说孩子了，有的孩子干脆抓着面条吃。

流口水

从3个月开始，宝宝流口水越来越多。在吃饭、睡觉，甚至玩耍的时候，小家伙的嘴角边会流出稀液状的口水。有的孩子只是有时流口水，量不多；但有的孩子经常流口水，量多，而且把上衣领都弄湿了。从第二年初开始，孩子流口水逐渐减少。到18个月之后，流口水现象基本上没有了。

孩子从什么时候开始不流口水

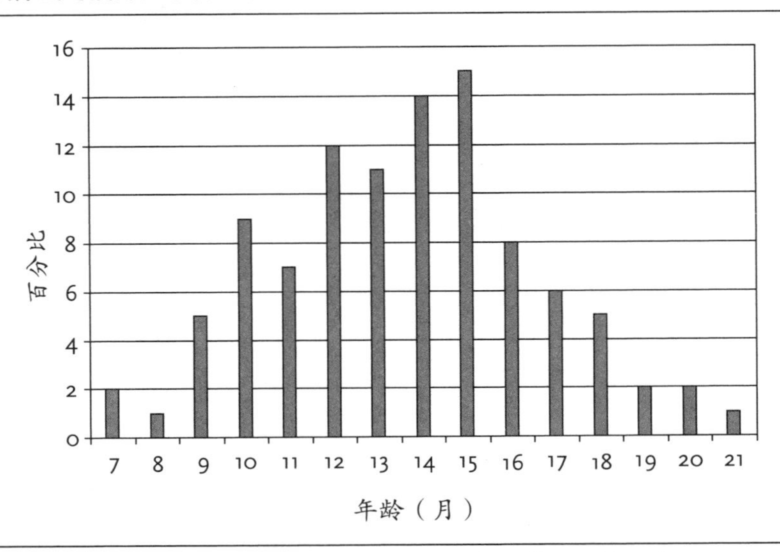

柱状图说明，孩子（以百分比计）在某一特定年龄停止流口水。

要点概述

1. 第二年，宝宝开始上餐桌和家人一起吃饭。宝宝的饭食应该是丰富多彩和多方面的，牛奶仍然是宝宝汲取矿物质和蛋白质的重要食物。
2. 2 周岁的时候，宝宝的咀嚼功能已经相当发达，能够吃和大人一样的饭菜了。
3. 孩子吃的量在任何年龄都不一样。只要孩子是健康活泼的，他的体重和身高成长曲线和成长水平相吻合，孩子就是健康成长的。
4. 为了能够在吃喝方面自立，宝宝需要父母、哥哥姐姐以及其他抚养者作为他的榜样，宝宝通过模仿而变得自立。
5. 大多数孩子在 18 ~ 24 个月之间能够独立地端着杯子喝水以及拿着勺子吃东西了。
6. 大多数孩子在 18 个月之后就不再流口水了。

25~48个月

> *坐在你的兄弟姐妹中间，*
> *这样你的脚就不会乱动了，*
> *你的胳膊肘不应该成为你的小脑袋的支撑。*
> *要习惯于笔直地坐着，*
> *不要用肩膀斜靠着，*
> *不要挠你的脑袋和胸脯，*
> *在思考时挠鼻子也是不好的。*
> *在擤鼻子、咳嗽、打喷嚏的时候要转过身去，*
> *闻泥浆会让每个人都觉得不好受，*
> *也不要在你嘴里还有吃的时候喝水，*
> *更不要在这时毫无缘故地说话。*
>
> *——约翰·西姆勒*
> *Johann Simmler,1645*

餐桌礼仪和吃饭时的举止自从360年前就已经是一个为宫廷和民间所喜爱的话题了，今天它仍然为人所津津乐道。2004年，有60%的瑞士父母抱怨，他们的孩子在2～4岁时仍然没有养成良好的餐桌礼仪（舍比Schöbi和佩雷兹Perrez）。许多父母为此努力，想让他们的宝宝能够懂得繁杂的吃饭规矩。

爱吃的和不爱吃的

不少孩子喜欢在数天内乃至一整个星期都吃同一种他们喜欢的菜，尤其是小孩子，他们很喜欢吃薯条和鱼肉棒，父母们则担心孩子们保持这种单一的饮食会不利于健康（比尔克Birch）。一个在美国进行的研究中，小孩子们在数周之内都被允许按照他们的口味来吃东西，每一餐他们都可以从一个货架上挑选自己爱吃的东西，他们为自己选择了什么食物都被仔细地记录了下来。开始的时候，孩子们自己选择的食物确实非常单一，但这并没有持续很久。在12周之后，营养学家证明，他们的营养摄入充足并且适当。身体在较长时间摄入同样的营养物质后，已经下意识地适应了。正如成人一样，只要有必要的可供使用的营养物质，儿童就会摄入其中重要的物质，许多父母的担心都是没有必要的。

这个年龄段的一个重要特点就是，孩子们不再仅仅爱吃甜食了，而是调过味的饭菜。孩子们真正爱上了盐和植物性调味品，尤其是味精。他们舔装盐瓶子上的盐，像吃糖一样吮吸牛肉汤里的调料，或者把液体的调味品倒在手掌里，以便他们能够尽情享用它。我们还不知道，是否在这个年龄段的孩子对于盐和味精的味觉感知能力提高了，还是他们的新陈代谢需要更多的盐。在今后的几年中这种偏好还会存在，却再也不会像幼儿时期这么强烈了。

盐和味精与糖一样，都是调味品，但是它们却有一个很糟糕的效果，就是不论成人还是儿童都会摄入超过健康量的盐和味精。调味品是营养过剩的重要原因之一。如果我们吃一个没放味精的汉堡，喝一杯没放糖的酸奶，就可以看得出调味品有多大的吸引了。饥饿感会出现得快得多。小孩对食物不仅有着非常明显的偏爱，还对特定的饭菜有厌恶感。凡是在餐桌上出现的食物，许多父母都想让他们的孩子吃一点。如果不慌不忙地、并且分成小份地把这些新的菜拿上餐桌，父母们的这种意图就会更容易地实现。这样就给了孩子时间去适应这些陌生的味道和不习惯的黏稠度，但是如果孩子对于某一道菜有着强烈的反感的话，那么就不要去强迫他们，而应该把食谱上的这一道菜用一道相似的菜替换掉。例如，如果孩子不喜欢吃菠菜的话，他可以吃胡萝卜、豆类或者其他的蔬菜。

蘸取调味

非常重要的是，孩子要和家人、其他成人或者孩子一起，而不是独自吃饭。这样他就可以体验，别人是怎样大快朵颐盘中餐的，但是如果爸爸或者妈妈根本就不吃蔬菜和沙拉的话，那就很难办了。那孩子怎么能够喜欢吃蔬菜呢？值得推荐的是，在给孩子吃他最喜欢的菜之前，先给他吃点已经被分成小份的他不太喜欢吃的菜，这些他不太喜欢吃的菜不必吃完，更应该强调的是鼓励他对食物的尝试和接受他对食物的拒绝。

餐桌上的规矩

有谁没听过这些训斥呢：不要用手抓饭！咀嚼的时候把嘴巴闭上！胳膊肘不要放在桌子上，也不要耷拉到椅子下面！在过去的几十年中，吃饭时的管教变得松多了，但是父母还是会在吃饭时把神经绷得紧紧的。

不论对谁来说吃饭都应该是一件舒服的事情，但还是有一些不论在家里、外面对于每个人都适用的建议。

- 让孩子尽可能地参与到做饭当中来，比如可以让他洗菜，这样孩子就能够学会小心地处理食物，并且对它们产生喜爱；
- 父母要和孩子尽可能多地一起吃饭；
- 电视和收音机都应该关掉，谁都不要看报纸，也不要忙于其他事；
- 孩子也应该参与到聊天中来。如果在席间爸爸不停地向妈妈讲述他在单位受了什么气等，长达10分钟或者更多的话，那么孩子觉得无聊也就不足为奇了。他会尝试着用不同的方式把注意力吸引到自己这里来。他会停止吃饭，或者玩他的饭，也或者会提前下桌。反之，如果父母在席间只是关注孩子的话也不太好，孩子如果没有那种在吃饭时成为焦点的感觉，就会在一段时间内不好受；
- 只给孩子他一次就能吃完的小份饭菜，孩子吃了一半后最好给他把盘子加满，而不是撤掉；父母绝不应强迫孩子把盘子里的东西吃光！强权只会破坏吃饭时的和谐；
- 父母决定了吃什么东西，但同时孩子不应被强迫必须吃所有的菜；假如他不喜欢一道菜，那么就给他另一道；
- 吃多少是孩子自己的事情，父母不应该为他决定或者批评或者褒奖他。“吃光了，真好！”以及类似的评论不应该出现，孩子不应该为了取悦父母，而是应该按照他的需求来吃饭；
- 如果孩子是合适地按照自己的成长阶段来吃饭的，那他就应该被表扬，这会激励他的自立。
- 如果孩子玩或者把饭菜弄到地上的话，很有可能是他已经不饿了；如果孩子还是坚持用行动来抗拒继续吃饭的命令的话，那父母就可以把饭菜端走了；这种情况也有可能是孩子觉得被忽视了，想要引起注意； 如果他不把桌上的菜吃完的话，就不要给他吃甜点；
- 在吃完饭之前就要告诉孩子，要坚持到吃饭结束。幼儿还没有时间观念，即使他没有吃完盘中的菜，也不要批评他。幼儿不应该被强制吃光盘里的菜；
- 谁都不应该提前离开饭桌，要想到的是，一个孩子很少会乖乖地坐15分钟；
- 如果孩子在下一餐前抱怨饿了或者渴了，就给他吃水果，但是不要给他吃含糖太多或者热量很大的饮料

最喜欢的巧克力

或者食物；饥饿感应该是由正餐而不是零食来驱除的；

- 在餐桌上不合格的孩子对于家庭来说是一个“危险”：他们让父母感到不安；在吃饭时，父母的愤怒和孩子的对着干是双方矛盾形成的最好的温床；不要让自己担心，因为一个健康的孩子需要多少就吃多少；当孩子吃得太少的时候并不是他有意要伤害自己；
- 应该尽早让孩子参与家务，正如谁都不能提前下桌一样，所有的人都应该在摆放碗筷和收拾桌子的时候帮忙。如果幼儿被允许帮忙的话，他们的自我价值意识也会被加强。他们应该有一种被使用的感觉，是家庭的真正一员；
- 吃饭在健康膳食和教育中应该并且一直是快乐的。甜食是属于我们的饮食文化的，只要它们不是所吃食物的主角，孩子也没有养成吃甜食的习惯，它们就不会对健康不利。

如果谈到孩子们应该怎样吃，吃什么，其实还有更多的东西，十分重要的是其他成人和孩子的榜样作用，尤其是家人的。在很大程度上，父母赋予吃饭的意义、对于食物的看法、他们个人的偏好和喜恶决定了孩子的用餐举止。如果父母用心安排三餐，并且对他们来说一家人一起用餐十分重要的话，孩子对于吃饭就有了不同的意义。这与一家人坐在电视机前吃盒装的成品零食不一样，与其教孩子怎么样养成良好的餐桌礼仪，还不如父母或者哥哥姐姐树立一个好的榜样。榜样能起到教育的作用，而不是翘起来的大拇指。

要点概述

1. 小孩对食物不仅有着非常明显的偏爱，还对特定的饭菜有厌恶感，但是时间不会太长。
2. 小孩子可能会很钟爱盐和植物调味料。
3. 家长不能一味迁就孩子对调味品的依赖，这会让孩子没有适当的饥饱感，很容易就吃多了。
4. 谁来决定什么？
   - 家长决定孩子吃什么。
   - 孩子决定喜欢吃多少，孩子不喜欢吃的菜，不要强迫他去吃。
   - 孩子要怎么吃，一开始由家长决定，之后由孩子自己决定。
5. 餐桌礼仪是为了让大家在一起舒服地吃饭，不应该让人觉得紧张和拘束。
6. 在这个效率优先的年代，我们应该重新开始注重吃饭的质量：每个人都应该在吃饭时花点时间互相倾听，让自己觉得舒服一些。

第八章 | 成长发育

引 言

爸爸妈妈带着3个月大的索尼娅去看望爷爷奶奶。见了面后，爷爷奶奶略感失望：小孙女没穿在她出生时爷爷奶奶送给她的衣服。妈妈赶紧抱歉地解释说："那套衣服已经太小了。"爷爷奶奶这才露出了笑容，并且高兴地说："这是一个好的标志。索尼娅发育得很好！"

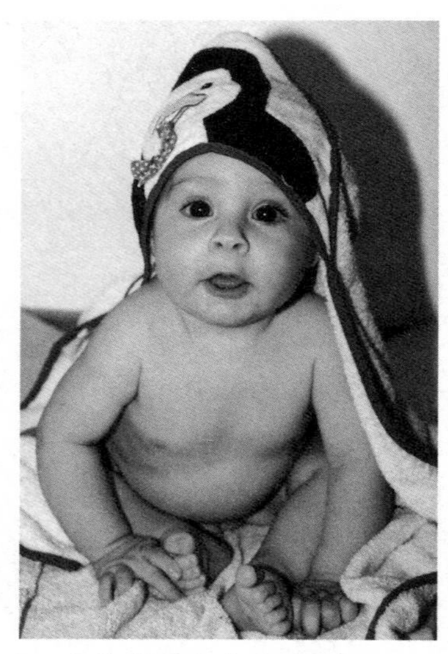

一个健康的小家伙

婴儿长得非常快，几周后衣服就小了，几个月后摇篮里的空间就不够大了。孩子刚生下来的时候很轻，经过半年的喂养，妈妈抱着宝宝就会觉得胳膊上沉甸甸的，这半年是孩子身体成长最快的时期。之后，会越来越慢，就是到了青春期，孩子成长的速度也只能达到孩子早期成长的一小部分。

在头几个月里，家长们非常关注孩子的生长发育状况：对于他们来说，孩子体重和身高的增加就是孩子健康的标志。婴儿生长发育得好，家长们就会满意。如果婴儿的体重没有增加，或者甚至减少，他们就会深感不安。因此，家长们对有关孩子的正常生长发育，特别是有关孩子生长发育过程中的变化性的知识非常感兴趣。

成长的活力

头几年中孩子成长发育的活力可以通过以下令人感受深刻的数字中体现出来：孩子5个月大时，体重达到出生时体重的2倍，12个月大时达到3倍。出生后第2和第3个月，孩子体重增加得最快：平均每个月增加800 ~ 900克，大约相当于每周增加200克或每天增加30克。当然，不同孩子每月体重增加的量存在着很大的差异。有些孩子每月只增加500克，而有的增加1200克。

第 3 个月后，体重增加慢慢减少，到第一年年底时孩子体重平均每月增加 400 克，到第二年年底则只有 200 克，24 个月后减少了 4 倍。体重增加的减少使我们明白：孩子长大并不一定要吃得很多。孩子第二年的进

体重增长

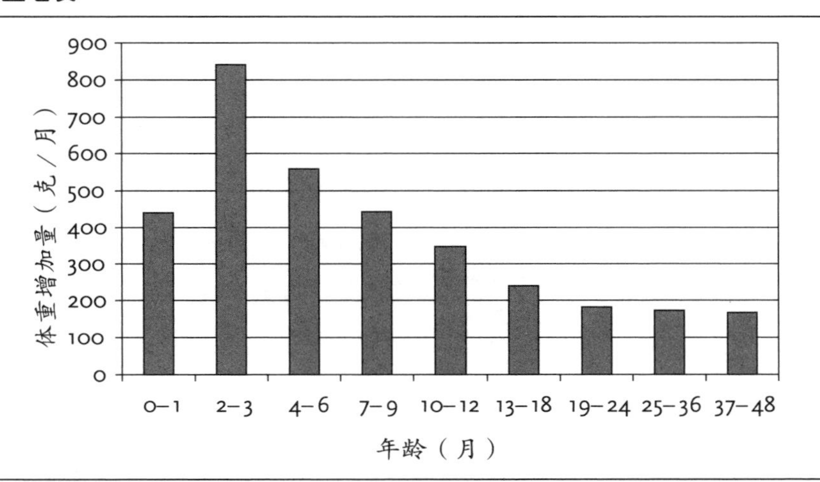

在最初的 4 年中，女孩的体重增长情况。男孩子要比女孩子稍微快一些。

身高增长

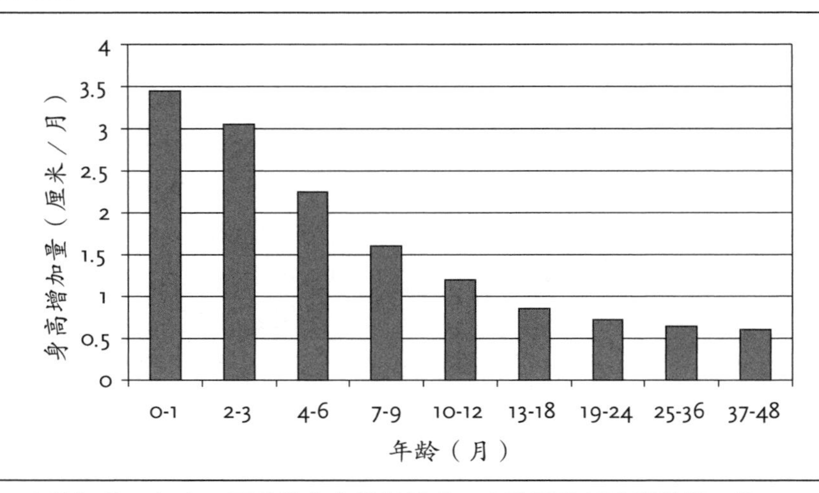

在最初的 4 年中，男孩的身高增长情况。女孩要比男孩稍微慢一些。

食量就少于第一年。

头两年中，孩子身高的增长与体重的增加有着类似的过程。

前3个月的孩子平均每个月长3.5厘米，也就是说，每天长1毫米多！与体重增加一样，不同孩子身高增加的程度也非常不同：有的孩子每个月只长1．5厘米，而有的孩子则长到5．5厘米。3个月之后，身高的增加与体重的增加一样都明显减少。3～6个月之间的孩子每个月大约增长2厘米。第一年末，月增长量大约只有1厘米。第三年时，孩子每月只增长7毫米，也就是说，比前3个月少了5倍，这些都是平均数据，但是基本可以应用于所有的孩子。

每个孩子都有各自的成长速度

宝宝在妈妈肚子中的生长发育速度就非常不同，出生时的身高和体重也不一样。不同孩子之间这种体重和身高的差异在接下来的几年内依然存在，甚至进一步扩大。

正如我们所看到的那样，大多数男孩和女孩在刚出生时的身高和体重是一样的。如果说有细微的性别上的差异的话，也就是：最大最重的孩子是男孩，最小最轻的孩子是女孩。

随着时间的推移，不同孩子之间体重和身高的差异进一步扩大。2周岁时，男孩体重高达16千克，轻的为10～11千克；女孩体重在10～14.5千克之间。男孩身高最高为95厘米，女孩最高92厘米；男孩最短82厘米，女孩最短80厘米。

那么，为什么同龄孩子的身高、体重各不相同呢？多种因素影响着孩子的生长发育：

遗传　孩子的身高是由遗传因素决定的，也就是说，因为父母的身高不同，所以孩子的身高也不同。父母个子矮，孩子的个子就矮，父母个子高，孩子的个子就高。但是，从孩子与父母之间身高关系的统计来看，以上情况并不是绝对的，上述比率也不是绝对的，仍然有特殊的情况。

发育速度　人的身高还受发育速度和发育时间长短的影响。有的孩子起先个子比较矮，因为他发育得比较慢，但是由于他发育的时间比较长，成人后却比别的孩子还要高。有的孩子最初比别的孩子高，因为他发育得快，但是由于他过早地停止了发育，成人后反倒比别的孩子矮了。大部分读者可能会有这样的印象：曾经是班级中最矮小的同学长大后也有了正常人的身高，甚至还长成了大个子；而有的同学，由于早熟，虽然曾经比较

体重

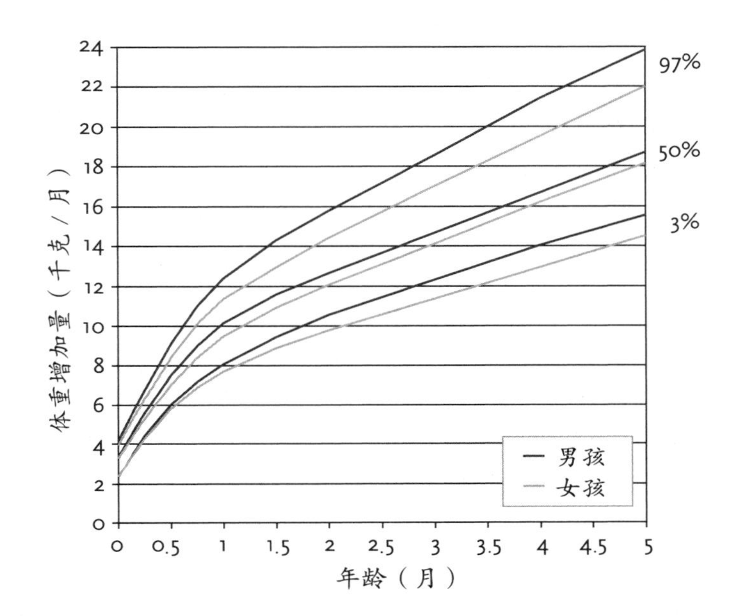

身高

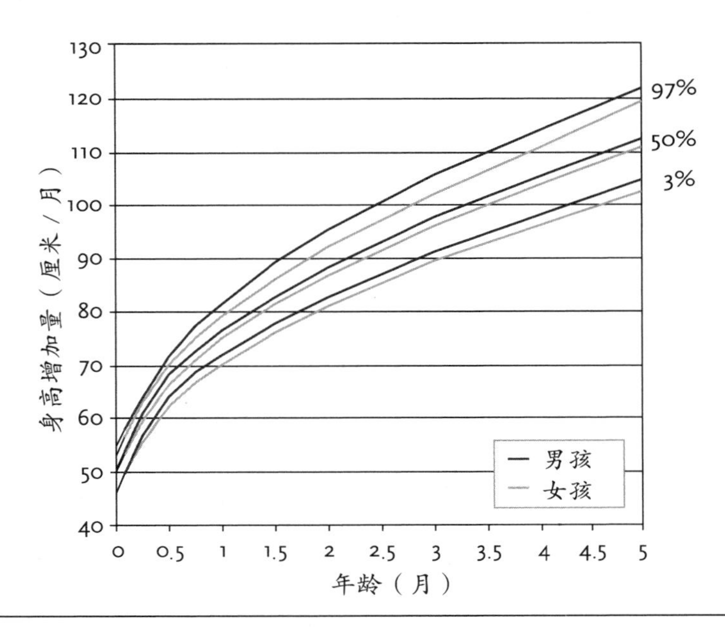

孩子 5 年内的体重和身高增长情况。人们可以观察到很大的上下幅度以及男女之间只有细微的差别（根据普拉德 Prader）。

高，但长大后却比较矮。

营养 在欧洲，孩子的生长发育几乎不会因为营养不良而受到影响，但是，在第三世界国家，营养不良和营养缺乏却始终影响着孩子的成长和发育。孩子们不能被完全激发他们的生长潜能。

“加速度” 在过去的 150 年中，中欧国家的每一代人都比上一代人大约增高 3 厘米，这种所谓的“百年发展态势”或者叫“加速度”归因于人类不断提高的营养和健康水平，以及众多的外界环境因素，比如，越来越多地受灯光过度刺激的影响。

孩子的成长发育正常吗

因为每个年龄段的孩子都有不同的身高和体重，所以，只有当我们考虑孩子身高和体重“正常的分布范围”并观察个人生长过程的时候，才能正确地评价一个孩子的生长发育是否正常。身高和体重的分布范围最好是用所谓的“百分比曲线”来表示。百分比曲线描述了孩子在特定的年龄阶段，其身高和体重的分布情况。旁边的图就是男孩身高的百分比曲线图。50% 的那条线就是平均的身高：

5 个男孩的身高增长曲线

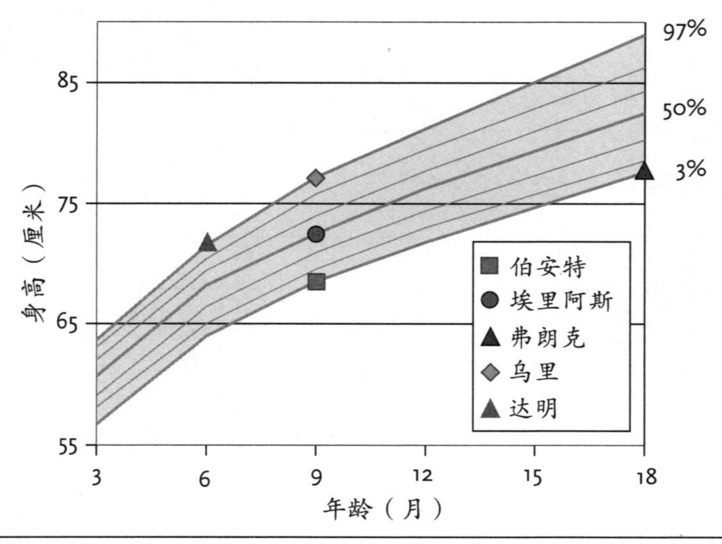

以男孩身高增长百分比曲线为基础的 5 个男孩的身高（解释见文章部分）。

一半的孩子超过这个数字，一半的孩子不及这个数字，97% 的那条线描述的身高只有 3% 的孩子能够超过，这很少出现，但却是正常的。97% 的孩子的身高都在这条线以下，相反可以从 3% 的这条线得出一个结论：只有 3% 的孩子的身高没有达到这个数值，而 97% 的孩子的身高超过了这个数值。埃里阿斯的身高在 9 个月的时候在 50% 的线上；他的身高与平均值相当。同样大的乌里的身高在 97% 的线上，他是同龄人当中最高的，只有 3% 的孩子比他高。他和比他大 9 个月的弗朗克一样高。伯安特属于身材最矮的孩子，他的身高在 3% 的线上，只有 3% 的孩子比他矮，9 个月大的伯安特比 6 个月大的达明还要矮。

当然，衡量一个孩子的成长发育是否正常不能单凭短期的、单一的情况，而应该是长期的、连续好几个月以及好几年的情况。

形体变化

孩子的成长发育不仅仅意味着个子变高了，还包括形体上的变化：在儿童时代，人的形体比例和外表形象一直在不断地变化之中。

最初优先发育的是大脑，胎儿在 2 个月时头的长度占了整个身高的一半。孩子刚出生时头的长度是整个身高的 1/4，成人头的长度只占整个身高的 1/8。

即便是头的比例也在变化之中。婴儿的脑壳大，头盖骨小。这个关系不仅体现在人类身上，同时也体现在动物身上，这就是所谓“宝宝形象（脑袋大，身体小）”中的组成部分之一（参见第一章“关系行为引言”）。随着孩子越来越长大，头盖骨变得越来越大，而脑壳变得越来越小。最后，在大多数成人的整个头部中，人的头盖骨决定着脑壳。

和人的头部变化很大相反，胎儿手臂和大腿的变化相对小一些。胎儿第 2 个月时的大腿长度是整个身高的 1/8，新生儿的腿长占整个身高的 1/3，成人的这个比例为 1/2。

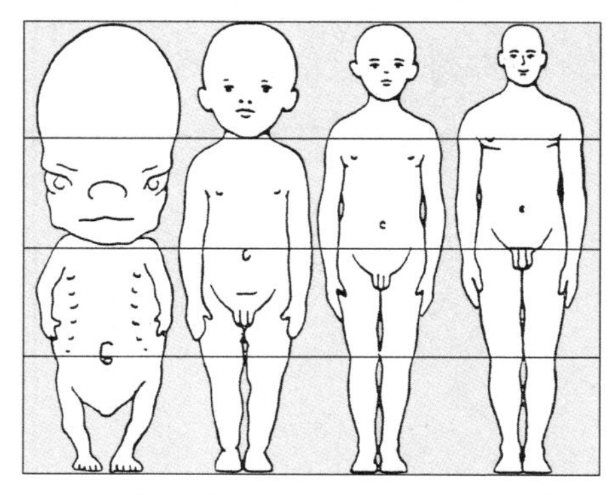

人成长期内的体形变化（施特拉茨 Stratz）

新生儿和婴儿长着“罗圈腿”，它使得父母不太容易用襁褓将宝宝裹起来。“罗圈腿”是因为宝宝在妈妈肚子里面的时候空间太小而引起的，这种姿势使胎儿在妈妈肚子里面能够更舒服些。宝宝2岁的时候，“罗圈腿”开始逐渐消失。3周岁的时候却可能向反方向发展：变成了“外翻膝”，这种现象大概到上小学前消失。

随着人体的各个器官根据其功能和人的年龄得到迅速发育，人的体形变化也就逐步完成了。从一开始起，人的大脑就起着关键性的作用。大脑发育是胎儿时期最大的特征。人出生时的大脑大小已经达到了成人大脑的1/3，而体重则是成人体重的1/20，其他早期发育较为成熟的器官是眼睛和听力。人出生时大腿并不急需，所以发育很少，而等到人出生后必须活动，大腿的成长才开始加速。在青春期的时候身体迎来最后一次生长的高峰期，第二性征在这时也变得明显。

要点概述

1. 人在出生后最初几个月内的成长速度比任何一个年龄段都快，年龄越大，体重和身高的增长就越小。
2. 处在任何一个年龄段孩子的身高和体重各不相同。在青春期之前，男孩体重和身高的增长只比女孩快一点。
3. 一个孩子的成长情况最好用百分比曲线图来表示。
4. 如果孩子体重和身高的发育曲线高于或者略低于平均百分比曲线图，那么，孩子的发育是正常的。
5. 伴随着成长的形体变化也会导致身体比例的变化。

出生前

一群朋友一起吃饭，除了海蕾娜大家都点了牛排，虽然她也很喜欢吃牛排。安克因此判断，海蕾娜怀孕了。

科技进步使我们不断增进对胎儿早期发育的了解，但是距离真正理解我们人类生命之初还很遥远。

胎儿从有生命开始到出生大约需要40周，俗话称“十月怀胎，一朝分娩”。从本质上讲，胎儿的成长期包括三个发育阶段，每个阶段约为3个月。

器官形成 经过“紧张的”细胞分裂阶段之后，胎儿14天时有了一个身体的大概轮廓：产生了头部和尾部。之后，不同的细胞开始分化。脑子和脊髓开始形成。21 ～ 28天之间，心室形成，产生血管并最后形成血液循环。胃、肝、胰腺、肺翼开始形成。四肢长出。肌肉和软骨产生。42天时，手指头已清晰可见。第3个月初的时候，所有的器官都有了。这时，胎儿体重约为30克，身高6厘米。在这一阶段中胎儿对感染、酒精、药品等有害物质基本没有抵抗力。

器官发育

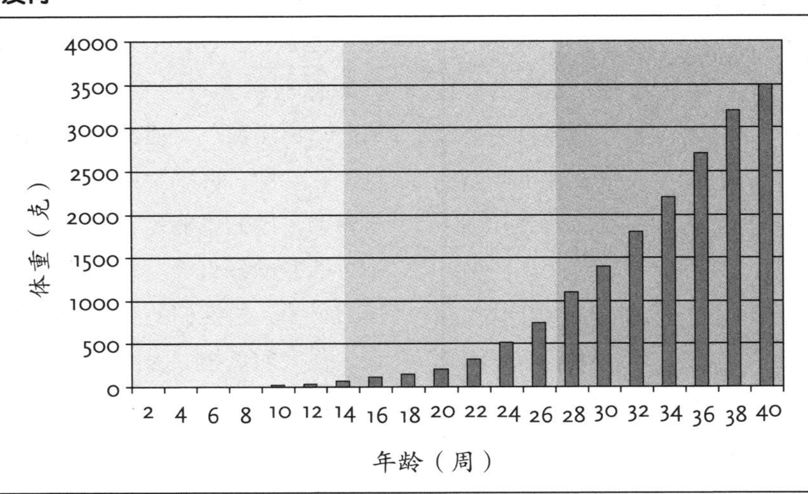

胎儿在3个时期的器官发育情况。条柱表示每个怀孕周胎儿的体重。可以看出，在最后1个周期胎儿的体重增长明显加快。

器官分化 第3个月到第6个月之间，器官开始分化，并一直到起作用。肺泡和支气管形成。听力器官和眼睛进一步成熟。乳牙的矿化开始起作用，10个月后乳牙开始长出。

胎儿这个阶段的器官不仅仅开始分化，而且为正式使用前作准备。所以，胎儿开始做呼吸运动，吞咽羊水，将液体吸入胃中，然后通过肾的过滤后将“垃圾”排泄出来。

这个阶段末的时候，胎儿的发育已经相当成熟，大约一半的胎儿能够在25 ~ 27周的时候借助于先进的科技出世并存活下来。这时，胎儿的体重约为500 ~ 800克，身高为35厘米。

体重和身高增加（第三阶段）。胎儿的最后一个阶段首先是体重的增加：在26 ~ 40周之间，胎儿的体重增加了4 ~ 7倍。胎儿的体重主要是通过各个器官的生长以及皮下脂肪的增加而增加的，它一方面给胎儿加了一件保护自身的“温暖外衣”，另一方面为即将出生后的几天储存营养和能量，一旦宝宝在刚出生后数天内营养补给跟不上的话。

如果胎儿是按照预产期出世的话，男孩的平均体重为3500克，女孩为3300克。一些新生儿只有2500 ~ 3000克，有一些却能达到4500克甚至更多。新生儿的身高男婴为52厘米，女婴为50厘米；但是也有46厘米和55厘米的。对于“双胞胎”而言，在这个最后的阶段中营养吸收明显是不够的，因此出生时的体重也比较轻，比正常的“单胞胎”少600克，但身高差不多。“三胞胎”“四胞胎”或者“更多的胞胎”在妈妈肚子中的营养吸收就更不够了，他们出生时的体重更轻，身高更短。

关心孕妇自己也就是关心孩子

如果孕妇多为自己着想，多关心自己的话，也就是为胎儿的健康成长作出了最好的贡献。妈妈营养充足、身体健康、心理快乐是胎儿正常发育的最好前提条件（参见第七参“吃喝——出生前”）。遗憾的是，在我们这个社会中，许多孕妇的生活环境是艰难的，她们不能足够地、甚至根本不可能照顾好自己。家务缠身，工作压力很大，给她们的身体和心理都带来了很大的负担。为了下一代人的利益，我们希望，社会应该考虑给予孕妇更多的关怀。

还有一些不同的外部因素可能影响胎儿的发育和成长，其中包括疾病或者传染病，母亲曾经得过并有可能把它们传染给孩子。经常发生的伤害宝宝的一种传染一定要避免带给孩子：风疹。对此，妇女在怀孕之前最好注射疫苗。孕妇体内是否有风疹抗体，是否被疫苗所保护可以在怀孕初期通过验血检查出来。如果没有检测出抗体的话，孕妇就不应该吃生肉和生的奶制品，并且要远离宠物，这两种都是可能存在的传染源。

要点概述

1. 胎儿的成长发育包括三个阶段：
   - 第一为器官形成阶段；
   - 第二为器官分化并准备起作用阶段；
   - 第三为体重和身高增加阶段。皮下脂肪开始形成，为的是出生时保护自己以及储存能量。
2. 孕妇营养充足、身体健康、心理快乐是胎儿正常发育具有真正实质性意义的前提条件。
3. 为避免孕妇怀孕期间被传染，所以要在怀孕前打疫苗，不要吃生肉，并且远离宠物。

0~3个月

1个月大的斯蒂芬躺在妈妈的怀里，4岁的哥哥路卡斯小心翼翼地用手摸着斯蒂芬的头。突然，路卡斯的脸上露出惊讶的神情，他用手指头不断地摸斯蒂芬头上一个固定的位置，并对妈妈说："阿诺的头上有一个洞。"

随着呱呱坠地，孩子在妈妈的肚子当中完全靠妈妈来提供给养的"美好时光"结束了，新生儿得开始自己操心自己了。

最初，新生儿汲取营养以及消化是缓慢进行的。在出生后最初的几天内，新生儿消耗的、排泄出去的都要比摄入的多，因此，宝宝的体重是下降的。这种体重下降是正常的，由于摄取的营养少，因此，新生儿在最初几天内也就没有成长。过了5～10天之后，孩子逐渐摄入越来越多的营养，孩子重新开始成长——不是缓慢，而是非常迅速地成长。

过渡阶段

所有新生儿在刚出生后的几天内体重下降，但是下降的幅度是不一样的。从图表中我们可以看到，在最初的12天中，宝宝们的体重变化情况是多么的不同。多拉在最初的2天内减轻了100克，6天之后体重重新恢复到出生时的水平；比特到第5天的时候体重下降了190克，第9天的时候体重恢复到出生时的水平；勒斯体重下降高达395克，是多拉下降体重值的4倍，一直到第11天的时候才恢复到出生时的水平。

大多数新生儿在最初的几天内体重下降了3%～6%，有的下降幅度少于2%，有的高达10%甚至更多。

宝宝在最初几个月中的成长

接下来，新生儿的身体发育情况如下：

体重 在头几个月中，宝宝的体重迅速增长。增幅最大的是第2个

3个宝宝在12天内的体重变化情况

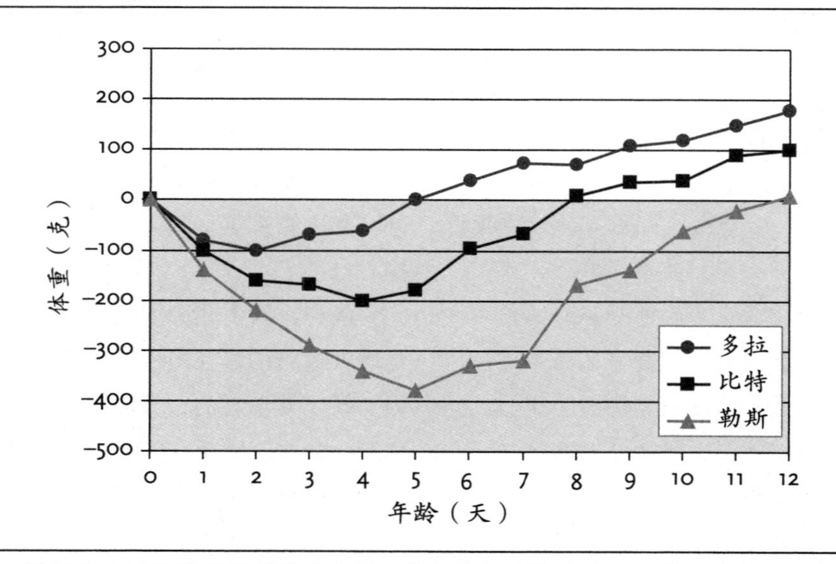

横标表示以天为单位的宝宝年龄，竖标表示宝宝出生后的体重变化，以克为单位。体重减少低于出生时体重的2%，有些宝宝低于10%甚至更多。

月：体重平均增加850克。同样，不同孩子的体重增幅也是不一样的，甚至差别很大，有的只增加500克，而有的增量达1000克。

在最初3个月中，新生儿的体重平均每周增量约为80 ~ 300克。期间完全可能产生这种情况，即孩子的体重在1 ~ 2周内几乎没有增加。如果3周后体重还是没有增加甚至下降的话，那么父母就要带孩子去看儿科医生了。

身高 在最初3个月内，宝宝身高月平均长3．5厘米，或者说每天长1毫米多。宝宝的衣服在几周之内就变得太小也就不足为奇了。

新生儿的身高可不太好测量准确，新生儿也不愿意被人测量身高。因此，给1岁以内的宝宝测量身高不是特别必要的。只要体重正常上升，宝宝的身高也就基本上是正常增长的。

头部发育 头部发育是宝宝1岁之内成长的又一显著特征。宝宝的头部大小月均增长约1厘米。孩子在2岁之内头部的发育比其他任何阶段都要快。

新生儿出生时头部形状有点相似：额头平平，后脑勺拉长。有些孩子有所谓的“婴儿瘤”，也就是头部皮肤的局部变厚，可能还伴随着无关紧要的颅骨和头皮之间血液的聚集。“婴儿瘤”标志着头部完成了婴儿阶段的发育。它会在数日或者几周之内消失。

头一年中，宝宝的长相酷似家庭中的某一成员，带着明显的遗传特征。对此，祖父总是非常高兴地称赞道，孙子继承了家人的特征。

在最初的几个月中，重力影响着新生儿的头部形状：仰卧时，新生儿的头是正的，这种姿势有利于宝宝的头部变圆，后脑扁平；但是为了形成一个匀称的头部，应该尽量让婴儿趴着，这对他的运动机能也是有好处的。如果宝宝是早产儿，重力将在数周内影响宝宝软软的头盖骨。因此，早产儿的头部发育一般是瘦小、高和向后拉长。

囟门 新生儿额头上方有一个软软的缺口，路卡斯用手指头碰到的就是这个地方。我们叫它“囟门”。很多父母也是非常小心地触摸这个囟门，生怕伤到宝宝的脑子，但一般情况下，孩子的脑子是不会受到伤害的，因为头皮保护着下面的脑子。这个囟门并不是什么缺陷。因为，在头两年中，左右大脑发育很快，但是，左右两个头盖骨的衔接处还没有闭合，这个衔接处就是囟门。不同孩子囟门完全闭合的时间非常不同，大多数孩子在 9 ～ 18 个月之间囟门闭合，早的在 3 ～ 6 个月之间，晚的要到 21 ～ 27 个月之间。

头发 新生儿的头发长得非常不同。有的新生儿头发特别浓，有的新生儿的头发特别稀。在最初的几个月中，宝宝的头发会脱落，之后，头发长得越来越浓，越来越快。那些大多数时候是躺着的、并且一直不停地摇头的孩子可能会在很短的时间内出现后脑无发的地方。

发育正常

怎样理解“发育正常”？父母怎么样来准确知道孩子的生长状况？最好借助于“百分比曲线图”来评估一个孩子的成长情况。我们在本书的附录中附了很多这类百分比曲线图供读者使用。

如果一个孩子的体重和身高的增长曲线以及头部成长曲线基本上随着百分比曲线走的话，那么，这个孩子的成长是正常的。下面的图表是西蒙近半年来的体重曲线图，他的体重成长曲线在下面的百分比曲线中运行，

西蒙的体重成长曲线

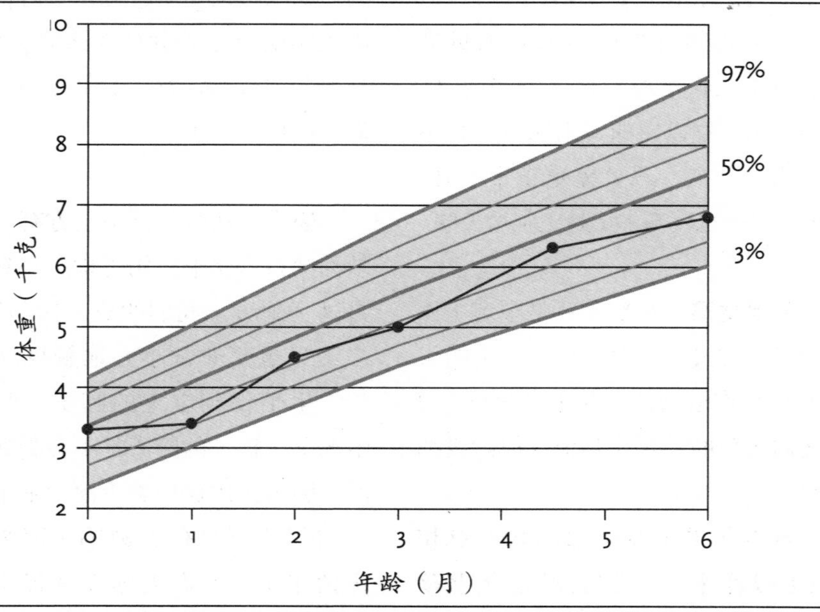

可以看出，西蒙的体重始终在一个恒定的，正常的增长范围内。

表示了他的体重一直在增加。读者一定要注意：我们评价一个孩子的成长发育是否正常与一个孩子是重还是轻、是大还是小没有多大关系，而是与孩子在数周和数月中体重和身高的增长情况有关系。

如果宝宝成长不良，那么，他的体重成长曲线低于百分比曲线；如果体重增长过快，那么，他的体重成长曲线高于百分比曲线。宝宝体重增加情况是衡量宝宝成长一个可靠的“晴雨表”。父母应该给几个月的宝宝每1 ～ 2周称一次体重。

抵御传染病

新生儿是几乎不生病的。在最初的几个月中，宝宝通过在妈妈肚中获得的免疫力使自己免受疾病的侵扰，但这并不表明孩子能够抵抗所有的疾病。宝宝能够很好地抵御细菌的感染，但是难以抵抗病毒性感染。感冒的成人或者孩子不宜靠近宝宝，即便是普通感冒也会对孩子造成不好的影响。孩子的呼吸道抵御病毒性感染的能力还很弱，此外宝宝几乎只能用鼻子呼吸，而不能用嘴。感冒，首先是支气管发炎会使宝宝感到非常难受。（参见第七章“吃喝0 ～ 3个月”）

要点概述

1. 在最初的几天内，新生儿的体重大约下降10%甚至更多，5 ～ 14天之后，新生儿的体重开始恢复到出生时的水平。
2. 宝宝最初几个月内的成长特征是体重和身高的增长以及脸部的成长。
3. 孩子的成长发育状况可以借助于所谓的“百分比曲线”来评估（见附录）。如果一个孩子的体重和身高的增长曲线以及头部成长曲线基本上随着百分比曲线走的话，那么，这个孩子的成长是正常的。
4. 1岁左右的时候孩子开始有一定的体型，主要是体质特征和重力的影响。
5. 绝大多数的孩子的囟门会在第6 ～ 24个月闭合。
6. 在最初的3个月内，新生儿通过从母体中得到的免疫力来抵御严重的感染疾病。但是，他难以抵抗可能严重影响呼吸的病毒性感染，因此，感冒的成人和孩子不宜靠近新生儿。

4～9个月

头5个月，妈妈一直用自己的奶喂养她的宝宝乌尔斯。妈妈每周初的时候给宝宝称一次体重，因为宝宝的体重正常增加，所以从第3个月起，妈妈就不再给宝宝称体重了。宝宝第5个月的时候，妈妈确定，乌尔斯的体重在最后的3个月内总共才增加了400克，但宝宝仍然感到满意，表现活跃，也几乎不大喊大叫。

孩子出生几个月后，父母特别关心宝宝的成长情况。如果“宝宝喝奶很好，体重增加”，那么就证实他们抚养宝宝的方式方法是对的。在宝宝4～12个月之间，父母必须满足宝宝变化了的营养需求：妈妈要逐渐给宝宝断奶，让宝宝过渡到吃半流质食物，最后到吃干的食物。由此，父母总是提出一个问题：宝宝吃得够不够？宝宝成长发育正常吗？

乌尔斯的体重给补回来了

从宝宝出生后的第3个月起，父母给宝宝每月称一次体重就够了。但是，不应该完全放弃给孩子称体重。乌尔斯就是一个很典型的例子：宝宝感觉舒服、也活跃并不能排除出现“宝宝体重增加不够”的现象。我们从图表中可以看到乌尔斯的体重增长曲线。在头2个月中，乌尔斯的体重与百分比曲线平行。后来，妈妈不给小家伙量体重了。妈妈以为，宝宝的营养足够了。宝宝5个月时，家庭医生给宝宝做例行检查时发现，乌尔斯在4～7个半月体重增长了400克。

妈妈感到震惊和不安。她回想起来，当她给宝宝喂奶太少时，宝宝经常表示要再喝奶以及哭闹。在接下来的几天内，妈妈在给孩子喂奶后重新恢复给宝宝称体重，并且确定，给宝宝喂奶的奶量确实不够。于是，妈妈给宝宝喂奶之后再用奶瓶给宝宝喝一些牛奶，并开始给宝宝吃半流质食物。2个月后，宝宝缺少的体重给补了回来，体重曲线显示出典型的回升态势。7个月之后，宝宝的体重又跟上了百分比曲线的步伐。

太胖还是太瘦

我们已经说过，如果一个宝宝的体重和身高增长曲线在百分比曲线上

乌尔斯的体重成长曲线

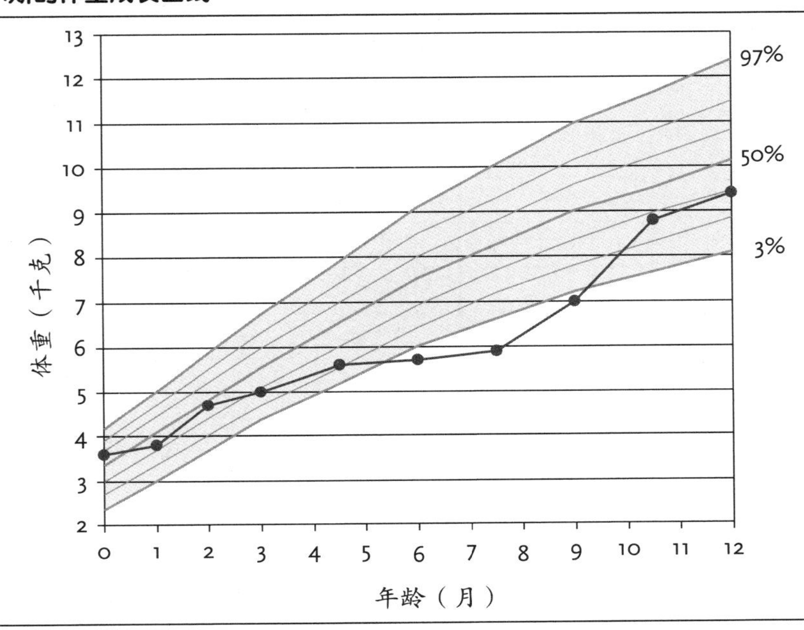

2 ～ 5 个月时乌尔斯的体重增长变缓，之后的几个月几乎没有增长。8 个月大的时候进入了成长停滞期，10 个月时候又恢复到平均增长水平。

下平行的话，那么，这个宝宝的成长发育是正常的。在此，宝宝发育良好与其多重和多高没有关系。下面是 3 个女孩的体重增长曲线图。爱娃属于最重的孩子，玛丽娅属于平均体重的孩子，而萨拉属于最轻的孩子。这 3 个孩子的体重曲线均在百分比曲线之内运行。

正如体重曲线随着百分比曲线变化，身高曲线也是与之相应变化的。

如果我们将宝宝的体重增长曲线与身高增长曲线联系起来进行综合比较的话，就能初步得出结论，孩子的身高是大还是小，体重是重还是轻。爱娃的身高增长曲线属于中等，因此，体重相对她的身高而言是偏重的；玛丽娅的情况与爱娃刚好相反，玛丽娅的身高曲线在百分比曲线中属于偏高，相对其身高而言是属于瘦的；而萨拉的体重增长曲线与身高增长曲线基本吻合：萨拉虽然小，但是就其身高而言体重恰到好处，进而说明妈妈给她的营养补给是正好的。身高和体重曲线有可能但不是一定一致。假如父母觉得两条曲线相差太多的话（对于爱娃和玛丽娅还不需要），

爱娃、玛丽娅和萨拉的成长曲线表

体重

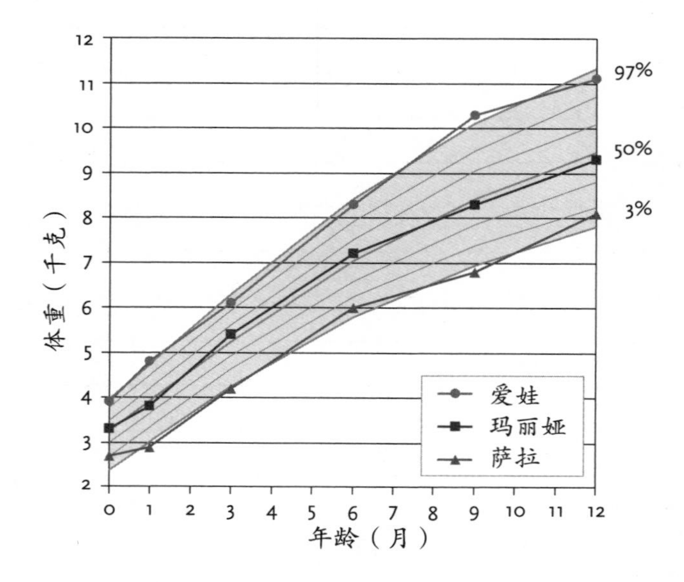

身高

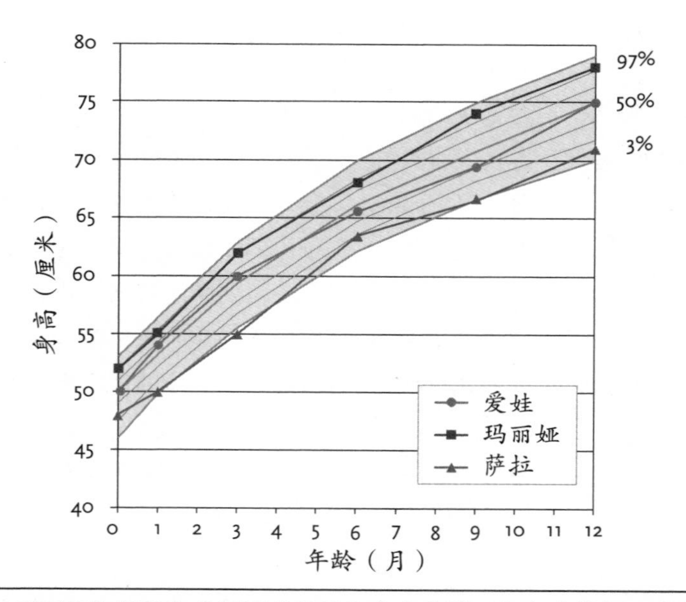

爱娃、玛丽娅和萨拉有着不同的体重和身高曲线。每条曲线都分布在百分比线周围。

就应该向儿科大夫征询意见了。

第一颗乳牙

宝宝长出第一颗乳牙既给父母带来欢乐，也带来担忧。高兴的是：这是宝宝成长和发育的标志；担忧的是：长牙伴随着疼痛。

大多数孩子在 5 ~ 10 个月期间长出第一颗牙；非常罕见的是，孩子出生时就长着牙；有的孩子要到第二年的时候才长出第一颗牙。

德国不伦瑞克地区曾经有一个名叫吉劳特的宫廷牙医于 1812 年写给母亲们的一本宣传小册子中如此描述道："孩子长出第一颗乳牙是一个孩子生命中最重要的一件事情，但是它往往伴随着以下一系列现象的发生：发烧、身体激烈挣扎、抽筋，甚至是类似癫痫似的抽筋。如果疼痛引起肺结核或者抽搐，孩子的身体会经常出现过分疯狂的状态。孩子长出第一颗乳牙所可能产生的可怕后果不计其数，它有时甚至会夺走孩子宝贵的生命，或者给孩子留下久治不愈的并发症。所以，没有一个家庭不是孩子长牙的受害者……"

如此严重的情况，不管是现代家庭还是儿科大夫都没有经历过，但是，仍然有许多导致宝宝身体不舒服的现象被描述道：流口水增加、不安静和睡不着觉、发烧和传染、腹泻

长出第一颗牙的情况

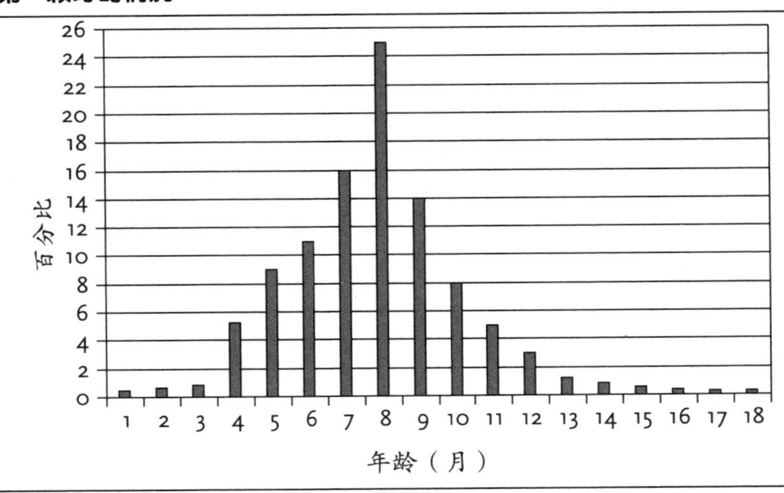

柱状图显示：孩子在出生后某个月长出第一颗牙齿。

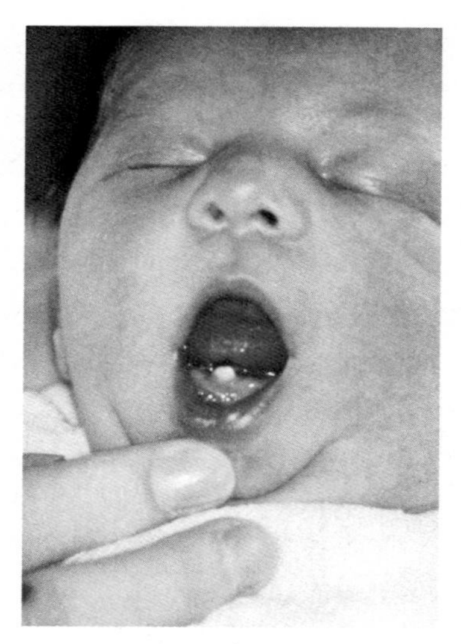
新生儿的小牙齿

和消化不良、食欲不振、喜欢咬东西、眼泪增多、脸色通红、臀部发炎（Walser-Schenker）。

现代医学经过研究后发现，一半以上的宝宝没有因为长牙而感到身体不适，1/4 的孩子在长牙的地方红肿，一碰就疼；孩子流口水和眼泪增多，喜欢咬硬的东西、腹泻、臀部发炎。

发烧和传染与孩子长牙几乎没有任何关系，因为，新生儿和婴儿每年大约感冒多达 10 次，完全有可能发生的事情是：宝宝长牙的时候刚好发烧了。

那么，孩子长牙期间，父母该怎么办呢？自古以来，宝宝们就会从父母那儿拿到一种供他们“咬的圈圈”，它们往往是祖传下来的象牙制品或者银器，有的宝宝戴着一根牙齿项链或者假的琥珀项链，如今，它们大多数都是用塑料或者随处可以买到的树脂做的。可以在冰箱里先把它们冷藏一下，这会让宝宝觉得更舒服。许多孩子戴着为牙齿准备的项链或者是琥珀的仿制品。任何一种东西都可以用来当做宝宝咬的东西，前提条件是：这个东西容易拿在手中或者挂在脖子上，没有尖角，不会碎，不能被宝宝整个塞进嘴里；另外，市场上还有一种含止痛的“牙果冻”和“牙小球”出售，这些产品大多数不含糖，但是又甜又香，深受宝宝欢迎。一些孩子哭着闹着要牙果冻，不是因为他们牙疼，而是因为他们离不开这些甜甜的东西。

发烧、感冒和咳嗽

从第 4 个月起，宝宝原本从母体中带来的抗病免疫能力越来越弱，伴有感冒、咳嗽、皮疹或者腹泻的发烧开始发生。普通的传染性疾病也不可避免。孩子生病是因为他们和我们这个环境中的病因互相排斥而不得不锻炼他们的免疫系统。孩子的免疫系统需要发育成熟，所以，以下观点听起来可能是荒谬的，但是从生理角度出发却是有意义的：如果宝宝经常生病，宝宝反而是持续健康的。

要点概述

1. 如果宝宝的体重和身高增长情况与百分比曲线相吻合的话，那么，宝宝的成长发育是良好的。
2. 从第3个月起，父母最起码每月要给宝宝称一次体重。
3. 大多数孩子在第5～10个月期间长出第一颗乳牙；最早的在第1个月期间，最晚在第18个月；孩子一生下来就有牙的情况非常罕见，但是有。
4. 大多数孩子长出第一颗乳牙的时候并不疼痛，也不发生其他并发症；大约1/4的孩子在长牙时流口水增多，眼泪增多，伴有腹泻；发烧和诸如感冒和咳嗽等症状与长牙没有必然联系。
5. 发烧、感冒、咳嗽、皮疹或者腹泻等症状属于宝宝6个月之后正常的发育范畴。

10~24个月

牙医看到了这样令人担心的一幕：20个月大的小家伙雷托在游戏场上到处奔跑，突然摔到了石子路上，磕伤了嘴巴，下嘴唇流出了鲜血，一个上门牙被磕碰，向外倾斜地摇晃着。牙医小心翼翼地将受伤的门牙搞正，并且说："谢天谢地，牙总算保住了。"

从第二年起，小家伙开始非常活跃，有时一天要摔例好几次，因此，磕碰牙齿也就是常事了。在这一章节中，我们主要来谈一谈牙齿的问题，特别是有关预防龋齿和小孩子喜欢"吮吸"的习惯问题。孩子的身体在这一阶段不会有很大程度的生长，所以我们把它放到下一章讲。

牙齿发育

乳牙是按照一定的顺序生长，首先是里面的门牙，然后是外面的门牙，接下来是第一批臼齿，犬齿，最后是第二批臼齿；下面的牙齿要比上面的牙齿长得快一些。但是，这个顺序并不适合所有的孩子，其他的顺序也是有可能的，比如先是外面的门牙，然后是里面的门牙；有时，第一颗乳牙不是门牙，而是臼齿。

长牙情况

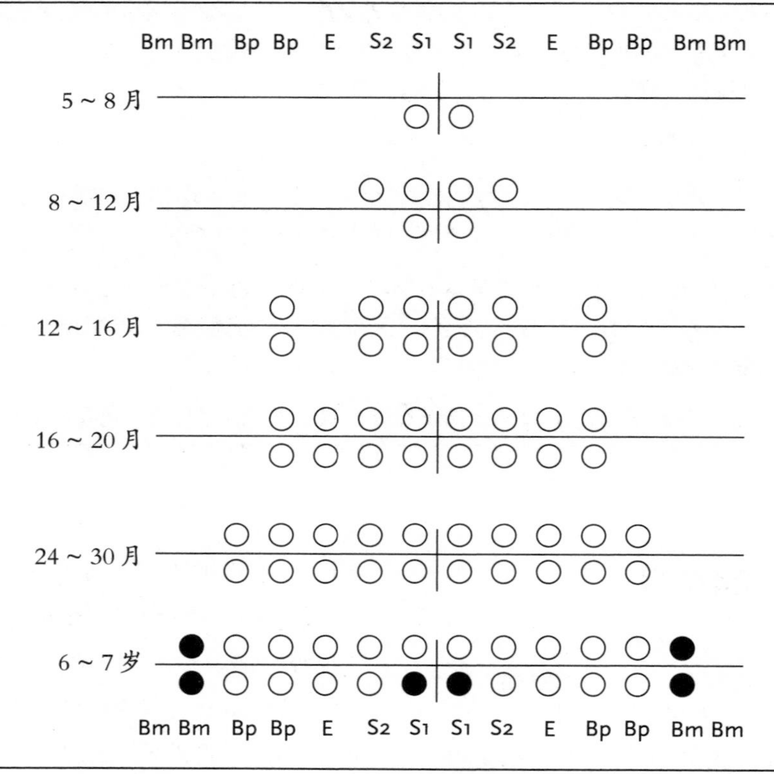

S：门牙，E：犬牙，Bp：上牙，Bm：下牙（塔朗热 Taranger）。

从图中显示，不同孩子长出单个牙齿的年龄是不同的：门牙可能在最初的几周内就长出来了，也有可能在12个月之后才长出来。第二排臼齿最早在19个月的时候长出来，最晚则要到36个月的时候才长出来。

从第二年起，父母一般不太关心宝宝的长牙情况了，宝宝长牙没有疼痛，也不伴随其他现象的发生。父母经常没有发现小家伙又长出了一颗新的牙齿。

如果一个小家伙，如同雷托那样磕了嘴，他的一颗牙就有可能松动。这颗牙甚至有可能陷入牙龈和颌骨中去，或者幸运的是这种现象很少发生（牙磕掉了）。那么，怎么办呢？乳牙是很重要的，应尽量保留。如果掉了，也要尽可能将乳牙给安上去。这个乳牙不可能再生长了，几个月之后变成了灰褐色。如果父母不知道应如何处理宝宝受伤的牙齿，那么，还是去咨询一下牙医为好。

预防龋齿

所有的父母都希望他们的孩子有着健康和漂亮的牙齿，因而父母特别重视让孩子刷牙，这无疑是正确的。但是，实际上，为了预防龋齿，还有比刷牙更好的办法。刷牙对防止龋齿是有效的，但不如“氟预防法”更有效，首先是在牙齿的营养汲取方面。在过去的 20 年中，医学对龋齿的研究得出了以下结论：

口腔卫生 刷牙是有用的，但是仅仅靠刷牙不能带来显著的成果。刷牙对牙龈所起的作用比对牙齿更为重要，它预防牙龈发炎，但如果刷牙太频繁、太重的话，反而对牙齿造成损伤，因为它会导致牙齿磨损、牙龈受伤和齿颈暴露。因此，口腔卫生显得非常重要。

从第二年起，宝宝可以慢慢地学习使用牙刷了。起初，刷牙对宝宝而言与清洁牙齿无关。通过模仿父母和哥哥姐姐刷牙使宝宝养成早晚刷牙的习惯。电动牙刷可以让大多数的孩子觉得刷牙更加有意思，也更加高效。

对孩子而言，普通牙膏的味道经常是太刺激、太香了，这往往会导致孩子干脆将牙膏的大部分吞咽下去。因此，儿童牙膏的含氟量比普通牙膏少，并适合孩子的“口味”。

氟 在瑞士，患龋齿的学生数量在过去的 25 年之内下降了 85%。氟总是被错误地理解为有毒物质。实际上，它和铁、钙、磷或者碘一样都是人体必需的微量元素。如果缺少任何一种微量元素，人体中是没有其他可以替代它们的。氟可以通过各种方式来补充：药片、添加到食盐中、饮用水、牙膏或者是漱口水。人体需要大量的氟元素，否则会影响人体的健康。目前，唯一知道的是：如果摄入太多的氟元素，在牙齿变色方面存在副作用。

营养方式 众所周知：糖是“最大的坏蛋”，糖导致龋齿。半个世纪以来，人们了解到，糖通过口中的细菌而分解成酸，酸对牙齿发起“猛烈的进攻”。在此，糖的形式不起任何作用，不管什么样的糖对牙齿的影响都是一样的，水果糖、葡萄糖和方糖一样容易引起龋齿。所谓自然的糖，如蔗糖，也和其他人工生产的白糖一样伤害牙齿。一些注重营养方式的人认为，自然的糖，如蜂蜜以及在水果

通过模仿使刷牙变得有趣

中的糖分含量是非常集中的，对牙齿没有伤害，这是完全错误的观点。人们早就观察到，如果经常食用海枣也会导致蛀牙。海枣含有和干果一样丰富的糖分，并因具有很强的黏附力而能长时间黏着在牙齿上。其他，如蜂蜜、水果汁以及干果完全和巧克力、糖和冰淇淋一样容易导致龋齿。伤害牙齿的并不是糖的形式，而是摄入的糖分太多。

我们不可能避免食用含糖食品，我们中也只有极少数的人能够做到完全不吃。对含糖食物的节制也并不是预防龋齿的必须。瑞典的一项研究证实，人在吃饭时摄入的糖分含量对龋齿只起着微不足道的作用。孩子得龋齿更多的是因为其在吃点心的时间内摄入了太多的糖分。

孩子是需要吃点心的。那么，他们应该吃什么、喝什么呢？第一选择是新鲜的水果和蔬菜，比如苹果、梨、胡萝卜、水、不加糖的茶或者矿泉水（注意：那些含糖量很高的食品在包装袋上往往只用很小的文字标明其含糖量高）。第二选择是面包、黄油、香肠和奶制品，如奶酪和酸奶。所有的甜食，如巧克力或者冰淇淋都是我们建议不要当做点心吃的食品。

一定要避免单一的营养，所以，水果也不要吃得过量，即使它们的糖分含量不高。香蕉含糖量丰富，而且黏附力很强，不如核果好。干果和水果汁含有很高的糖分，后者的酸含量也高，对牙齿不好。

如果父母注意以下三点，那么，父母是能够帮助孩子预防龋齿的：

- 不要吃含糖量丰富的点心：这是最好的预防措施！
- 氟预防方法：如果不太了解如何补充氟元素的方法，请向家庭医生咨询。
- 口腔卫生：在最初的几年内，孩子要养成早晚刷牙的良好习惯！

“吮吸”习惯

孩子不光在肚子饿的时候喜欢吮吸，为了使自己平静下来，为了使自己能够安然入睡，有时也为了能够从疲劳和无聊中摆脱出来，他们也吮吸大拇指、手指头或者奶嘴。在最初的两年内，所有的孩子都有吮吸的习惯。大概 80%的瑞士儿童使用奶嘴，近 20%的儿童吮吸大拇指或者手指头。孩子如何将手指头塞进嘴里吮吸的方式方法具有遗传的特征，所以，有的家庭中的孩子平时不使用大拇指，而使用食指、中指或者小拇指，这完全和他们的母亲或者父亲一样。有的孩子还喜欢吮吸尿布、枕套或者其他东西。

2 岁以后，孩子吮吸的次数逐渐减少，但是，直到 3 ～ 4 岁，仍然有一半以上的孩子有吮吸行为，5 岁的约占 35%，7 岁的占 5%。喜欢吃大拇指和手指头的孩子要比那些吃奶嘴的孩子更晚一些停止吮吸行为，甚至一些成人还有吃大拇指的行为，特别是在他们睡觉的时候。

不只是大拇指可以拿来吮吸

阻止新生儿和婴儿的吮吸行为是毫无意义的，而且父母也是做不到的。问题是：继续让孩子吮吸还是不让孩子吮吸？更进一步说：让孩子吮吸什么？对于孩子和父母而言，大拇指和手指头是随时可以供孩子吮吸的，但是，经常吮吸大拇指或者手指头可能会导致“上颚变形”，很少的情况下会导致“下颚变形”。因此，吮吸橡皮奶嘴会好一些，但是，不合适的奶嘴又会加剧这一程度。奶嘴的缺点是，在最初的几个月中，宝宝只能借助大人的帮助才能吮吸到奶嘴，一旦掉了，宝宝很难再拿到。因此，我们建议父母准备好许多奶嘴放在童床上，以便使孩子取到奶嘴的机会增大。奶嘴不允许用一根项链或者绳子挂在脖子上，但是，用短的项链将奶嘴固定在衣服上是没有危险的。

为了避免上下颚变形，应该在最初的几个星期给宝宝一个奶嘴，这会让大多数的宝宝都很满意，但是也有宝宝不断地把奶嘴取出来，代之以手指。那就不要管他了。

在最近的几十年中，孩子有了一种非常时髦的新的吮吸方法：奶瓶。但它的影响非常不好，就橡胶奶瓶的发展本身而言无可挑剔，但它却导致了一种极其错误的使用方法：越来越

瑞士儿童吮吸习惯的比例

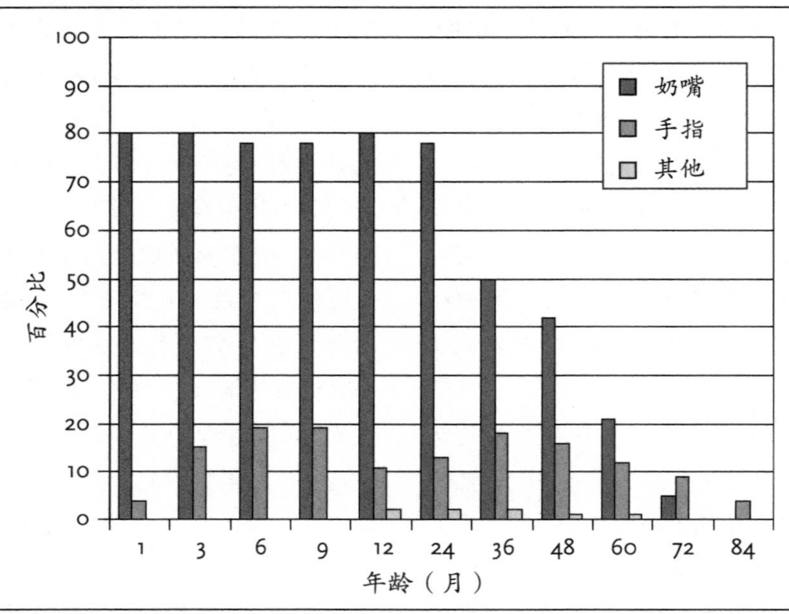

瑞士儿童吮吸习惯的比例（根据 Peters）。

多的孩子喜欢用奶瓶装着苹果汁、橘子汁或者葡萄汁喝。结果是灾难性的：水果汁的含糖和含酸量丰富，它们会对牙齿发起“猛烈的进攻”。孩子在一天之内无数次地吮吸这些果汁，结果使果汁中的酸味长时间地滞留在牙齿上。更糟糕的是晚上用奶瓶给孩子喝果汁，结果导致液体更长时间地待在嘴中，因为孩子只能不时地将停留在牙齿上的果汁吞咽下去。“牙齿几乎是在甜酸的海洋中洗澡”。在晚上睡觉期间不光喝果汁会损害牙齿，就是喝奶也对牙齿不利；

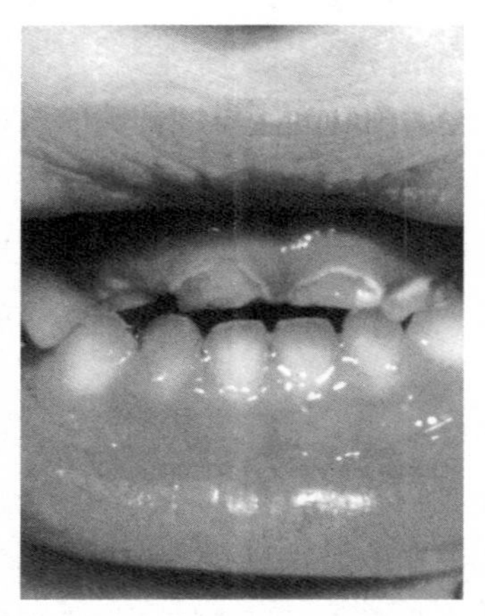

吮吸奶瓶后产生的非常严重的龋齿。上牙尤为明显

- 孩子不断补充能量和液体，从而极大地破坏了孩子的食欲，导致在正

餐时吃饭不好。

- 过量摄入甜、酸以及香精物质会导致孩子腹泻以及臀部发炎。
- 经常食用甜食将给肥胖症打下基础，对身体不利。

如果孩子口渴了，孩子并不需要能量，只要给他喝一些水或者不含糖分的茶水即可。只要孩子能够从杯子中喝水了，就应该立即撤掉奶瓶，奶瓶是极其糟糕的奶嘴替代品。

要点概述

1. 在第24～30个月之间，乳牙基本上发育完毕。
2. 有三个方法来预防龋齿：
   - 只吃不含糖分或者少含糖分的点心；
   - 氟预防方法；
   - 刷牙。
3. 90%以上的孩子在最初的两年内有“吮吸”的习惯，5岁的时候还有35%的孩子有这种习惯。
4. 吮吸奶嘴比吮吸大拇指和手指头要好，紧急呼吁不要让孩子吮吸奶瓶。

25～48个月

来自澳大利亚的叔叔来拜访了，他在4岁的阿妮塔出生之后就再也没见过她。他欣喜地发现：“她已经长这么大了！”出生时阿妮塔只有2500克，而现在她的体格已经很健壮了。

孩子在3～4岁时的生长比2岁时一年的生长还要少，父母甚至感觉不出孩子的生长。不经常见孩子的亲戚朋友比父母更容易看出孩子的生长，但是有一些身体上的变化是3～4岁这个时期所独有的。

生 长

最初的两年里，孩子的身形就像我们见过的巴洛克高尔夫球杆一样：脑袋又大又圆。肚子向前凸出。腰部明显向前弯曲，腿则呈 O 型。4 岁之后整个身体延展开来，变得又细又长。肚子平下去，背部挺直。O 型腿变成 X 型，基本要到上学的年龄才能长成直的。

向父母看齐

高个子的父母生出高个子的孩子，矮个子的父母生出矮个子的孩子，这个规律在孩子刚出生时并不适用。新生儿的身高并不取决于父母，而是取决于出生前的营养摄取。如果胎盘发育良好并足以提供孩子所需的营养，那么新生儿会高一些重一些，反之则孩子会又小又轻。阿妮塔就是这样的孩子：她出生时仅有 2500 克重，46 厘米高，比新生儿的平均身高低了 4 厘米。

从后面的图表可以看出，阿妮塔 4 岁之前生长得很迅速：她的身高在 4 岁的时候已经略微超过了平均水平，

阿妮塔和博格特两个小女孩的身高变化

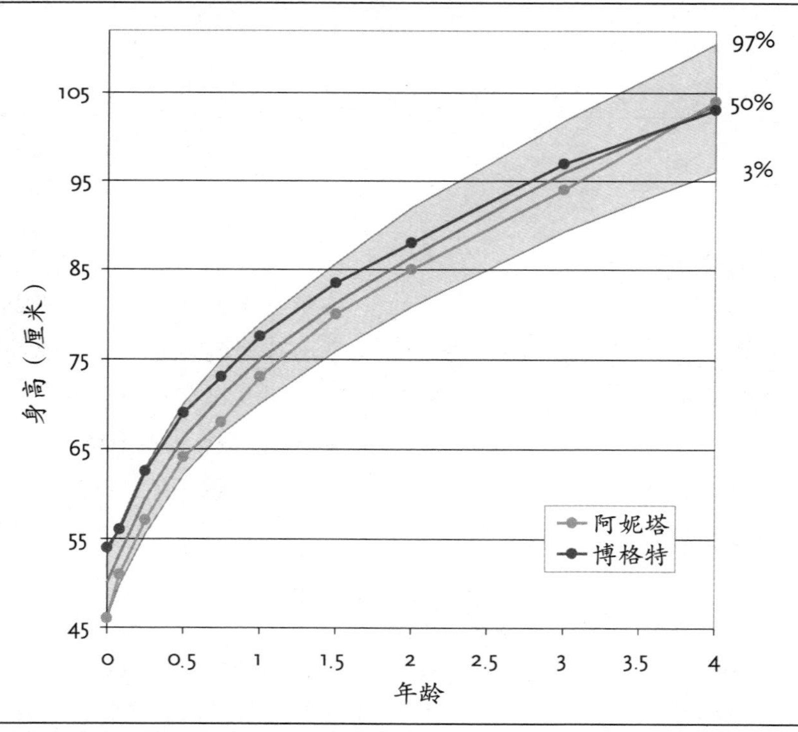

两个女孩在最初 4 年中不同的身高变化。

并且赶上了她的父母在她这个年龄段的数值，与此相反的是，布里吉特出生时有4800克重，54厘米高，比新生女孩的平均水平高出4厘米。她的母亲在怀孕的时候患了糖尿病，这对布里吉特的成长造成很大的影响：她是个超重儿，她的成长曲线显示，她在4岁前的成长也只处于正常水平。出生时她比阿妮塔高了9厘米，4年之后她反而比阿妮塔矮了。不过她的成长还是超过了她父母当年的水平。

从阿妮塔和布里吉特的成长曲线我们可以得出以下结论：

- 出生前胎儿的成长与其摄取的营养相对应。
- 在头4年里孩子会长到自己所独有的高度，这时的成长曲线和他们父母的曲线是一致的。如果在出生时他们的体格就已经与父母那时的相当，孩子就会或多或少地按照百分数曲线生长。

4岁的时候孩子的身高就同父母那时的一样了，可能到上学都还一直是这样。但是有一些孩子在这个时期生长得非常快，与父母看上去的体格不相般配，在青春期的时候这些孩子的体格就又会和父母一致。

成长与健康

孩子1岁之后，父母往往不再多关心宝宝的发育了，他们停止了给宝宝称体重。在过去的12个月中，他们经历了孩子的成长。他们深信，宝宝会和以前一样茁壮成长。

孩子在第2～3年中的身体发育不像在第1年中那么明显，他们的体重和身高增长以及体形的变化缓慢进行。父母往往感受不到宝宝的身体变化情况。只有那些偶尔光顾的亲戚朋友们才会发觉孩子变大了，他们比父母更能感觉到孩子的变化。

孩子在第二年中就经常生普通的疾病了，上托儿所的孩子在1年之内往往生病10次甚至更多。和其他成人和孩子接触较少的孩子每年大约生病3～5次。在最初的几年中生病较少的孩子等到上了幼儿园之后，生病就多起来了，几乎“弥补”了过去没有生病的次数。

发烧

我们的环境充满着生病的诱因，即使是最好的卫生条件也不可能消除它们。孩子的免疫系统必须与疾病进行斗争，以便增加抵御疾病的抵抗力，这样免疫系统才会得到锻炼，因为好多抗体在身体遭到感染的时候才会“学习”。这种斗争不会没有发烧、不舒服和感冒、咳嗽、拉肚子等症状的伴随，生病属于正常的发育。

但是孩子在生病之前应该得到保护，因为这对他们来说毕竟是有危险的。医生推荐孩子在生病之前接种小儿麻痹和白喉的疫苗。

要点概述

1. 孩子到 4 岁的时候会有一次体型变化，包括身体和腿的姿势。
2. 在 4 岁的时候孩子和父母当时的体格是一致的。
3. 一个孩子每年平均要生 6 次病，也有只生 3 次或者多达 12 次的。
4. 生病是健康的一部分。孩子们的免疫系统为了生长，必须同周围环境当中的病原体作斗争，这些斗争是与症状相联系的。
5. 疫苗可以为孩子们提供远离危险疾病的免疫力。

第九章 大小便自理

引　言

上床睡觉前，34个月大的娅娜非常认真地对妈妈说，她不想穿着尿裤睡觉。妈妈对女儿的这一要求倒也不感到特别吃惊，因为娅娜在整个白天中已经能够大小便自理了。妈妈略微迟疑了一会儿后同意了女儿的请求。第二天早晨，妈妈惊喜地发现，女儿果然没有尿床。娅娜非常得意，但一点都没有表露出妈妈那样惊奇的样子，对她来说，不再尿床已经是理所当然的事了。

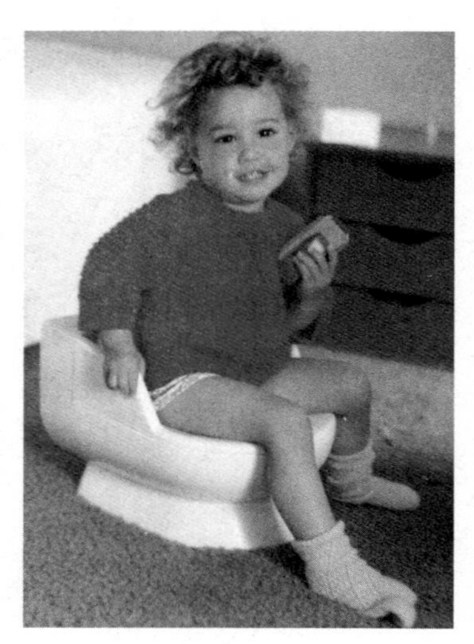

骄傲

娅娜是一个特例吗？还是所有的孩子到了一定的年龄后都能够自己大小便自理，并保持衣物干净整洁？孩子根本就不需要这方面的训练吗？对此，我们的爷爷辈们回答得倒很干脆明确：孩子必须经过训练后才能保持身体干爽。经过两代人之后，这一“古老”的教育行为和理念，正如我们将在本章中谈到的那样已经发生了根本性的转变。今天，父母虽然还在努力地促使孩子保持干爽整洁，但“外因通过内因起作用”，主要功劳还是在孩子自己本身。

出生前

从妈妈妊娠第3个月起，胎儿就开始用自己的肾脏从血液中排出一些液体以产生尿，而后，胎儿再有规律地将膀胱中的尿排入羊水中。

0～3个月

有些读者也许会问：在非洲的许多国家中，妈妈是背着宝宝到处活动的，那么，她们是怎样避免被婴儿的大小便弄脏的呢？大自然赋予了婴儿如下的机制：在排泄大小便之前几秒钟，婴儿会发出短暂而有特点的叫唤，身体和腿会猛地一动。通过这个预警信号，母亲便会将婴儿的身体移开一些，这样，婴儿的大小便就不会溅到妈妈身上了。实际上，西方社会中的新生儿和婴儿也有这种行为表现，只不过我们对此没有作出反应，所以，几周之后，宝宝的这一行为就自然消失了，但也有一些孩子在几个月之后当要大小便的时候会发出“预警”的叫唤声。

4～9个月

今天，父母对1岁以内的宝宝只是偶尔地进行大小便训练，而在20世纪50年代却全然不同（拉戈尔Largo）。有的父母早在孩子3个月的时候就对宝宝进行训练了：他们托着孩子把尿，或者托着孩子坐在尿盆或马桶上训练孩子大小便。到孩子6个月大时，有32%的父母让孩子坐着尿盆大小便，9个月时这个比例为64%，12个月时这个比例达到了90%以上。

到了六七十年代，父母的这种行为发生了很大的变化，这是因为出现了多种多样针对孩子的教育态度和教育行为，而最主要的是因为科技的进步。洗衣机让妈妈们减轻了洗尿布的烦恼，而“一次性尿裤”的出现带来了根本性的转变。科技进步和教育态度的转变导致父母对孩子大小便自理的训练平均推迟了至少14个月，这是不是因为孩子对膀胱和肠子的控制能力的形成推迟了呢？没有！我们从苏黎世的纵向研究中得出结论，爷爷奶奶们在训练孩子大小便时所付出的大量的时间和精力并没有产生理想的效果：尽管爷爷奶奶们很早就开始让孩子每天多次地坐在尿盆上大小便，但这些孩子也不比今天的孩子能更早地会大小便自理。

10～24个月

大部分家长从第二年开始对孩子进行大小便训练，有的等到第三年，甚至第四年。

那么，什么时候开始对宝宝进行大小便训练才合适呢？

我们认为，家长应该等到孩子向他们表现出他自己能够大小便时，才对孩子进行大小便的训练。当孩子意识到自己的膀胱和肠子需要排空时，就会通过自己的行为表现出来：面部表情发生变化，保持一种有特点的体态，我们有迫切需要的

开始大小便训练

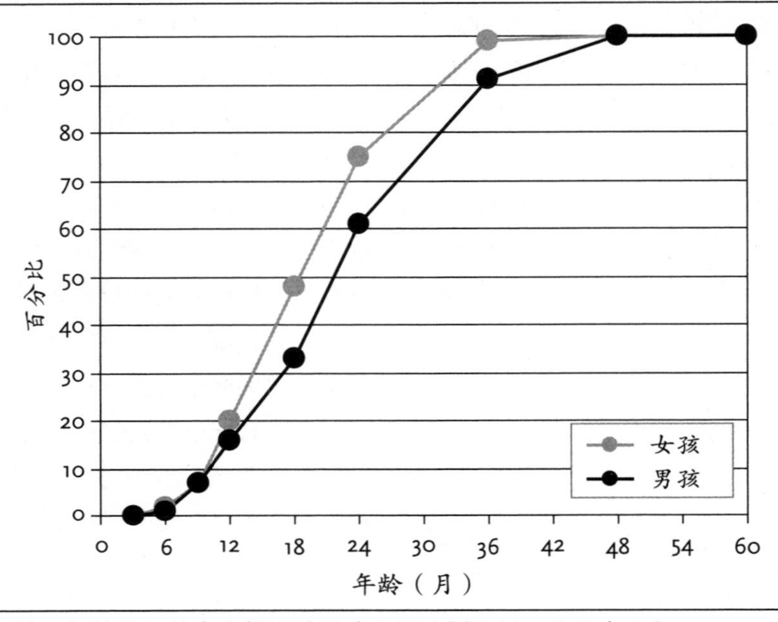

从某一年龄段开始大小便训练的孩子的比例（以百分比表示）。

时候也会表现出这种行为。如果孩子能够用语言表达的话，孩子就会说话让人们注意到他在大小便。这种对膀胱和肠子的排空有意识的察觉是孩子能够控制大小便的前提条件。

那么，早期的训练能够促进孩子的这种排便“自主性”吗？研究表明，即使孩子很早开始并经常坐尿盆，也不能促进孩子更早地具有排便的自主性。

这种自主性最早开始于孩子12 ~ 18个月之间，大部分孩子开始于18 ~ 36个月之间。小女孩在任何一个年龄段中的发育都早于小男孩，因此妈妈总是要早一些让小女孩坐尿盆。

这种自主性反映出孩子对大小便自理的需求。一个已经表现出这种自主性的孩子很快就能够自己大小便了。对于家长来说，这时是开始训练孩子大小便的最佳时机。对此，家长有两项工作要做：给孩子做示范并帮助他们自理。

其实，孩子大小便自理并不需要训练坐尿盆，而是需要一个示范。一旦小家伙想要大小便的自主性被唤醒，他就开始对马桶感兴趣。当父母和哥哥姐姐上厕所时，他也要去。这时候，如果父母给他机会，他就会知道怎样解手了。对于像娅娜那样有哥哥姐姐的孩子来说，学习解手是最容易不过的事了，只要看哥哥姐姐是怎样上厕所的，她就会自己解手了。如果父母不做示范，那么对于家庭中的第一个孩子来说学会大小便自理的难度就增大了。如果父母锁上厕所的门，从而使孩子丧失了模仿的机会，那么，父母就只能花费更大的、不必要的时间和精力，并非常麻烦地“教育”孩子自己大小便。

榜样的力量让一切变得简单

除了给孩子做示范以外，父母还有一项任务是：在孩子争取自己大小

自主性

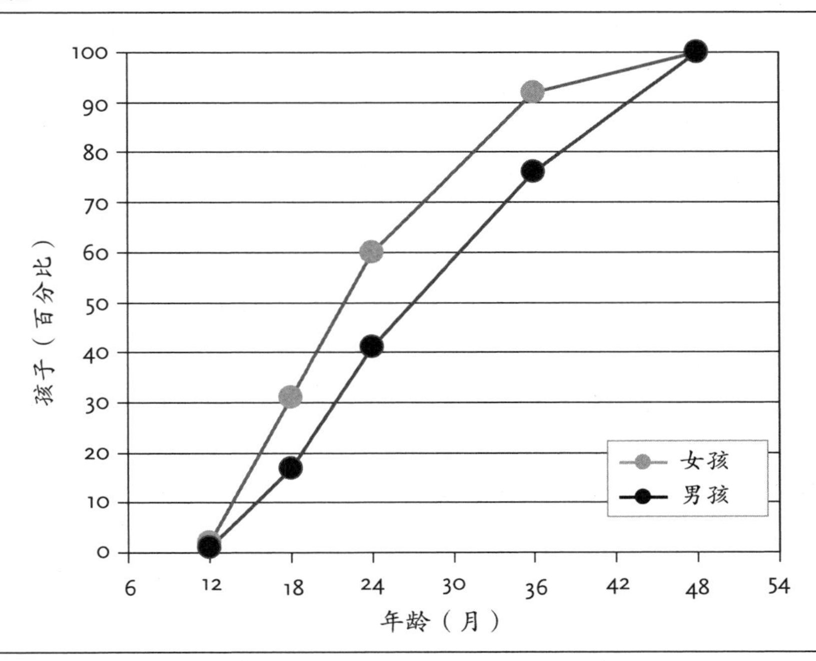

在某一年龄段变得讲究卫生的孩子的比例（以百分比表示）。

Miguel 喜欢上厕所——因为漫画书

便的努力过程中，父母应当支持孩子。以下是一些实用的帮助：

- 孩子应该在无人帮助的情况下能够自己脱衣服、穿衣服。最好给孩子穿松紧带的裤子，扣子、拉链、背带不便于孩子学习脱衣服、穿衣服。
- 孩子脱裤子一般都没有问题，困难的是把裤子重新提起来，因为裤腰的后部总是不太容易提起来。如果父母告诉孩子，用一只手从后面抓住裤腰，那么就可以轻松地提起裤子了。
- 有些孩子不愿意坐尿盆，而要坐马桶，他的理由很充分：父母和哥哥姐姐也没有坐尿盆啊。但是，小孩子坐马桶确实不舒服，因为他害怕掉进马桶里或从前面、旁边摔下来。如果用一个套子把马桶坐垫缩小，在孩子的脚下放上一个小板凳，并让孩子能抓住两侧的话，孩子就能放心地解手了。

25～48个月

只有少数孩子在 2 周岁时能大小便自理，大多数孩子要到第三年甚至第四年。

大约一半的孩子在 2 周岁后能够慢慢地完全控制住自己的大便。大约 90%多的孩子在第五年初的时候能够自己大小便自理，但这时仍有差不多 10%的孩子有时会把大便解在裤子或者尿裤中。

孩子在白天对小便的控制差不多和对大便的控制同时发育成熟。但也有个别的孩子对小便的控制稍晚于对大便的控制。

如果孩子到了第四年还没有表现出大小便的自主性的话，这确实是对父母耐心的一次考验，但是父母不必担心。如图所示，只有大约 1/4 的孩子在这个年龄段能够大小便自理，并且，主要通过训练并不能加快孩子控制大小便的过程！

能够大便自理的发展过程

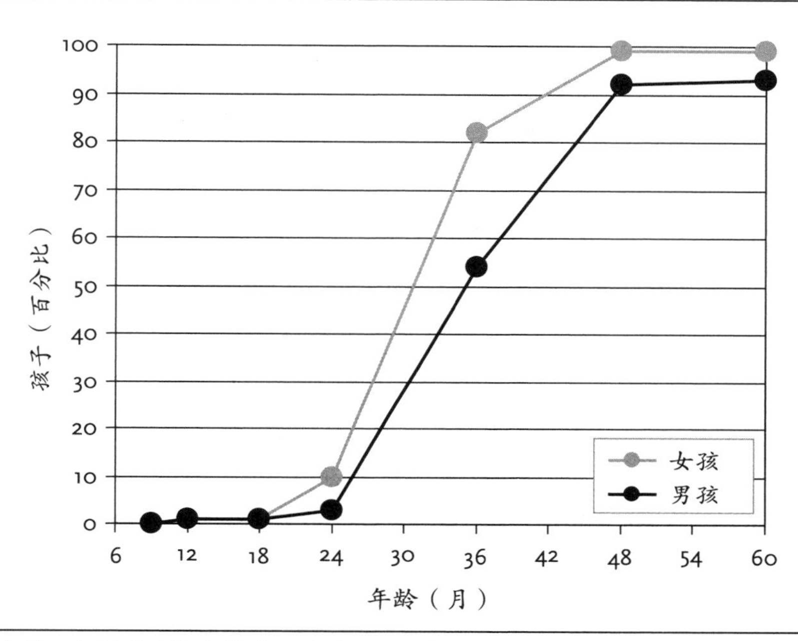

在某一年龄段大便能够自理的孩子的比例（以百分比为单位）。

父母会不会错过对孩子大小便进行训练的最佳时机呢？如果父母对孩子的行为没有做出相应的反应的话，是有可能错过的。父母一定要注意：如果孩子的行为表明他想要自己大小便，那么父母就应当帮助他自理，并去掉尿裤。父母千万不能认为孩子自己总会有一天对尿裤感到厌倦的，这种想法是错误的。恰恰相反，如果孩子已经适应了有意识并故意地在尿裤中大小便的话，那么，想让孩子改变这种状况，学会大小便自理就需要父母付出更多的时间和精力。

大部分孩子只有在白天能够控制住自己的大小便后，才能在夜间控制

就是这样

晚上不尿床的发展过程

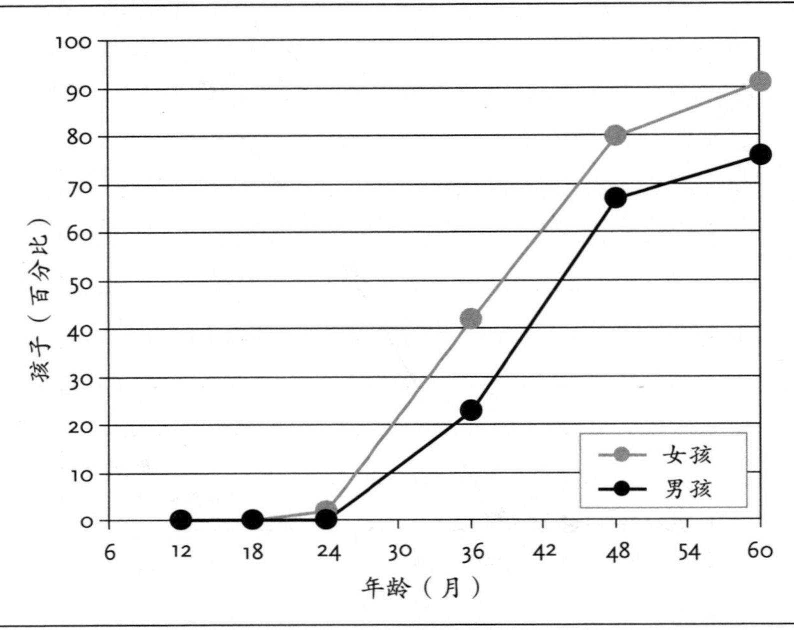

在某一年龄段能够整个晚上不尿床的孩子的比例（以百分比为单位）。

住自己的小便。50%的孩子要到第四年才能不尿床。10%以上 3 ~ 6 岁的孩子在夜间有时会尿床，男孩多于女孩。如果仔细研究一下这些孩子的家族史的话，可以发现这其中往往带有遗传的因素：父母的一方或者某个亲戚在小的时候也是同样很晚才能在夜间控制住自己的小便。

如果父母作好这样的思想准备：孩子自己能够决定什么时候想要大小便，那么，父母就会少花些时间和精力。父母应用自己的示范和实际行动来支持孩子，让他尽可能地用自己的力量独立起来。这样，孩子的独立意识会得到加强："我是靠自己而不是靠父母做到大小便自理的。"

要点概述

1. 孩子能够大小便自理的年龄是非常不同的，这取决于他们各自不同的发育成熟时间。
2. 早期和紧张的大小便训练并不能加速孩子对肠子和膀胱控制的发育。
3. 孩子用他的自主性来告诉别人，他什么时候可以自己大小便；自主性表明，孩子能够有意识地感觉到并控制排尿和排便。
4. 孩子能够大小便自理并不需要专门的训练，但是需要可模仿的对象，以及在其努力的过程中对他的支持。

附　录

宝宝4岁前的成长里程

	日期	年龄	备注
0 ~ 6 个月			
微笑			
能彻夜长睡（6 ~ 8 小时）			
能从俯卧翻身到仰卧			
大笑			
用手抓			
开始吃半流质食物			
6 ~ 12 个月			
匍匐前进			
爬行			
模仿声音			
能坐着			
站立			
能“钳子抓物”			
招手			
捉迷藏			
认生			
12 ~ 24 个月			
模仿简单的动作			
看图画书			
填满倒空游戏			
堆积积木宝塔			
说第一批单词			
认识身体的某部分，如眼睛或嘴巴			
会走路			
说妈妈、爸爸			
和家人一起上桌吃饭			
独立使用吸管喝水			

	日期	年龄	备注
24 ~ 36 个月			
玩玩具娃娃	______	______	______________
玩乐高（Lego）玩具以及木头玩具	______	______	______________
使用名字	______	______	______________
用“我”的形式说话	______	______	______________
使用包含两个单词的句子	______	______	______________
骑三轮自行车	______	______	______________
自己一个人爬上楼梯	______	______	______________
自己一个人爬下楼梯	______	______	______________
自己用勺子吃	______	______	______________
自己脱衣服	______	______	______________
自己穿衣服	______	______	______________
36 ~ 48 个月			
制作简单的拼图	______	______	______________
绘制简单的人物	______	______	______________
尝试角色扮演	______	______	______________
说简单的句子	______	______	______________
听故事 CD 或者磁带	______	______	______________
骑儿童车	______	______	______________
骑有支撑轮的自行车	______	______	______________

女孩体重曲线（Gewichtskurven）

女孩 0 ~ 12 个月的体重增长百分比曲线图

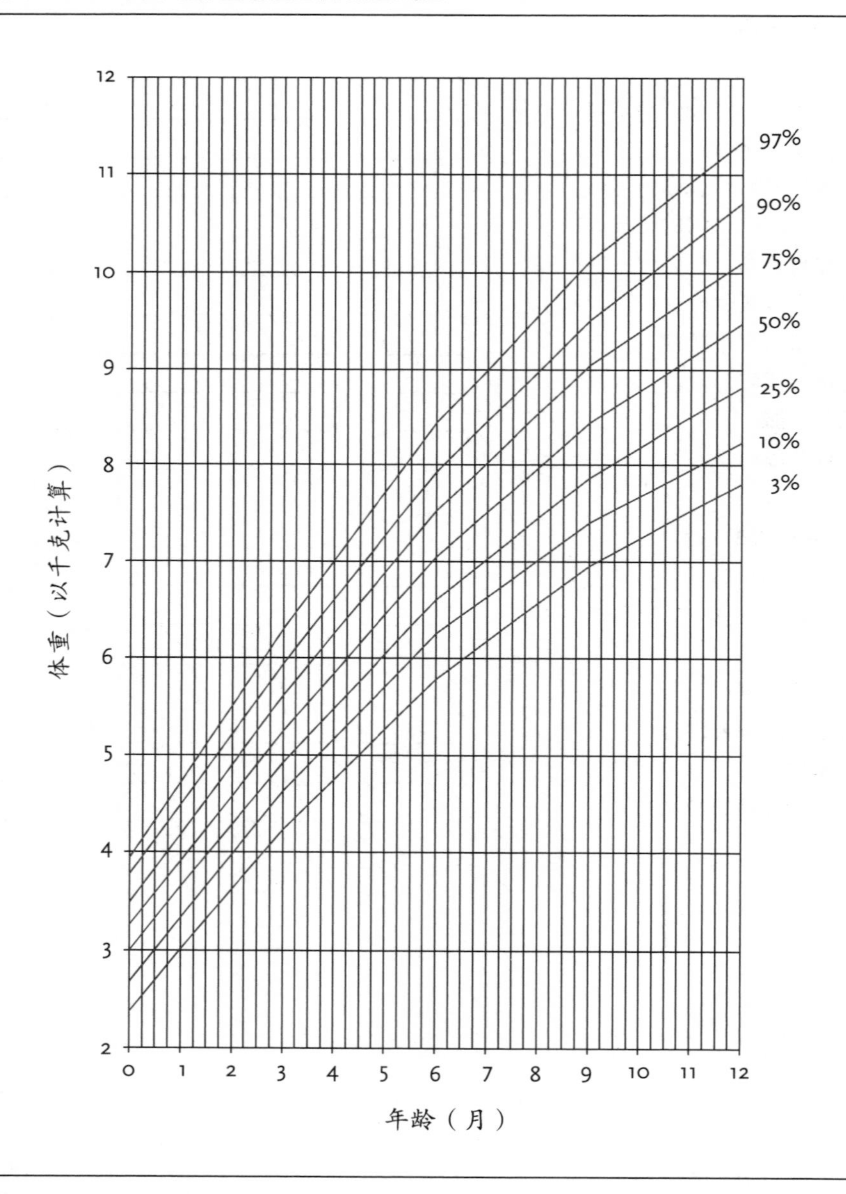

女孩 0 ~ 5 岁的体重增长百分比曲线图

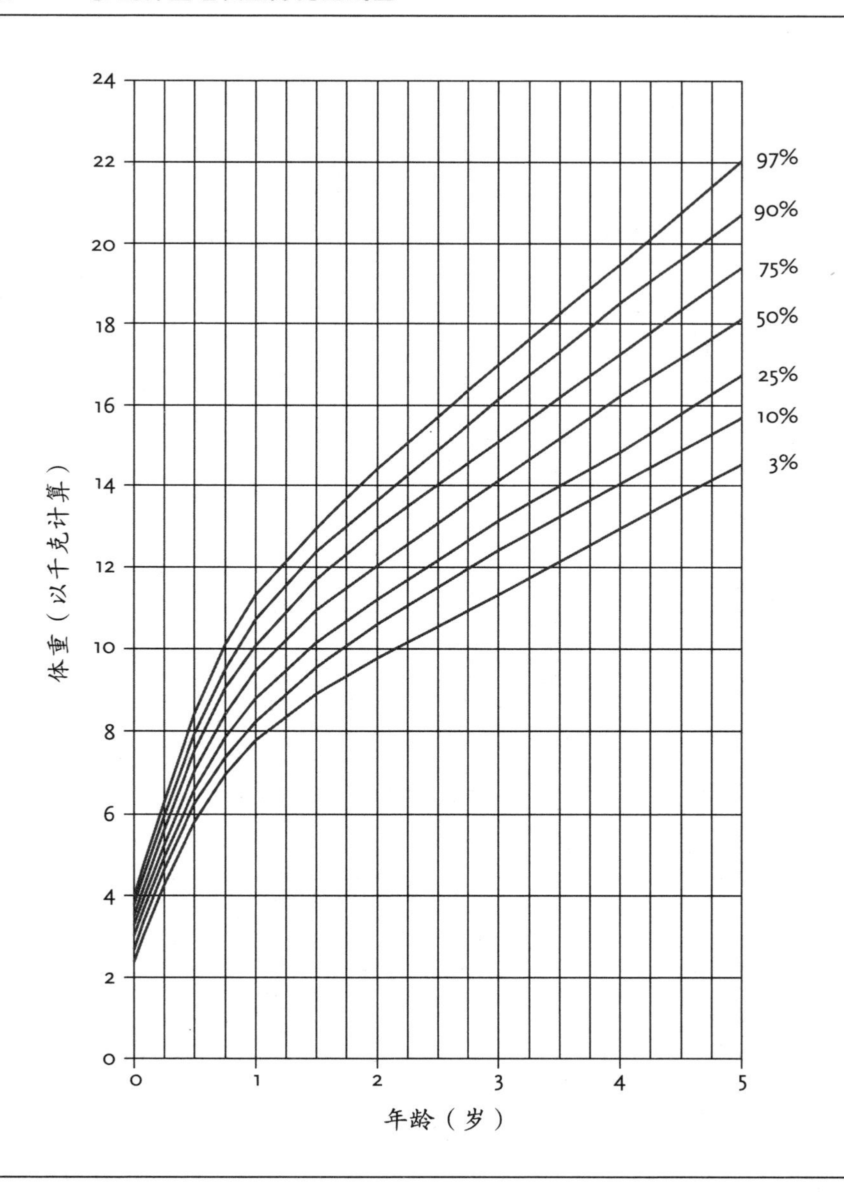

男孩体重曲线（Gewichtskurven）

男孩 0 ～ 12 个月的体重增长百分比曲线图

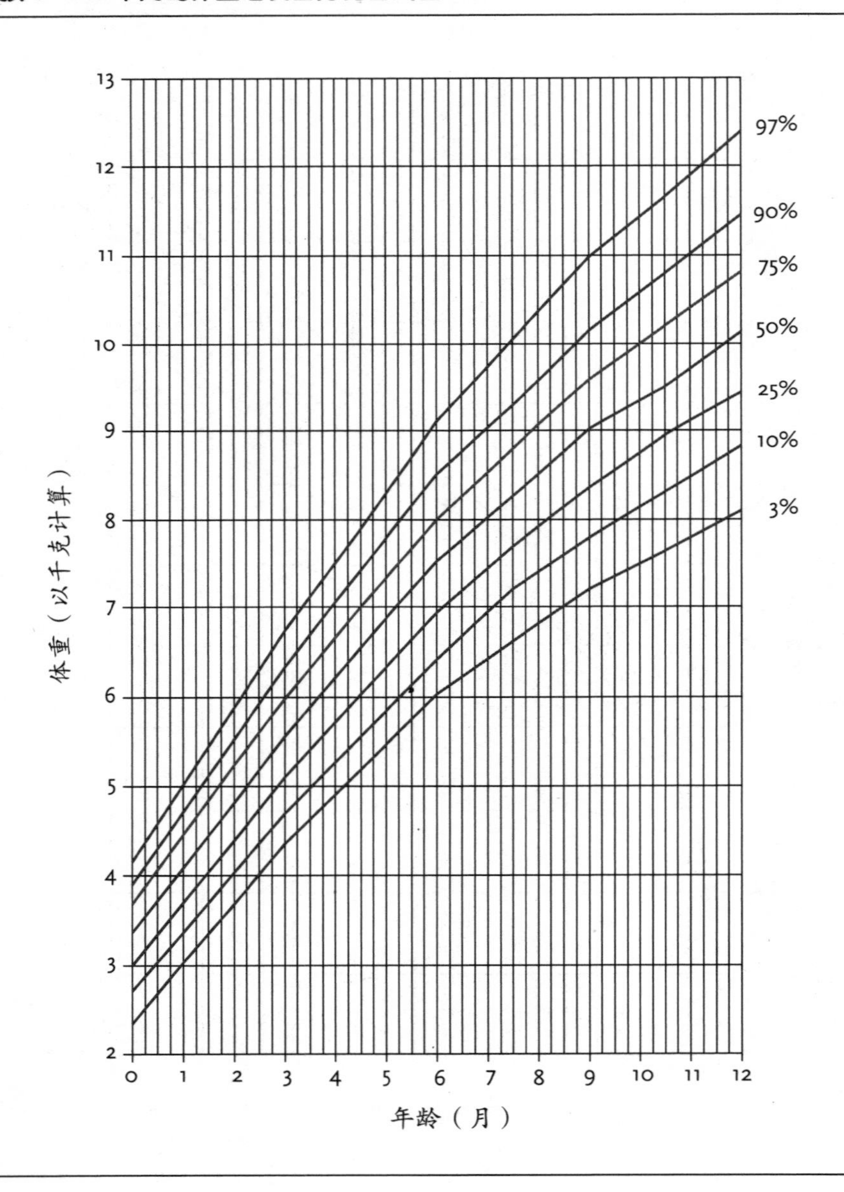

男孩 0 ～ 5 岁的体重增长百分比曲线图

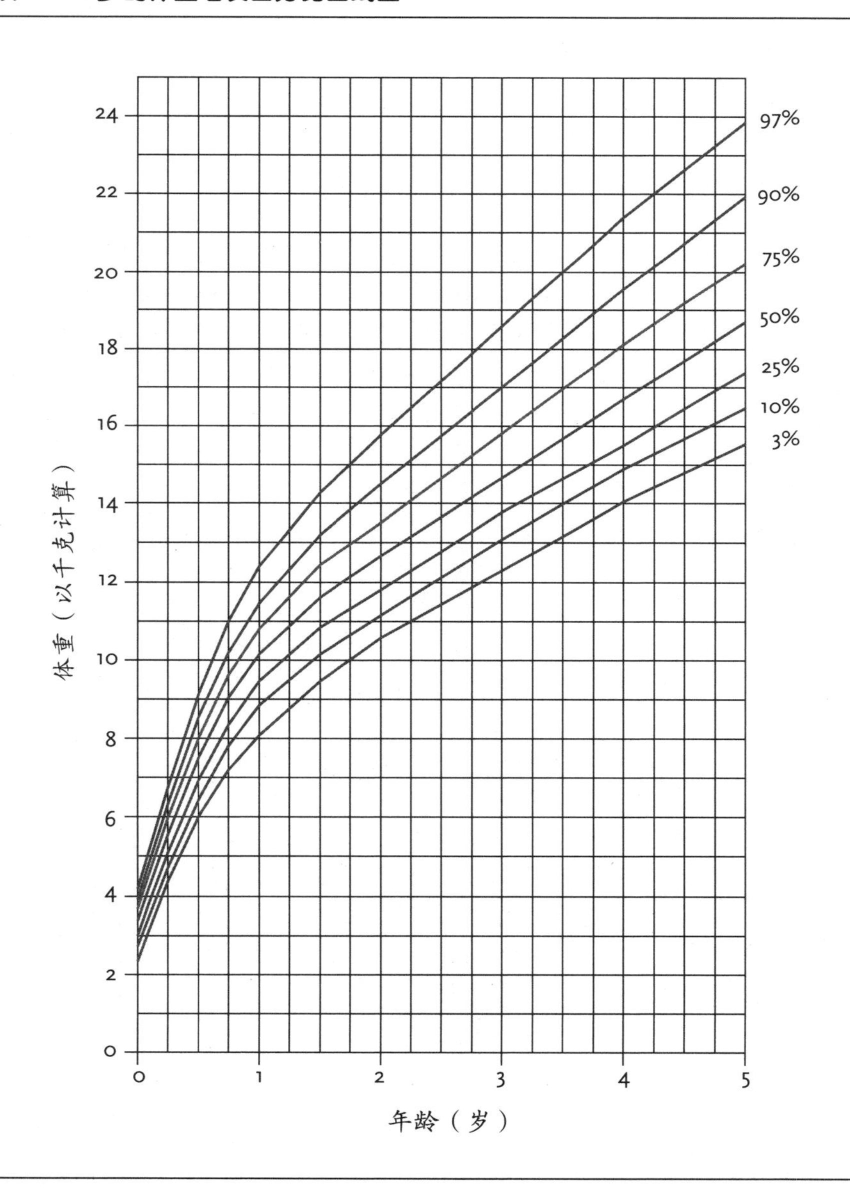

女孩身高曲线（Längenkurven）

女孩 0 ~ 12 个月的身高增长百分比曲线图

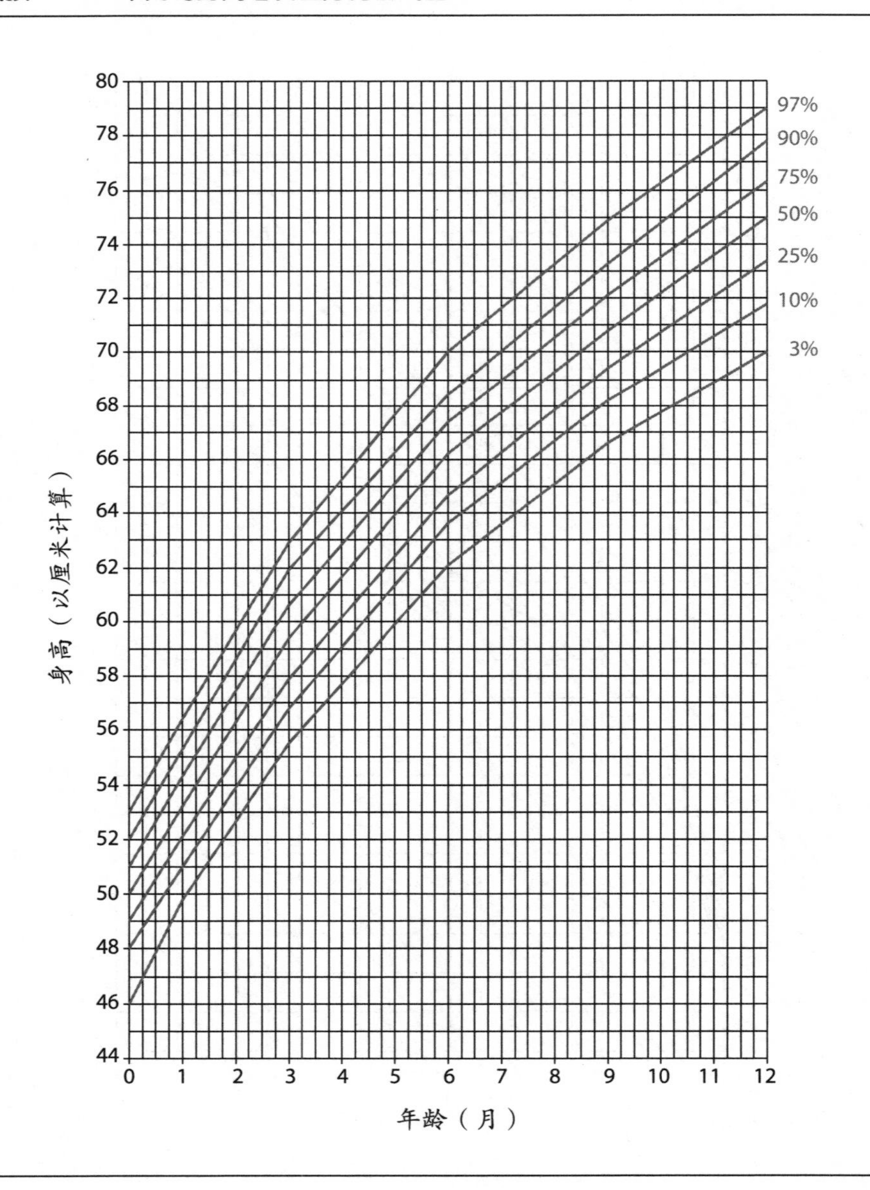

女孩 0 ~ 5 岁的身高增长百分比曲线图

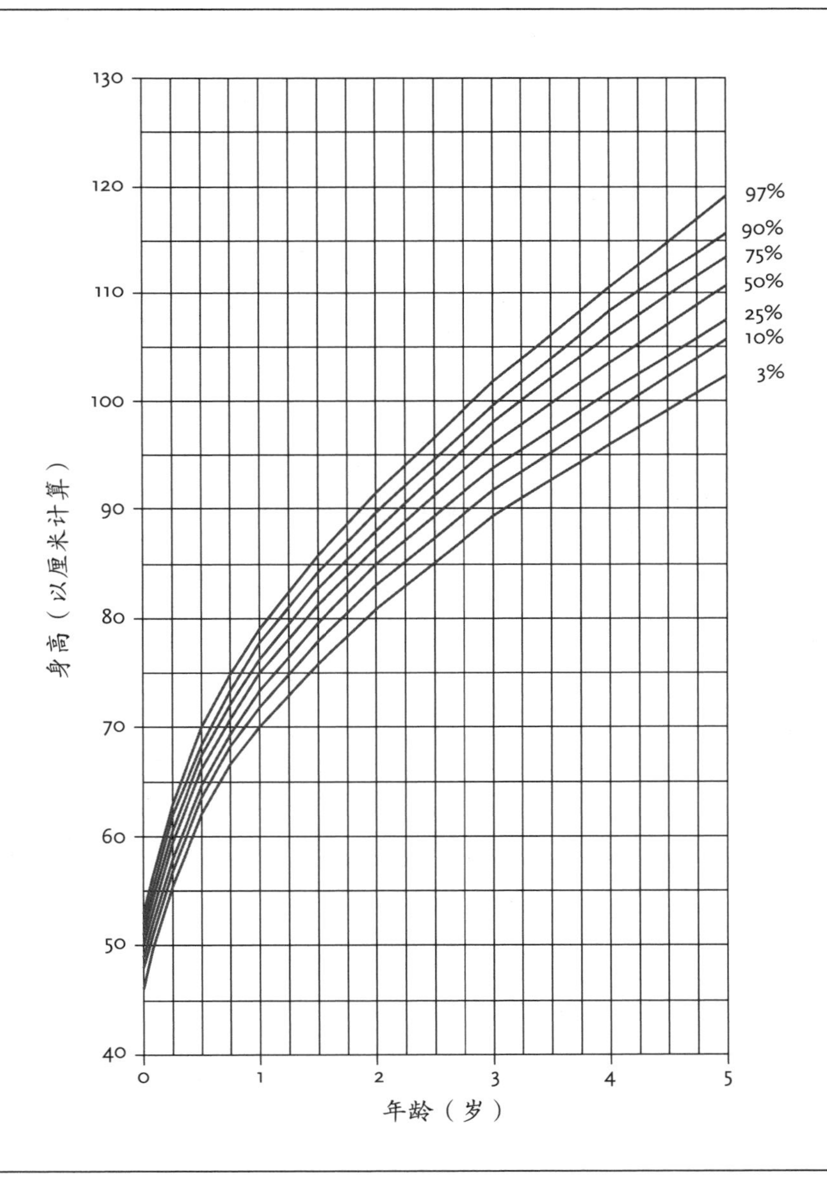

男孩身高曲线（Längenkurven）

男孩 0 ~ 12 个月的身高增长百分比曲线图

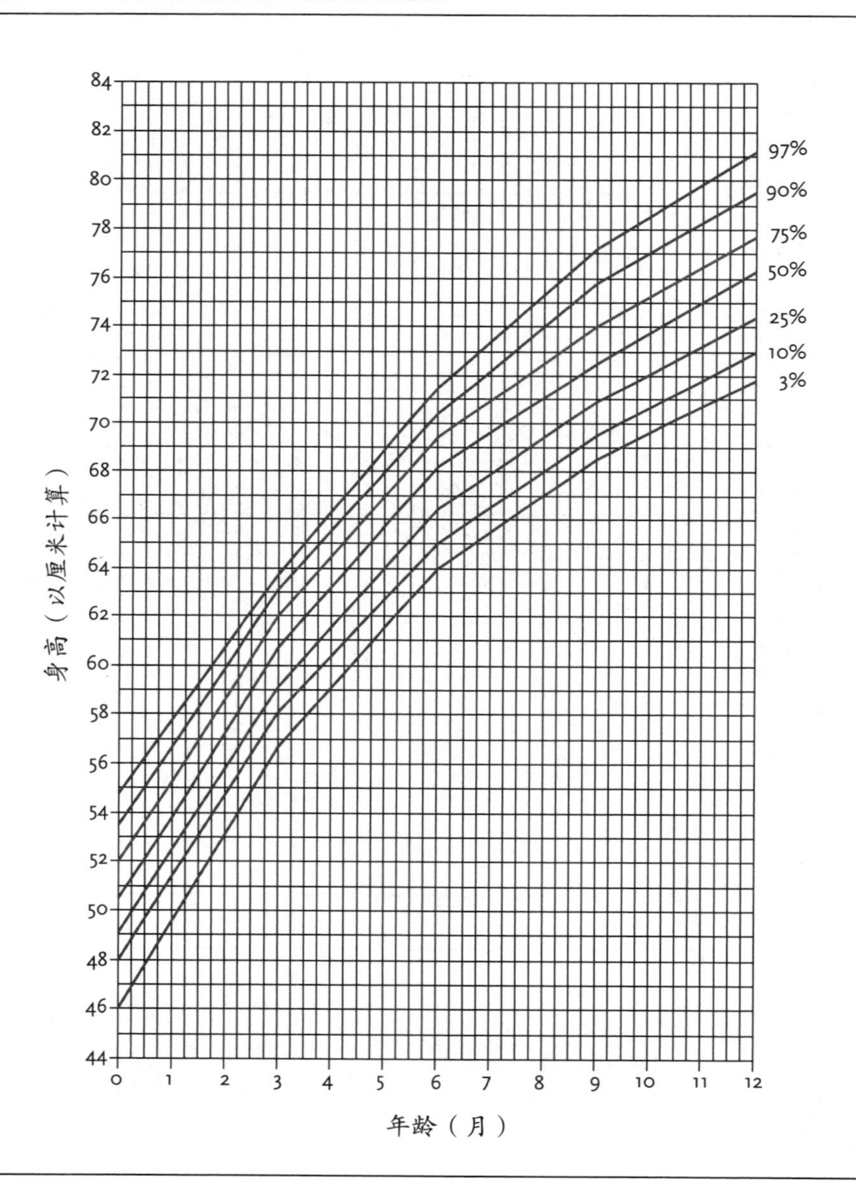

男孩 0 ～ 5 岁的身高增长百分比曲线图

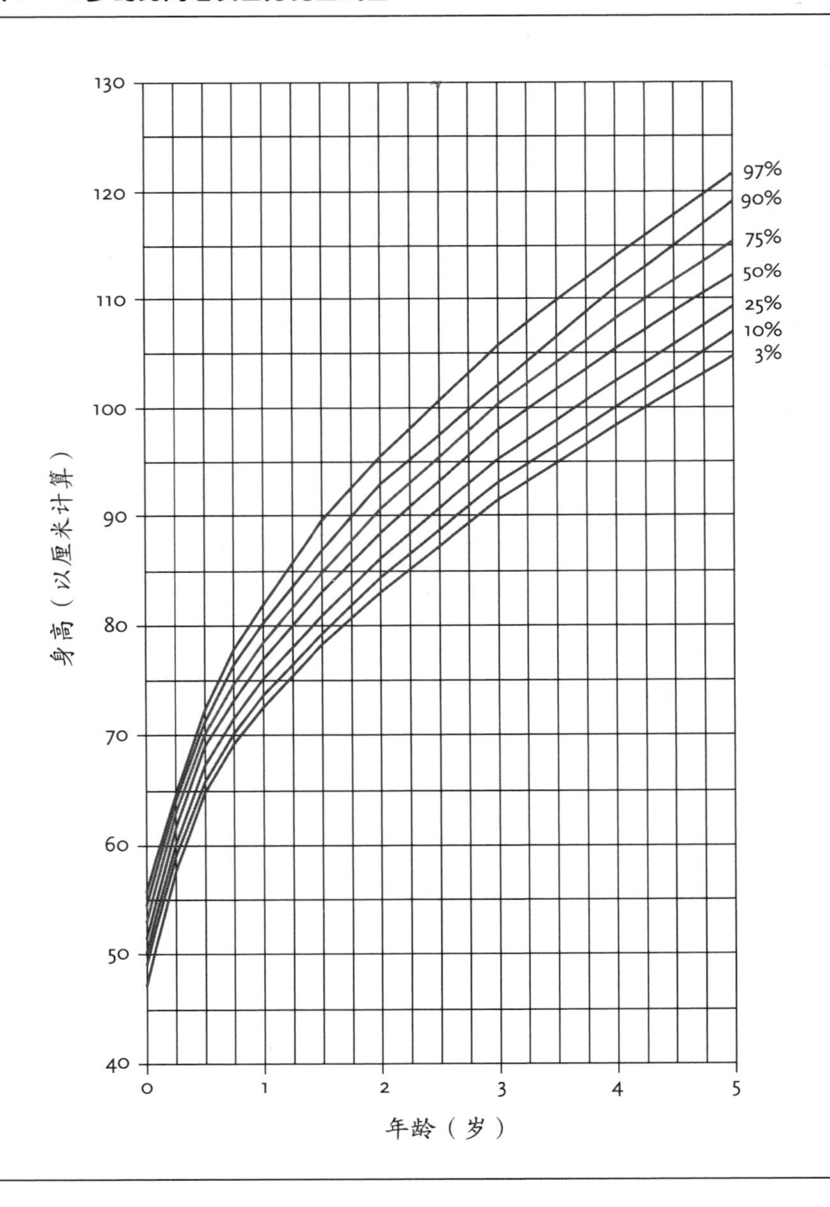

宝宝24小时睡眠记录表

该睡眠记录用于调查孩子的睡眠行为（比如睡眠时间、睡着时间、睡醒时间）。

记录至少 7 天，最好 14 天。您通过像下面这样在相应的时间栏做记号来了解孩子的行为。

- 用黑线代表睡眠时间段（———）
- 用空格代表醒着的时间段
- 用曲线代表啼哭时间段（∿∿∿）
- 用三角形代表吃饭的时间（▽）

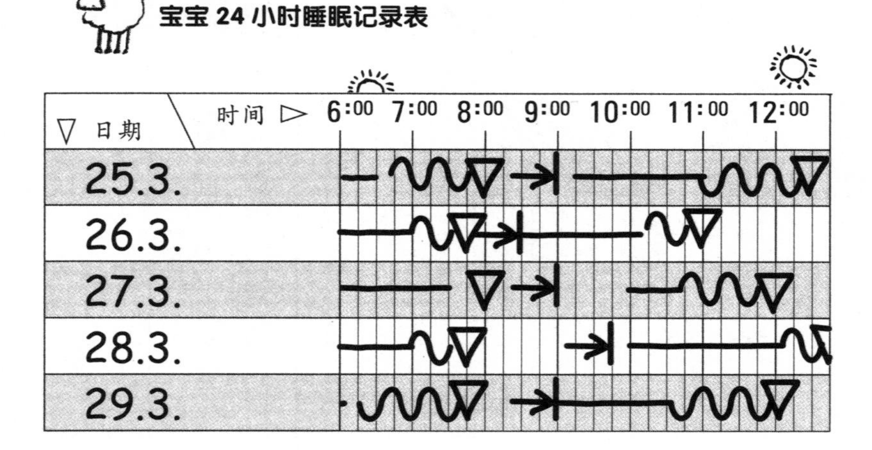

宝宝 24 小时睡眠记录表

姓名：________ 生日：________ 年龄：________

▽日期 \ 时间	6:00	7:00	8:00	9:00	10:00	11:00	12:00	13:00	14:00	15:00	16:00	17:00	18:00	19:00	20:00	21:00	22:00	23:00	24:00	1:00	2:00	3:00	4:00	5:00	6:00
Uhrzeit ▷	6:00	7:00	8:00	9:00	10:00	11:00	12:00	13:00	14:00	15:00	16:00	17:00	18:00	19:00	20:00	21:00	22:00	23:00	24:00	1:00	2:00	3:00	4:00	5:00	6:00

睡眠时间段 —— 空格代表醒着的时间段 啼哭时间段 ∿∿ 餐，顿（饭）▽ 睡觉时间 →|

6,2006 5'000 Os

解释见下一页。

对于白天保姆的问题

作为白天保姆

- 她们照料孩子的动机是什么？
- 她们对于孩子成长与教育的设想是什么？
- 她们想要了解孩子什么？
- 她们对于结识孩子的父母家庭有多大兴趣？
- 她们会接受继续教育吗？
- 她们是某些白天保姆协会的成员吗？

对于个人

- 她们受教育程度怎样？她们有与孩子相处的经历吗？
- 她们之前从事过哪些职业？
- 她们自己有孩子吗？她们自己的孩子有多大？职业是什么？
- 白天保姆的生活条件怎样？
- 她们伴侣的职业是什么？
- 她们还从事其他职业吗？

照料工作

- 她们照料多少孩子？这些孩子的年龄是多少？
- 她们每星期多少天，每天多少小时照顾孩子？
- 这些孩子吃什么？
- 这些孩子有什么可玩的？
- 这些孩子去外面玩的可能性有多少？

场所

- 这些孩子的活动空间有多大？
- 厨房与厕所怎样？
- 附近的环境怎样？

对于日托托儿所的问题

基本态度

- 照料者对于工作的兴趣以及积极性如何？
- 存在以孩子为导向的照料理念以及发展要求吗？
- 与家庭共同参与的准备有多少？

个人

- 负责人具有教育资格吗？
- 照料者是否接受过良好教育？
- 存在明确的职责分工吗？
- 照料者是否能够通过继续教育、专业咨询、监管权得到专业支持？
- 日托托儿所的资金支持有保障吗？
- 存在公平的工作条件以及薪金吗？

场所情况

- 存在多处游戏场所吗？
- 存在自由组队的可能性吗？
- 设施有趣吗？
- 材料对于孩子来说容易获得并且有趣吗？
- 卫生设施怎样？

照料工作

日托托儿所应该满足下面的标准：

■ 混合年龄的班级

至少三个年级。

■ 班级规模

包括一个婴儿以及7个小孩子的8人班级；

包括2～6岁孩子的10人班级。

■ 孩子与照料者的比例：

小于18个月的孩子：一个成年人照料2～3个孩子；

18～36个月大的孩子：一个成年人照料4个孩子；

37～60个月大的孩子：一个成年人照料5个孩子；

60个月以上的孩子：一个成年人照料6～8个孩子。

■ 孩子与照料者的关系：

照料的连续性；

一个孩子至少有一个照料者；

每个孩子都可以在任何时候找到熟悉的人；

一个受过良好教育的人负责一个没有受过教育的人。

■ 班级的稳定性：

多数固定的星期班、半天班、全天班。

■ 膳食：

适合孩子。

由赫尔曼（Hellmann）整理，玛丽·迈尔霍夫研究所（Marie Meierhofer Institut）。

www.mmizuerich.ch

我有多少时间陪孩子

行动：

- 评估包括周末在内一星期的活动；
- 把一星期的活动分成7部分：每天适量完成。

例：体育运动 3 次 1 ～ 1.5 小时 / 星期；每星期 3 ～ 4.5 小时；每天大概 0.5 小时。

每天活动	小时	每天活动	小时
陪孩子	________	外出	________
工作	________	社团活动	________
家务	________	其他安排	________
用餐	________	看电视	________
睡觉	________	玩电脑	________
梳妆打扮	________	读报纸	________
业余爱好	________	旅行	________
体育运动	________	其他	________

我的评估：

陪孩子的时间			
达到比例	100%	50%	0%

苏黎世纵向研究的电影

对健康新生儿的行为观察：行为状态（醒着 / 睡着）
M·贝克尔，W·迈尔，R.H·拉尔戈 (1988)
片长：40 分钟

对醒着和睡着状态的定义
行为状态的发展和组织
对神经病学研究的意义

对健康新生儿的行为观察：运动机能
M·贝克尔，W·迈尔，R.H·拉尔戈 (1988)
片长：30 分钟

反射行为
坐
自发行动
运动的协调

对健康新生儿的行为观察：关系行为
M·贝克尔，W·迈尔，R.H·拉尔戈 (1988)
片长：40 分钟

知觉：听觉的 / 视觉的 / 运动觉的
啼哭行为
喝的行为
社会行为

婴儿时期的喝行为和营养
S·特勒，R.H·拉尔戈 (1994)
片长：30 分钟

在怀孕期间及生产后初期的营养
新生儿喝奶行为的特征
对孩子成长发育的评价

出生后初期的热量和情绪
S·霍尔茨，R.H·拉尔戈 (1998)
片长：30 分钟

吃喝行为
吃饱的感觉
自己吃饭
家庭餐桌上的日常情境

出生前后的运动机能
D·加亚，R.H·拉尔戈 (1995)
片长：25 分钟

怀孕期间的运动机能
反射反应
运动行为

孩子自己站起来
D·加亚，R.H·拉尔戈 (1995)
片长：20 分钟

控制坐的行为发展：俯卧姿势 / 仰卧姿势 / 支起身体 / 坐

通过嘴、手和眼睛来发现世界
F·金茨，S·霍尔茨，R.H·拉尔戈 (1999)
片长：45 分钟

出生后两年里观察能力的发展：通过嘴、手和眼睛来观察

空间游戏 – 游戏空间
R・霍普，S・霍尔茨，R.H・拉尔戈 (1999)
片长：45 分钟

出生后几年里带有空间特征的玩耍行为：填满倒空游戏，搭积木，玩玩偶。

努力模仿榜样
S・格伦特，R.H・拉尔戈 (2001)
片长：35 分钟

出生后几年里有象征特点的玩耍行为：功能性玩耍，有代表性的玩耍 1 和 2，有顺序的玩耍

在游戏中学会理解世界
A・里希特，R.H・拉尔戈 (2008)
片长：65 分钟

早期认知发展：因果思维 / 用于某种目的的工具，客观持续性，分类，认识自己 / 口红试验，思维理论

感　言

我对所有在我临床和科学研究过程中认识的家长和孩子表示由衷的感谢。可以说，在这30多年的时间里，如果没有同成千上万的家庭打交道，我是不可能写成这本书的。

这本书中并没有实质性地写关于父母的喜悦和担心，或者说只是对其进行了枯燥的描述，而并没有掺入我作为一个有着3个长大成人的女儿和4个孙子孙女的父亲和祖父的经验。我经历过，所以明白，每个晚上起来很多次去哄哭闹的孩子入睡是有多么疲倦。更糟糕的是，父母再次躺下后却发现怎么也睡不着了，就这样清醒地躺着，想着第二天要怎样才能熬过困倦不堪的折磨。我也知道，当孩子吃不好时会让父母多么的不安，即使他们自己就是医生也一样。美妙的是，作为父母，我们可以同孩子一起来重新认识这个世界，我的儿辈和孙辈们常常使我觉得回到了自己的童年。只有从他们身上我才真正理解了一种特定的儿童行为。最重要的是：我的孩子让我看到了人类和世界的奇迹。

我要感谢我的家庭在我创作和修订这本书的过程中给予我的理解和支持，他们耐心地帮助我补充和完善文本及插图，并从各个方面默默地支持我。

还有那些读完我的修订手稿并给出大量建设性意见的人们，在此，我对你们表示深切的感谢。我尤其要感谢约翰娜·拉尔戈（Johanna Largo）和安妮·里希特（Anne Richter），感谢你们对手稿的细心审阅和对文本及插图提出的大量改进意见。我还要感谢卡罗琳·本茨（Caroline Benz）、莫妮卡·切尔宁（Monika Czernin）、凯迪·埃特（Käthi Etter）、伊娃·盖希特（Eva Gächter）、卡特娅和弗雷尼·哈普勒（Katja/Vreni Happle），彼得·洪凯尔特（Peter Hunkelter）、奥斯卡·詹尼（Oskar Jenni）、弗兰齐斯卡和彼得·诺伊豪斯（Franziska/Peter Neuhaus）、马库斯·施密德（Markus Schmid）、海迪·西莫尼（Heidi Simoni）和卡特林·索拉纳（Kathrin Solana）。他们的批评指正意见和建议对于本书的完成作出了极为重要的贡献。

对以下的孩子和家长我想表示衷心的感谢，本书的插图来自你们的家庭相册和苏黎世纵向研究的电影：马丁和雷古拉·巴赫曼（Martin/Regula

Bachmann），贝阿特丽策和维利·鲍尔（Beatrice/Willi Baur），卡罗琳和丹尼尔·本茨（Caroline/Daniel Benz），乌尔苏拉和乌尔斯·博西西奥（Ursula/Urs Bosisio），埃夫利娜和彼得·洪凯尔特（Eveline/Peter Hunkeler），伊娃和彼得·盖希特（Eva/Peter Gächter），奥斯卡和索尼娅·詹尼（Oskar/Sonja Jenni），海迪和威利·西莫尼（Heidi/Willy Lohner），洛伦茨和米夏埃拉·卢宁（Lorenz/Michaela Lunin），海因茨·迈尔（Heinz Meier）和扎比内·施塔格尔（Sabine Stäger），卢西拉和罗伯托·尼德雷尔（Lucila/Roberto Niederer），安德烈娅和海因茨·普尔弗（Andrea/Heinz Pulver），鲁特和格奥尔格·施洛瑟（Ruth/Georg Schlosser），玛丽安娜·森（Marianne Senn）和彼得·索拉纳（Peter Solana），伊雷妮和维尔纳·斯帕尼（Irene/Werner Spahni），克劳迪娅和威利·施皮勒（Claudia/Willy Spiller），海伦和罗尔夫·祖特尔（Helen/Rolf Suter），苏珊和马库斯·施塔克（Susanne/Markus Stark），黛安娜和库尔特·瓦赫（Diane/Kurt Wache），凯瑟琳和乌尔斯·瓦尔特（Catherine/Urs Walter），安雅·魏泽 (Anja Weise) 和马丁·艾施里曼（Martin Aeschlimann），埃丝特和乌尔里希·维尔西（Esther/Ulrich W ü rsch）。

最后，我还要特别感谢我的两位编辑布里塔·艾格特迈尔（Britta Egetemeier）和玛格丽特·普拉特（Margret Plath），以及马库斯·多克霍恩（Markus Dockhorn）。他们在本书修订过程中进行了大量谨慎审阅，投入了极大的热情。

雷默·哈·拉尔戈